P. N. Sprengels

Künste und Handwerke in Tabellen.

Mit Kupfern und einem Register.

Vermehrt herausgegeben

von

O. L. Hartwig.

Zweyte Sammlung.

Zweyte verbesserte und vermehrte Auflage.

Berlin, 1782.
Im Verlag der Buchhandlung der Realschule.

Vorerinnerung.

Diese zweyte Sammlung ist bey der gegenwärtigen Umänderung wider Vermuthen stark angewachsen, insbesondre weil der erste und zweyte Abschnitt einer sorgfältigern Bearbeitung bedurfte. Denn beyde Abschnitte reden von Professionen, die aus ein oder der andern Ursache mit zu den beträchtlichsten gehören.

 Dieser-

Vorerinnerung.

Dieserhalb, so wie auch weil der Herausgeber in diesem Winter seinen Wohnort verändert hat, ist manches nicht abgedruckt worden, so ursprünglich dieser Sammlung in der zweyten Auflage gewidmet war. So liegt eine Beschreibung der Nehnadelfabrik, desgleichen eine Beschreibung der Bäckerey bey den französischen Kolonien zum Abdruck fertig da, aber aus gedachten Ursachen wartet nun beydes auf eine andre Veranlassung zum Abdruck. Von der versprochenen Dinkelbäckerey in Oberdeutschland aber sind bis jetzt noch keine Nachrichten eingelaufen. Daher wird man zu Ende des ersten Abschnitts hinter der Beschreibung der Fastbäckerey eine Lücke bemerken, die

nach

nach der ersten Absicht durch die Nachricht von der Dinkel- und französischen Bäckerey in Deutschland ausgefüllet werden sollte.

Der Herausgeber ist zwar nicht gesonnen, Sprengels Handwerken und Künsten in Tabellen noch eine neue Sammlung beyzufügen, wie manche geglaubt haben, sondern er hat dieses Werk nach seiner Absicht mit der funfzehnten Sammlung geendiget. Erlauben es aber Zeit und Umstände, so wird er in besondern vermischten Beyträgen zur Technologie ehestens noch eine Nachlese halten, worin denn auch oben gedachte fertige Abhandlungen ihren Platz erhalten sollen.

Ohne

Vorerinnerung.

Ohne weitere Erinnerung ersiehet der Leser sogleich aus der Vergleichung mit der ersten Auflage dieser Sammlung, daß auch gegenwärtige zweyte Auflage in einer merklichen Umwandelung erscheinet. Die Entfernung des Druckorts hat einige Druckfehler veranlasset. Die beträchtlichsten hat man am Ende beygefüget.

Elbing den 18ten März 1782.

Der Herausgeber.

Inhalt.

Vierter

Inhalt.

Erster

Erster Abschnitt.

Der Bäcker.

Die Familien in grossen Städten pflegen sehr selten ihren Brodtteich selbst zu machen, um ihn hernach von einem Bäcker ausbacken zu lassen. Die mehresten essen vielmehr beständig Bäckerbrodt, zumal da sie dieses Brodt täglich frisch bekommen, und in aller Absicht die Auswahl haben können. Ueberdem ist in grossen Städten das Mahlen des Getreides und zum Theil auch das Teigmachen mit vielen Umständen und Weitläuftigkeiten verknüpft, daher die Selbstbäckerey hieselbst nicht viel Nutzen bringen mag. Desto gewöhnlicher ist aber die Haus- oder Familienbäckerey in den mittlern und kleinen Städten, wenigstens meines Vaterlandes, doch so, daß man abermals in den Familien nur Teig macht, und diesen von einem Bäcker auswirken und backen läßt. Denn die Anlage eines tauglichen Backofens ist zu kostbar und theuer, als daß eine Familie in ihrem Hause einen Backofen anlegen und unterhalten sollte. Das Backholz zu dieser Bäckerey würde auch ansehnlich höher zu stehen kommen, als das geringe Backgeld, so der Bäcker nehmen kann, da das Backen des Familienbrodts bey ihm nur eine Nebensache ist. Auf dem platten Lande hält sich aber, wenigstens in dem nordlichen Deutschland, nur selten ein Bäcker in einem Dorfe auf. Daher sieht sich der Landmann, von welchem Stande er auch seyn mag, genöthiget, so gut wie möglich seinen Brodtteig selbst zu machen, und in einem sogenannten Land- oder Bauerbackofen auszubacken. Rechnet man nun bey so bewandten Umständen eines ins andere, so kann man überhaupt sagen: Das mehreste Brodt, so in gedachten Ländern verzehret wird, ist in den Familien selbst gebacken. In andern deutschen Gegenden kann es vielleicht anders seyn, so mir nicht bekannt ist. Dem Landmann ist auch bey seiner schwereren Arbeit das lockere Bäckerbrodt viel zu leicht und theuer, zumal da viele mehrentheils von Brodt leben müßen, und es daher in grossen Stücken genießen. Er befindet sich aber bey seinem groben Bauerbrodt ganz gut, zumal da er es von Kindheit an gewohnt ist.

Aus allen diesen Umständen sollte man glauben, daß kein Nahrungsgeschäfte unter uns bekannter sey, als die Bäckerey. Gleichwohl hat der Bäcker bey dem Backen des Brodts noch man-

manche Vortheile, welche noch nicht durchgängig in solchen Familien, die selbst backen, bekannt und eingeführt sind, aber es doch seyn sollten. Denn bekanntermassen ist das Brodt das allgemeine und vorzüglichste Nahrungsmittel beynahe durch ganz Europa. Dieserhalb verdient die Bäckerey vorzüglich in Betrachtung gezogen zu werden, ohnerachtet sie überhaupt genommen nicht eben künstlich ist, sondern nur auf Erfahrung und Uebung beruhet. Ich rede aber in diesem Abschnitt blos von der Bäckerey des Brodts und der Semmel. Denn die Kuchenbäckerey und den Pfefferküchler hab ich schon an einem andern Ort in Betrachtung gezogen. Der gewöhnliche Weißbäcker hat zwar in sehr vielen Städten das Recht, Pfefferkuchen so wie auch Kuchen oder Butterwaaren zu backen, und manche Bäcker, selbst in Berlin, wo es doch nicht an Kuchenbäckern fehlt, backen auch Zwieback, Butterbretzeln und andere gemeine Butterwaaren, aber doch nicht alle. Mit den Pfefferküchlern haben sich die berlinischen Bäcker dahin gerichtlich verglichen, daß einer dem andern in seiner Nahrung nicht Abbruch thun will. Daher ist gegenwärtig, nochmals gesagt, vornemlich nur von Brodt und Semmel die Rede.

Unter Veranstaltung der pariser Akademie der Wissenschaften, ist eine weitläuftige französische Beschreibung der Bäckerkunst vom Herrn Malouin ans Licht getreten, welcher eine Betrachtung über eben diese Sache aus dem Italiänischen des Herrn Manetti beygefüget ist; die deutsche Uebersetzung dieser beyden Abhandlungen stehet in dem 8ten Bande des Schauplatzes der Künste und Handwerke. Gedachte Beschreibung der Müller- Bäcker- und Nudelmacherkunst ist um soviel schätzbarer, da die Verfasser die Sache mit den Augen eines Naturforschers, Arztes und Polizeyverständigen betrachten. Ich habe daher diese Abhandlung, neben dem, was ich selbst gesehen und in Erfahrung gebracht habe, zum öftern zu Rath ziehen können. Unterdessen paßt diese Beschreibung doch nicht ganz auf die deutsche Bäckerey. Denn theils redet sie blos von dem Weitzenbrodt, so man in Frankreich und Italien, wie in allen Ländern in Europa gegen Abend und Mittag nur isset; theils hat jedes Land seine eigene Gewohnheiten und Vortheile. Ueberdem betracht ich anjetzt den Bäcker abgesondert von der Müller- und Nudelmacherkunst, weil beyder Beschreibung schon an einem andern Ort stehet.

Doch ich eile zur Hauptsache. Es giebt in dem nordlichen Deutschland eine doppelte Bäckerzunft, und beyde Zünfte sind völlig getrennt, ja sie hassen sich unter einander auf das äußerste. Neben dem **Weiß-** und **Losbäcker**, der sich in den mehresten deutschen Gegenden allein aufhält, giebt es noch in dem nordlichen Deutschland, ferner in Preußen, Curland und Liefland sogenannte **Fast-** oder **Festbäcker**. Beyde

Zünfte wohnen in gedachten Gegenden oft in einer Stadt beysammen, und in diesem Fall soll nach den alten Privilegien der Weiß- und Losbäcker blos Semmel und Butterwaaren oder Kuchenwaaren backen; der Fastbäcker aber blos Brodt. Diesen Unterschied unter den deutschen Bäckern kennet man in den wenigsten deutschen Gegenden, wo sich blos Losbäcker aufhalten, die denn auch in diesen Gegenden die Brodtbäckerey an sich gebracht haben. Doch muß dieser Unschied alt seyn, und vielleicht sind auch die Fastbäcker ehedem allgemein gewesen. Wenigstens nennen sich die deutschen gewöhnlichen Bäcker allenthalben Weiß- und Losbäcker, wenn gleich kein einziger Fastbäcker in ihrer Gegend wohnt. Die nachfolgende Beschreibung wird diesen Unterscheid mehr ins Licht setzen. In solchen deutschen Gegenden, wo sich ehedem vertriebene reformirte Franzosen niedergelassen haben, giebt es auch **französische Bäcker**, die eine Art Weitzenbrodt backen. Zu Anfang der Regierung Friedrichs des Zweyten, wenn mir recht ist, ließ sich auch ein holländischer Bäcker in Potsdam nieder, er konnte aber nicht bestehen. Er verkaufte Weitzenbrodt, so aber nach Art der deutschen Bäckerey oder des Rockenbrodts gebacken war. Von dieser letztern Bäckerey bin ich nicht im Stande Rechenschaft zu geben; aber von der Bäckerey des Weiß- und Losbäckers, des Fastbäckers und des französischen Bäckers, werde ich in der Folge reden, und zugleich einige Nachricht von der Feld- und Familienbäckerey hinzufügen. Findet sich Gelegenheit, wie man hofft, so soll auch eine kurze Nachricht der Dinkelbäckerey in Oberdeutschland erfolgen.

Der Weiß- und Losbäcker:

Von den Grenzen des Herzogthums Mecklenburg und der Uckermark an, findet man in hiesiger Gegend in den Städten blos und allein Weiß- und Losbäcker, so wie auch in Chursachsen, in Schlesien und vermuthlich auch in dem ganzen südlichen Deutschland. Dieser Umstand setzt mich in den Stand, von dieser Bäckerey vorzüglich Nachricht einzuziehen, und also auch hiervon am umständlichsten zu reden. Doch ist die Behandlung bey dieser Weiß- und Losbäckerey gleichfals nicht in allen deutschen Gegenden gleich. Der Weißbäcker in Schlesien z. B. backt schon ein weit lockereres Rockenbrodt, als der hiesige Weißbäcker, und bey der Dinkelbäckerey in Oberdeutschland finden gleichfals besondere Behandlungen statt. Wozu gehört aber der sogenannte Schwarzbäcker auf dem platten Lande in Chursachsen und Schlesien? Vermuthlich ist er nur ein unzünftiger Professionist.

I) Zu den **Materialien** des Weiß- und Losbäckers gehöret insbesondere:

1) Das **Getreide**. Denn gedachtermaßen nähret sich beynahe ganz Europa vorzüglich von einem Brodt, so aus einem von Getreide gemahlten Mehl gebacken wird. Die wenigen Län-

Länder, wo gar nicht oder wenig Getreide gewonnen, und nur wenig Brodt gegessen wird, wie z. B. die Schweitz und die äußersten Nordländer machen nur eine geringe Ausnahme. Doch essen diejenigen europäischen Länder, so gegen Norden liegen, mehrentheils Rockenbrodt, die südlichen und westlichen aber Weitzenbrodt. In einem Lande wird nemlich diese, in einem andern wieder jene Getreideart mit Vortheil gebauet, je nachdem der Boden und der Himmelsstrich es mit sich bringt. In dem nordlichen Deutschland also auch in der Mark Brandenburg, gewinnt man zwar hin und wieder Weitzen, und in manchen Gegenden auch reichlich, wie im Magdeburgischen; allein überhaupt genommen ist doch der Bau des Rockens gewöhnlicher als des Weitzens. Daher essen fast alle Einwohner dieser Gegenden Rockenbrodt, und der Weitzen wird nur zu Semmel und Kuchen verwendet. Der berlinische Bäcker kauft insgemein den Weitzen aus der Uckermark und aus dem sogenannten Havellande bey Brandenburg, und aus diesen Gegenden kommt er zur Axe nach Berlin. Hier wird er nebst dem Rocken auf den Kornmarkten von dem Bäcker nach bestimmten Polizeygesetzen eingekauft. Im Nothfall sieht sich der dasige Bäcker auch genöthiget, das sogenannte Schiffgetreide zu kaufen, oder dasjenige Getreide, so vermittelst grosser Kähne auf der Spree größtentheils aus dem Magdeburgischen, der Altmark und Preußen herbey kommt. Ich sage im Noth-

 fall;

fall; denn sowol der Weitzen als der Rocken, so auf Kähnen herbey kommt, quillt theils von den Ausdünstungen des Wassers auf, theils ist beydes öfters dumpfig. Die erste böse Eigenschaft macht, daß der Käufer am Maaße verlieret, wenn das Getreide wieder ausgetrocknet ist. Daher ist dieses Getreide auch jederzeit wohlfeiler. Unterdessen, wenn man es einige Zeit auf den Boden schüttet, und es zum öftern umschippet oder umsticht, so bringt die Feuchtigkeit weiter keinen Nachtheil, als daß nach dem Austrocknen das Maaß verringert ist. Ist aber dieses Getreide dumpfig, so läßt sich der Fehler nicht bessern. Der Rocken kommt zwar gleichfals aus der Mittel- und Uckermark zur Axe, so wie auch gedachtermassen zu Wasser aus verschiedenen Gegenden nach Berlin; allein der berlinische Bäcker kauft ihn auch öfters in vielen Winspeln außerhalb Berlin ein; z. B. in entfernten Gegenden der Mittelmark, in der Neumark und in Schlesien. Denn die zahlreichen berlinischen Mühlen reichen noch nicht hin, alles benöthigte Getreide der Bäcker und Brauer zu mahlen und zu schroten. Daher ist eine gewisse Anzahl Bäcker zu gleich an eine berlinische und auswärtige Mühle verwiesen, und jeder mahlt nach dem Range, oder so wie ihn die Folge und Ordnung trift. Daher nennt man die vorgedachten auswärtigen Mühlen Rangmühlen. Diese sind jederzeit oder doch insgemein Königl. Mühlen, und liegen stets an schiffbaren Ströhmen oder Kanälen,

len, so daß man das Mehl zu Wasser nach Berlin bringen kann. Hierzu gehören die Rangmühlen zu Brandenburg, Oranienburg, Fürstenwalde, am neuen Graben ohnweit Frankfurt an der Oder, und andere mehr. Der Bäcker muß also bey dem auswärtigen Einkauf des Getreides dahin sehen, daß er es in einer benachbarten Rangmühle mahlen lässet, und das Mehl zu Wasser erhalten kann. Bey entstehendem Mangel des Getreides öffnet der König auch seine Magazine, und jeder berlinische Bäcker erhält monatlich eine bestimmte Anzahl Scheffel Rocken, und zuweilen auch Mehl. Denn es ist bekanntermaßen eine Hauptregel der Staatswirthschaft, daß die Landesregierung durch Magazine dafür sorgen muß, daß der Mangel nicht zu stark einreißt, zumal in grossen Städten. Nach diesen Vorerinnerungen von dem Einkauf des Getreides überhaupt in Berlin, will ich nun von jeder Art Getreide insbesondere das nöthigste sagen.

a) In unserm Lande backt man insgemein blos aus **Rocken** oder Roggen Brodt, da man in andern Ländern im Gegentheil unter das Rockenmehl auch Weitzenmehl mischt, um hiedurch das Rockenbrodt leichter, lockerer und schmackhafter zu machen. An sich ist das bloße Rockenbrodt schon nahrhaft und gesund, es sey denn, daß es aus dumpfigen und ausgewachsenen Rocken gebacken sey. In Absicht der Zeit, da man den Rocken säet, wird er in **Winter-** und **Som-**

merrocken abgetheilet. Jener wird im Herbst kurz vor und nach Michaelis gesäet, dieser aber im Frühjahr. Der Sommerrocken hat kleinere und taubere Körner, als der Winterrocken, und ist daher natürlicher Weise nicht so mehlreich. Dieser letzte Umstand kann ihn zwar bey manchen Käufern verdächtig machen, übrigens geben aber beyde Arten, meines Wissens, ein gleich gutes Brodt, wenn die übrigen Umstände einander gleich sind. Doch wird der Sommerrocken in den mehresten hiesigen Gegenden nur sparsam gebauet. Also vorzüglich Winterrocken pflegt der Bäcker einzukaufen, und der Einkauf des Getreides ist ohne Zweifel für ihn eins der wichtigsten Stücke, damit er nemlich, wo möglich, gutes Getreide für einen billigen Preis erhält. Daher überläßt der Meister den Einkauf nicht leicht einem andern, und begüterte Meister wißen schon Zeit und Ort zu treffen, wenn und wo sie am vortheilhaftesten Vorrath an Getreide einkaufen müßen. So kaufen sie nicht gerne in der Nähe einer großen Stadt, sondern lieber in der Ferne, weil hier die wohlfeilsten Preise sind. Doch muß die Gegend des Einkaufs nicht weit von einem schiffreichen Strom entfernt seyn, worauf das Getreide nach ihrem Wohnort gebracht werden kann. In Berlin, wo die Mühlen nicht hinreichend Mehl liefern können, sieht der Bäcker auch darauf, daß er das Getreide sogleich in der Nähe des Einkaufs mahlen laßen und in Mehl nach Berlin schaffen kann. Ferner kaufen die Bäcker in gedachten Gegenden z. B. gern einige Wochen nach der Aerndte, weil alsdenn der Landmann aus Mangel an Gelde am ersten guten Preis geben muß. Einige Bäcker sehen auch auf die Fruchtbarkeit der Jahre, und erwarten wahrscheinlich nach einigen guten ein schlechtes Jahr, wißen sich daher bey wohlfeilen Preisen im voraus zu versorgen. Dergleichen Klugheitsregeln mehr geben Zeit, Ort, und Umstände an die Hand. Kauft der Bäcker im Großen viele Winspel Getreide von einerley Art, so bestimmt er deßen Güte am sichersten nach dem Gewicht. Hiebey wird aus der Erfahrung und nach den angestellten obrigkeitlichen Mahlproben zum voraus gesetzt, daß ein gestrichner Scheffel Rocken berliner Maaß im Durchschnitt 80 Pfund; wenn er aber von vorzüglicher Güte und auf einem Sandfelde gewachsen ist, höchstens 85 Pfund wiegt. Weitzen wiegt im Durchschnitt 85, von der besten Art aber 91 bis 93 Pfund. Es fehlt aber in fernen Gegenden und zumal auf dem platten Lande oft an richtigen Wagen, und wie soll nun der Bäcker in diesem Fall das Gewicht des Getreides erforschen?

In dieser Absicht führen begüterte Bäcker auf ihren Reisen, die sie des Einkaufs wegen anstellen, eine sogenante **Getreide- oder Kornwage** bey sich, so von dem einheimischen Bäcker auch **holländische Schnellwage** genennet wird, weil sie von Holland her in hiesiger

Gegend

Gegend bekant geworden ist, auch noch bis jetzt von den Kornhändlern in Holland, Hamburg und Dantzig vorzüglich gebraucht wird. Eine solche Wage gehört zu den Probierwagen, und muß daher auch wie diese mit der grösten Genauigkeit und Empfindlichkeit verfertiget seyn. Denn man schließt hier grade wie bey dem Probiren in der Münze, von dem Kleinen aufs Große, und die Wage muß daher selbst die geringste Schwere oder Last der Körner auf das genauste angeben. An einem genau justirten Wagbalken hangen nehmlich, statt der beyden Schalen, zwey walzenartige offene Büchsen aus Meßingblech von gleicher Größe und Schwere. Eine dieser Büchsen stellt den verjüngten Scheffel vor, und in die andre werden beym Wiegen die Gewichte geworfen. Also gehören hiezu gleichfals verjüngte Gewichte, nehmlich ½, 1, 2, 3, 4, 20, 40, 60, 70, 80 Pfund. Beym Gebrauch schüttet der Käufer diejenige Büchse, so den verjüngten Scheffel vorstellt, ganz langsam und so zu sagen trichterartig voll Rocken, und streicht diesen mit einem kleinen zubehörigen Streichholz ab. Findet er nun, daß die Büchse voll Rocken im Kleinen z. B. 80 Pfund nach den verjüngten Gewichten wieget, so schließt er hieraus, daß ein wahrer Scheffel voll Rocken von der probierten Art gleichfals 80 eigentliche Pfund wiege. Allein die beschriebene Kornwage muß genau seyn und es muß beym Probewiegen gleichfalls Sorgfalt beobachtet werden, wenn

die

die Probe nicht trügen soll. Nach dem jedesmaligen Gebrauch kann man die gedachten Büchsen von den Schnüren des Wagbalkens abnehmen, in eine den Wagebalken, die Gewichte und das kleine Streichholz stecken, und die andre Büchse dient statt des Deckels. In diesem Zustande kann der Kornhändler die Wage auf Reisen bequem bey sich in der Tasche führen. Diese Kornwagen kommen insgemein aus Holland zu uns, und daher haben sie, so vortheilhaft sie auch übrigens sind, den Fehler, daß sie nach Verhältniß des verschiedenen deutschen Maaßes und Gewichtes sehr unrichtig verjüngt sind, wie die Erfahrung gelehret hat. In Berlin hat aber der geschickte Mechaniker und Wagenjustirer Herr Gnieser gedachtes Verhältniß genau nach einheimischem Maaß und Gewicht geprüfet und gefunden. Sind alle Verhältniße bey dieser Wage nach richtigen Tabellen festgesetzt, so kann man hiemit nicht nur den gewöhnlichen ungequollenen, sondern auch den gequollenen Schiffsrocken prüfen und bey dem letztern die Betrügereyen der Schiffer entdecken, wenn diese nehmlich Korn aus den Kähnen entwenden und dagegen Waßer zugießen. Denn ein auf diese Art verfälschter Schiffrocken wiegt leichter, als der gewöhnliche. Auch die Schwere und hiedurch die Güte des Weitzens läßt sich auf eben die Art probiren. Umständlicher von dieser Kornwage zu reden erlaubt der gegenwärtige Zweck nicht; allein der Leser findet Abbildung und

und nähere Beschreibung derselbeu in Leupolds Theatr. Stat. P. 1. p. 60, ferner in den Versuchen des Herrn Berch im 9ten und mehreren Bänden der Abhandlung der Königl. schwedischen Academie, vorzüglich aber in den Versuchen und Abhandlungen der naturforschenden Gesellschaft zu Danzig im 1ten Theil, S. 357 No. 10. Bey der jetzt beschriebenen Prüfung mit der Probier, oder Kornwage muß aber der Käufer zugleich durch Geschmack und Geruch beurtheilen, ob das Getreide nicht etwa übrigens fehlerhaft z. B. dumpfig ist, indem er einige Körner zwischen den Zähnen zermalmet. Unterdeßen ergeben sich einige Fehler nur erst beym Backen, z. B. wenn das Getreide vorher ausgewachsen ist. So prüft nun der Bäcker das Getreide, wenn er viele Winspel von einer Art zugleich kauft. Ersteht er aber nur etwa 1 Winspel von einer Art, so sieht er nur nach dem Augenschein dahin, daß das Getreide voll an Körnern (quick), dünnhülsig und rein ist. Voll an Körnern ist aber der Rocken, wenn jedes Korn in der Mitte ründlich ist, da im Gegentheil das taube Getreide platte Körner hat. Ein dünnhülsiger Rocken giebt ferner das mehreste Mehl, weil dieses bekantermaßen nur aus dem Korn entstehet, und die Hülsen beym Mahlen in Kleyen überzehen. Die Farbe der Körner zeigt oder sogleich an, ob das Getreide dünn- oder dickhülsig ist. Dünnhülsiger Rocken hat gelbliche Körner, weil das Mehl durch die Hülse

Hülse durchschimmert, die Körner sind insgemein kleiner aber voller, und man gewinnt ihn vorzüglich auf Sandfeldern. Der dickhülsige Rocken hat im Gegentheil lange, große, aber graue Körner, indem das Mehl durch die starke Hülse nicht durchschimmern kann. Er wächst insgemein im niedrigen und fetten Boden. Diese jetzt beschriebene Eigenschaft erhellet also durch den Augenschein. Unterdeßen pflegt der Bäcker beym Einkauf auch wol ein paar Körner aufzubeißen, um sich völlig zu überzeugen, daß das Getreide dünnhülsig, mahlreich und nicht dumpfig ist.

Drittens muß ein guter Rocken rein seyn, d. i. nicht Sämereyen von Unkraut bey sich führen. Die beyden letztern Eigenschaften, daß er nemlich dünnhülsig und rein ist, hat vorzüglich derjenige Rocken, der auf der Höhe, und insbesondre in einem sandigten Boden gewachsen ist. Denn der auf einem strengen und insbesondre niedrigen Acker gebaute Rocken, ist insgemein dickhülsig und unrein. Die Sämereyen des Unkrauts, so sich in dem Rocken befinden können, sind folgende: **Drespe** ist dem äußern Ansehen nach dem Rocken sehr ähnlich, giebt aber kein Mehl, ob er gleich aus guten aber ausgearteten Rocken entstehen soll, wenn man diesen in einen kaltgrundigen und sauern Boden säet. Die schwarzen und runden Körner der **Rade** oder des **Radels** sind der Samen der röthlichen Lychnis arvensis. Dieser Samen giebt zwar

ein

ein Mehl, so aber das Brodt schwärzlich oder bläulich macht. Klapp sind den Körnern der Drespe nicht ungleich. Wilder Knoblauch erschweret das Mahlen, und giebt dem Brodt einen Nebengeschmack. Kaff entstehet aus den Hülsen des Getreides in den Aehren, und es ist ein Versehen der Dröscher, die das Getreide nicht gut gereiniget haben, wenn der zum Verkauf gebrachte Rocken noch viel Kaff bey sich führet. Ueberhaupt ist aber so viel gewiß, daß der eingekaufte Rocken so leicht nicht ganz rein ist, und wenigstens etwas Kaff, Staub und Sämereyen bey sich führet. Wenn also der Bäcker in großen Städten ein vorzüglich weisses Brodt zum Verkauf auslegen will, so muß er das Getreide vor dem Mahlen mit der bekannten Kornfege fegen oder sieben, und hiedurch von Staub, Kaff und Sämereyen reinigen. Die Fege der Bäcker ist aber größer, als die Staubfege in den Scheunen des Landmanns, und hat überdem ein gestricktes Sieb. Von dem letztern oder von der eigentlichen dräthern Fege oder Sieb, werd ich in eben dieser Sammlung bey dem Nadler umständlich reden. Die gestrickte dräthere Kornfege selbst, so dem dräthernen Siebboden gleichet, ist in einem 3 Fuß 4 Zoll langen und 1½ Fuß breiten Rahm befestiget. Mit diesem wird sie in ein hölzernes Gestelle von Brettern eingesetzt. Neben der Fege hat dieses Gestelle an jeder Seite eine aufrechtstehende und einige Zoll hohe Wand von Brettern, so so das Getreide hindert, daß es nicht seitwärts abspringen kann. Ueber diesen Seitenwänden und zugleich über der Fege, ist ein offener Kasten von beliebiger Größe. An sich hat dieser Kasten zwar nach der Fege zu eine Wand, die aber unmittelbar über der Fege nach ihrer ganzen Länge eine 1½ Zoll hohe Oefnung hat. Vor dieser Oefnung ist ein hölzerner Schieber, womit man die Oefnung entweder ganz, oder vermittelst eines Keils, mehr oder weniger verschließen kann. Hinter diesem Kasten hat die Fege einen Fuß oder eine Stütze, womit man sie entweder steil, oder schräge richten kann. Ueber der Fege selbst ist endlich ein alter Sack schlaff ausgespannt, der nach dem Fußboden zu offen ist. Beym Fegen setzt der Bäcker unter diese Oefnung des Sacks ein Scheffelmaaß, in welches der Staub und die durchgesiebten Samereyen aus dem Sacke fallen. Einige alte Fegen haben in der Mitte der Fege nach der Breite der letztern, noch eine Art von Klappe, die man im erforderlichen Fall gegen die Fege richtet, doch so, daß sie noch etwas absteht. Gegen diese Klappe soll die Rade springen, und von der Klappe durch die eigentliche Fege abprellen. Man hat noch künstlichere Fegen, zumal in großen Magazinen, so wie es auch verschiedene Arten der Fegen giebt, insbesondre Staub- und Radefegen. Jene haben nur ein feineres Sieb als diese. Beym Fegen kann der Bäcker eine doppelte Absicht haben. Entweder er will nur Kaff und Staub abführen, oder zugleich auch die Sämereyen des Unkrauts. Im ersten Fall stellt er mit dem Fuß die Fege steil, und öfnet den Kasten mit dem Schieber ziemlich stark. Denn das Getreide wird bekanntermaßen theilweise in den Kasten geschüttet. Sollen aber zugleich auch die Sämereyen des Unkrauts abgeführet werden, so muß er nicht nur die Fege selbst, vermittelst des Fußes, ziemlich schräge stellen, sondern auch den Schieber nur wenig öfnen. In diesem Fall fällt das Getreide nicht nur in geringen Theilen aus dem Kasten, sondern läuft auch langsam auf der Fege selbst hinab. Beydes verschafft den Sämereyen Zeit, durch die Fege durch in den Sack zu fallen. Das gereinigte Getreide rollt aber auf der Fege hinab auf den Fußboden vor der Fege. Das Fegen reinigt aber nicht nur das Getreide, sondern es ist auch ein Verwahrungsmittel, daß es nicht dumpfig wird, oder Kornwürmer erhält, vermuthlich weil es hiedurch nicht nur von dem Staub gereiniget, so zu gedachten Fehlern auch das seinige beytragen soll, sondern auch am besten ausgelüftet und beweget wird. Wenn daher der Bäcker kurz nach der Aerndte frisches Getreide einkauft, so noch feucht ist, oder wenn es auch aus andern Ursachen naß wird, so muß er es höchstens alle 8 Tage fegen und überdem auch umschippen, oder wie der Bäcker sagt, **stechen**, wenn es nicht dumpfigt werden soll. Ist aber das Getreide, so auf dem Boden vorräthig da liegt, bereits ausgetrocknet, so darf es nur jederzeit nach

nach einigen Wochen umgeschippt oder gefeget werden. Das gedachte **dumpfig werden** ist ein zufälliges Uebel des Getreides, so dadurch entstehet, wenn das Getreide lange ruhig in großen Haufen beysammen liegt und sich erhitzt. Dumpfiges Mehl giebt auch ein unschmackhaftes und dumpfiges Brodt, ich zweifle aber, ob dieses der Gesundheit sonderlich nachtheilig sey. Geschickte Bäcker wollen bemerkt haben, daß ein solches Getreide fast auf die nur gedachte Art bösartig wird, oder **stickt**, wie sie sich ausdrucken, und zwar ohne daß es sich erhitzt. Brodt, so hieraus gebacken wird, pflegt am Tage, da es gebacken ist, wasserstriemig zu werden, und die Rinde löset sich ab. In diesem Fall kann Rocken erst gutes, kurz nachher aber schlechtes Brodt geben. Ich kenne die Beschaffenheit dieses Fehlers nicht genau genug, um die Ursach zu errathen. Ein anderes zufälliges Uebel des Getreides ist, wenn es **auswächst**, weil es durch diesen oder jenen Zufall lange in der Nässe gelegen hat, zumal zur Aerntezeit auf dem Felde. Sachverständige wollen nicht, daß dieses ausgewachsene Getreide der Gesundheit nachtheilig sey, ohnerachtet das daraus gebackene Brodt unschmackhaft ist, leicht wasserstriemig wird und abbäckt. Ausgemacht gewiß ist aber, daß das sogenante Mutterkorn der Gesundheit nachtheilig ist, zumal wenn es sich häufig unter dem Rocken befindet. Es verursachet die sogenannte Kribbelkrankheit; das Mutterkorn bestehet aus schwarzen ausgearteten Rockenkörnern, und der

Rocken ist diesem Uebel vorzüglich im heißen Sommer ausgesetzt. Es macht das Brodt schwarz, wenn das Getreide noch frisch ist, doch verliert sich dieser Fehler, wenn das Getreide einige Zeit gelegen hat. Ein oder der andere Fehler zeigt sich zuweilen bey dem Rocken, welchen der Bäcker im Frühjahr oder Sommer im Kleinen einkauft, und zwar von solchen Landwirthen, die ihr Getreide haufenweise aufschütten, und das öftere Umschippen und Fegen versäumen. Daher pflegen verständige Bäcker etwas frisches Getreide unter den alten Rocken zu mischen, sobald sie nur nach der Aerndte frischen Rocken bekommen können. Diese Mischung verbessert die Fehler des Rockens. Ueberhaupt wissen sich die Bäcker zum öftern dadurch zu helfen, daß sie auch beym alten Getraide eine Rockenart unter die andere mischen, entweder in Mehl oder in Körnern, wenn sie nemlich beym Backen bemerken, daß eine eingekaufte Rockenart dem Brodt gewisse Fehler mittheilet; z. B. daß das Brodt aufreißet. Eben so kann der Bäcker auch solche Fehler durch weniger oder mehr Sauern, Kneten und Gahre verbessern, und er muß in solchem Fall Versuche anstellen, bis er das Verbesserungsmittel gefunden hat. Diese Bemerkung gilt noch mehr von dem Weitzen, wo sich noch öfter dergleichen Fehler an der Semmel zeigen. Alle diese Fehler des Getreides fallen äußerlich oft nicht in die Sinne, sondern zeigen sich erst in der Erfahrung, und hängen von Zufällen,

Nach-

Nachläßigkeiten, und oft auch von dem Boden ab, wo das Getreide gewonnen ist, oder auch von der Witterung. Gedachte Fehler ereignen sich nun freylich öfters bey dem alten Rocken, der einige Zeit gelegen hat, aber nur zufällig. Denn überhaupt genommen ist der alte Rocken dem Bäcker weit angenehmer als der frische und neue, wo nemlich beyde fehlerfrey sind. Die Körner des alten Rockens sind ausgetrocknet, und haben hiedurch natürlicher Weise an Größe verloren. Daher gehen mehr Körner vom alten als vom frischen Rocken in einen Scheffel, nemlich verhältnißmäßig. Also giebt ein Scheffel alter Rocken mehr Mehl, als der unausgetrocknete neue Rocken, wenn übrigens alles gleich ist. Das frische Getreide mahlt sich überdem nicht gut, weil es noch nicht ausgetrocknet ist, und gehet stark in die Kleyen. Ueberdem backt es leicht ab, und bleibt nach dem Backen wässerig und kletschig, wenn der Teig nicht vorzüglich fest geknetet ist.

Den eingekauften Rocken übergiebt der Bäcker dem Müller zum Mahlen, und in gut eingerichteten Städten verlangt die Polizeyordnung, daß das Getreide vor dem Mahlen und nachher auch das Mehl von gewissen verordneten Personen gewogen wird, um hiedurch den Betrügereyen von aller Art vorzubeugen. Ist der Rocken trocken und alt, so sprengt ihn der Bäcker kurz vorher, ehe er ihn in die Mühle schickt, in etwas mit Wasser an, mehr oder weniger, nachdem das

Getreide trocken ist. Auf 32 Scheffel, so in Berlin eine Mühlenfuhre ausmachen, rechnet man hiebey etwa 2 bis 3 Eimer Wasser. Hiedurch sucht man zu verhindern, daß das Mehl beym Mahlen nicht zu stark in der Mühle verstäubet, und insbesondere, damit die zu stark ausgetrocknete Hülsen oder die Kley nicht zum Theil mit ins Mehl übergehen. Denn sehr trockenes Getreide giebt insgemein grobes Mehl. Daher muß alter ausgetrockneter Rocken mehr angefeuchtet werden, als frischer. Bey dem Mahlen in der Mühle werd ich mich gegenwärtig nicht verweilen, weil ich hiervon schon bey der Müllerkunst geredet habe. Von einem Scheffel Rocken berliner Maaß, der vor dem Mahlen genetzt oder angefeuchtet im Durchschnitt 82 Pfund wiegt, rechnet man höchstens $4\frac{1}{2}$ Pfund Mühlenabgang an Staubmehl, und $9\frac{1}{2}$ Pfund Kleyen. Also erhält der Bäcker höchstens 68 Pfund Mehl aus der Mühle zurück, nemlich 28 Pfund **Feinmehl**, und 40 Pfund **Mittel- und Grobmehl.** Es ist mir nicht bekannt, wie viel es eigentlich Mittel- und Grobmehl giebt, sondern nur, daß beydes zusammen 40 Pfund beträgt. Die berlinische Polizey sondert diese beyde Mehlarten nicht durchs Gewicht von einander ab, daher dem Bäcker selbst das Gewicht beyder Arten nicht genau bekannt seyn mag. Gedachte 28 Pfund Feinmehl werden in Berlin zum Weißbrod verbacken, worunter man auch wol etwas Mittelmehl mischt, wenn

wenn dieses gut und ziemlich weiß ist. Aus dem Mittelmehl entsteht das grobe oder hausbackene Bäckerbrodt, doch mit einigem Zusatz von Grobmehl, wenn dieses gut ist. Ueberhaupt liebt der Großstädter das weiße Brodt, und selbst das grobe Bäckerbrodt soll bestmöglichst weiß seyn. Der Bäcker muß also dahin trachten, dieses Verlangen der Käufer in allen Fällen zu befriedigen, wenn er Abgang finden will. Dieserhalb kann er das grobe Rockenmehl fast gar nicht zur Bäckerey nutzen, zumal in wohlfeilen Zeiten, da es ihm eine Bürde ist. Im Gegentheil in theuren Jahren findet das Brodt Abgang, wenn gleich grobes und Mittelmehl vermischt ist. Was der Bäcker also nicht zur Viehmästung anbringen kann, das spart er zu gedachten Zeiten. Dieserhalb läßt ers auf dem Boden gut austrocknen, damit es nicht dumpfig wird, stampfet es hiernächst so fest wie möglich in große Säcke ein, und hebet es auf. Ueberhaupt hat man in der Bäckerey und in den Magazinen die Gewohnheit, Mehl, so von einem Ort zum andern gebracht oder eine lange Zeit aufbehalten werden soll, in Säcke oder Fässer bestmöglichst fest einzustampfen. Hiedurch will man förmlich das Mehl in einen engern Raum bringen und Platz gewinnen, aber überdem sollen hiedurch auch, wie man meint, die Mieten abgehalten werden. Diese bösen Gäste finden sich freilich oberhalb in dem eingestampften Sack oder Tonne öfters ein, aber ihr Vorrücken geht doch nur langsam von

 statten.

statten. So eingesackt bleibt das Mehl viele Jahre gut, und theure und schlechte Jahre kommen immer zu ihrer Zeit. Doch sollten die Bäcker dieses grobe Mehl nicht aussichten, und zum Theil auch in guten Jahren verbacken können? Vielleicht belohnts der Mühe nicht.

Sobald der Bäcker das Mehl überhaupt aus der Mühle erhält, so schüttet er es sogleich auf einen Boden aus, damit es sich nicht in den Säcken erhitzet und dumpfig wird, zumal da das Getreide vor dem Mahlen angefeuchtet ist. Es erhitzt sich aber auch, wenn es vor dem Verbacken einige Zeit in einem Haufen ruhig auf dem Boden liegen bleibt. Dieserhalb muß es zur Sommerszeit wöchentlich etwa zweymal, im Winter aber alle 8 bis 14 Tage umgeschippt oder gestochen werden, nach Beschaffenheit der jedesmaligen Witterung. Man bringt nemlich jedesmal den Mehlhaufen mit der Schippe oder Schaufel auf einen benachbarten Platz, und sogleich auch wieder an seinen vorigen Ort zurück. Kommt ein solches Mehl von einer Mühle, die verschiedene Meilen entfernet ist, an Ort und Stelle an, so erhitzt es sich schon durch den Transport, zumal zu Wasser. Soll es daher nicht dumpfig werden, so muß man es nach dem Ausschütten auf den Boden sogleich mit einem Drathsiebe sieben, und noch fleißiger als sonst gewöhnlich umschippen oder stechen. Uebrigens ist alles Mehl, so einige Zeit gelegen hat, immer zum Verbacken vortheilhafter, als frisches, wenn man jenes nemlich

öfters

öfters sticht. Denn das alte Mehl ist ausgetrocknet, und verschluckt daher beym Teigmachen viel Wasser begierig, der Teig läuft vorzüglich auch auf. Dis gilt auch vom Weitzenmehl. Daher kann man beym Teigmachen zum alten ausgetrockneten Mehl mehr Wasser gießen, als zum frischen.

b) Schon einen höhern Werth als dem Rocken legt man aus bekanten Ursachen dem **Weitzen** bey, und er stehet daher auch jederzeit höher im Preise. Auch bey dieser Getreideart findet die Abtheilung in Sommer- und Winterweitzen statt. Der **Sommerweitzen**, so zu Anfang des Frühlings gesäet wird, unterscheidet sich auf dem Halm dadurch von dem Winterweitzen, daß er gleich der Gerste, graue Acheln oder Stacheln an der Aehre hat. Seine Körner sind gelbröthlich und nur klein; daher der hiesige Landmann diesen Weitzen nur selten bauet; etwa und alsdenn, wenn er im Frühjahr vermuthet, daß der Winterweitzen nicht gerathen mögte. Er wird nur sehr selten von dem hiesigen Bäcker gekauft und verbacken. Denn er ist nicht sonderlich tauglich zum Verbacken, indem sich das Mehl beym Wirken nicht gut zusammen bringen läßet. Doch soll man diese und andre Fehler heben können, wenn man ihn ein paar Mal wäscht, ihn nach dem Waschen einige Stunden zugedeckt auf den Boden liegen läßet, und hiernächst sorgfältig mahlet. Weit vorzüglicher und gemeiner bleibt aber immer der **Winterweitzen**, der im Herbst kurz nach Michaelis gesäet wird. Der Bäcker kauft ihn daher vorzüglich. Ich will mich anjetzt nicht bey den verschiedenen Weitzenarten verweilen, sondern ich bemerke nur, daß der Farbe nach in hiesiger Gegend zwey Arten vorzüglich bekannt sind, nemlich der gelbe und weiße. Der Teig aus dem Mehl von weissem Weitzen bleibt auf den Backbrettern breit und platt, und gäret nicht gut, weil das Mehl schwer ist. Daher kann der Bäcker diesen Weitzen nur vermischt mit gelbem verbrauchen, und dis ist auch wol die Ursache, daß man ihn in hiesiger Gegend nicht häufig bauet. Er giebt aber viel feines und vorzüglich weißes Mehl, daher ihn der Kuchenbäcker sucht, und insbesondre zum Dorteneig nimmt. Denn dieser Teig braucht bekantermaßen vor dem Backen nicht zu gären. Es bleibt also der gelbe Weitzen bey der gewöhnlichen Bäckerey der gebräuchlichste und beliebteste. Bey dem Einkauf wählt der Bäcker am liebsten denjenigen gelben Weitzen, der gelbschimmernd oder glasartig durchschimmernd, oder, wie der Bäcker zu sagen pflegt, eisthränig ist, weil er eine dünne Hülse hat, durch welche der Mehlkern durchschimmert. Schlechter ist also der dunkle Weitzen, weil er eine dicke Hülse hat. Ueberdem verlangen einige Bäcker, daß nicht ein Korn auf dem Halm überreif geworden ist, als das andre, welches ein buntes Mehl geben soll. Andre Bäcker wollen nichts hievon wißen, sondern halten es blos für eine eigennützige Erfindung

der

der Bäcker, damit der Weitzen bey vollen Mehl beßer eintrockne, und desto weniger Scheffel gebe. Unterdeßen siehet doch der Landmann dieserhalb in manchen Gegenden dahin, daß er bey der Aernte den Weitzen eher zeitiger als zu spät abmähet. Mit dem Rocken hat aber der gute und vorzügliche Weitzen dieses gemein, daß er quick, dünhülsig und rein seyn muß, wie ich bey dem Rocken gezeiget habe. Ein unreiner Weitzen führet insbesondre Radel, vorzüglich aber Draspe bey sich. Doch diese Sämereyen des Unkrauts sind an sich nicht nachtheilig, da man sie mit einer guten Kornfege von den reinen Körnern absondern kann. Weit schädlicher ist der **Brand** im Weitzen, der das Mehl schwarz macht, und verursachet, daß die Semmel grusig oder grasig schmeckt, wenn nemlich der Weitzen viel Brand bey sich führet. Denn den mässigen Brand nimt das Waschen des Weitzens weg. Den Brand in dem Weitzen halten einige für den Unrath eines kleinen Insekts, andere schreiben ihn aber weit wahrscheinlicher den verdorbenen Säften der Weitzenpflanze zu, so aus unreifen Samenkörnern entstehet. Bekantermaßen glaubt der Landmann, diesem Uebel dadurch vorzubeugen, daß er die Weitzensaat etwa 24 Stunden vor dem Säen mit Kalkwaßer besprengt, oder dagegen Weitzensaat von vorigem Jahre säet, vor dem Säen aber die tauben Körner aussiebet. Alle vorgedachte Eigenschaften zeugen zwar überhaupt von der Güte des Weitzens,

tzens; aber oft bemerkt der Bäcker demohnerachtet beym Backen mit Verdruß, daß sich ein scheinbar guter Weitzen nicht gut macht, oder handthieret, wie der Bäcker zu sagen pflegt. Aus einigen Weitzenarten entstehet nemlich z. B. eine Semmel, die in dem Backofen ausläuft oder aufspringet. Es ist daher nicht zu leugnen, daß eine Feldmark eine beßere Weitzenart erzeuget als die andre, und die vorzüglichen Feldmarcken sind auch dem Bäcker zum Theil bekannt, wie denn z. B. der berlinische Bäcker den havelländischen Weitzen vorzüglich schätzt, weil er der schwerste und beste ist. Doch kann die Witterung jedes Jahres auch viel verändern, wie jedem bekannt ist. Ja der Dünger kann einen Einfluß in die Güte des Weitzens haben. Verschiedene Bäcker, insbesondre in Potsdam, wollen aus der Erfahrung bemerkt haben, daß ein Weitzen, so auf einem reichlich mit Schafmist gedüngetem Acker gewonnen ist, nicht die beste Semmel giebet. Der Teig von einem solchen Weitzen gäret nicht gut, und will fest geknetet seyn. Demohnerachtet reißt die Semmel von diesem Teig in der Rinde öfters nach allen Richtungen auf, wodurch ihr gutes Ansehen vermindert wird. Diesem Fehler kann der Bäcker auf keiner andern Art zuvorkommen, als wenn er unter eine fehlerhafte eine gute Weitzenart mischt, und so in allen ähnlichen Fällen. Zufällige Uebel finden sich gleichfals beym Weitzen, wie beym Rocken. Er wächst in der Näße aus, und er wird noch leichter, als der

Rocken, dumpfig, wenn er lange ungerührt auf einem Haufen beysammen liegt, und sich erhitzet. Dagegen müßen alle Mittel, die ich schon bey dem Rocken angeführet habe, noch sorgfältiger und öfter vorgekehret werden, zumal wenn der Weitzen noch frisch und noch nicht ganz ausgetrocknet ist. Man muß nemlich den Weitzenhaufen, der einige Zeit liegen soll, zum öftern umstechen und einige Mal fegen. Gleichfalls ist derjenige Weitzen, der wenigstens einen Winter über oder auch länger gelegen hat, vorzüglicher als der frische, weil er mehr Mehl giebt. Die Ursach hab ich schon beym Rocken angeführt, weil nemlich der gelegene Weitzen völlig aus- und eingetrocknet ist.

Unmittelbar vorher, ehe der Bäcker den Weitzen in die Mühle zum Mahlen schicket, muß er ihn, wenn er noch nicht rein ist, ein paar Mal auf der Kornfege fegen, und ihn hiedurch von Radel, Draspe und allen Sämereyen des Unkrauts reinigen. Denn diese verursachen zum Theil, daß das Mehl schwarz oder blau wird. Den Ueberrest der fremdartigen Theile schlämmt der Bäcker durch das Waschen des Weitzens ab, so unmittelbar vor dem Mahlen vorhergehet. Doch soll, nach einiger Bäcker Meinung, diese Reinigung nicht die einzige Ursache dieses Waschens seyn. Denn, sagt man, der Weitzen muß nothwendig vor dem Mahlen angefeuchtet werden, weil bey einem trocknen Weitzen viele Kleyen in das Mehl übergehen, daher er ein grobes

Mehl

Mehl giebt. Ueberdem zerstäubt der trockne Weitzen stark zu Staubmehl, ja er giebt sogar ein rothes und buntes Mehl und eben solche Semmeln. Das letztere leugnen andere Bäcker, und meinen, ein starkes Anfeuchten würde hinreichend seyn, wenn man nicht zugleich den Weitzen reinigen wollte. Gewisser ist, daß der Weitzen beym Mahlen, vom Waschen her, nicht zu naß seyn muß. Denn die Hülsen und das Mehl unter denselben, wird zu stark erweicht, das Mehl bleibt zum Theil an den Hülsen hängen, geht in die Kleyen über, und es giebt daher wenig Mehl. Aus eben dieser Ursache muß der Weitzen höchstens 24 Stunden nach dem Waschen gemahlen werden. Steht er länger in der Nässe, so wird er pelzig, wie der einheimische Bäcker sagt, oder deutlicher geredet, er erweicht zu stark, erhitzt sich auch zugleich, und es entstehen die zuletzt gedachten übeln Folgen. Bey dem Waschen selbst verfährt der einheimische Bäcker auf folgende Art. Er begiebt sich mit dem Weitzen an einen Brunnen, schüttet etwas in ein feines Drathsieb mit einem Boden von Messingdrath, taucht mit diesem den Weitzen in eine mit Wasser angefüllte Wanne, und rührt den Weitzen zum öftern in dem Wasser um. Der schwere Weitzen bleibt auf dem Boden des Siebes liegen, der leichtere taube Weitzen, ferner Staub, Hülsen, Draspe und dergleichen fremdartige Körper schwimmen aber auf dem Wasser, und werden mit der Hand abgenommen. Nach diesem Ab-

schlämmen

schlämmen wird das Sieb mit dem Weitzen auf die Erde gesetzt, damit das überflüßige Wasser abläuft, und so werden etwa 8 Siebe mit Weitzen hinter einander gewaschen. Alsdenn schüttet der Bäcker den zuerst gewaschenen Weitzen aus dem ersten Siebe in einen Sack, und so schüttet er alle übrige Siebe in eben der Folge aus, als er hiemit Weitzen gewaschen hat. Ist der Weitzen an sich schon rein, so daß man nicht nöthig hat, ihn der Reinigung wegen zu waschen, so muß er aus obgedachten Ursachen wenigstens mit Wasser angesprenget, und nach dem Ansprengen gut umgeschippet werden. Zu 12 Scheffel Weitzen nimmt man 4 Eimer Wasser. Andre Bäcker waschen dagegen ein Sieb voll Weitzen gewöhnlich, schütten den gewaschnen Weitzen in einen Sack, und auf denselben ein oder zwey Siebe voll trocknen oder ungewaschenen Weitzen, nachdem der Weitzen weniger oder mehr trocken ist. Der nasse feuchtet den trocknen Weitzen an. Daß der Müller den Weitzen bald nach dem Waschen mahlen muß, hab ich schon oben nebst der Ursache angezeigt. Aus der Mühle erhält der Bäcker nach hiesigem Gewicht und Maaß, gewöhnlich nur 74 Pfund 4 Loth Mehl von jedem Scheffel, oder wenn der Weitzen in Körnern gewaschen 91 Pfund wiegt, höchstens 76 Pfund, außer 9 Pfund 8 Loth Kleyen. Also verstäuben zu Staubmehl 5 Pfund 24 Loth. Gedachte 76 Pfund sondert der Müller wieder ungefehr in 59 Pfund Feinmehl, und in 17 Pfund Salz-

kuchen-

kuchenmehl ab. Gewöhnlicher Weise unterscheidet man aber drey Arten Weitzenmehl. Beyde Arten heissen überhaupt oben Feinmehl. Von beyden sondert der Müller die Kleyen sorgfältig durch ein Vorstoßsieb ab, welches er vor dem Mehlloch anbringt, so daß es von dem Mühlenwerk geschüttelt wird. Das feinste Mehl heißt **Zwiebackmehl**, so man leicht in den Säcken von der andern Art unterscheiden kann, und der Müller zeichnet auch auf Verlangen die Scheidung etwa mit einem Span. Diejenigen Bäcker, so Zwieback und andre Butterwaaren backen, verwenden dieses Mehl hiezu; ist aber dieses nicht, so wird es unter die zweyte Art, nemlich unter das **Mittelmehl** gemischt. Dieses Mittelmehl mit oder ohne Beymischung des Zwiebackmehls, giebt die Semmeln. Aus der dritten Art, vom groben Weitzenmehl entstehen in Berlin die Salzkuchen, daher es auch Salzkuchenmehl heißt. Das Weitzenmehl erhitzt sich noch mehr, als das Rockenmehl, und diesem Uebel, so es dumpfig macht, muß der Bäcker mit Sorgfalt vorbeugen. Mahlt er in einer fernen Mühle, wo das Mehl einige Tage in Säcken stehen muß, so bindet er den Sack dergestalt zu, daß über dem Mehl bis zum Bande noch ein ziemlicher Raum bleibt. Dieses geschiehet in keiner andern Absicht, als damit er jeden Sack täglich wenigstens einmal auf den Boden der Mühle herumziehen und hiedurch das Mehl aufrühren, bewegen und auflockern kann. Erhält er im Gegentheil das Mehl gleich nach

dem

dem Mahlen in seinem Hause, so schüttet er es sogleich aus, trocknet und siebet es; so wie auch das von weiten her erhaltene Mehl erst mit einem groben, hiernächst aber mit einem feinen Drathsieb gesiebet, und hiedurch zugleich noch mehr gereiniget wird. Vorzüglich hindert aber dieses Sieben nach dem Mahlen, daß das Mehl nicht durchs Erhitzen klößig wird. Ist die Witterung sehr heiß, oder das Mehl ist zu Wasser oder zu Lande einige Meilen herbeygebracht, und hat sich erhitzt, so muß es auch einige Mal zu verschiedenen Zeiten gesiebet werden, zumal da dieses Sieben zugleich hindert, daß sich nicht Mieten ins Mehl setzen können. Das Weitzenmehl ist aber deshalb der Erhitzung noch mehr ausgesetzt, als das Rockenmehl, vorzüglich wenn es in einen Haufen vorräthig beysammen liegt, weil es vor dem Mahlen und beym Waschen sehr naß gemacht wird. Der Bäcker sucht daher gegen diese Erhitzung überdem noch verschiedene Mittel vorzukehren, die ohne Zweifel zum Theil unwirksam sind. Will er Säcke mit Weitzenmehl oder auch mit Rockenmehl einige Meilen verschicken, so sackt er Nesseln mit ein, in der Meinung, daß diese die Erhitzung hindern. In einen Haufen Weitzenmehl legt er ferner ein Stück Stahl, in der Absicht, die Kälte des Stahls soll die Hitze mindern. Das beste Mittel ist aber wol, wenn man das Mehl nach dem Sieben zum öftern umsticht oder umschippet. Bey der Hitze des Sommers wird es daher, wenn es in Haufen beysammen liegt, täglich ein bis zwey mal, im Winter aber einen Tag um den andern umgestochen. Noch öfter muß dieses Stechen sogar wiederholet werden, wenn das Mehl aus fernen Mühlen herbeygebracht ist, und sich durch die Länge der Zeit und durch den Transport stark erhitzet hat. Wiewohl dieser Erhitzung wegen beym Transport pflegt der berlinische Bäcker zwar sehr gewöhnlich Rocken, aber nur sehr selten Weitzen fern von Berlin mahlen zu lassen. Aller gedachten Vorsicht ohngeachtet trift es sich aber doch zuweilen, daß es der Bäcker versiehet, und daß sich ein Haufen Weitzenmehl zu stark erhitzet und dumpfig wird. Diesem Uebel wieder abzuhelfen, ist denn nun wol kein bewährtes Gegenmittel bekannt. Einige Bäcker bestreichen zwar die Schippe mit Knoblauch und stechen hiemit das Mehl zum öftern um, ich weiß aber nicht, ob nicht der Knoblauch dem Mehl und zugleich der Semmel einen falschen Nebengeschmack ertheilen sollte, wenn auch das Mittel an sich bewährt ist. Doch ich habe mich schon zu lange bey dem Weitzen und Weitzenmehl verweilet, und füge daher nur noch eine einzige Anmerkung hinzu. Der Teig von Weitzenmehl garet überhaupt schneller, als der von Rockenmehl. Der deutsche Bäcker bringt ihn zwar vorzüglich nur durch Hefen zur Gare oder Gärung, man kann es aber auch durch Sauerteig bewerkstelligen, wie aus der französischen Bäckerey erhellet.

Das

Das Fegen, Sieben und Stechen des Getreides und Mehls, nebst dem Einsacken des Getreides zur Mühle, verrichtet der Bäcker mit seinen Gesellen, in den Stunden vor und nach dem Mittagbrodt, und diese Beschäftigung heißt die **Bodenarbeit**, weil sie auf dem Vorrathsboden verrichtet wird. Die übrige Zeit des Nachmittags bringt der Bäckerbursche größtentheils mit Holzhauen und vorzüglich mit Schlafen zu, etwa bis 10 oder 12 Uhr Abends; denn des Nachts und Morgens muß er bekanntermassen backen.

c) In dem mittäglichen Deutschland backt der Bäcker auch aus Dinkel Semmel, und vermuthlich auch feines Brodt. Man nennt dieses Getreide in Oberdeutschland auch **Vesen** und **Kern**; in Niederdeutschland aber **Spelz** oder **Spelt**. In meiner Gegend und beynahe in dem ganzen nordlichen Deutschland, ist diese Getreideart fast nur dem Namen nach bekannt, ohnerachtet der Anbau dieses Getreides von Sachverständigen sehr angerathen wird, weil es gut lohnet und selten umschlägt. Wiewol ich will hiervon gegenwärtig kein Wort mehr sagen, weil ich mich bis jetzt noch mit der Hoffnung schmeichele, durch einen Freund von der Oberdeutschdinkelbäckerey nähere Nachricht zu erhalten.

d) Die Noth und das Bedürfniß ist reich an Erfindung! Ohnerachtet der einheimische Bäcker, selbst in theuren Jahren, blos Weitzen- und Rockenmehl verbackt, so sieht sich doch der bedürftige Landmann in manchen Umständen genöthiget, in dieser Absicht auch die übrigen Getreidearten zu versuchen. Schon im vorigen siebenjährigen Kriege, nöthigte der hohe Kornpreis den armen Landmann dergleichen Versuche anzustellen; und fast noch mehr der Mangel in den bekannten nassen und theuren Jahren von 1770 bis 1773. Die Folge wird lehren, daß es meiner gegenwärtigen Absicht nicht entgegen ist, wenn ich auch von dem Gebrauch zu Brodt der übrigen einheimischen Getreidearten mit ein paar Worten rede. 1) Den ersten Platz verdient die **Gerste**, die schon in ältern Zeiten zum Brodtbacken nicht ganz undienlich gefunden ist. Sowol die grosse Frühgerste, so man gleich zu Anfang des Frühlings säet, als auch die kleine oder Maygerste, die um Pfingsten gesäet wird, verbraucht man zwar vorzüglich zum Bierbrauen, zu Graupengrütze; und auf dem platten Lande zu Suppenmehl; aber auch in manchen Gegenden meines Vaterlandes vermischt mit Rocken zum Brodtbacken. Zu dem letzteren Gebrauch wird sie insbesondere in solchen Gegenden des platten Landes verwendet, wo nicht hinreichend Rocken wächst, oder auch überhaupt, wenn der Preis der Gerste gegen den Rockenpreis zu gering ist, und vorzüglich aus Noth in theuren Jahren. Doch mischt man in guten und mittleren Jahren insgemein nur $\frac{1}{4}$ höchstens $\frac{1}{3}$ Gerste unter den Rocken, und mahlet beydes zugleich. Die Gerste giebt überhaupt ein weisseres Mehl als der Rocken; und das Brodt, so aus Rocken- und

Ger-

Gerstenmehl vermischt gebacken ist, pflegt weißer zu seyn als das blosse Rockenbrodt. Man macht dem Gerstenbrodt aber dagegen einen dreyfachen Vorwurf: daß nemlich der Teig aus Gerstenmehl nicht gut gahret, daß das Gerstenbrodt wenig Nahrung giebt, und daß es kurz oder krümlich ist. Alle diese Vorwürfe fallen aber größtentheils weg, wenn die Gerste im gedachten Verhältnisse mit Rocken vermischt wird. 2) Der Hafer ist zwar vorzüglich ein Futter für Pferde und manches Federvieh, außer daß man hieraus eine gesunde und in hiesiger Gegend beliebte Grütze verfertiget: Allein er ist doch auch in theuren Jahren zuweilen, selbst in hiesiger Gegend, zu Brodt genommen worden, doch gleichfals mit Rocken vermischt, ob man gleich jede Getreideart besonders mahlen muß. In Schweden, wo wenig Getreide wächst, soll dieser Gebrauch des Hafers gewöhnlich seyn: und in Schottland werden Haferkuchen oder kleine Brodte von Hafermehl gebacken, selbst zur Befriedigung des lüsternen Gaumes auf die Tafeln der Vornehmen gebracht. Allein die Einwohner meines Vaterlandes, selbst auf dem platten Lande, dringt nur die größte Theurung zu diesem Gebrauch des Hafers. Die Natur der Sache lehrt, daß der Hafer seiner vielen Hülsen wegen nur wenig Mehl geben kann. Das Brodt, so hieraus gebacken wird, soll zwar nahrhaft, aber unverdaulich, schwarz, krümlich, sehr süß, und unschmackhaft seyn. Doch ich rede nicht aus Erfahrung, sondern nur vom Hörensagen. 3) Eben so wenig weiß ich aus der Erfahrung, wie Brodt schmeckt, so aus Mehl von Rocken und **Heidekorn** oder **Buchweitzen** vermischt gebacken ist. Doch soll man es in den vorgedachten nassen Jahren hin und wieder versucht haben. Herr Manetti in seiner obengedachten Abhandlung vom Brodtbacken rühmet den Buchweitzen, daß er ein leichtes, weisses und wohlschmeckendes Brodt giebt, zumal wenn Mehl von Weitzen und Buchweitzen in gleichen Theilen vermischet wird.

Der Verfasser des technologischen Wörterbuchs, Herr Jacobsson versichert mich aus eigener Erfahrung, daß man in Polen blos aus Heidekornmehl fast durchgängig Brodt, Kuchen und Klöße bereitet. Das Mehl von Heidekorn quillt stark auf, und ist gedeihlich, das Brodt hievon hat einen doppelten Fehler. Es ist grob und beym Genuß etwas scharf auf der Zunge. Das letztere rührt vermuthlich von den Ueberbleibseln der harten Hülse her. Diese Erfahrung des Herrn Jacobsson stimmt nun nicht gänzlich mit demjenigen überein, was Herr Manetti von dem Heidekorn-Brodt sagt.

Die Erfahrung allein könnte lehren, welche Wirkung die Mischung von Rocken und Buchweitzenmehl hervorbringen würde. In unserer Gegend verbraucht man den Buchweitzen gewöhnlich zu einer beliebten Grütze, und überdem zum Viehfutter. 4) Schon gewöhnlicher pflegt man in meinem Vaterland im Fall der

Noth

Noth oder auch aus wirthschaftlichen Ursachen die sogenanten Hülsenfrüchte unter den Rocken zum Brodbacken zu mischen, doch nur in mäßigen Theilen. Ich habe das Brodt, so aus dieser Mischung entstehet, selbst versucht, aber einen doppelten Fehler bemerkt. Zuerst hält es schwer, wie es scheint, diese harten Hülsenfrüchte auf den Mühlen zu Mehl zu zerreiben. Daher findet man in dem Brodt hin und wieder noch ganze und halbe Körner von den Hülsenfrüchten, so manchem zuwider ist. Zweytens ist der Geschmack eines solchen Brodts streng und widrig. Ueberdem soll solches Brodt schwer zu verdauen seyn, und schickt sich daher nur für den arbeitsamen Landmann. Doch rühmet man es in sofern, daß der Rockenteig mit etwas Mehl von Erbsen vermischt vorzüglich im Ofen aufläuft und vermehrt wird, und daß solches Brodt nahrhaft ist, oder wie der hiesige Landmann sagt, daß es gut gegen hält. So viel ist gewiß, daß man des strengen Geschmacks wegen nicht viel davon essen kann, es sey denn, daß jemand lange daran gewöhnat sey. Ich rechne zu diesen Hülsenfrüchten, nach hiesiger Landesart, insbesondere die Erbsen, Linsen und Wicken. Die **Erbsen** stehen insgemein höher im Preise, als der Rocken, weil sie mit Vortheil zu Suppen und in einem Brey als Zugemüse gegessen werden. Selbst der Landmann nimt sie daher selten zu Brodt, es sey denn, daß sie irgend einen Fehler hätten. Die **Wicken** sind ein bekantes Pferdefutter. Man hat sie in den bekannten nassen Jahren gleichfalls zu Brodt versucht, denn damals wurden selbst die Kleyen von armen Leuten mitgebacken. Das Brodt, so zum Theil aus Wickenmehl gebacken ist, soll mit dem Erbsenbrodt ziemlich einerley Geschmack haben. Am strengsten, sagt man, soll das Brodt schmecken, so aus Mehl von Rocken und **Linsen** gemischt gebacken ist, und es soll überdem vorzüglich unverdaulich seyn. Herr Manetti giebt daher den Rath, sie vor diesem Gebrauch ein paar Mal mit Wasser abzukochen. Doch die Linsen können vortheilhafter zu Suppen und als ein Zugemüse in einem Brey verbraucht werden. Die **Kichern** sind in hiesiger Gegend wenig bekannt, und ob die Feldbohnen unter den Rocken zum Backen gemischt werden, weiß ich gleichfalls nicht. Die letztern sollen nach Herrn Manetti das Brodt schwerer, schwarz und bitter machen. 5) Eben dieser Schriftsteller versichert auch, daß der **Mays** oder **türkische Weitzen** mit gewöhnlichem Weitzen oder besser mit Rocken vermischt in Italien ein gutes Brodt giebt. Es soll nahrhaft seyn, aber austrocknen und verstopfen. Doch wollen einige bey der Erfahrung nichts von dieser bösen Eigenschaft verspüret haben. Der Mays wird in meinem Vaterlande nicht gebauet, häufig aber in Italien, wo man das Mehl desselben zu der sogenannten Polenta verbraucht, weil dieses Mehl stark aufquillet. 6) Die **Hirse** soll mit Weitzen vermischt ein gutes Brodt geben,

so

so aber seiner Süßigkeit wegen stark gesalzen werden muß. Es war dieses Brodt schon den Alten bekannt, und wird noch in einigen Gegenden Frankreichs und der Schweitz gegessen. In meinem Vaterlande, wird die Hirse zwar gebauet, aber nicht durchgängig. Niemand mögte sie eben so leicht zum Brodtbacken nehmen, da sie insgemein theurer ist, als der Weitzen. Man genießt sie vortheilhafter als Suppe oder als einen Brey. Ich füge zum Beschluß noch eine merkwürdige Anmerkung aus der Bäckerkunst des Herrn Malouins bey. „Der Bäcker in Frank„reich, sagt dieser Schriftsteller, backt nur dem „Reichen zum Gefallen aus Weitzen Brodt, „weil dieses das schmackhafteste ist. Wollte er „sich die Mühe geben, auch aus andern Getrei„dearten Brodt zu backen, und sich hierin üben, „so würde er es gewiß so weit bringen, daß er „hieraus wenigstens für den gemeinen Mann „Brodt backen könte.“ Deutschland bestätiget diese wichtige Bemerkung schon zum Theil, da der hiesige Bäcker aus Rocken ein gutes Brodt backet. Sollte daher die Gerste in Deutschland von dem Bäcker nicht gleichfalls genutzt werden können? Zumal in theuren Jahren?

Nicht blos verschiedene Arten von Getreide haben in den nassen Jahren Stoff zum Brodtbacken hergeben müßen, sondern man ist auch auf ein bekanntes Gartengewächs verfallen, nemlich auf die Ertoffeln, Tartuffeln oder Knollen; dieses Erdgewächs kam aus Amerika nach England und Frankreich, von da es sich weiter in Europa ausgebreitet hat. In hiesiger Gegend ist es erst seit dem vorvorigen Kriege allgemein eingeführet, und man bauet es mit Vortheil nicht blos in den Gärten, sondern auch auf dem Felde. Man kann die Einführung dieser Frucht eine wahre Wohlthat des Landes nennen, ohnerachtet der Handarbeiter auf dem platten Lande hiedurch widerspenstiger geworden ist, da er sich leichter nähren kann. Die Ertoffeln wachsen reichlich, und werden nicht nur von den Armen in mancherley Zurichtungen, sondern auch sogar von den Bemittelten mit Vergnügen gegessen, und ersparen auf dem platten Lande viel Brodt. Vermischt mit Rockenmehl geben sie ein lockeres und süsses Brodt; doch könnte dieser süße Geschmack vielleicht durch Salz verbessert werden. In meiner Gegend pflegt man die Ertoffeln überhaupt auf eine doppelte Art unter das Rockenmehl zum Brodtbacken zu mischen. Zuerst werden sie gekocht, ausgehülset, zerrieben und mit laulichem Wasser in einen dünnen Brey verwandelt. Dieses Breys bedienet man sich statt des Wassers, wenn man mit Rockenmehl einsäuret, und macht hiernächst gewöhnlich mit Rockenmehl Teig. Andere säuren mit Rockenmehl gewöhnlich ein, und gießen beym Teigmachen den gedachten Ertoffelbrey statt des Wassers zum Sauer. Allein es ist vortheilhafter, wenn der Ertoffelbrey mit eingesäuret wird, weil hiedurch der süßliche Geschmack des Ertoffelbrodts gemindert

dert wird. Bey der zweyten Art schabet man die Hülse von den Ertoffeln ab, zerreibet diese auf einem Reibeisen, und mischt die roh und ungekocht zerriebenen Ertoffeln sowol beym Säuren, als Teigmachen unter das Rockenmehl; diese letztere Art soll das wohlschmeckendste und beste Ertoffelbrodt geben. Doch lassen sich die Ertoffeln so wie in weiße Stärke, also auch in ein Mehl verwandeln, und dieses wird unter das Rockenmehl gemischt und gewöhnlich verbacken. Man kocht die Ertoffeln, schälet sie ab, zerquetscht sie, und gießt einige male Wasser drauf. Der Bodensatz giebt ein Mehl, wann man das Wasser abgießt, und die Ertoffeln trocknet; oder man reibt die abgeschälten Ertoffeln auf einem Reibeisen, gießt zum öftern Wasser drauf, bis dieses sich nicht mehr anfärbt, sondert das Wasser gut ab, läßt die Ertoffeln in der Hitze gut trocknen, und stößet oder zermahlet sie. Beynahe auf eben die Art verfahren diejenigen, so aus den Ertoffeln weisse Stärke bereiten. Das einzige, so man gegen das wohlfeile Ertoffelbrodt einwenden könnte, ist, daß die Vorbereitung umständlich und mühsam ist, und daß man die Ertoffeln blos gekocht schon ohne sie als Brodt genießen kann, und das ohne viele Mühe.

Nicht alle Einwohner der Erde leben wie die mehresten Europäer, vorzüglich von Brodt, denn in manchen Gegenden fehlt es an Getreide. Meine Absicht erlaubet aber nicht, umständlich zu zeigen, wie der Abgang des Brodts ersetzet

wird.

wird. Nur mit ein paar Worten will ich das vorzüglichste sagen, um die Neugierde derer zu befriedigen, denen dieser merkwürdige Umstand nicht bekannt ist. Wenigstens die Dichter sagen, daß die ältesten Einwohner der Erde von Eicheln gelebet haben. Doch werden unter Eicheln vermuthlich alle Kernfrüchte verstanden, als die Frucht der Büche, Nüße, Kastanien und vielleicht auch einige Wurzelgewächse. Fehlt es in einem Lande an Getreide, wie in den ältesten Zeiten an den mehresten Orten, so muß freilich der Einwohner zu solchen Mitteln seine Zuflucht nehmen, die uns in bessern und angebaueten Gegenden sonderbar scheinen. So soll der äußerste Nordländer in Europa gedürrte und zerriebene Fische, selbst zerriebene Baumrinde unter das grobe Mehl zum Brodtbacken mischen. Doch auch in sehr heißen Gegenden will das Getreide nicht wachsen, zum Beyspiel unter der Linie. In Asien und Afrika giebt es große Länder, wo wenig Brodt gegeßen wird, weil daselbst der Reiß gut fortkommt, und in einem steifen Brey statt des Brodts gegeßen wird. Der Reiß hat überhaupt den Fehler, daß er selbst mit Weitzen vermischt ein kurzes oder krümliches Brodt giebt. Auch nur derjenige Reiß, der in trocknen Gegenden wächst, soll sich in Brodt verwandeln laßen, da der auf naßen Boden gewonnene keine Säure annimmt und nicht gahret. Und diese letzte Reißart ist die gewöhnlichste. In Afrika und andern Gegenden giebt es große Län-

Länder, wo die Menschen blos von Hirsen leben, ja selbst in Europa auf den tyrolischen Gebirgen. Das bekannte **Brodt von Rima** ist die Brodtspeise auf den Moluckischen Inseln. Es ist die Frucht des bekanten Brodtbaumes. Manche indianische Gegenden backen auch Brodt aus dem Mark gewißer Palmbäume. Hiezu gehört vorzüglich das **Sagu**= oder **Sagobrodt.** Auch in Europa kauft man anjetzt den Sago in Körnern, und kocht hieraus Suppen, in meiner Gegend mit rothem Wein. Das **Brodt aus der Caßava** wird in Südamerika gegeßen, vorzüglich in Peru und Mexiko. Es ist die gedörrete und zerriebene Wurzel der Magnokpflanze. In Nordamerika nähren sich die Völker häufig von Ertoffeln, und den ähnlichen Patatten. Wiewohl selbst in Europa ist das Brodt nicht eine so allgemeine Speise als in Deutschland. Auf den Schweitzergebirgen ißt man dagegen häufig Brey von Reiß, und in Italien die sogenante **Polenta**, einen steifen und dicken Brey aus Maysmehl. Doch kein Wort mehr von diesen Nebensachen.

2) Nächst dem Getreide gehört zum Einkauf des Bäckers das **Holz** zum Heitzen des Backofens, woran es dem Bäcker billig nie an Vorrath fehlen muß. Das Holz, so zu diesem Behuf dienlich ist, muß sich gut spalten laßen, trocken seyn, und eine lebhafte Flamme geben. Die erste Eigenschaft ist deshalb erforderlich, weil der Bäcker sein Holz gerne in lange und dünne

Stücke

Stücke zerspaltet, und hiemit den Ofen am bequemsten und leichtesten hitzet. Ist es gut trocken, so schadet die Feuchtigkeit nicht nur dem Ofen nicht, sondern die Lebhaftigkeit der Flamme wird auch hiedurch befördert. Diese ist aber deshalb nöthig, damit der Ofen nicht blos auf dem Heerd, sondern auch in dem Gewölbe durchgängig aushitzet. Denn die Farbe, so der Bäcker Brod und Semmel ertheilet, verlangt, daß der Ofen gleichfalls im Gewölbe gut gehitzt ist, wie ich an seinem Ort zeigen werde. Fichten- Elsen- und Birkenholz hat die gedachte Eigenschaften, und schickt sich daher am besten zum Heitzen des Backofens. Der einheimische Bäcker wählt aber das kienene oder fichtene Holz am liebsten, weil es alle gedachte Eigenschaften vorzüglich besitzt, und in unserm Lande auch mit am wohlfeilsten ist. Im Nothfall muß der Bäcker aber jede Holzart wählen, und Zeit, Ort und Umstände können vieles abändern. Doch welche Holzart der Bäcker auch wähle oder wählen muß, so muß das Holz zwar trocken aber doch, frisch, und nicht auf dem Stamme abgestorben seyn: denn abgestorbenes Holz giebt wenig Hitze, daher hat der Bäcker das alte Sprichwort: altes Mehl und frisches Holz macht den Bäcker stolz — Der berlinische Bäcker kauft sein Holz von den königlichen Holzplätzen Haufenweise, und jeder Haufen enthält 5 Klafter. Beym Zerhauen, so der Bäcker durch seine Gesellen verrichten läßet, behält das Backholz zwar die Länge der Kloben,

allein

allein ästige Kloben werden etwa in 3 Zoll dicke Stücke; die schieren Kloben aber in 1½ Zoll dicke sogenannte **Backsprießel** zerspalten. Das zuerst genannte stärkere Holz heißt **Aufsatzholz**, weil der Bäcker es vorläufig zum Austrocknen in den leeren Ofen bringt, und es mit dem Schieber kreutzweise aufsetzet. Dieser Haufe wird zu seiner Zeit nach einigen Stunden angezündet, und die Backsprießel werden nachgeworfen. Herr Malouin in seiner Bäckerkunst will das vorläufige Austrocknen des Holzes im Ofen nicht anrathen, theils weil die im Holze zurückgebliebene Feuchtigkeit den Ofen verderben und einen schädlichen Einfluß in das Brodt haben könnte, theils weil hieraus Feuersgefahr zu besorgen stehet, theils auch, weil ein zu stark ausgetrocknetes Holz seine Kraft verlieret, daher denn mehr Holz zum heitzen erfordert wird. Diese Gründe scheinen nicht ganz verwerflich zu seyn. Ich erinnere nur noch, daß sich der Bäcker aus dem Kern der harzigsten Kienkloben Kien zum Anzünden und Leuchten ausspaltet.

3) Die **Hefen**, oder wie man in meinem Vaterlande mit dem Plattdeutschen durchgängig sagt, die **Bärme** wird selten zum Gahren beym Rockenbrodt, sondern blos bey den Bäckerwaaren aus Weitzenmehl z. B. der Semmel statt des Sauerteigs genommen. Denn es ist mir weiter kein Rockenbrodt bekannt, wozu Hefen genommen werden, als das sogenannte **Bärmbrodt** der Landleute, wozu man doch insgemein etwas

Wei-

Weitzenmehl unter das Rockenmehl mischt. Ich rede hievon weiter unten. Wiewol ich erinnere mich gehört zu haben, daß man in Schlesien neben dem Sauerteig auch zuweilen etwas Hefen unter den Brodtteig nimmt, wo man die Gahre nicht blos durch das Sauern erhalten kann. Denn man macht hier in ziemlich kalten Backstuben Teig. Die Hefen geben aber allerdings ein lockeres Brodt, wozu der Teig nicht so stark geknetet werden darf, als wenn er blos gesäuert ist. Man hat aber **Ober-** und **Unterbierhefen.** Die erstern stößt das Bier beym Gären aus, die letztern fallen aber auf den Boden des mit Bier angefüllten Gefäßes. Jene sind aber weit flüchtiger und kräftiger, als diese, und werden auch von dem Bäcker vorzüglich gesucht. Ueberdem giebt es Hefen von Braunbier und Weißbier. Die erstern sind zwar überhaupt genommen flüchtiger und wirksamer, als die letztern, allein sie haben zu dem gegenwärtigen Gebrauch den Fehler, daß sie der Semmel und dem Kuchen einen bittern Nebengeschmack ertheilen. Daher bedient sich der Bäcker der Weißbierhefen am liebsten, wenn er sie nur erhalten kann. Allein es sind in Berlin und in den mehresten einländischen Städten nicht so viel Weißbierbrauer, daß sie sich und alle Bäcker mit Hefen versorgen können, und in manchen Städten fehlen diese Brauer gänzlich. Bey entstehendem Mangel muß sich der Bäcker zu helfen wissen. Das leichteste Mittel ist, daß er den gedachten

Fehler

Fehler der Braunbierhefen auf folgende Art zu bessern sucht. Der Bäcker gießt auf diese Hefen reines Wasser, rühret sie hiemit um, und läßt die Mischung so lange stehen, bis sich die Hefen wieder gesetzt haben, und auf den Boden gesunken sind. Alsdenn gießt er das Wasser wieder ab, und wirft ein paar Stücke Zucker in die Hefen. Hiedurch wird nun zwar diesen Hefen einigermaßen die Bitterkeit benommen, aber nicht gänzlich. Vor einigen Jahren hat ein Jude dagegen den berlinischen Bäckern gegen eine Belohnung ein Mittel gezeigt, die Weißbierhefen mit Ertoffeln oder Tartüffeln zu verlängern. Die Ertoffeln werden nemlich gekocht, abgehülset und gewöhnlich zerrieben. Hiernächst verdünnet man die geriebenen Ertoffeln mit warmen Wasser, schlägt sie durch einen Durchschlag, damit alle Hülsen abgesondert werden, und stellet einen Eimer voll von diesem Brey mit 2 Quart Weißbierhefen an. Zugleich schüttet man noch ein paar Quentchen gebrannte und zerstoßene Krebssteine und eben so viel gebranntes und zerstoßenes Hirschhorn hinzu, oder statt der Krebssteine Franzbrantwein, setzt die ganze Mischung an einen warmen Ofen, läßt sie daselbst gären, und bedient sich ihrer nach dem Gären statt der Weißbierhefen. Diese künstliche Hefen vertreten zwar die Stelle der Weißbierhefen, nur gebraucht man von jenen noch einmal so viel, als von diesen. Dagegen vermehren diese Ertoffelhefen auch die Masse des Weitzenteigs, welches dem Bäcker aller-

allerdings Nutzen bringt, da Ertoffeln ungleich wohlfeiler sind, als Weitzen. Einige berlinische Bäcker sollen daher die gedachten Ertoffelhefen noch mehr zur Vollkommenheit gebracht haben, und sich ihrer beständig mit Nutzen bedienen. Sollte man nicht Mittel finden können, so wie die Pariser Bäcker, die Weißbierhefen in einer trocknen und festen Gestalt aufzubewahren, oder sie in dieser Gestalt aus solchen Städten kommen zu lassen, wo viel Weißbier gebrauet wird? denn Herr Malouin in seiner Bäckerkunst sagt, daß die Pariser Bäcker ihre mehresten Hefen trocken und fest aus Flandern erhalten. Die erste Ausgabe dieser Sammlung zeigt, daß man im Reiche und in Weinländern, wo wenig Bier gebrauet wird eine Materie, **Zeug** genannt, statt der Hefen nimmt, und daß dieser Zeug mehrentheils aus Hopfenwasser entstehet, die Waare aber saurer macht, als die Hefen. Ich vermuthe, daß dieser Zeug nichts anders ist, als das Mittel, dessen man sich in Ungarn bedient, um dem daselbst üblichen Weitzenbrodt Gahre zu ertheilen. Der Herr Uebersetzer der Bäckerkunst des Herrn Malouin, Herr D. Schreber, beschreibt dieses Mittel in einer besondern Beylage. Man mischt Weitzenkleyen und Hopfen mit einander, erweicht etwas Sauerteig mit laulichten Wasser, und knetet alle diese Stücke zu einem Teig. Dieser muß in der Wärme gahren, und nach dem Gahren verwandelt man ihn in Klöße, wälzet diese in Kleyen, und läßt sie in der Hitze trock-

trocknen. Die ausgetrockneten Klöße werden zerbrochen, damit sie auch inwendig trocknen. Ist dieses, so kann man die Stücke ein ganzes Jahr aufbehalten. Beym Gebrauch nimmt man etwas von der gedachten Masse, verdünnt es mit laulichten Wasser, und läßt es in der Wärme gahren. Alsdenn gießt man es durch ein Sieb unters Mehl, fügt zugleich etwas laulichtes Wasser hinzu, macht einen Teig, und druckt diesen gut aus. Dieses ist so zu sagen das Hefenstück der hiesigen Bäcker, so zwey Stunden gahren muß. Nach dieser Zeit macht man gewöhnlich einen festen Teig, und schüttet etwas Salz hinzu. Hiedurch entstehet ein schmackhaftes Brodt, so nicht so leicht schimmelt.

4) **Salz und Kümmel** wird zuweilen auf Semmel und Brodt, jederzeit aber Salz auf Salzkuchen gestreuet. Die Bäckerwaare wird hiedurch schmackhafter, wenn man die gehörige Proportion trift. Wahrscheinlich würde auch das Rockenbrodt schmackhafter seyn, wenn man beym Kneten etwas Salz hinzusetzte, wie in Frankreich beym Weitzenbrodt üblich ist. Pottasche, Honig und Syrup, deren die erste Auflage gedenkt, werden nur von den Pfefferküchlern gebraucht. Ich habe diese letztere Profeßion bereits besonders beschrieben, aber vielleicht vergessen zu erinnern, daß bey den Pfefferkuchen Pottasche die Stelle der Hefen vertreten soll. Freilich geben einige auch dem Bäcker schuld, daß er sich dieses und anderer ähnlichen Mittel

bedienen soll, um die Semmel oder auch das Brodt lockerer zu machen, aber der Bäcker streitet sehr dagegen und wenigstens ehrliche Bäcker auch wol mit gutem Grunde.

II. Die **Werkzeuge** des Bäckers werden mich nicht so lange verweilen, als die Materialien, denn sie sind größtentheils einfach. Sie befinden sich zum Theil in der Backstube, zum Theil vor dem Ofen, je nachdem sie hier oder dort gebraucht werden. In der **Backstube** wird gesauert und Teig gemacht, und sie muß daher nach hiesigen Gebrauch jederzeit geheitzt seyn. Zuweilen ist der Backofen dergestalt angebracht, daß er an einer Seite etwas in die Backstube hinein ragt, und diese zum Theil erhitzt. Ist dieses nicht, und der Backofen ist z. B. der Backstube gegen über (denn in der Nähe muß er seyn,) so heitzt man die Backstube mit einem Stubenofen. Herr Malouin bestimmt sogar den Grad der Wärme, den die Backstube haben muß, nemlich beym Sauern 10 bis 12 Grad, beym Gahren des Teigs, aber 18 bis 20 Grad nach dem Reaumurschen Thermometer. Von dieser künstlichen Ausmessung weiß denn wol der hiesige Bäcker nichts, sondern er folgt blos seinem Gefühl. Die Werkzeuge braucht der Bäcker in folgender Ordnung. Tab. I.

1) In den hölzernen **Mehlfässern** Fig. I. mit einer Handhabe, trägt der Bäcker das Mehl von dem Vorrathsboden in die Backstube, wo

er es mit einem feinen **Drathsiebe** Fig. IV. in die Beute siebet.

2) In eben dieser Backstube ist in dem Stubenofen eine zierlich große eingemauerte **Ofenblase** Fig. II. von Kupfer. Sie ist jedermann bekannt. In dieser Blase wird das Wasser zum Sauern von dem Feuer im Ofen erwärmet. Mit einem kupfernen **Blasentopf** Fig. VI. schöpft der Bäcker das Wasser zum Gebrauch aus der Blase.

3) Die **Beute** Fig. X. worinn gesauert und der Teig gewirkt wird, heißt, wenn sie kleiner ist, im gemeinen Leben **Backtrog**. Die besten Beuten sind ein, gleich einer Mulde, ausgeholtes Stück Holz Fig. X. a b, von weißbüchen, eichen, oder einem andern festen Holze. Doch werden insbesondre die Semmelbeute aus starken Brettern zusammengeschlagen, und sind alsdenn vierkantig, oben weiter, als unten. In jedem guten Backhause hat man wenigstens zwey Beuten, nemlich eine **Brodt**- und **Semmelbeute**. Die Größe dieses Backgeräths richtet sich nach dem Raum der Backstube und nach dem Betrieb der Bäckerey. Insgemein pflegen sie zwischen 5 bis 10 Fuß lang, etwa 2½ Fuß breit, und fast eben so tief zu seyn. Auf die Beute legt man im erforderlichen Fall einen **Beutendeckel** a c von stark und glatt abgehobelten Brettern. Auf diesem Deckel der etwas länger und breiter ist, als die Beute, wird der Teig abgewogen und erforderlich zu Brodt oder Semmel gebildet.

4) Nach dem Wirken wird der Teig innerhalb der Beute und auf dem Beutdeckel mit der eisernen **Trogscharre** Fig. XI. oder Schabe abgekratzet, und mit dem stumpfen **Teigmesser** schabt der Kneter den Teig von den Händen ab. Es ist ein gewöhnliches stumpfes Messer. Diese nur gedachte und andre Abgänge beym Backen, sammlet der Bäcker eine Zeitlang, und braucht sie zum Mästen der Schweine, so wie auch die Kleyen, das Stein- und Staubmehl, und zuweilen auch das grobe Rockenmehl. Doch die Kley wird auch häufig zum Viehfutter verkauft.

5) Die **Backbretter** Fig. VIII. sind gewöhnliche abgehobelte Bretter, die etwa 7 Fuß lang, und einen Fuß breit sind. Der bereits zu Brodt oder Semmel gebildete Teig wird auf diese Bretter zum Aufgehen, oder wie der Bäcker sagt, zum **Gahren** gesetzt, und auch auf diesen Brettern zum Ofen getragen. In andern Gegenden besonders in der Fastbäckerey bedienet man sich dagegen der **Backnäpfe** oder **Backkörbe**, die aus Reisern oder auch aus gespaltnen Fichtenwurzeln geflochten sind. Die bekannte **Kuchenbretter** Fig. XXVII., worauf man den dünngerolleten oder gemangelten Kuchenteich gahren läßt und zum Ofen trägt, heissen zuweilen gleichfals **Backbretter**. Sie sind 2 bis 3 Fuß lang, 1½ Fuß breit, und haben hinten zum Anfaßen einen Griff oder eine Handhabe.

6) Die

6) Die Garstangen Fig. IX. sind zwey Latten, a b und c d, die kurz unter der Decke der Backstube, und zwar nach der Breite der lezztern, unter dem Ofen befestiget sind. Der Bäcker schiebt auf diesen Stangen die Backbretter e f mit dem gebildeten Teig, damit dieser desto besser garen, wenn nemlich die Stube nicht überflüßig warm ist. Denn es ist bekant genug, daß unter der Decke einer geheitzten Stube die stärkste Hitze ist.

7) Ist aber die Backstube ziemlich heiß, so schiebt man jedes Backbrett auf zwey gegenüberstehende lange und starke hölzerne Pflöcke Fig. V. a b, die entweder in zwey Stiele der Wand, oder an einem besondern hölzeren Bock c d und e f befestiget sind. Daher fehlen die Garstangen in solchen Backstuben, die an den Backofen stoßen, und an dem Ofen steher dagegen gedachter Bock mit mehrern gegenstehenden Pflöcken.

8) Das wichtigste Stück eines Backhauses ist ohne Zweifel der **Backofen** Fig. XIII., wobey ich mich also vorzüglich verweilen muß. Die XIII. Fig. stellt den Ofen blos von vorne unter dem Rauchfang vor, da wo man den Teig einschiebet. Ein solcher Ofen ist in hiesiger Gegend ganz von Backsteinen aufgeführet, und zwar wie bey jedem feuerfesten Mauerwerk, mit Lehm. Doch pflegt man in manchen Gegenden, wo man gute feuerfeste Sandsteine wohlfeil erhalten kann, den Fuß des eigentlichen Gewölbes unmittelbar über dem Heerd von solchen Steinen auf-

zuführen, weil sie die Hitze gut annehmen und erhalten. Die Größe eines solchen Ofens hängt von dem Raume ab, insbesondere aber von dem Abgang der Bäckerwaare, so der Bäcker in seiner Stadt oder in der Gegend der Stadt wo er wohnt, zu erhalten hofft. Ein mäßiger Ofen pflegt unter dem Heerd 10 Fuß lang, und wenn er eyrund ist, 7 bis 8 Fuß breit zu seyn. Die größten Ofen sind ohngefähr 13 Fuß lang und 10 Fuß breit. Durchgängig muß aber das Gewölbe so flach wie möglich seyn, damit der enge Raum im Ofen die Hitze bestmöglichst zusammen hält. Daher pflegt der weiteste Abstand des Gewölbes von dem Ofenheerd nicht mehr, als 10 bis 12 Zoll zu betragen. In hiesiger Gegend sind die Backofen der Bäcker insgemein länglig oder ovalrund, und selten gleicht das Gewölbe selbst dem Abschnitt einer Kugel. Mir wenigstens scheint es aber, daß die letzte an Gestalt die Hitze am besten zusammen halten würde. Doch ich muß den Ofen theilweise betrachten. Das Fundament oder die Grundmauer des Ofens Fig. XIII. ist insgemein ganz von Backsteinen, obgleich die oberste Lage der Steine unmittelbar unter dem Heerd bey einigen Ofen von Feldsteinen seyn soll. Die Höhe dieses Fundaments beträgt etwa 4 Fuß über der Erde, so daß der Heerd über dem Fundament einer erwachsenen Mannsperson bis unter die Arme reicht, damit der Bäcker seine Waare bequem in den Ofen schieben kann, ohne sich zu bücken oder irgend wo auf-

aufsteigen zu dürfen. Dieses Fundament ist entweder durchgängig maßiv, oder es hat auch zur Ersparung der Steine über dem Fußboden ein gewölbtes Loch c d, so sich nach dem Rauchfang zu öfnet, und worin man Backgeräthe bey Seite setzen kann. Doch giebt man einer durchgängig maßiven Grundmauer den Vorzug, weil sie die Hitze besser beysammen hält. Auf dieser vierkantigen Grundmauer erhebet sich nun in den vorhergedachten Abstand das kugelrunde oder ovalrunde Gewölbe. Dieses Gewölbe kann in der XIII. Fig. nicht in die Augen fallen, sondern wird von der Brandmauer e b bedeckt. Hinten im Ofen muß dieses Gewölbe natürlicher Weise unmittelbar auf der Grundmauer stehen, so wie auch auf den Seiten, vorne lehnt es sich aber gegen die Brandmauer e b des Rauchfangs, und das Gewölbe ist hier also nicht bis an den Heerd geschloßen. Denn hier muß das Mundloch angebracht werden, durch welches man die Bäckerwaare in den Ofen schiebet. Dieses **Mundloch** Fig. XIII. f h befindet sich also in der gedachten Brandmauer des Rauchfangs, zwischen dem Heerd und dem abgeschnittnen Gewölbe des Ofens. Es ist etwa 1 Fuß breit und etwas weniger hoch. Man kann es entweder mit einem eisernen **Schieber** g h, so seitwärts zur linken aufgeschoben wird, öfnen oder verschließen, und dieses ist das vortheilhafteste, oder dagegen mit einer hölzernen **Stürze**, so man blos vorsetzet. Nach dem Innern des Heerds zu ist das Mundloch etwas enger, als außerhalb, nemlich fast um die Dicke des Lehmheerds. Dieser Heerd rundet sich nemlich nach dem Mundloch zu ab, und diese Rundung nennt man die **Brust** des Ofens. Man bringt diese in dem Ofen an, damit beym Unterstoßen und Einschieben die Dünste nicht so leicht aus den Ofen dringen. Die Brust stößt sich leicht ab, und wird daher insgemein von Eisen gemacht. Dem Mundloch zur Rechten ist das **Leuchtloch** k, so nur einige Zolle lang und breit ist. In dieses Leuchtloch legt man beym Schieben des Brodts in den Ofen, brennenden Kien, um das Innere des Ofens zu erleuchten. Doch verlangen die Umstände zuweilen, daß dieses Leuchtloch mit seiner eisern Thüre k verschloßen werden muß. Alsdenn erleuchtet man den Ofen mit der **Lampe** l m n. Diese ist zwischen dem Leucht- und Mundloch befestiget. Sie bestehet aus einigen eisernen Gliedern l m, die durch Niedte vereiniget sind, sich daher bewegen und nach Belieben richten laßen, und verknüpft horizontal schweben. Das äußerste Glied trägt auf seiner Spitze eine Tille n, oder ein kleines Feuerbecken, worin man Kien legt, so vorher angezündet ist, die Lampe gegen das Mundloch richtet, und hiedurch den Ofen erleuchtet. Vorher hab ich gesagt, daß sich das Gewölbe neben den Mundloch an die Feuermauer e des Rauchfangs lehnt, wodurch hier so zu sagen ein Theil der Rundung des Gewölbes abgeschnitten ist. Hiedurch

durch entstehet innerhalb des Ofens an der Feuermauer auf jeder Seite des Mundlochs doch in einiger Entfernung, ein Winkel etwa über f d m. Diese Winkel heißen die **Hacken** des Ofens, und sie sind in sofern vortheilhaft, weil beym Backen der Wrasen, Broden oder die Ausdünstungen gegen diese Hacken stoßen, auf die Bäckerwaare zurückkommen, und dieser Farbe ertheilen; allein sie erschweren das Einschieben des Brodts und der Semmel, wie ich an seinem Ort zeigen werde. Ueber dem Mundloch und zugleich über dem Gewölbe p q des Ofens sind 5 bis 7 vierkantige **Zug**= oder **Rauchlöcher** o, in der Brandmauer des Rauchfangs. Aus jedem Zugloch o gehet eine gemauerte Röhre nach dem Gewölbe des Ofens. Sind, wie gewöhnlich, 5 Zuglöcher da, so gehen zwey Röhren nach dem Hintertheil des Ofens, drey aber nach seiner Mitte, und öfnen sich sämtlich im innern Gewölbe des Ofens. Diese Röhren befördern in allen Gegenden des Ofens die Zugluft, unterhalten die Flamme des Feuers, und führen den Rauch ab. Dahero setzt sich von dem Rauch in diesen Röhren Ruß, wovon man die Röhren mit einer Stange reinigen muß, woran vorne ein Filz oder auch nur ein Lappen angebunden ist. Man fährt mit dieser Stange durch das Zugloch in die Röhre. Jedes Zugloch kann nach Befinden mit einer **Noppe** von Lappen oder mit einer eisernen Thüre, oder am besten mit einer kupfernen **Stürze** verstopft und ver-

verschloßen werden. Die sämtlichen Röhren liegen frey auf dem Gewölbe des Ofens in verschiedenen Gegenden. Die besten Backofen haben daher über dem Gewölbe noch einen Mantel, oder einen ein Fuß dicken Lehmschlag von guten Lehm. Dieser Mantel bedeckt die sämtlichen Röhren. Doch ist er vorzüglich in der Absicht angebracht die Hitze in dem Ofen zusammen zu halten. Zuweilen stehen auch neben dem Gewölbe auf der Grundmauer nach dem ganzen Umfang des Ofens Mauern, die so hoch sind, als das Gewölbe, damit man auf dieses einige Fuß hoch Schutt aufschütten kann. Dieses hält die Hitze zwar zusammen, erschweret aber das Gewölbe. Einige Ofen sollen auch zwey Gewölbe über einander, doch ohne Mantel von Lehm haben, so daß gedachte Röhren zwischen beyden Gewölben fortlaufen, und ihren Abstand bestimmen: allein ich habe dergleichen Ofen nie gesehen.

So ist nun der Ofen außerhalb beschaffen; ich muß aber auch das Innere in Betrachtung ziehen, wo nur eine Hauptsache, nemlich der Heerd in Erwegung kommt. Dieser ist der Hitze des Feuers und also der Vergänglichkeit vorzüglich ausgesetzt. Aus Herrn Malouins Beschreibung der Bäckerkunst erhellet, daß man in Frankreich den Heerd häufig aus feuerfesten Backsteinen, oder auch mit gebrannten Fliesen der Töpfer ausleget. Allein die hiesigen Losbäcker verwerfen beydes aus einer doppelten Ursache: erstlich wird der Stein sowol, als die Fliese

beym

beym Heitzen glühend, zumal da die Hitze anhaltend und stark ist, und das Brodt, vorzüglich aber die Semmel verbrennet auf seinem sogenannten Heerd oder auf der Unterrinde. Zweytens halten beyde Steinarten die Hitze zwar an sich aus, aber, wenn der Ofen, wie gewöhnlich mit Wasser gelöscht oder gekühlet wird, so zerspringen sie in kurzer Zeit bröckeln ab, und der Heerd wird uneben. Man erinnere sich hierbey, daß in den Backhäusern grosser Städte täglich zuweilen drey- oder vier- und mehrere Male gebacken wird. Gleichen Fehlern wie die Backsteine sind auch die Sandsteine ausgesetzt, wenn sie auch an sich feuerfest sind. Diejenigen Bäcker haben dieses erfahren, die den Heerd blos innerhalb des Mundlochs mit Back- oder Sandsteinen gepflastert haben; dagegen ist der Heerd und der Ofen der Fastbäcker blos von Fliesen oder Backsteinen, aus Ursachen die ich weiter unten anzeigen werde. Die einheimischen Losbäcker ziehen aber den Heerd von guten Lehm vor, der etwa einen halben Fuß hoch auf der Grundmauer liegt. Ein solcher Heerd wird zwar gleich **geschlagen** wenn man den Backofen neu setzt: allein er dauert höchstens nur 4 Jahre; und wenn der Lehm nicht vorzüglich ist, oder stark gebacken wird, kaum 2 Jahre, ohnerachtet der Ofen selbst, wenn er gut aufgeführet ist, 50 und mehrere Jahre stehen kann. Nicht jeder Lehm schickt sich zum Heerd, denn er muß nicht sandig, und vorzüglich nicht Kalk oder Mergel bey sich führen, weil beydes in der

Hitze

Hitze sich aufbläßet. Man läßt ihn daher oft von fernern Gegenden herbey kommen, und der so ich gelegentlich in Potsdam gesehen habe, war braun oder auch grünlich. Es giebt in Berlin und Potsdam besondere Personen, Bäcker oder Maurer, so vorzüglich die Kunst verstehen, den Heerd gut zu schlagen. Diese zerstossen den Lehm mit einem Spaden, suchen die Steine und Klöße und insbesondere den Mergel und Kalk sorgfältig aus, und sieben ihn auch wol; alsdenn wird der Lehm mäßig mit Wasser angefeuchtet, oder wie einige rathen mit Heringslake oder Salzwasser. Schon vorher hat man den alten löchrichten Heerd des Ofens mit einer Heerdstange ausgebrochen. Die **Heerdstange**, Fig. XXXV. hat vorne in a ein dreykantiges, starkes und etwas geschärftes Eisen, und gehört zu dem Geschlecht der Brechstangen. Statt des alten Heerds wird nun das ganze Fundament oben durchgängig mit dem frischen angefeuchteten Lehm etwas mehr als einem halben Fuß hoch beschüttet. Nunmehro steigt der Heerdschläger in den engen Raum des Ofens, und schlägt den Lehm mit einem besondern Instrument fest und glatt. Dieser Heerdklopfer Fig. XXX. ist ein vierkantiges starkes und mit Bley ausgegossenes Stück Holz, mit einem Handgriff. Ueber diesem Holze ist eine Eisenplatte mit einer glatten Bahn befestiget, und diese berührt eigentlich beym Schlagen den Lehm. Schwer muß dieses Instrument seyn, weil man es in dem flachen Ofen nicht hoch

hoch heben kann, und doch mit Nachdruck aufschlagen muß. Andre nehmen dagegen eine kleine vierkantigte Marmorplatte mit einer polirten Bahn, und auf den Seiten mit Reifen zum Anfassen. Der Heerdschlager muß aber den Heerd nicht eher verlassen, bis er völlig eben und glatt ist; man siehet aber leicht, daß diese Arbeit mühsam und sauer ist, zumal da niemand lange in dem engen Raum des Ofens ausdauren kann. Wenn der Heerd fertig ist, so wird er mit gesiebter Asche bestreuet, welche die Risse ausfüllen muß, die öfters beym ersten Heitzen entstehen. Man heitzt aber den Ofen sogleich auf dem frischen Heerd, gewöhnlich erst hinten, denn in der Mitte, und endlich vorne; aber mit kleinem Holze. Einige lassen auch vor dem ersten Heitzen ein paar Hobelspäne auf dem Heerd ausbrennen. Will nun aber der Bäcker in dem Ofen auf dem frischen Heerd wieder backen, so muß er ihn nach und nach, und zuerst mit wenig Holz anhitzen, auch fleißig nach seiner Waare im Ofen sehen, damit sie nicht verdirbt. Endlich erinnere ich nur noch, daß das Mundloch Fig. XIII. f h Leuchtloch i k und die Zuglöcher o sich in einer Brandmauer e b öffnen, und diese gehöret zu einem Rauchfang mit einer Schorsteinröhre, so den Rauch völlig abführet. Eine Ausmessung und Berechnung eines Bäckerbackofens stehet in Herrn Angermanns Civilbaukunst, S. 283.

9.) Der Bäcker hat wenigstens zwey hölzerne **Ofenkrücken**, Fig. XXIII. eine mit einem langen

Stiel, womit das Feuer im Ofen von Hinten in die Mitte gezogen wird; die andre aber mit einem kurzen Stiel, womit er das Feuer von der Mitte nach dem Mundloch zu, und die Kohlen auch aus dem Ofen ziehet. In guten Backhäusern schüttet man die ausgezogenen glühenden Kohlen in einem runden oder vierkantigen **Kohlendämpfer** Fig. XV. von Kupferblech, verschließt den Kohlendämpfer mit seiner Stürze, löscht hiedurch die Kohlen aus, und hebet sie zum fernern Gebrauch, etwa in der Küche auf. Dieses ist vortheilhafter, als wenn die Bäcker die Kohlen gleich glühend in den Ofen der Backstube werfen, um diese damit zu heitzen, oder sie zum Gebrauch in der Küche mit Wasser ausgießen. Dem ohnerachtet trift man die Kohlendämpfer nur selten in den einheimischen Backhäusern an, oder sie sind doch nicht so bequem eingerichtet, wie der jetzt beschriebene, denn zuweilen ist es blos ein hölzerner Kasten, der oben oder auch auf einer Seite offen ist, und den man auf eine oder die andere Art verschließen kann. Man macht den hölzernen Kasten vor dem Gebrauch naß, und gießt die Kohlen darin mit Wasser aus.

10) Der **Kehrwisch** Fig. XXV. ist eine Stange, woran vorne einige Hände voll Stroh doppelt genommen angebunden sind. Man taucht das Stroh in das Wasser einer mittelmäßigen Wanne von Eichenholz mit eisernen Bändern belegt, so man **Lösche** Fig. XVI. nennt; diese steht stets neben dem Ofen. Der Ofen wird mit dem nassen

nassen Kehrwisch gelöscht, wie der Bäcker zu sagen pflegt. Wenn nemlich die Kohlen ausgezogen sind, so wird der Heerd des Ofens mit dem Kehrwisch von dem Ueberbleibsel der Asche gereiniget, und zugleich in etwas abgekühlet, damit er die eingeschobene Bäckerwaare nicht versenge. Herr Malouin verwirft dieses Löschen, weil es Heerd und Ofen beschädiget: allein die einheimischen Bäcker sehen sich aus einer doppelten Ursache hierzu genöthiget. Denn die Asche hängt sich leichter an das Rocken- als an das Weitzenbrodt an, und bey der Semmel befördert das Löschen die Farbe, wie ich unten zeigen werde. Ja selbst bey der Semmel setzt sich die Asche stark an, zumal auf einem Heerd von Lehm.

11) Vor dem Mundloch des Backofens, doch in einiger Entfernung, stehet ein **Bock** Fig. XII. und auf diesem und zugleich auf einem Absatz oder eine steinerne Banke r s unter dem Mundloch des Ofens Fig. XIII. setzt der Bäcker die Backbretter mit dem gewirkten Teig, wenn er diesen in den Ofen schieben will.

12) In den Ofen schiebet aber der Bäcker die Bäckerwaare mit verschiedenen **Schiebern**, im gemeinen Leben **Schüfzeln** oder **Schützeln**, und ziehet sie hiermit gebacken auch wieder heraus. Das Blatt des **Brodtschiebers** Fig. XXII. ist 15 Zoll lang, und 1 Fuß breit. Hinten hat dieses vierkantige Blatt eine sogenannte **Schere** a b wodurch es mit einer langen Stange vereiniget ist. Der **Verrückschieber** Fig. XXVIII. ist

ist nur dadurch von dem vorigen verschieden, daß seine Stange etwas kürzer ist. Hiemit wird das Brodt nicht nur in dem Ofen verrückt, sondern auch ausgezogen, oder wie der Bäcker sagt, ausgebacken. Auf dem **Schlagschieber** Fig. XXXIV. werden die Semmeln nebst den kleinen Dreyerbrodten in dem Ofen geschoben. Damit nun mehrere Semmeln hinter einander auf dem Schieber stehen können, so ist sein Blatt zwar nur 4 bis 5 Zoll breit, aber ziemlich lang; die ganze Länge des Schiebers beträgt 10 Fuß. Mit diesem schmalen Schieber kann man aber die Semmel nicht wieder aus dem Ofen ziehen, theils weil sie auf dem Heerd rund wird, und daher nicht auf dem schmalen Schieber lieget; theils weil man gerne zur Ersparung der Zeit mehrere Semmeln zugleich ausziehet. Daher hat man in den Backhäusern einen besondern **Semmelausbäcker**, Fig. XXVI. Sein Blatt ist ohne dem Stiel 2 Fuß lang, und bis 16 Zoll breit. An einer langen Seite hat er eine vorspringende Leiste a b, damit die Semmel nicht abfällt; und auf der andern langen Seite ohne Leiste wird die ausgezogene Semmel von dem Schieber geworfen. Sein Stiel ist etwa 9 Fuß lang. Der **Kuchenschieber** Fig. XXIX. hat das längste und breiteste Blatt, und an diesem gleichfalls eine Stange; er gleicht übrigens einem Brodtschieber. Alle Schieber müßen aus einem leichten Holze verfertiget und ihr Blatt sehr dünne ausgehobelt werden. Insgemein ist zwar das

Blatt

Blatt von Kienenholz, aber der Semmelausbäcker muß aus einem festen und leichten Holze verfertiget werden, so sich zugleich nicht wirft oder zerspringt.

13) Die **Streiche** Fig. XVII. taucht der Bäcker in einem Eimer voll Wasser, und bestreicht hiermit alle Bäckerwaare, sowol ehe sie in dem Backofen geschoben wird, als auch wenn sie wieder herausgezogen ist. Der 1 Fuß lange Stiel von Holz, hat vorne eine Spalte eines Fingers breit, in welcher lange Aehren von Rockenstroh eingebunden sind.

14) Noch einige kleinere Stücke muß ich zum Beschluß anführen: Oben hab ich den sogenannten **Guckert** Fig. XVIII. vergessen, womit der Beutendeckel rein abgeschabet wird. Es ist eine alte Messerklinge, mit dem Rücken unter einem Stück Holz befestiget. Einer ziemlich grossen aber genauen **Waageschale** Fig. III. nebst den zubehörigen Gewichten, bedarf der Bäcker, um den Teig vor den Backen nach der erhaltenen Taxe abzuwiegen. Sie hängt beym Gebrauch an einem hölzernen Arm über dem Beutendeckel. Die **Mangelhölzer** oder **Mangen** Fig. XX. sind bekannt genug. Es wird hiemit der Kuchenteig dünne und glatt gerollet. Eben so bekannt ist das **Handfaß** Fig. XIX. zum Waschen der Hände. Ferner die **Durchschläge** Fig. XXIV. von Kupfer, zur Reinigung der Hefen; und das feine **Drathsieb** Fig. IV. zur Reinigung des Mehls. Doch des letztern habe schon oben gedacht

dacht. Mit dem bekannten **Borst- oder Kehrwisch** Fig. VII. wird Mehl oder Staub von Tischen, Schränken, und andern Geräthen abgekehrt. Solche Bäcker, die gesottene Fastenbretzeln backen, haben auch eine **Breche** Fig. XIV. womit der Bretzelteig fester geknetet wird. An einer schmalen Seite a b einer starken Banke b c von einer Bohle, ist eine sogenannte **Schere** d, und in dieser ist mit einen eisernen Bolzen eine Stange oder ein Baum d e beweglich befestiget. Der Baum hat zuweilen unterhalb 6 bis 7 Zacken. Der Bretzelteig wird auf gedachte Banke gelegt, und mit dem Baum fest geknetet. Wiewol die Beschreibung des Pfefferküchlers redet bereits umständlich von diesem Werkzeuge. Man findet es auch selten in einem Backhause, weil die wenigsten Losbäcker Fastenbretzeln backen.

III. Die **Waaren** des Bäckers, von deren Zubereitung ich nunmehro reden muß, sind: Rockenbrodt von verschiedener Größe und Güte. Salzkuchen; Semmeln; kleine Semmelbrodte; Bretzeln; und zuweilen auch **Herrenbrodt** von Weitzenteig, wozu man noch etwas gesauerten Rockenteig nimt. Doch wird dieses Herrenbrodt in Berlin nur selten gebacken. Ueberdem backen einige Bäcker auch Milchbrodt, Zwieback, Butterbretzeln und verschiedene andre Butterwaaren. Doch ist der Betrieb nicht in allen Backhäusern gleich, sondern er hänget von der Menge und dem Reichthum der Einwohner der Stadt, von der Gegend der Stadt, wo das Backhaus lie-

get,

get, von dem Ruf, den der Bäcker mit seiner Waare erhält, und oft von tausend kleinen Nebenumständen ab. Daher kommt es, daß einige Bäcker alle ihre Waaren bey einer Hitze des Ofens zugleich backen, andere backen dagegen täglich wol bis vier Mal, und jedesmal wird der Ofen von neuen geheitzet, und eine verschiedene Waare gebacket. Ich muß daher einen bestimmten Fall annehmen. Es mag in einem Backhause täglich dreymal gebacken werden, wie zu Berlin in mäßig guten Backhäusern am gewöhnlichsten ist, nemlich zu Anfang der Nacht Weißbrodt, nach der Mitte der Nacht Semmel nebst andern Waaren von Weitzenmehl, und Frühmorgens grobes Hausbackenbrodt. Die Arbeit in einem solchen Backhause wird insgemein von zwey Gesellen verrichtet. Der **Werkmeister** verrichtet vorzüglich die Arbeit vor dem Ofen, und regieret zugleich das Ganze. Der zweyte Arbeiter ist der **Kneter**, welcher sauert, den Teig macht und zum Ofen bringt.

1) Nach diesem festgesetzten Betrieb des Backhauses muß ich also zuerst von dem **Weißbrodt** von Rockenmehl reden. Dieses Brodt wird gewöhnlich von den begüterten Einwohnern der Stadt gekauft, und von dem feinsten Rockenmehl gebacken. Gewöhnlich macht man den Teig zu diesem Brodt lockerer als zum groben Brodt, es bedarf aber einer kürzern Zeit zum Ausbacken.

Zum Brodt- und Semmelbacken werden überhaupt drey verschiedene Verrichtungen erfordert. Erstlich macht der Bäcker einen vorläufigen Teig, dem er durch Sauerteig oder Hefen eine vorzügliche Gährung mittheilet. Diesen Teig vermehret er zweytens zu seiner Zeit durch eine Beymischung von Mehl und Wasser, so er untereinander und mit dem gesauerten Teig durch das Kneten vereiniget. Hiedurch entstehet der eigentliche Brodt- oder Semmelteig, dem der vorgedachte gegorne Teig seine Gährung mittheilet. Drittens muß endlich der gewirkte Teig in der Hitze des Ofens ausgetrocknet werden, so die sämtlichen Theile gehörig vereiniget, und zum Eßen geschickt und verdaulich macht. Diese drey verschiedene Verrichtungen fallen denn nun auch bey dem Weißbrodt vor.

a) Die erste Verrichtung beym Backen des Weißbrodts ist also das **Sauern**, oder **einsauern**. Das zu dem nächsten Backen erforderliche Mehl holen die Bäckergesellen bereits des Morgens vor dem nächsten Backen in Mehlfäßern Fig. I. von dem Vorrathsboden, und bringen es in die warme Backstube. Vermuthlich haben sie hiebey eine doppelte Absicht, theils damit sie das Mehl zum Sauern und Anfrischen stets bey der Hand haben vorzüglich aber, damit das in der Backstube erwärmte Mehl beym Sauern und Kneten desto besser aufquillet und gähret. Das herbeygebrachte Mehl siebet der Bäcker sämtlich mit einem feinen Drathsieb Fig. IV. in die Beute Fig. X. Durch dieses Sieben wird aller Schmutz, so das Mehl von dem Boden mitbringen könnte, abgesondert und das Mehl zugleich aufgelockert. Es werden hiedurch Mehlwürmer, Klöße, Staub u. d. g. weggeschafft. Doch wird nicht die ganze Beute mit Mehl angefüllet, sondern an einer Seite bleibt ein leerer Platz, der sogenante **Sauerort.** Hier liegt ein Stück Teig, so man von dem nächsten Backen, welches in großen Städten die Nacht vorher vollendet wurde, mit Bedacht aufbehalten hatte. Dieser Teig ist der sogenante **Grundsauer**, so seine Gährung auf den Teig zum nächsten Backen fortpflanzen soll. Zu einem Teig, womit man einen mittelmäßig großen Ofen durch Brodt anfüllen will, werden nur wenige Pfund Grundsauer erfordert, etwa so viel Teig, als zu einem einheimischen Eingroschenbrodt gehöret. Nach Maaß und Gewicht nimt der einheimische Bäcker den Grundsauer nicht ab, sondern nach Gutdüncken. Dieser Grundsauer bleibt von dem nächsten Teigmachen bis zu dem ersten Anfrischen unberührt in der zugedeckten Beute liegen, ohne daß man ihn mit Salz bestreuet, wie in Sachsen üblich seyn soll. Doch ist nicht zu leugnen, daß das Salz ein gutes Erhaltungsmittel des Sauerteigs ist, wenn er lange liegen soll. Die Kälte des Salzes hemmet die Gährung in etwas, daß sie nicht so leicht verschwindet. Denn in diesem Fall gehet der Sauer in die Fäulniß über. Etwa um 7 oder 8 Uhr Morgens wird der Grundsauer zum ersten Mal **angefrischet.** Der Bäcker gießt einen Blasentopf voll, oder 1 bis 1 ½ Quart laulichtes Wasser zu dem Grundsauer in oben beschriebener Größe, erweicht ihn hiedurch und macht wieder hieraus mit Mehl einen Teig. Der Bäcker richtet sich in Absicht der Menge des Wassers beym Anfrischen zwar nach seinen getreuen Augenmaaß, aber zugleich auch nach der Güte des Mehls, wenn er diese schon aus der Erfahrung kennt. Denn gutes und vorzüglich altes Mehl quillt mehr im Wasser auf als schlechtes, und man kann also auch mehr Wasser hinzu gießen. Diese Bemerkung gilt auch beym Teigmachen. Den kurz vorher erwehnten Teig muß man trocken **ausstoßen,** wie der Bäcker zu sagen pflegt, oder deutlicher geredet, sehr gut mit Mehl ausknenten. Vermuthlich soll das gut eingeknetete Mehl die Säure erhalten, und ihr neue Nahrung geben, aber auch zugleich mäßigen. Endlich streuet man Mehl auf den angefrischten Sauerteig, damit er nicht oberhalb von der Luft eine zu starke Rinde erhält, und deckt die Beute wieder mit ihren Deckel zu. Der **Sauer** oder **Sauerteig,** welches einerley sagen will, stehet in diesem Zustande etwa bis 12 Uhr Mittags, da man ihn denn zum zweiten Mal anfrischet. Bey diesem zweyten Anfrischen gießt der Bäcker bis 3 Blasentöpfe oder bis 4½ Quart laulichtes Wasser zu dem Sauer, erweicht ihn abermals, knetet ihn wieder mit Mehl ein, bestreuet ihn mit Mehl,

und

und deckt die Beute zu. Zum letzten Mal wird endlich der Sauer 4 Stunden vor dem eigentlichen Teigmachen, etwa um 5 bis 6 Uhr Abends auf eben die Art angefrischet, oder eigentlich gesauert. Der Bäcker muß aber nun vor diesem dritten und letzten Anfrischen oder eigentlichen Sauern, die Menge des zu gießenden Wassers nach der Menge und Größe der Brodte, die er backen soll, genau abmessen. Dieserhalb bestimt der Meister gegenwärtig dem Gesellen im voraus, ob dieser einen ganzen Schuß, das heist den ganzen Backofen voll Brodt backen soll, oder nicht. Der Bäcker muß also seinen jedesmaligen Abgang und die Größe seines Ofens kennen. Zu einem kleinen Ofen voll Brodt gießt man etwa 10 Blasentöpfe voll oder 12 bis 13 Quart, zu einem großen Ofen aber bis 16 Blasentöpfe voll laulichtes Wasser, und dieses würde etwa 20 Quart betragen. Die Beute wird jederzeit mit dem Beutendeckel verschlossen, damit die in die Backstube eindringende Luft die Gährung des Sauers nicht unterbricht. Hieraus erhellet also, daß man den Sauer jedesmal nach 5 bis 6 Stunden anfrischt, und 4 Stunden nach dem letzten Anfrischen Brodtteig machet. Herr Malouin in seiner Bäckerkunst verlangt, daß, der zuerst angefrischte Sauer, fester als der zweyte, und der zweyte fester als der letztere geknetet werden soll, damit man den Sauer nach und nach dem lockerern Brodtteig gleichförmig machen, und ich habe auch bey den hiesigen Bäckern bemerkt, daß man nach dem letzten Anfrischen gegen Abend den Teig ziemlich locker macht. Endlich erinnre ich noch, daß man in manchen Gegenden nur zweymal, in andern wieder bis 4 Mal anfrischt, in hiesiger Gegend aber beynahe durchgängig dreymahl, wenn man nemlich das eigentliche Sauern gegen Abend gleichfals mit einigen Bäckern anfrischen nennen will.

Bisher habe ich die Erzählung durch Betrachtungen und Anmerkungen nicht unterbrechen wollen, ich will sie aber anjetzt besonders hinzufügen. 1) Man hat zwey Mittel, eine Gährung in dem Teige hervorzubringen, die man auch zuweilen mit einander vereiniget, nemlich den Sauerteig und die Hefen. Der Sauerteig bringt eine langsamere Gährung hervor, als die Hefen. Wenn man daher **Bärm**- oder **Hasenbrodt**, dessen ich schon oben gedacht habe, zugleich mit dem blos gesäuerten Teig wirkt, und auch beydes zugleich in den Ofen schieben will, so muß man das Hasenbrodt sehr fest kneten, und hiedurch die Gährung oder **Gahre** verzögern. Hieraus erhellet, daß man die Gährung des gesäuerten Brodts durch Hefen beschleunigen kann, so aber in Deutschland bey dem Rockenbrodt selten geschiehet. Die Gährung aber, so durch ein oder das andere Mittel entstehet, verwandelt so zu sagen die Bestandtheile des Teiges. Das Mehl wird hiedurch in seinen Theilen aufgelöset, verlieret sein von Natur klebrichtes Wesen, und das Brodt wird

wird hiedurch lockerer und erhält eine ungekünstelte Würze, ja es ist auch verdaulicher. Denn ein Brodt, so nicht gehörig gegangen, oder nicht, wie der Bäcker sagt, seine Gahre hat, ist wasserfletschig oder kletschig, oder deutlich geredet, es hat zu viel wässrige oder klebrige Theile, so die Hitze des Ofens nicht gehörig abführen konnte, weil der Teig nicht hinreichend durch die Gährung aufgelockert ist. Doch kann der Teig auch zu viel Gahre erhalten. Alsdenn sinkt er nieder, und das Brodt wird unansehnlich und gleichfalls weich und wasserfletschig. Von dem Sauer- und Brodtteig glaubt man, daß er Gahre genug hat, wenn er mäßig sinkt, wenn man mit einem Finger es berühret. Denn ist aber auch wol die höchste Zeit, die Gahre durch die Hitze des Ofens zu unterbrechen. 2) Hier bey dem Weißbrodt ist nicht sowol von den Hefen, als von dem Sauerteig die Rede. Das Sauern des Rockenteiges ist eine Hauptsache bey dieser Bäckerey, und der Bäcker siehet mit aller Sorgfalt dahin, daß der Sauer nicht verdirbt. Er kann aber vorzüglich aus einer dreyfachen Ursache verderben, wenn er zu alt wird, wenn beym Anfrischen zu heiß, oder mit fettigen Wasser gegossen wird. Ist der Sauerteig zu alt, so hört er endlich auf zu gähren, und geht in die Fäulniß über. Ein solcher Sauerteig bringt entweder gar keine, oder doch nur eine langsame Gährung des Teiges hervor. In der Bäckerey kann es sich nicht so leicht ereignen, daß der Sauerteig zu alt wird, da der

Bäcker,

Bäcker, selbst in der geringsten Stadt, doch wol um den dritten oder vierten Tag wieder Brodt backt. Allein in der Familienbäckerey auf dem platten Lande, wo man oft erst nach einigen Wochen wieder backt, trift es sich häufig. Der Bäcker bekümmert sich gar nicht um die Verbesserungsmittel des alten Sauerteigs, weil er dessen nicht bedarf, ich werde aber unten Gelegenheit nehmen, hievon zu reden. Der zweyte Fehler des Sauerteigs entstehet, wenn sich der Bäcker versiehet, und beym Anfrischen des Sauers, oder beym Kneten zu heiß gießet. Dieser Fehler pflanzt sich durch den Grundsauer, so er jedesmal von dem gewirkten Teig nimmt, auf viele Tagewerke fort. Es giebt nemlich ein Brodt, so nicht die gewöhnliche dunkelgelbe und glänzende Farbe, sondern eine braune matte Farbe, nebst einer weichen Rinde mit schwarzen Blasen hat, und unten und oben nach allen Richtungen aufspringet. Ist der Fehler noch nicht stark, so nimmt der Bäcker bey dem ersten oder auch zweyten Anfrischen des Sauers zum nächsten Backen etwas weizene Kleye, und knetet diese unter den Sauer. Oder er knetet die Kleyen nebst dem Mehl beym Anfrischen unter den Sauer, denn Kleyen sind selbst in andern Fällen, z. B. in der Färberey, ein Gährungsmittel, und befördern daher die Gährungskraft des Sauerteigs. Nimmt das Uebel überhand, und läßt sich durch dieses Mittel nicht bessern, so machen einige Bäcker Gruben in den Sauer, und gießen etwas scharfen sen Bieressig hinein. Ich vermuthe, Weinessig würde noch schärfer würken. Läßt sich aber das Uebel auf keine Art bessern, so muß sich der Bäcker aus einem andern guten Backhause Sauerteig kaufen. Doch schreitet er nicht gerne hiezu, weil es umständlich ist, und ihm einige Schande bringt. Der letzte, und wie es scheint der nachtheiligste Fehler ist, wenn in die Ofenblase Fig. II., worinn das Wasser zum Säuern und Kneten erwärmet wird, zufällig Fett kommt. Alsdenn erhält das Brodt auf der Rinde schwarze Blasen, und wird unansehnlich. In diesem Fall wird die Ofenblase sogleich ausgeschauert, und mit frischen Wasser angefüllet. Wie man aber den Fehler des Sauers hebt, ist mir nicht völlig bekannt. Vielleicht versucht man es gleichfalls zuerst mit weizener Kleye, und knetet diese, wie vorher, unter den Sauer. Vielleicht muß man aber auch in diesem Fall insgemein Sauer aus einem andern Backhause holen lassen, weil es der unverbesserlichste Fehler zu seyn scheint. 3) Das Anfrischen des Sauers in den Backhäusern ist eine merkwürdige Sache, weil es bis jetzt in der Familienbäckerey hiesiger Gegend nicht üblich ist. Denn bey dieser Bäckerey sauert man nur einmal. Es frägt sich also, aus welchen Ursachen giebt sich der Bäcker die Mühe, den Sauer so oft anzufrischen? Zumal da er das Anfrischen nach Stunden und Minuten verrichtet, und sich hievon, als von der wichtigsten Sache, nichts abhalten lässet. Herr Malouin in seiner Bäcker-

kunst

kunst giebt hievon eine dreyfache Ursache an. Erstlich, sagt dieser Schriftsteller, bekommt der Sauer durch das Anfrischen neue Nahrung zum Gähren und kann nicht verderben. Die Gährung hat ihre Zeit, und nimmt nach dieser ein Ende, da denn der Sauer in die Fäulniß übergehet. Giebt man ihm aber durch das Anfrischen nach und nach neues Mehl und Wasser, so unterhält dieses die Gährung. Zweytens wird der Sauer durch das Anfrischen geistiger, und drittens nähert er sich hiedurch nach und nach dem Brodtteig. Der Grundsauer ist nemlich schon saurer als der Sauer nach dem ersten Anfrischen, und so wird die Säure durch das Anfrischen stuffenweise vermindert, und nähert sich der Säure des Brodtteigs. Daher kommt es vermuthlich, daß das Land- oder Bauerbrodt insgemein saurer ist, als das Bäckerbrodt, weil jenes nur einmal gesauert wird. Geschickte Aerzte versichern auch, daß die mäßige Säure des Bäckerbrodts, die eben durch das Anfrischen entstehet, dem menschlichen Körper zuträglicher ist, als die öfters faule Säure des Familienbrodts. Die einheimischen Bäcker behaupten überdem, daß das Anfrischen dem Brodt auch Farbe und Ansehen ertheilet. Zur Bestätigung ihrer Meynung führen sie an, daß das Familienbrodt in den Städten stets eine dunkelbraune und matte Farbe behält, wenn es gleich aus gutem Mehl geknetet ist, der Bäcker es auch nebst seinen Brodt in den Ofen schiebet, und es wie dieses

be-

behandelt. Wenigstens verliert sichs den nächsten Tag. Auch Holz soll das Anfrischen ersparen, indem es die Backzeit abkürzen soll. Nach dem letzten Anfrischen gegen Abend überläßt der Bäcker den Sauer sich selbst, und es trift sich zuweilen, wenn er die Zeit verschläft, daß der Sauer aus der Beute steigt. Denn der zuletzt angefrischte Teig ist beynahe die Hälfte des Brodtteigs. Gegen gedachten Fehler, da nemlich der Sauer zu viel gahret, kehret der einheimische Bäcker weiter kein Mittel vor, als daß er den Sauer wieder zusammendruckt. Herr Malouin giebt aber Mittel an, diesen Fehler zu bessern. Der Sauer oder Sauerteig ist aber gut, wenn er kraus aussiehet, auch kraus wieder aufläuft, wenn man ihn niederdrückt. Sinkt er von sich selbst, oder bleibt er stehen, wenn man ihn niederdrückt, so ist er fehlerhaft. 4). Auch das Wasser zum Backen ist in Betrachtung zu ziehen. Denn es ist bekannt genug, daß Luft und Wasser in Brauen und Backen einen großen Einfluß haben. Daher kommt es zum Theil, daß bey eben der Güte des Mehls an einem Ort ein gutes, an einem andern wieder ein schlechteres Brodt gebacken wird, ohnerachtet auch andere Ursachen vorhanden seyn können, z. B. die Sorgfalt oder Nachläßigkeit der Bäcker. Das Wasser ist ein ohnstreitiger Bestandtheil des Brodts, und Luft befindet sich in Wasser und Mehl, und wird zum Theil auch mit hineingeknetet. Die Luft in den Teig befördert auch ohne Zweifel die

Gäh-

Gährung, und die Gährung gehet auch ohne Zweifel besser von statten, je elastischer diese Luft ist. Herr Malouin verlangt zum Backen ein reines und weiches Wasser, gestehet aber ein, daß ein trübes und dem Anschein nach fehlerhaftes Wasser ein gutes Brodt geben kann, und das letztere weiß ich aus eigener Erfahrung. Die einheimischen Bäcker scheinen auf das Wasser nicht Rücksicht zu nehmen, und der berlinische Bäcker backt aus dem Brunnen hinter seinem Hause, ohnerachtet es viele Sandtheile bey sich führet. Zum Glück erhält er demohnerachtet ein gutes Brodt und gute Semmel. Doch habe ich beydes in manchen sächsischen Städten noch besser gefunden, so aber auch von der Güte des Getreides abhängen kann. Ueberhaupt ist aber ein weiches Wasser zur Bäckerey am vortheilhaftesten, weil es die Gahre am meisten befördert. Das Wasser zum Sauern und Teigmachen muß aber weder zu kalt, noch zu warm seyn. Herr Malouin nimmt an, daß es nicht wärmer noch kälter seyn muß, als das Wasser, so in heißen Sommertagen der Hitze der Sonne ausgesetzt ist, und dies scheinet gegründet zu seyn. Ist es zu heiß, so befördert es die Gahre zu stark, und verdirbt den Sauer, wie ich oben gezeiget habe. Ist es zu kalt, so wird die Gahre zu stark verzögert. Doch mag es eher zu kalt, als zu warm seyn, zumal in einer geheitzten Backstube. Denn jenes erfordert nur mehr Zeit zum Gahren und eine heißere Backstube, da dieses hingegen nach-

theilige

theilige Folgen nach sich ziehet. Der einheimische Bäcker erwärmet das Wasser gewöhnlich in der Ofenblase, und in Absicht des Grads der Wärme sieht er auf die Witterung. Bey kalten Wetter macht er es wärmer, als bey heißen, und in heißen Sommertagen kann er es allenfalls ungewärmt nehmen. In manchen Gegenden, z. B. in Schlesien, macht man aus Holzmangel, in einer Backstube Teig, die nur mäßig durch den benachbarten Backofen erwärmt ist. Alsdenn gießet man heißeres Wasser beym Kneten, und wenn die Gahre vermuthlich nicht gehörig erfolgt, z. B. im strengen Winter, so setzt man etwas Hefen auch wol etwas Weizenmehl hinzu. Es giebt ein lockeres Brodt. Endlich komme ich noch zu einer wichtigen Frage, nemlich: Wieviel Wasser muß bey einem bestimmten Maaß Mehl zum Sauern und Kneten genommen werden, und wieviel trägt das Wasser neben dem Mehl zur Masse des Brodts bey? Die letzte Hälfte dieser Frage möchte wol zu den Geheimnissen der Bäckerey gehören, denn kein Bäcker möchte die Wahrheit völlig sagen, wenn er sie auch genau wüßte. Doch scheint mir, daß die Bäcker diesen Umstand selbst nicht genau wissen; weil sie nie Versuche nach Maaß und Gewicht angestellet haben. Frägt man daher den Bäcker nach dieser Sache, so überschlägt er sie in Gedanken etwa auf folgende Art. Er rechnet zu einem Pfund Weißbrodt 28 Loth Mehl und 10 Loth Wasser. Im Ofen dunsten 4 Loth aus, und 2 Loth beym Auskühlen; doch wollen viele von diesen starken Abgang beym Auskühlen nichts wissen, so wie auch nicht, daß das Brodt am nächsten Tage merklich leichter seyn sollte, als an dem Tage, da es gebacken ist. Hiernach würde zu der Masse des Brodts, so ein Pfund wieget, das Wasser nur 4 Loth beytragen, wovon sich beynahe 2 Loth verringert haben sollen, wenn das Brodt am folgenden Tage gewogen wird. Es ist von gewöhnlichen Weißbrodt die Rede, denn die sogenannten einheimischen Schrippen, so man stark ausbacken lässet, verlieren etwas mehr als 4 Loth im Ofen. Auf 1 Pfund grobes Brodt muß man ferner 1 Loth Wasser mehr rechnen, denn es bäckt 5 Loth im Ofen aus. Gewiß ist, daß das Brodt 4 bis 5 Loth auf jedes Pfund im Ofen ausbäckt. Ich will diese Aussage der Bäcker mit der Taxe des preussischen Kommißbrodts vergleichen, so Herr D. Schreber anführt. Der König giebt zu einem Kommißbrodt, so 6 Pfund wieget, 4 Pfund 22 Loth Mehl. Folglich enthält 1 Pfund Kommißbrodt 25 Loth Mehl, und 7 Loth Wasser, und zum Sauern und Kneten werden erfordert 25 Loth Mehl und 14 Loth Wasser. Nach der ersten Angabe verhält sich in ein Pfund ausgebackenen Brodt das Mehl zum Wasser wie 14 zu 2, nach der letzten Angabe aber wie $12\frac{1}{2}$ zu $3\frac{1}{2}$. In dem Teig zu 1 Pfund Brodt verhält sich aber das Mehl zum Wasser im ersten Fall wie 14 zu 5, im letztern Fall wie $12\frac{1}{2}$ zu 7.

Beym

Beym Kneten muß also zu Mehl von einem bestimmten Gewicht im ersten Fall etwas mehr als $\frac{1}{4}$, im letztern Fall etwas mehr als $\frac{1}{3}$ Wasser hinzugegossen werden. Bey der Vergleichung beyder Fälle muß aber in Betrachtung gezogen werden, daß das Kommißbrodt aus einem groben geschroteten Mehl gebacken, und insgemein schlechter geknetet und gebacken wird, als das gewöhnliche Bäckerbrodt, so allerdings einen grossen Unterscheid macht.

Seitdem ich alles dieses bereits längst hingeschrieben hatte, ziehe ich noch in dieser Sache Nachrichten von einem berlinischen Bäcker ein, der bey verschiedenen berlinischen Probebacken zugegen gewesen ist. Diese Nachrichten scheinen auch um so viel glaubwürdiger, da sie mit einem in der letztern berlinischen Bäckerordnung angenommenen Erfahrungssatz übereinstimmen. Diese Bäckerordnung setzt nemlich aus der Erfahrung, die vermuthlich aus Backproben gefunden ist, zum voraus, daß ein berliner Scheffel Rocken 68 bis 70 Pfund Mehl giebt, woraus überhaupt 84 Pfund Fein- und Grobbrod nach Art der berlinischen Losbäcker gebacken werden kann. Nach den eingezogenen gedachten Nachrichten wird gleichfalls festgesetzt, ein berliner Scheffel Rocken giebt im Durchschnitt 68 Pfund Mehl, nemlich 28 Pfund feines und 40 Pfund grobes Mehl. Im Durchschnitt wird ferner zu jeden Pfund Mehl überhaupt beym Anfrischen Sauren und Kneten $\frac{1}{2}$ Pfund Wasser erfordert, doch zum groben Brod etwas mehr. Also erfordern die gedachte 28 Pfund Feinmehl 14 Pfund Wasser, woraus ein 42 Pfund schwerer Teig entstehet. Beym Ausbacken geht wieder im Ofen auf jedes Pfund bis $4\frac{1}{2}$ Loth verloren, daher gedachte 28 Pfund Mehl 36 Pfund feines Brodt geben. Hiernach verhielte sich die Masse des Mehls zu demjenigen, was das Wasser zur Masse des Brodts beyträgt wie 7 zu 2, oder 3 Pfund Mehl geben im Durchschnitt 4 Pfund Brodt. Die gedachte 40 Pfund grobes Mehl geben aber nur 48 Pfund grobes Brodt, weil bey diesem Brodt auf jedes Pfund wenigstens 5 Loth im Ofen verloren gehen. Das Verhältniß des Mehls zum Wasser wäre also wie 5 zu 1. Folglich geben die 28 Pfund feines Mehl 36, bis 40 Pfund grobes Mehl 48, also überhaupt 84 Pfund Brodt. Der Kürze wegen übergehe ich die angegebenen Verhältnisse in der Bäckerkunst des Herrn Malouin, zumal da sie mit den hiesigen Erfahrungen nicht übereinstimmen. Ueberhaupt läßt sich in dieser Sache kein allgemeines Gesetz fest setzen, wie auch Herr Malouin anmerkt weil Mehl und Brodt nicht von gleicher Beschaffenheit sind. Ein festes Brod erfordert natürlicher Weise mehr Mehl, als ein lockeres, und zu diesem muß der Bäcker nach Proportion mehr Wasser gießen. Ein Mehl, so an sich von trockener Natur oder durch das Liegen auf dem Boden ausgetrocknet ist, erfordert mehr Was-

Wasser, als solches, so erst frisch gemahlen, und noch nicht ausgetrocknet, oder aus andern Ursachen feuchte ist. Es giebt ferner Mehl, insbesondere Weitzenmehl, so von Natur großkörnig ist, ein anderes aber ist staubartig. Jenes gehet und quillt an sich gut auf, und verschluckt das Wasser weniger, als dieses, u. d. g. m. Ueberhaupt muß der Bäcker sein jedesmaliges Mehl ausforschen, und dieses geschiehet, wenn er hievon ein paar mal knetet und backet. Beynahe jedes Mehl hat seine eigne Natur und Beschaffenheit, seine gute und böse Eigenschaft, die der Bäcker erst aus der Erfahrung kennen lernt. Diese lehrt ihn am besten, nicht nur ob er mehr oder weniger Wasser giessen muß, sondern auch, ob er mehr oder weniger Sauer, kälter oder wärmer giessen, und wie er es beym Kneten und Backen behandeln muß, damit es nicht nur Farbe erhalte, sondern auch die erforderliche Gestalt. Denn das Brodt von manchen Mehl, oder auch die Semmel, reißt auf der Rinde auf, oder zerspringt in der Hitze des Sommers kreutzweise in der Krume, oder lauft aus, oder bleibt platt und d. g. Allen diesen bemerkten Fehlern muß der Bäcker auf eine oder die andere Art wo möglich, vorzubeugen suchen. Daher ist dem Bäcker viel daran gelegen, daß er jedesmal altes vorräthiges Mehl hat, dessen Natur und Beschaffenheit er bereits aus der Erfahrung kennt, und durch dessen Beymischung er ein erst erhaltenes Mehl verbessern kann.

Ohne dem muß er oft einige Tage Versuche anstellen, ehe er dem frisch erhaltenen Mehl seine Eigenschaften ablernt. Daher kommt es mit, daß Bäcker, die nicht im Verlag sind, insgemein schlechte Waare haben. Ich mache diese Anmerkung hier ein für allemal, und sie gilt nicht nur von dem Rockenbrodt, sondern auch von der Semmel. Nur noch ein paar Worte von der Menge des zugießenden Wassers. Gießt der Bäcker mehr Wasser, als die Natur seines jedesmaligen Mehls mit sich bringt, so erschweret dieses die Gahre, das Brodt wird wasserfletschig, oder wasserstriemig, und backt auch wol ab. Zu wenig Wasser giebt ein schweres und unverdauliches Brodt, so nach dem Mehl schmecket, und der Bäcker fügt sich selbst Schaden zu. Jedoch ich kehre wieder zu meiner Erzählung zurück.

6) Vier Stunden nach dem letztern Anfrischen entsagen die Bäckergesellen dem Bette und dem Schlaf, etwa um 10 Uhr Abends, wenn dreymal täglich gebacken wird, und machen nunmehro den Teig zum Weißbrodt. Der Kneter übernimmt diese Arbeit vorzüglich, da unterdessen der Werkmeister das Heitzen des Ofens besorget. Der Werkmeister gießt auf den Sauer in der Beute eben so viel Blasentöpfe voll laulichtes Wasser, als beym letzten oder dritten Anfrischen. Hiedurch wird der Sauer wieder erweicht, und wenn er seine gehörige Gahre hat, so schwimmt er seiner Leichtigkeit und

und Geistigkeit wegen oben, doch stückig und klößig. Indem der Werkmeister gießt, mischt der Kneter Mehl unter das Wasser. Zugleich zerreibet der Kneter den Sauerteig zwischen den Händen, damit er sich durch das Kneten durchgängig mit dem Sauerteig vereiniget, und gleichmäßig vermischet. Auf diese erste Verrichtung beym Teigmachen folgt sogleich die zweyte, nemlich das **Kneipen**. Der Sauer ist bis jetzt noch in dem Sauerort, allein durch das Kneipen dehnt sich seine Masse nach der Länge der Beute weiter aus. Der Kneter bringt nemlich durch das Kneten das erforderliche Mehl unter den mit Wasser erweichten Sauer. Er greift daher beständig mit den Händen in diesen und zugleich in das Mehl, beweget die Masse beständig nach der Länge der Beute, und sucht hiedurch mit den Händen Mehl, Sauer, und Wasser zu vereinigen. Diese Arbeit wird so lange fortgesetzt, bis der Teig nicht mehr wäßrig ist, wenn man ihn zerbricht. Die letzte Verrichtung des Knetens ist endlich das **Ausstoßen** oder **Wazen**. Hiebey wird nicht mehr Mehl unter den Teig gebracht, sondern man ertheilet ihn nur die erforderliche Dichtigkeit. Der Kneter sticht nemlich ein großes Stück Teig nach dem andern von der ganzen Masse ab, walzet das Stück Teig bald nach der Breite, bald wieder nach der Länge der Beute, von der Linken zur Rechten und wieder zurück. Jedes gewalzte Stück Teig wirft er zum Auswirken aus der Beute. Diese saure Arbeit, wobey die Faust das beste thun muß, dauret so lange, bis der Teig, wie der Bäcker sagt, klar ist, oder bis er nicht mehr an die Hände anklebet, wenn man ihn angreift, nicht mehr merkliche Feuchtigkeiten bey sich führt, und bis sich der Teig trocken anfühlet. Das Anschauen und das Gefühl muß also den Bäcker lehren, ob der Teig die gehörige Zurichtung hat. Ich habe das Kneten so beschrieben, wie es in den einheimischen Backhäusern insgemein gewöhnlich ist. Denn fast jeder Kneter hat seine Gewohnheit, so wie auch jede Gegend. Herr D. Schreber in der Uebersetzung der Bäckerkunst des Herrn Malouin beschreibt die Sache schon umständlicher und auf eine etwas veränderte Art, vermuthlich nach sächsischen Gebräuchen.

So wird der Teig überhaupt gemacht, allein die einheimischen Bäcker, und vorzüglich die berlinischen machen der Dichtigkeit nach eine dreyfache Art Teig zum Weißbrodt, obgleich übrigens von gleicher Güte. Zuerst verkaufen sie nemlich runde Brodte, die 2 auch 1 Groschen gelten, ferner länglich runde Dreyerbrodte, wovon 2 und 2 vereinigt gebacken werden, und endlich sogenannte Schrippen. Diese sind länglich, und an beyden Enden zugespitzt. Ihr Preis fällt von 2 gr. bis 6 Pf. hinab. Zu den Dreyerbrodten machet der Bäcker einen ganz lockern Teig, vermuthlich aus keiner andern Absicht, als damit dieser lockere Teig sich beym Gähren

stark

stark ausdehnet, und hiedurch den Käufer herbeilockt. Insgemein werden aber diese Brodte beym Backen platt und breit. Fester ist schon der Teig zu den runden Brodten, die 2 und 1 gr. gelten. Der feste Teig ist endlich der zu den **Schrippen.** Dieser gahret zwar langsam, aber er läuft in dem Ofen rund auf, und man befördert dieses dadurch, daß man jeder Schrippe nach der Breite mit einem Messer einen schrägen Schnitt giebt, aber kurz vor dem Einschieben in den Ofen, weil sie hiedurch ohnedem in der Rinde aufspringet. Gleichfalls kurz vor dem Einschieben streuet man Kümmel auf die Schrippen, doch nicht bey allen. Diese Schrippen läßt man in dem Ofen sehr stark ausbacken, damit sie eine starke Rinde erhalten. Sie backen daher mehr in dem Ofen aus, als das gewöhnliche Weißbrodt, und die Polizey wiegt sie nie, weil sie ein Tafelbrodt der Vornehmen sind. Den Teig zu dem Ein- und Zweygroschenbrodt und zu den Schrippen macht der Kneter zugleich, doch nach der oben beschriebenen Dichtigkeit der ersten. Hiervon nimmt er aber einen erforderlichen Theil zu den Schrippen, und stößt ihn noch fester mit Mehl aus. Insgemein wirft er alsdenn beyde jetzt genante Teigarten aus der Beute, und macht den Teig zu dem Dreyerbrodt besonders. Hiezu hebet er etwas gewöhnlich angefrischten Sauer auf, und macht hiemit nach dem erforderlichen Zugießen mit Wasser einen ganz lockern Teig. Doch folgen vielleicht einige Bäcker hierin, so wie in andern Fällen, abgeänderten Gewohnheiten. Auch diesen Teig nimt nun der Kneter aus der Beute Fig. X. ab legt auf diese den Beutendeckel ac, und auf diesen wieder den sämtlich zugerichteten Teig von allen drey genannten Arten. Hat der Werkmeister seine Verrichtungen vor dem Ofen während des Knetens noch nicht vollendet, wovon ich unten im Zusammenhange reden will, so läßt man den Teig ruhig auf dem Beutendeckel liegen. Ja beyde Gesellen ruhen auch wol nach dem Kneten ½ Stunde aus, ohne daß es dem Teig schadet. Er frißt sich durch, pflegt der Bäcker zu sagen, oder deutlicher geredet, die Gährung nimt vorläufig wieder ihren Anfang, die durch die luftige Bewegung beym Kneten unterbrochen wurde.

Auf das Kneten folgt aber eine Arbeit, wozu nothwendig zwey Personen erfordert werden, und wobey der Werkmeister dem Kneter beyspringen muß. Diese Verrichtung ist das Wirken, vor welcher der Teig abgewogen werden muß. Denn es ist bekannt, daß die Polizey über keine Profeßion mehr wacht, als über die Bäcker, ja in Berlin mehr, als über den Brauer, weil das Brodt die Hauptnahrung des großen Haufens ist. Der Bäcker erhält daher wenigstens alle Monathe eine neue Taxe von der Polizey, so die Schwere des Brodts und der Semmel nach dem jedesmaligen Kornpreise bestimmet. Will also der Bäcker der Ahndung der Polizey entgehen, so muß er den Teig vor dem Wirken auf einer großen richtigen Wagschale Fig. III. abwiegen. Er weiß aus der Erfahrung, wie ich oben bereits angezeiget habe, daß auf 1 Pfund Weißbrodt in dem Ofen wenigstens 4 Loth Wasser ausdunsten, und daher muß der Teig zum Weißbrodt auf jedes Pfund wenigstens 4 Loth schwerer wiegen, als das künftige ausgebackene Brodt. Deutlicher geredet der Teig zu 1 Pfund Brodt muß nicht 32 sondern 36 Loth wiegen. Der Werkmeister wieget also den Teig zu jeden Brodt von bestimmter Schwere und Größe nach der Taxe auf einer grossen Wageschale ab, und setzt zu oder nimmt ab, bis jedes Stück Teig zu einem Brodt die erforderliche Schwere hat. Daher bestehet der Teig zu einem Brodt öfters aus mehrern Stücken, und der Kneter muß die zusammen gehörigen Stücke auf dem Beutendeckel sogleich beysammen wegstoßen, und beysammen erhalten. Denn auf dem Beutendeckel wird dis Abwiegen und das Wirken verrichtet. Wenn nun der Teig völlig abgewogen ist, so begeben sich beyde Personen zum eigentlichen Wirken, wodurch sie dem Teig die bey jeder Brodtart übliche Gestalt geben. Das gröste Brodt wird zuerst gewirkt, und zuletzt das kleinste, weil jenes mehr Zeit zur Gahre verlangt, als dieses. Der Beutendeckel ist hiebey mit Mehl bestreuet, und vor jedem Bäcker liegt überdem noch ein kleiner Haufen Mehl. Zuerst sucht nun der Bäcker die zu jedem Brodt gehörigen Teigstücke durch das Kneten genau zu vereieinigen, wirkt daher den Teig gut mit den Händen durch, und bewegt ihn hiebey stets gegen den kleinen Mehlhaufen, um ihn durch etwas Mehl noch dichter zu machen. Er siehet bey diesen Kneten schon vorläufig auf die Gestalt, so jede Brodtart zu erhalten pflegt, bildet sie aber hiernächst noch völlig mit beyden Händen aus. Sobald dieses vollendet ist so streuet er etwas Mehl auf ein **Backbrett** Fig. VIII. damit der Teig nicht anklebet, und bringt den gewirkten Teig auf das Backbrett. Auf einem solchen Brett kommen mehrere Brodte nach der Reihe hinter einander zu stehen. Hierauf muß nun der Brodtteig gleichfalls **aufgehn** oder **gahren**. Das mit Brodtteig besetzte Backbrett stellt der Bäcker entweder auf zwey Pflöcke ab Fig. V. an einer Wand, oder wenn die Backstube nicht sonderlich heiß ist, so schiebt er die sämtlichen Backbretter, die mit Teig besetzt sind, auf die Gahrstangen Fig. IX. unter der Decke der Backstube, weil hier bekantermaaßen die stärkste Hitze ist. Das Brodt erhält seine erforderliche **Gahre** eher oder später, je nachdem die Backstube heiß, und beym Sauern und Kneten mehr oder weniger warmes Wasser gegossen ist. Das erste Brodt kann schon **Gahre** genug haben, wenn das letztere gewirkt ist, und dieses lehrt der Augenschein, wenn es gut aufgelaufen ist, oder auch das Gefühl unter den Brodtteig, wenn er hier weich ist. Die Gahre kann in ½ bis ¾ Stunden vollendet seyn, sie kann sich aber auch nach

nach den Umständen bis zwey Stunden verzögern. In dem letztern Fall ist kein besserer Rath, als der Bäcker muß die Gahre abwarten. Zuweilen übereilet aber auch die Gahre den Bäcker, und sein Ofen ist noch nicht völlig geheitzt und gereiniget. Alsdenn trägt man den Brodtteig aus der warmen Backstube in die kühle Luft, und diese hemmet sogleich die Gahre. Einige Bäcker verwerfen dieses Verfahren, weil der Teig in der kühlen Luft platt niedersinkt, andere versichern aber, daß sich der Teig sogleich wieder hebt, wenn er in den heißen Ofen kommt. Der gewöhnlichste Fall ist, daß der zuerst ausgewirkte Teig seine Gahre hat, wenn der letzte gewirkt ist. Alsdenn macht der Werkmeister sogleich seinen Ofen rein, und schiebet den zuerst gewirkten Teig auch zuerst ein, während welcher Zeit der zuletzt gewirkte seine Gahre erhält.

Ich will auch zu dieser zweyten Hauptverrichtung des Bäckers wieder ein paar Bemerkungen hinzu fügen. „1) Das Kneten vereiniget Mehl und Wasser mit einander, und löset das Mehl in seine kleinsten Theile auf. Diese doppelte Veränderung, so das Mehl beym Kneten erfahren muß, wird aber erst durch die Gahre vollendet. Doch muß der Kneter nicht auf diese allein bauen, sondern den Teig beym Kneten gut durcharbeiten, und hiedurch das Wasser gut unter das Mehl vertheilen. Ohnedem muß das Brodt nothwendig an manchen Stellen wäßrig werden, wenn der Teig nicht gut gemacht ist,

und

und dieses kann selbst die Hitze des Ofens nicht ganz verbessern. Es frägt sich hiebey nur noch, welcher Teig besser ist und zugleich gesunder, der feste oder der lockere? Zu diesem kommt mehr Wasser und weniger Mehl, als zu jenen, wo nemlich die Masse bey beyden gleich ist. Zu locker und zu fest sind allerdings beyde Abwege, wovon ich schon oben geredet habe. Herr Malouin giebt den Rath, ihn im Winter lockerer zu machen, als im Sommer, ich weiß aber nicht, ob es in der Erfahrung gegründet ist. Die einheimischen Stadtbäcker machen überhaupt genommen als Losbäcker nur einen weichen Teig, und das Brodt hiervon scheint auch lockerer und gesunder zu seyn, wenn der Teig nur beym Kneten gut durchgearbeitet ist. Doch machen sie den Teig des feinen Weißbrodts lockerer, den Teig zum groben Hausbackenbrodt aber fester. Zur Ursache geben sie an, daß ein weicher Teig im Ofen gerne abbackt, wozu aber der Teig zum Weißbrodt weniger geneigt ist, als der zum Grobbrodt. Doch zuweilen nehmen sie etwas grobes Weitzenmehl unter das Mehl zum groben Brodt, und alsdenn kann der Teig dieses Brodts schon weniger fest seyn. Denn das Weitzenmehl ist geneigter zur Gahre, als das Rockenmehl. Herr Malouin behauptet im Gegentheil, daß der Teig zum groben Brodt weniger fest seyn muß, als der zum Weißbrodt, und weil das grobe Mehl mehr Wasser verschluckt, wie auch nicht zu leugnen ist, und weil er geschwind aufgehet.

gehet. Die Erfahrung der Bäcker, deucht mich, muß die Sache entscheiden.

Der Fastbäcker macht im Gegentheil, seinen Teig schon ungleich fester und mehlreicher, als der Losbäcker, aus Ursachen, die ich unten an seinem Ort anführen werde; und die Familienbäckerey auf dem platten Lande ahmt ihm fast durchgängig, meines Wissens, hierin nach. Was soll man hiezu sagen? Bey der Fastbäckerey erfordert die Natur der Sache einen festen Teig, aber nicht bey der Losbäckerey. Der Losbäcker macht also seines Nutzens wegen einen sehr lockern Teig, der mehr Wasser enthält, als ein fester. Denn Mehl muß er bezahlen, und Wasser hat er umsonst. Es steht ihm auch in manchen Städten nicht zu verdenken, da er leben will und die Polizey ihm stets mit neuen Einschränkungen auf die Finger sieht. Meines Erachtens ist auch ein lockeres Brodt für den stillsitzenden Städter zuträglicher, als ein festes, dagegen der arbeitsame Landmann ein derbes und festes Brodt haben will. Doch freilich könnte der Stadtbäcker zuweilen etwas festern Teig machen, allein was thut nicht der Eigennutz! Wenigstens unsere berlinischen Dreyerbrodte scheinen mir zu wenig derbe, und daher der Gesundheit nachtheilig zu seyn. Ich berufe mich hiebey auf die vorher beschriebene Entstehungsart dieser kleinen Brodte. Zum Beschluß dieser Sache erinnere ich noch, daß man in manchen Ländern, selbst in dem mittäglichen Deutschland, Salz und überdem noch

Küm-

Kümmel unter den Brodtteig knetet. In hiesige Gegend hat man diesen Gebrauch nicht. Herr Malouin rühmt von dem mäßig gesalzenen Brodt daß es leichter und schmackhafter ist, und daß das Salz die Verdauung befördert. Doch erschweret das Salz seiner Kälte wegen, in etwas die Gahre.

2) Brodtteig, kommt ehr zur vollkommnen Gahre, als Sauerteig, und die Ursache läßt sich leicht errathen. Der Sauerteig muß nach und nach zu einer schicklichen Säure durch das Anfrischen gebracht werden, und hiezu gehöret Zeit, der Brodtteig kann aber seine Säure und Gahre leicht erhalten, da der zuletzt angefrischte Sauer beynahe die Hälfte des ganzen Brodtteigs ausmacht. Der Brodtteig kann aber gleichfalls zuviel oder zuwenig Gahre erhalten, und die nachtheiligen Folgen zeigen sich erst nach dem Backen. Hat der Brodtteig zuviel Gahre, so backt das Brodt ab, wird platt und weich, und erhält kleine Gruben auf der obern Rinde. Uebrigens ist es locker. Erhält der Teig zu wenig Gahre so wird das Brodt oft wasserfletschig, insgemein pudelt aber das Brodt. Das Brodt pudelt, wenn es entweder sehr stark aufgelaufen ist, und alsdenn zerreißet oft die Krume einmal, oder Kreutzweise; oder wenn die Krume seitwärts in krausen knolligten Auswüchsen ausläuft, und zu weich zugleich abgebacken ist. Uebrigens hat dieses Brodt eine vorzügliche Farbe. Man sucht diese Fehler zwar in etwas durch das

Backen zu verbessern, aber ohne sonderlichen Nutzen. Hat der Teig zu viel Gahre, so setzt man den Brodtteig auf diejenigen Stellen des Ofens, wo die Hitze am stärksten ist, damit es sich wieder hebt. Dies geschiehet insgemein mit dem zuletzt gewirkten Brodt, so noch eine mässige Gahre hat. Teig, so aber zu wenig Gahre hat, kommt in die mäßigste Hitze zu stehen, damit diese die Gahre noch hervorbringt. Man verrückt das Brodt auch dieserhalb in den Ofen. Am besten ist es aber, wenn der Teig vor dem Backen bereits in aller Absicht seine erforderliche Güte hat. Denn erhält er Ansehen und die erforderliche Form, die nicht durch Fehler verunstaltet ist, und beydes sucht der Bäcker bey seinem Brodt zu erreichen, um seinen Abgang zu erhalten und zu vermehren. Zur Gahre des Mehls wird bekanntermassen Wasser, Luft und Wärme erfordert. Das letztere erhellet daraus, weil die Kälte die Wärme aufhält. Je weicher ein Teig übrigens ist, desto leichter, und je fester er geknetet ist, desto schwerer gahret er.

c) Ich komme nun zu der dritten Hauptverrichtung des Bäckers, nemlich zu dem **Backen** des Brodts in dem Ofen. Die nöthigen Beschäftigungen hiebey übernimmt der Werkmeister. Sobald der Kneter etwa um 10 Uhr Abends anfängt, Teig zu machen, so setzt der Werkmeister das oben gedachte Auffsatzholz mit einem Brodtschieber Fig. XXII. kreuzweise in dem Backofen Fig. XIII. auf. Die Absicht ist, das Holz soll einige Zeit austrocknen, denn zu gedachter Zeit wird es noch nicht angezündet. Es kann nicht übermäßig austrocknen, weil es nur eine kurze Zeit in dem Ofen stehet, und zwar hinten in dem Ofen, wo zuerst Feuer angezündet wird. Denn sobald der Teig nach dem Obigen von dem Kneter gemacht ist, so steckt der Werkmeister gedachten Holzhaufen hinten in dem Ofen mit Kiehn an, und beyde begeben sich nun nach dem Obigen zu dem Wirken des Teigs. Doch muß der Werkmeister zugleich das Feuer zuweilen beobachten. Wenn das Aufsetzholz nun niedergebrannt ist, so wirft er auch noch wol einige Backsprießel auf die Kohlen, nachdem der Ofen heiß seyn soll. Wenn auch diese niedergebrannt sind, so ziehet der Werkmeister die Gluth durch eine Krücke Fig. XXIII. mit einem langen Stiel nach der Mitte des Ofens, wirft hier hinlängliche Backsprießel auf, und läßt diese gleichfalls, während daß der Teig gahret, niederbrennen. Die Gluth von diesem Brande ziehet er endlich aus der Mitte des Ofens, vorne nach dem Mundloch zu, wirft auch hier die nöthigen Backsprießel darauf und läßt sie niederbrennen. Durch diese Abänderung der Feuerstelle bringt es der Bäcker dahin, daß der Ofen an allen Orten ausgehitzt wird, sowol auf dem Heerd, als in dem Gewölbe. Denn ein Bäckerofen wird ziemlich stark geheitzet, und dies hält nicht schwer, da der Ofen nie kalt wird, zumal in großen Städten. Bey kleinen Oefen ist es auch hinreichend, wenn

der

der Bäcker nur hinten oder vorne hinter einander Feuer unterhält. Und wenn ist nun der Ofen heiß genug? Um dies zu erfahren, streuen zwar einige ungeübte Bäcker Mehl auf die vordere Brust im Muhdloch des Ofens, wenn dieses schnell wegbrennt, und der Ofen noch zischt, so ist er zu heiß, und umgekehrt, doch geübte und erfahrne Bäcker sehen schon aus der weißglühenden Farbe innerhalb des Gewölbes, ob der Ofen den erforderlichen Grad der Hitze hat. Sie müssen sich aber hiebey stets nach der jedesmaligen Menge des Brodts zugleich mit richten. Ueberhaupt findet es der Bäcker vortheilhaft, wenn der Ofen lieber zu heiß ist. Denn in diesem Fall kann er ihn stark löschen, und bey dem Reinmachen abkühlen, und hiedurch den Wasen oder Broden vermehren, so dem Brodt Farbe ertheilet, wie ich sogleich zeigen werde. Nach vollendeten Heitzen werden die Kohlen nebst der Asche vermittelst einer Krücke Fig. XXIII. mit einem kurzen Stiel aus dem Ofen gezogen, und in einer Mulde oder im Kohlendämpfer Fig. XV. geworfen. In dem letzten Fall löscht man sie sogleich mit der Stürze des Kohlendämpfers aus, in dem ersten Fall trägt man sie in der Mulde entweder in den Ofen der Backstube, oder dagegen auf einen Feuerheerd, und hier werden sie mit Wasser ausgegossen. Der von Kohlen gereinigte Ofen muß nunmehro gelöscht werden. Der Werkmeister taucht daher den Kehrwisch Fig. XXV. einigemal in das Wasser der Lösche

Fig. XVI, und kehrt hiemit den Heerd durchgängig ganz rein ab. Dieses Auskehren nimmt die kleinen Kohlen, den Ruß und die Asche von den Heerd ab, damit sich alles dieses nicht an den Heerd oder Boden des Brodts hängen kann. Die Folge wird lehren, daß das Löschen auch zugleich die Absicht hat, Dünste in den Ofen aufsteigen zu lassen, und dem Brodt Farbe zu geben.

Sobald nun der Ofen Fig. XIII. rein gemacht ist, so verstopft der Werkmeister die sämmtliche Zuglöcher o, und legt in das Leuchtloch l k brennenden Kien, der das Innere des Ofens erleuchten muß. Der Kneter bringt zugleich das Brodt auf den Backbrettern Fig. VIII. herbey, und zwar jederzeit nur ein Backbrett voll, gegen die Zeit aber, da dieses leer ist, wieder ein anderes, damit die Gahre des Brodtteigs nicht gehemmet wird, wenn der Teig zu lange in der kühlen Luft stehet. Er legt das Backbrett auf den Absatz r s unter dem Mundloch und den Bock Fig. XII. vor dem Ofen. Zuerst werden die Dreyer- und Sechspfennigsbrodte eingeschoben, und zwar insgemein in die linke Seite des Ofens. Der Bäcker nimmt nemlich fünf bis sechs Stück dieser Brodte auf einen Schlagschieber Fig. XXXIV., taucht eine Streiche Fig. XVII. in einen Eimer voll Wasser, bestreicht hiemit den gewirkten Brodtteig, öffnet den Schieber des Mundlochs f h Fig. XIII., schießt oder schiebt die Brodte in einer Reihe in den Ofen, und verschließt das Mund-

Mundloch sogleich wieder. So wird eine Reihe dieser kleinen Brodte nach der andern in den Ofen geschoben, und zwar auf der linken Seite des Heerdes, gerade wie die Semmel, woben ich dieses näher zeigen will. Das Groschenbrodt kommt reihenweise auf der rechten Seite des Heerdes, oder auf dem **Letzten** zu stehen, so, daß zwischen diesem und dem Dreyerbrodte in der Mitte des Ofens ein leerer Platz zu den Zweygroschenbrodten bleibet. Der Werkmeister schiebet oder schießt die Groschenbrodte mit dem Brodtschieber Fig. XXII. in den Ofen, wenn er sie vorher mit der Streiche Fig. XVII. gleichfalls mit Wasser bestrichen hat. Er schiebet jederzeit nur ein Brodt mit den Schieber in den Ofen, stellet die Brodte reihenweise, nachdem es der Platz in den Ofen erlaubet, und verschließt jederzeit das Mundloch, wenn er eine Reihe Brodt eingeschoben hat, damit sich die Ausdünstungen sammlen. Auf eben die Art werden auch die Zweygroschenbrodte eingeschoben, aber auf die Mitte des Heerdes. Der mit Brodt angefüllte Ofen heißt **ein Schuß** Brodt. Bey und nach dem Einschieben muß aber der Bäcker dahin sehen, daß das Weißbrodt nicht in der Rinde aufreißet, und daß es Farbe erhält. In der ersten Absicht, damit nemlich das Brodt nicht in der Rinde reißet, öffnet der Werkmeister beym Weißbrodt ein oder ein Paar Zuglöcher Fig. XIII. o auf eine kurze Zeit, sobald der halbe Schuß vollendet ist, damit einige Dünste aus dem Ofen ziehen. Sobald aber der Ofen angefüllet ist, so muß der Bäcker dahin sehen, daß Wrasen oder Broden, d. i. die Dünste in den Ofen überstossen, wie er zu sagen pflegt, wodurch die Farbe des Brodts entstehet. In dieser Absicht verschließt der Bäcker das Mundloch f h des Ofens Fig. XIII. mit seinem Schieber, da die Zuglöcher o nach dem Obigen schon vor dem Einschieben verschlossen wurden. So bleibt nun der Ofen etwa zwey Minuten verschlossen, damit sich die Ausdünstungen in dem Ofen sammlen, und das Brodt in dieser Zeit eine schwache Rinde erhält. Nach gedachter Zeit nimmt der Werkmeister den brennenden Kien aus dem Leuchtloche i k, verschließt dieses mit seiner Thüre, und öffnet wenigstens ein Zugloch, auch wol zwey, wenn das Brodt viel Gahre hat, weil es ohne dem platt wird. Etwa nach einer Viertelstunde legt er wieder brennenden Kien in das Leuchtloch, und wenn er durch das geöffnete Mundloch bemerkt, daß der Wrasen oder Broden übergestossen und das Brodt seine Farbe hat, so öffnet er alle Zuglöcher nach und nach, verrückt das sämmtliche Brodt etwas mit einem Schieber, damit es nicht auf der Rinde aufreißt, nimmt hierauf den Kien aus dem Leuchtloch und verschließt dieses, und zugleich auch das Mundloch.

Durch das gedachte Ueberstossen des Wrasens oder Brodens erhält das Weißbrodt eine dunkelgelbe Farbe und einen Glanz, da es ohnedem matt und weißlich auf der obern Rinde ist.

So

So bleibt nun das Brodt ruhig in dem Backofen stehen; bis das Dreyer- und Sechspfennigbrodt gahr ist. Dieses stehet nur ½ Stunde in dem Ofen, da man es denn mit einem Schlagschieber Fig. XXXIV. auszjehet, und zwar einige zugleich. Hiedurch entstehet Raum in dem Ofen, und das zurückgebliebene Groschen- und Zweygroschenbrodt wird daher mit einem Verrückschieber Fig. XXVIII. oder auch mit einem gewöhnlichen Brodtschieber Fig. XXII. verrückt, oder weiter aus einander gebracht, damit es gut ausbackt, weil es nun geraumiger und an einen andern Ort stehet. Der Ofen wird nun wieder verschlossen, und das Zweygroschenbrodt stehet überhaupt 1½ Stunden in den Ofen, nemlich Weißbrodt, wovon hier die Rede ist, das Groschenbrodt aber nur eine Stunde. Beydes wird mit dem Verrückschieber Fig. XXVIII. zu seiner Zeit aus dem Ofen gezogen, oder wie der Bäcker sagt, **ausgebacken**, und zwar einzeln, ein Brodt nach dem andern. So bald jedes Brod von aller Größe aus dem Ofen kommt, so bestreicht man es sogleich mit der in Wasser getauchten Streiche Fig. XVII., wodurch gleichfalls Farbe und Glanz erhöhet werden soll. Die Bäckergesellen tragen das Brodt sogleich in die kalte Brodtstube, oder auf den Flur, wo es verkauft werden soll. Hier sind Schränke von Brettern angebracht, und auf diesen wird das Brodt zum Auskühlen **aufgeklötzet**. Man legt nemlich unter den Boden jedes Brodts einen kleinen Kloß oder ein Stück Ziegelstein, so, daß das Brodt auf einem einzigen Klotz im Gleichgewicht schwebt. Hiedurch bringt es der Bäcker dahin, daß das Brodt nicht in der Unterrinde abbacket oder abplatzet, weil das Brodt in dem Boden und in der obern Rinde zugleich auskühlet. Setzt er das Brodt im Gegentheil mit dem Boden unmittelbar auf ein Brett, so kühlet dieser später aus, als die Oberrinde, und der Boden bekömmt Risse, zumal wenn er etwas rund ist, doch ist dieses Aufklötzen nicht unumgänglich nöthig, sondern nur nützlich. Sobald nun das Brodt einigermassen ausgekühlet ist, so nehmen insgemein die Frauenzimmer in dem Hause des Bäckers ein Brodt nach dem andern, und raspeln die Asche und den Ruß auf dem Boden des Brodtes ab. Die Raspel hiezu hat keinen hölzernen Stiel, sondern dagegen nur einen spitzen Angel oder einen Dorn, womit man die kleinen Kohlen ausgräbet. Diese ganze Arbeit wird erschweret, wenn der Ofen beym Löschen nicht gut gereiniget ist, z. B. wenn der Kehrwisch noch neu und straube ist. Daher ist das Löschen des Ofens eine unentbehrliche Verrichtung. Zuletzt wird das Brodt in gedachten Schränken zum Verkauf aufgestellet.

Auch zu dieser letzten Verrichtung beym Brodtbacken muß ich einige Betrachtungen hinzusetzen. 1) Es erfordert zum allerhöchsten eine Stunde Zeit, um einen Backofen der Bäcker zu hitzen. Der Bäcker muß aber den erforderlichen

Grad

Grad der Hitze zu treffen wissen. Ist der Ofen zu heiß, so überfällt die Hitze das Brodt, es verbrennet außerhalb, ohne inwendig gehörig auszubacken. Ist er nicht heiß genug, oder nur in dem Gewölbe, nicht auf dem Heerd gehörig ausgeheitzt, so bleibt es nach dem Ausbacken wässerig, und der Boden wenigstens ist nicht ausgebacken, wenn es auch die obere Rinde ist. Das letztere erfolgt, wenn nur das Gewölbe gehörig geheitzt ist. Die jedsmalige Menge des Brodts muß hiebey vorzüglich in Betrachtung gezogen werden. Ein ganzer Schuß erfordert mehr Hitze, als ein halber. 2) In Absicht des Platzes, den jede Brodtart in dem Ofen erhält, folgen die Bäcker insbesondere folgende Regel: das zuerst aufgewirkte Brodt, so die mehreste Gahre hat, kommt in die stärkste Hitze zu stehen, also vorne in den Ofen und überhaupt in der Mitte wo die Feuerstellen sind; das zuletzt aufgewirkte erhält dagegen seinen Platz in einer mässigern Hitze auf beyden Seiten, weil es die wenigste Gahre hat, und daher in den Ofen mäßig backen, und noch anfänglich etwas aufgehen muß. Ueberdem kommt hiebey auch die Größe des Brodts in Betrachtung. Herr Malouin giebt überdem noch die wichtige Regel: das zuerst eingeschobene Brodt muß auf den kühlesten Stellen zu stehen kommen. Denn die Hitze des Ofens fällt auf das Brodt, zieht sich hiedurch aus den wärmern in die kältere Gegenden, und vertheilt sich hiedurch gleichmäßig. 3) Die Farbe des Brodts, so der Bäcker gleich zu Anfange des Backens durch die Dünste in dem Ofen hervorzubringen sucht, ist eine merkwürdige Sache. Denn man findet diese Farbe nebst dem Glanz nicht bey dem Familienbrodt, am wenigsten bey dem Landbrodt. Das Anfrischen und die ganze Zurichtung des Teigs muß zwar, wie der Bäcker behauptet, diese Farbe befördern helfen, insbesondere aber das sogenannte Ueberstoßen der Dünste in den Ofen. Diese Dünste entstehen in dem Ofen aus mancherley Ursachen, theils durch das Löschen des Ofens mit dem nassen Kehrwisch, theils durch das Ueberstreichen des Brodtteigs mit Wasser, theils und vorzüglich durch die Ausdünstungen des Brodtteigs in dem Ofen. Bey der Semmel, so noch schwerer die erforderliche Farbe annimmt, sprißt man auch mit der Streiche Wasser vorne in die Brust des Ofens, oder legt auch wol ein Farbenholz in die Haken des Ofens neben den Mundloch, oder setzt dagegen auch ein Faß Wasser hinein. Das **Farbenholz** ist ein gewöhnliches Stück Holz, so man in das Wasser der Lösche taucht, ehe man es in den Ofen legt. Doch bedient man sich dieser letztern Mittel nur, wo man aus der Erfahrung weiß, daß die Semmel von einer gewissen Mehlart keine gute Farbe annimmt. Meines Erachtens sammeln sich die Dünste, so aus gedachten Ursachen entstehen, zuerst oberhalb in dem Gewölbe des Ofens. Häufen sich diese klebrichten Dünste an gedachten Ort zu stark an,

so

so sinken sie durch ihre eigene Schwere hinab auf den Brodtteig, da sie auf keine Art einen Ausgang finden. Der Brodtteig erhält sogleich durch die Hitze des Ofens eine feine Rinde, worauf die klebrichten Dünste Farbe und Glanz hervorbringen. Der Bäcker, der die Veränderung der Dünste in den Ofen nicht kennt, sagt, sie stossen über, und stossen sich an die Haken des Ofens. Es will dies ohne Zweifel nichts weiter sagen, als die sinkenden Dünste suchen aus dem Mundloch herauszudringen, finden hier Hinderniß, stossen sich zugleich gegen die Haken neben dem Mundloch, gegen die Brust des Heerdes, und gegen den Schieber des Mundlochs, und sinken daher auf das Brodt. Daher ist die gewölbte oder runde Brust des Heerdes so, nach dem Obigen eingerichtet,, daß sie innerhalb fast bis zur halben Höhe des Mundlochs in die Höhe steigt, damit die Dünste nicht so leicht bey einer Oeffnung aus dem Mundloch herausdringen können. Doch müssen diese Dünste nicht gar zu lange auf dem Brodt ruhen, weil sie es am Ende weich und unansehnlich machen würden. Daher öffnet man die Zuglöcher nebst dem Mundloch nach einer kurzen Zeit, und verstattet hiedurch den überflüßigen Dünsten ihren Ausgang. 4) Das Backen des Brodts in der Hitze des Ofens vereiniget die Theile erforderlich, führet das überflüssige Wasser ab, und macht das Brodt verdaulich. Allein zum gehörigen Ausbacken gehöret Zeit, und mancherley Umstände können diese Zeit ver-

verkürzen oder verlängern. Ein großes Brodt steht bekanntermassen länger in den Ofen, als ein kleines, und ein festgekneteter Teig braucht längere Zeit zum Ausbacken, als ein locker gekneteter. Vermuthlich weil das Wasser in den letztern mehr eingehüllet ist, als in den erstern. Ueberdem hat die Beschaffenheit des Mehls in die Figur des Brodts einen Einfluß in das Ausbacken. Brodt von grobem Mehl backt schwerer aus, als Brodt von feinem Mehl, weil jenes mehr Wasser beym Kneten verschluckt, als dieses. Je größer ferner die Oberfläche des Brodts ist, desto eher dunstet das Wasser in dem Ofen aus, und desto eher wird es ausbacken. Daher backt ein rundes Brodt, z. B. ein Ein- oder Zweygroschenbrodt Fig. XXXI. nach berliner Art, eher aus, als ein längliches. Aus allen diesen Ursachen kann der Bäcker das Ausbacken des Brodts zwar überhaupt, aber nicht genau nach der Zeit ausmessen. Und welche Zeichen hat man denn nun, um zu beurtheilen, ob das Brodt völlig gahr ist? Der Bäcker nimmt ein Brodt von bestimmter Größe aus den Ofen, schlägt gegen den Boden desselben, und wenn dieser klingt; so glaubt er, daß es gahr ist. Ueberdem wiegt er auch so zu sagen das Brod auf seiner Hand, und wenn es nach Verhältniß seiner Größe leicht genug ist, so ist es gahr. Uebung und Erfahrung muß hiebey alles thun. Am sichersten glaubt er aber zu bestimmen, daß das Brodt gahr ist, wenn er es auf einer großen Wageschale aufziehet.

ziehet. Hat das Weißbrodt auf jedes Pfund vier Loth, das Hausbackenbrodt aber fünf Loth in den Ofen verloren, so hält er dafür, es sey erforderlich ausgebacken. Mir dünkt aber, dieses Zeichen ist nicht ganz untrüglich. Denn nach dem eigenen Geständniß des Bäckers nimmt selbst eine Art Feinmehl mehr Wasser an, als die andere. Sollte das Brodt von der erstern nicht länger in den Ofen stehen müssen, als das von dem letztern? Wiewol dieses letztere kommt dem Bäcker zu Gute — doch kein Wort mehr von dem Weißbrodt, und ich wende mich nun zu der

2) **Semmel.** Kleine halbrunde Brodte von Weitzenmehl, die bald größer, bald kleiner sind, und woran insgemein mehrere zusammenhängen, mehr oder weniger, nach dem es die Gewohnheit jedes Orts mit sich bringt, führen bekantermaßen gedachte Nahmen, aber freilich nur in Deutschland. In *Berlin* verkauft man 3 solcher kleinen feinen Weitzenbrodte in einer sogenanten Reihe Semmel Fig. XXXIII., oder eine solche Reihe kostet 3 Pfennige hiesigen Geldes. Ich werde mich bey den Semmeln ungleich kürzer fassen können, da ich mich sehr oft auf das Vorhergehende beziehen kann.

Sobald das Weißbrodt in den Ofen geschoben ist, so macht oder setzt der Kneter zur Semmel das sogenante **Setz- oder Hefenstück**, oder wie man in hiesiger Gegend fälschlich sagt, das Hebestück. Denn Hefen ist in der Mark Brandenburg ein ungewöhnliches Wort. Das wei-

weitzene Mittelmehl zu den Semmeln, unter welches man zuweilen Zwiebackmehl mischt, ist schon verschiedene Stunden vorher in die Beute Fig X. gesiebet, damit es sich erwärmet. An eine Seite der Beute, die leer bleibt, schiebt der Bäcker etwas Mehl, macht in diesen eine Grube, und gießt in diese Grube nach Gutdünken Oberhefen von Weißbier. Man gießt diese durch einen Durchschlag Fig. XXIV., wodurch die bittere Hopfentheile abgesondert werden. Sind die Hefen nur von mäßiger Güte, so gießt der Bäcker etwas laulichtes Wasser hinzu, schlägt sie hiemit vermittelst eines Löffels oder eines Querls, und macht sie hiedurch flüchtiger. Doch, wie gesagt, die Hefen werden in die Grube des Mehls gegoßen, und zu den Hefen gießt man laulichtes Wasser, so die Hefen vorläufig erwärmet. Dieses Wasser ist, wie bey dem Einsauern zum Brodteig, nach Beschaffenheit der Witterung mehr oder weniger warm. Mit den Hefen, dem Wasser, so etwa ein Quart beträgt, und dem Mehl macht der Bäcker einen lockeren Teig, und schüttet beym Kneten dieses Teiges noch etwas Salz hinzu, um die Semmel wohlschmeckender zu machen. Dieser Teig wird mit Mehl bestreuet, und stehet höchstens bis zum Teigmachen 2 Stunden. Dis ist nun das sogenante Hefen- oder Setzstück, dessen Absicht keine andere ist, als die Hefen in etwas zu ersparen. Fehlt es an Weißbierhefen, so setzt man auch etwas Sauerteig hinzu. Doch bemerkt die-

diesen der feine Geschmack leicht an der Semmel. Herr D. Schreber berichtet, daß man in einigen Gegenden diesen Teig, oder das Hefenstück nach einigen Stunden anfrischet, wodurch die Semmel desto lockerer werden soll. Man giesset bey diesem Anfrischen 1½ mal so viel Wasser, als zuerst, macht den Teig wie vorher, und läßt ihn abermals 2 Stunden gahren. In hiesiger Gegend ist das Anfrischen nicht gebräuchlich, es sey denn, daß sich die Gahre des Hefenstücks nach einer Stunde noch nicht zeiget, weil man nicht genug Hefen gegossen hat, oder diese alt und unwirksam sind. In diesem Fall muß der Bäcker nach gedachter Zeit noch einmal Hefen und etwas Wasser gießen, und nachmals wie vorher Teig machen. Sind die Hefen aber frisch und gut, so stehet das Hefenstück höchstens gegen 2 Stunden, in welcher Zeit es erforderlich gahret. Man kann alsdenn Teig machen, wenn das Hefenstück wieder anfängt zu sinken. Hieraus und aus den Vorhergehenden erhellet, daß die Hefen in einer ungleich kürzern Zeit eine Gährung in den Teig verursachen als der Sauerteig. Herr Professor Halle in dem vierten Band seiner Werkstätte der heutigen Künste rechnet zu einen Weitzenteig aus 2½ Scheffel Mehl 2 Quart Weißbierhefen, und überhaupt zum ganzen Teig 2 Eimer Wasser, jeden zu 10 bis 12 Quart. Allein ich werde unten zeigen, daß diese Angabe ohne Zweifel zu wenig Wasser annimmt.

Wäh-

Während der Zeit, da dieses Hefenstück gahret, macht der einheimische Bäcker den Teig zu den Salzkuchen. Der Bäcker achtet dieses grobe Weitzenbrodt am wenigsten, und nimt sich nicht die Mühe, ein Hefenstück hiezu zu machen, es sey denn, daß es an Hefen fehlt. In diesem Fall nimt man auch wol etwas Sauerteig von Weißbrodt unter den Salzkuchenteig, um hiedurch den Abgang der Hefen zu ersetzen. Doch müssen diese nicht ganz fehlen. Gewöhnlich macht aber der Bäcker eine Grube in dem zum Salzkuchen bestimmten Mehl, gießt in diese die erforderliche Hefen von Weißbier, gießt ferner sogleich die erforderliche Wassermasse hinzu und macht sogleich den benöthigten Teig, wobey man etwas Salz mitknetet. Der Salzkuchenteig wird nur ganz locker gemacht, damit er platt wird wenn man ihn backt. Daß man zu diesem Teig das gröbste Weitzenmehl nimmt, so jedoch in die Beute gesiebet wird, habe ich schon oben bemerkt. Den zu den Salzkuchen gekneteten Teig bringt der Kneter sogleich auf den Beutendeckel, und wirkt ihn zu runden und platten Kuchen. Diese werden nicht vor den Wirken abgewogen, sondern der Bäcker setzt ihre Größe nach den Augenmaaß und nach der Billigkeit fest. Denn die berlinische Polizey bestimmt die Größe der geringen Salzkuchen nie durch eine Taxe. Die gewirkten Salzkuchen werden sogleich reihenweise auf Backbrettern zum Gahren gesetzt, und diese setzt man eben nicht an einen

sehr

sehr warmen Ort. Denn die Gahre der Salzkuchen muß sich so lange verzögern, bis der Teig zu den Semmeln gemacht ist, und bis diese gewirkt sind. Daher muß auch der Bäcker zu den Salzkuchenteig nicht zu viel Hefen giessen, wie jederzeit in allen ähnlichen Fällen. Ueberhaupt kann aber der gewirkte Salzkuchenteig in ½ Stunde seine Gahre erhalten, ehr oder später, je nachdem viel Hefen hinzugegossen, nachdem das Wasser zum Gießen mehr oder weniger warm gewesen ist, und nachdem die Backstube warm ist. Erhalten sie ihre Gahre eher, als man sie in dem Ofen schieben kann, so trägt man sie auf den Backbrettern in die freye Luft, so die Gahre hemmt. Dis gilt auch von der Semmel.

Während aller dieser Verrichtungen pflegt das Hefenstück zur Semmel zu der obengedachten Vollkommenheit zu gelangen, und der Kneter macht nun den **Semmelteig**. Er giesset nemlich zu dem Hefenstück das erforderliche laulichte Wasser hinzu, schüttet in dieses ein paar Hände voll Salz, **zerreibet** in dem Wasser das Hefenstück, **kneipet** beydes mit Mehl, bis der Teig nicht mehr wäßrig ist, und **walzet** diesen zugleich, gerade wie bey dem Brodteig. So muß auch der gewalzte Teig trocken, klar und gut ausgestoßen seyn. Der Unterschied beruhet blos darauf, daß der Semmelteig überhaupt nicht so feste geknetet wird als der Brodteig, damit die Semmeln desto lockerer werden. Den gemachten Semmelteig wirft der Kneter sogleich auf den Deckel der Beute, und Kneter und Werkmeister begeben sich nun zum wirken oder ausbilden der Semmel. Diese Arbeit muß in der grösten Schnelligkeit verrichtet werden, sonst würde das Wirken dieser kleinen Weitzenbrodte zu viel Zeit wegnehmen. Insgemein sind mehrere solche kleine Brodte vereiniget zusammengebacken. In Berlin nennt man sie Hellinge, weil sie vermuthlich ehedem einen Heller gegolten haben, ohnerachtet sie jetzt einen Pfennig kosten. Drey Hellinge machen in Berlin und in den mehresten märkischen Städten eine Reihe Semmel aus. Jede Gegend hat hierin ihre eigene Mode und ihre eigene Benennungen. Zur Bildung dieser kleinen Brodte verwandeln der Werkmeister und Kneter den sämtlichen Semmelteig zuerst in walzenartige Teigstücke, und ein solches Stück heißt eine Wurst. Von einer solchen Wurst reißt oder schneidet jeder jedesmal zwey Klöße ab, soviel als zu 2 Hellingen Semmel erfordert wird. Beyde Hellinge wirkt oder bildet er zugleich, und zwar jeden mit einem Daum seiner Hand. Diese Arbeit, so zur Ersparung der Zeit mit der grösten Schnelligkeit verrichtet werden muß, wird in der Bäckerey mit für die künstlichste gehalten. Drey Hellinge werden nun jedesmal zu einer Reihe zusammengesetzt, entweder sogleich auf dem Beutendeckel, oder erst auf den Backbrettern, wie es jedem beliebt. Denn auf die Backbretter wird der gewirkte Teig zu den Semmeln nunmehro zum Gahren gesetzt,

und

und zwar reihenweise. Ist die Backstube nicht sonderlich warm, so schiebt man sie auch mit den Backbrettern auf die obgedachten Gahrstangen. Der gewirkte Semmelteig kann seine Gahre in ¾ Stunde, aber auch wol erst in 2 Stunden erhalten, zeitiger oder später, nachdem viel Hefen in dem Teig sind, nachdem warm gegoßen, und die Backstube heiß ist. Im Durchschnitt ist diese Gahre insgemein in ½ Stunde vollbracht. Der einheimische Bäcker erhält allerdings eine Taxe zu den Semmeln, aber es ist fast ohnmöglich, alle Hellinge, wie bey dem Brodt abzuwiegen. Daher muß er das Gewicht so zu sagen in seiner Hand haben, und nach den Augenmaaß überdem die Größe bestimmen. Doch hab ich bemerkt, daß sie die zuerst gewirkten Hellinge abwiegen, vermuthlich um sich nach den abgewogenen Teig ohngefehr zu richten.

Semmel und Salzkuchen sind die gewöhnlichen Bäckerwaaren von Weitzenmehl. Doch backt der gewöhnliche Losbäcker noch einige andre, wovon ich nur ganz kurz reden will. Insbesondre gegen die Festtage backt der berlinische Bäcker eine Art länglichtes und an beyden Enden zugespitztes, im Durchschnitt aber dreykantiges Semmelbrodt. In hiesiger Gegend nennt man es **Stollen**, zu Halle in Sachsen aber **Wecken**. Man nimt hiezu gehörigen Semmelteig, den man nur mit Mehl fester knetet, und dem ausgewirkten Teig beym Einschieben in den Ofen einen Schnitt auf der obern Seite giebet,

bet, damit die Stolle desto runder beym Backen aufläuft. Gleichfalls aus gewöhnlichen Semmelteig backt der Bäcker die bekannten Bretzeln, die in manchen Städten beständig, in Berlin aber nur zur Fastenzeit gebacken werden. Es giebt zwey Arten dieser Bretzeln, gewöhnliche und gesottene. Zu den gewöhnlichen macht der Bäcker ohne Hefenstück aus Mehl, Hefen, etwas Salz und laulichten Wasser einen vorzüglich festen Teig. Dieser wird, wie bey der Semmel, beym Wirken anfänglich in sogenante Würste verwandelt. Hievon bricht oder schneidet der Bäcker ein Stück nach dem andern ab, rollt jedes Stück auf dem Tisch zu einer kleinern Wurst, und drehet diese zu der gewöhnlichen und bekannten Gestalt zusammen. Die gewirkten Bretzeln werden hierauf reihenweise auf reine Backbretter gelegt, aber verkehrt, so daß die untere Seite oben ist. Denn wenn die Bretzel eine kurtze Zeit und nur wenig gegangen hat, so bestreicht man sie auf der linken Seite mit der in Wasser getauchten Streiche Fig. XVII. Dieser Anstrich muß in freyer Luft austrocknen, worauf denn der Bäcker die Bretzeln umkehrt und zum Ofen bringt. Hier werden sie auf der obern Seite mit der nassen Streiche abermals bestrichen. Einige Bäcker befolgen die jetzt beschriebene Gewohnheit auch bey der Semmel, um dieser eine ansehnlichere Unterrinde zu geben. Doch ich kehre wieder zu den Bretzeln zurück. Zuweilen streuet man noch auf gedachten Anstrich der Bre-

tzeln

tzeln Salz und Kümmel, schiebet sie aber sogleich in einen sehr reinen Ofen, worin sie nur eine kurze Zeit stehen. Ausgebacken haben sie von dem Bestreichen durchgängig, oben und unten einen Glanz. Wenn es ausdrücklich bestellet wird so backt der berlinische Bäcker auch auf eben die Art Brodtschrippen, die auf dem Boden fast eben den Glanz, wie auf der Oberrinde einen haben. Zu den **gesottenen Bretzeln** nimt man kaltes Semmelmehl, wie es von dem Boden kommt, damit die Bretzeln schwer, und so wenig wie möglich gahren. Der Teig wird übrigens wie bey den vorigen Bretzeln gemacht, nur mit flüchtigen Hefen. Um den Teig dieser Bretzeln recht fest zu kneten, bedienen sich einige Bäcker der Breche Fig. XIV. der Pfefferküchler. Man läßt sie auf den Backbrettern wenig gahren, und wirft sie kurz vor den Einschieben in den Ofen in siedendes Wasser, worin einige sie so lange liegen lassen, bis sie oben schwimmen. Alsdenn nimt man sie mit einer hölzernen oder blechernen durchlöcherten **Schwachtel** so einer Mauerkelle gleichet, aus dem heißen Wasser, legt sie auf den Schieber, und schiebt sie in einen vorzüglich heißen und gut gereinigten Ofen. Der Bäcker kann die auf einem Schieber zugleich eingeschobenen Bretzeln beynahe zu eben der Zeit wieder ausziehen, sobald nur ihr Glanz anzeigt, daß sie gar sind, und andre dagegen einschieben. Ist der Ofen sehr heiß, so kann der Bäcker diese Art Bretzeln bey offenen Zuglöchern backen,

 weil

weil die Hitze des Ofens und die in siedenden Wasser eingesogenen Feuchtigkeiten es den Bretzeln nicht an benöthigten Dünsten zur Farbe fehlen lassen. Doch verschließt man die Zuglöcher auch, wenn der Ofen nicht vorzüglich heiß ist. Nach dem Backen werden diese Bretzeln auf den dräthernen Rahm gelegt, und mit Wasser zum Glanz bestrichen. Nur wenige berlinische Bäcker backen diese Fastenbretzeln, denn sie gehören eigentlich zur Bäckerey der sogenanten Fastbäcker. Außer den nur gedachten Waaren backen einige einheimische Bäcker auch **Milchbrodt.** Beym Teigmachen gießt man nemlich statt Waßer Milch, und bildet den Teig zu kleinen runden Brodten, die übrigens wie Semmel behandelt werden. Man macht in Berlin auch dergleichen runde Brodte blos von Semmelteig. Eben diese Bäcker backen auch **Zwieback**, wozu der Teig aus Zwiebackmehl, Milch, Butter und Eyern eingerühret wird. Bey dem Wirken macht der Bäcker aus diesen Teig kleine runde oder längliche Kuchen, drückt von den erstern jederzeit zwey, von den letztern aber mehrere zusammen, und schiebet sie so vereiniget in den Ofen, insgemein auf Blechplatten. Nach den Backen zertheilet er die zusammengebacknen Zwiebacke mit einem langen scharfen Messer, legt sie abermals einzeln auf Blechplatten, und röstet sie, das heißt, er schiebt sie zum zweyten mal auf eine kurze Zeit in den Ofen. Wiewol diese und andre sogenannte Butterwaaren werden nicht von allen

allen Bäckern gebacken, und gehören eigentlich zur Kuchenbäckerey, daher ich mich hiebey nicht verweilen will. Um soviel mehr, da jede Stadt fast abgeänderte Arten und Benennungen dergleichen Bäckerwaaren hat.

Alle diese Waaren von Weitzenmehl werden zugleich mit den Salzkuchen und der Semmel bey ein und eben derselben Ofenhitze gebacken. Doch werd ich mich nur bey der Semmel und dem Salzkuchen verweilen. Unterdessen daß nemlich der Kneter den Semmelteig macht und beyde die Semmel wirken, heitzt der Werkmeister den Ofen zum zweyten mal. Er verfähret hiebey eben so, wie bey dem Heitzen zum Weißbrodt, außer daß er das Feuer hinten und in der Mitte des Ofens nicht ganz ausbrennen läßet, damit das Gewölbe heißer wird als der Heerd, und die Dünste in der Folge gut aufsteigen. Dieserhalb muß er auch den Ofen stärker heitzen, und daher mehr Backsprießel zuwerfen. Dieser stärkere Grad der Hitze wird aus einer doppelten Ursache erfordert. Erstlich wird der Ofen mehrere Male mit Semmel übersetzt, das heißt, der Heerd des Ofens wird nicht einmal, sondern 3 bis 5 Mal hintereinander mit Semmeln besetzt. Ueberdem muß zweytens der Ofen stark gelöscht werden, damit viele Dünste in den Ofen entstehen. Denn ich habe schon oben bemerkt, daß die Semmel schwerer Farbe annimt, als das Brodt, zumal da sie nur eine sehr kurze Zeit in dem Ofen stehet. Uebrigens wird das Feuer eben so aus dem Ofen gezogen, und dieser wird eben so gelöschet, und gereiniget, wie zum Weißbrodt. Der Kneter bringt zuerst die Salzkuchen herbey, und zwar ein Brett voll nach den andern. Die Salzkuchen werden nemlich zuerst eingeschoben, weil sie viel Feuchtigkeit bey sich führen, und daher die Dünste in den Ofen, die zum Semmelbacken so nöthig sind, vermehren müssen. Der Werkmeister setzt 5 bis 6 Salzkuchen auf den Schlagschieber Fig. XXXIV. taucht die Streiche Fig. XVII. im Wasser bestreicht die sämtlichen Salzkuchen, bestreuet sie oben mit Salz, und schiebt sie sogleich in den Ofen, damit das Salz nicht schmeltzet. Sobald die Salzkuchen eingeschoben sind, so wird der übrige Raum in dem Ofen mit Semmeln angefüllt. Der Kneter bringt diese gleichfalls zur gehörigen Zeit auf Backbrettern herbey, und der Werkmeister setzt 5 bis 6 Stück auf einen langen Schlagschieber kehrt sie zuweilen auch auf dem Schieber um, weil die obere Seite beym Gahren austrocknet und zuweilen staubig wird; vorzüglich aber damit die Semmeln auch auf der Bodenrinde Glanz erhalten. Auf dem Schieber bestreicht der Werkmeister sie mit einer nassen Streiche, giebt einigen einen Schnitt nach der Länge mit einen Messer, und streut auch wol zuweilen Salz und Kümmel drauf. Sogleich schiebt er sie aber reihenweise in den Ofen. Semmel und Salzkuchen sind in einer Viertelstunde gar. Wenn nemlich der Ofen voll geschoben,

oder

oder wie der Bäcker sagt, übersetzt ist, so backt oder zieht man die zuerst eingeschoben mit einem Semmelausbäcker Fig. XXVI. wieder heraus. Es werden aber mehrere zugleich ausgezogen, und sogleich mit einer in Wasser eingetouchten und ausgespritzten Streiche bestrichen, sogar die Salzkuchen: Denn durch die Hitze in den letztern verraucht das Wasser sogleich, ohne das Salz zu schmelzen. Das Bestreichen befördert das Glänzen und die Farbe der Semmel. Sobald aber der Werkmeister durch dieses Ausziehen einen Platz in dem Ofen leer gemacht hat, besetzt er ihn auch sogleich wieder mit gewirkten Semmeln, und setzt das Einsetzen und Ausbacken so lange fort, bis alle Semmeln gar sind. Gewöhnlich wird der Ofen nur dreymal, höchstens bis fünfmal hintereinander mit Semmeln angefüllet. Die Hitze des Ofens, und die Kürze der Zeit, so zum Ausbacken der Semmeln erfordert wird, macht es begreiflich, daß man den Ofen mehrere Male mit Semmeln anfüllen kann und diese demohnerachtet sämtlich ausbacken. Der Bäckergeselle bringt die Salzkuchen und Semmeln gleichfalls in die Brodtstube, oder auf den Flur, wo verkauft wird, und hier beraspeln die Frauenzimmer den Boden der Semmeln und Salzkuchen, gerade wie ich bey dem Brodt gezeiget habe.

Folgendes ist noch bey dem Backen der Semmel und des Salzkuchens zu bemerken. Zwar vorzüglich des Wohlschmacks wegen knetet der

Bäcker etwas Salz unter den Semmelteig; aber auch, damit das Salz die unmäßige Gahre mäßiget, damit die Semmel sich nicht aufblehet. 2) Alle diese Weitzenbrodte sind nur klein, und der Bäcker muß also bestmöglichst dahin sehen, daß er den Raum in dem Ofen ersparet. Denn je mehr Stücke, desto mehr Gelegenheit, den Platz unnöthig zu benehmen. Die Semmeln und Salzkuchen werden zwar reihenweise gestellt, allein der Bäcker muß seinen jedesmaligen Ofen kennen, und hiernach die Reihen ordnen. Ist das Gewölbe des Ofens ein Abschnitt einer Kugel oder nähert sich dieser Gestalt, so entstehen grosse Hacken neben dem Mundloch nebst einer grossen Rundung auf beyden Seiten. Beydes läßt sich schwerer ausfüllen als wenn der Ofen stark längligrund ist. Der Bäcker stellt daher auf jeder Seite z. B. in einer Reihe 3 Semmeln, in der andern 5, in der dritten 4, in der vierten 6 Semmeln u. s. w. Hiedurch füllt er nach und nach die Hacken und die Rundung des Ofens auf jeder Seite mit Semmeln an, und nutzet allen Raum. Doch, wie gesagt, die Erfahrung und die Beschaffenheit des Ofens muß hiebey Lehrmeister seyn. 3) Bereits bey dem Weißbrodt, so wie auch hin und wieder hab ich bemerkt, daß der Bäcker bey der Hitze des Ofens zum Backen der Semmel auf alle Art die Dünste hervor zu bringen und zu erhalten sucht, um der Semmel Glanz und Farbe zu ertheilen. Die Hauptursache ist wol, weil

die

die Semmeln nur eine kurze Zeit in den Ofen stehen dürfen, und durch das Mundloch viel Dünste abgeführet werden, da dieses des beständigen Einschiebens und Ausziehens wegen fast beständig offen seyn muß. Daher sucht der Bäcker alle Zugänge zu dem Ofen bestmöglichst zu versperren. Das Mundloch fh des Ofens Fig. XIII. wird so viel, wie möglich zugehalten, die sämtlichen Zuglöcher o sind während des Schiebens beständig verschlossen, und sogar das Leuchtloch ik wird gänzlich nicht geöfnet. Gleichwohl muß das Innere des Ofens erleuchtet seyn, damit der Werkmeister sehen kann, wie und wohin er die Semmeln stellet. Dieserhalb ist die Lampe lmn zwischen dem Leuchtloch und Mundloch angebracht. In das Feuerbecken dieser Lampe legt der Bäcker brennenden Kien, bewegt die mit Gliedern versehene Lampe gegen das Mundloch, so daß der brennende Kien das Innere des Ofens erleuchtet. Diese Erfindung ist neu, und nur seit wenigen Jahren bekannt. Auf diese Art hält nun der Bäcker die Dünste in den Ofen zusammen, damit sie über die Semmel erforderlich überstossen, und dieser Glanz ertheilen können. Uebrigens bezieh ich mich auf dasjenige, so ich schon von dieser Sache bey dem Weißbrodt gesaget habe.

Endlich entstehet noch bey Semmel und Salzkuchen, 4) die Frage: Wie verhält sich auch hier Mehl zu Wasser? Nach den Nachrichten des oben gedachten berlinischen Bäckers soll

soll folgendes Verhältniß statt finden. Ein berliner Scheffel Weitzen, der genetzt oder gewaschen 91 Pfund wiegt, giebt 74 Pfund Mehl, nemlich 55 bis 59 Pfund Semmelmehl, und 17 bis 19 Pfund Salzkuchenmehl. Bey Semmel sowohl, als bey Salzkuchen rechnet man beym Teigmachen auf jedes Pfund Mehl abermals $\frac{1}{2}$ Pfund Wasser. Aus 55 Pfund Semmelmehl würde also ein $82\frac{1}{2}$ Pfund schwerer Teig entstehen. Wenn der Weitzen vorzüglich gut und man etwas mehr als 55 Pfund Semmelmehl erhält, so giebt es auch wol bis 84 Pfund Teig. Von diesen 84 Pfund Teig, erhält der Bäcker im Durchschnitt 69 Pfund Semmeln, wenn diese nemlich im Ofen ausgebacken sind. Hieraus erhellet, daß von jedem Pfund Semmelteig beym Ausbacken etwa 6 Loth, zuweilen auch mehr verloren gehen. Kurz ohne sonderlichen Fehler kann man rechnen, 4 Pfund Mehl geben 5 Pfund ausgebackene Semmel mehr oder weniger, nachdem die Semmeln mehr oder weniger groß sind. Mehl verhält sich also in der ausgebacknen Semmel zu Wasser, wie 4 zu 1. Fast eben das Verhältniß findet bey Salzkuchen statt. Denn 17 bis 18 Pfund Salzkuchenmehl geben 24 Pfund ausgebackene Salzkuchen. Vergleicht man alles dieses mit demjenigen, was von der ähnlichen Sache oben beym Weißbrodt gesaget ist, so erhellet, daß Semmel mehr im Backofen verlieret, als Brodt. Denn bey diesem schwindet beym Ausbacken höchstens nur 5 Loth,

Loth, bey Semmel aber 6 Loth. Die Ursache ist ohne Zweifel doppelt. Theils wird der weitzene Teig zu Semmeln lockerer geknetet, als der Brodtteig; theils lehrt auch die Erfahrung, daß sich ein Teig von feinern Mehl trockner ausbacken läßt, als von gröbern. Nimt man z. B. zum Schiffszwieback feines Rockenmehl, welches hiezu noch tauglicher ist, wenn es mit feinen Weitzenmehl vermischt wird, so läßt er sich trockner ausbacken, als wenn hiezu grobes Mehl verwendet wird. Eigene Versuche könten aber ohne Zweifel die angegebene Verhältnisse näher und richtiger bestimmen. Obrigkeitliche Personen, die Amtswegen bey Probebacken zugegen, und Kenner und Forscher sind, hätten hiezu die beste Gelegenheit.

3) Alles vorhergehende vorausgesetzt, kann ich nur mit wenigen Worten von dem **groben** oder **Hausbackenbrodt** reden. Einige berlinische Bäcker backen dieses Brodt täglich, andre einen Tag um den andern, je nachdem der Abgang es mit sich bringt. Denn dieses Brodt, so insbesondre für den Unbegüterten gebacken wird, findet alt eben so gut seinen Käufer, als frisch. Man backt es nach dem Obigen aus dem Mittelmehl des Rockens, und zwar in den frühesten Stunden des Tages, so daß es etwa um 9 Uhr gar ist. Ich nenne dieses Brodt Hausbackenbrodt, allein ich verstehe hierunter nicht dasjenige Brodt, so sich Familien in Städten selber backen.

cken. Nein, ich meine das gröbste Brodt der berlinischen und überhaupt der einheimischen Bäcker.

Auch zu diesem Brodt bleibt ein Stück gesauerter Teig von dem nächsten Backen liegen, gerade wie der Grundsauer zum Weißbrodt. Diesen Grundsauer frischet man zum ersten mal zu Mittage an, des Abends spät zum zweyten mal und in der Nacht zum dritten mal. Man befolgt bey diesem Anfrischen eben die Gesetze, welche ich schon bey dem Weißbrodt bemerkt habe. Beym Teigmachen muß zu dem gesiebten Mehl nach Proportion mehr Wasser gegossen werden als zum feinen Rockenmehl, da das grobe Mehl mehr Wasser verschluckt. Der Bäcker richtet sich hiebey gleichfalls nach der Größe seines Ofens, und nach der jedesmaligen Beschaffenheit des Mehls. Uebrigens wird der Teig eben so gemacht, als zum Weißbrodt, außer daß man ihn aus obgedachten Ursachen fester knetet. Beym Abwiegen des Teigs vor dem Wirken muß der Bäcker alle Sorgfalt beweisen. Denn dieses Brodt wird für den grossen Haufen gebacken, worauf die Polizey vorzüglich Rücksicht nehmen muß. Dieses Brodt verliert aber nach dem Obigen beym Ausbacken nicht 4 Loth sondern 5 Loth, weil das grobe Mehl viel Wasser verschluckt. Ueberdem gehen nach einiger Meinung noch beym Auskühlen 2 Loth verloren. Eben deshalb, weil dieser Brodtteig fest geknetet wird, so gahret er schwer, und will seine Zeit

haben,

haben, wenn er durch die Gahre locker werden soll. Gleichwol sollte ein gewissenhafter und uneigennützige Bäcker bey diesem Teig vorzüglich sorgfältig seyn, da er dieses Brodt für den grösten Haufen backt, der vorzüglich viel Brodt isset, an dessen Gesundheit dem Staat am mehresten gelegen seyn muß. Der Ofen zu diesem Brodt darf nur wie gewöhnlich zum Weißbrodt geheitzt werden, da vorher an eben dem Tage schon zweymal geheitzt ist. Beym Ausbacken dieses Brodts ist übrigens weiter nichts zu bemerken, als daß es länger, als das Weißbrodt, nemlich 2 Stunden in den Ofen stehet. Denn, wohl gemerkt, man backt insgemein nur Zweygroschenbrodte von dieser Art Brodt; selten Groschen Brodte. Die letztern stehen nur 1½ Stunde. Die Ursache, weshalb, ein gröberes Brodt länger in den Ofen stehet ist doppelt. Vors erste verschluckt das grobe Mehl mehr Wasser, so in dem Ofen erforderlich wieder ausdünsten will. Ueberdem ist ein Brodt von wohlfeilern groben Mehl grösser, als ein Brodt von eben den Preis aus feinern Weißmehl. Uebrigens wird dieses Hausbackenbrodt beym Sauern Kneten und Backen eben so behandelt, wie das Weißbrodt. Und der Bäcker in grossen Städten muß es, wenigstens in wohlfeilen Zeiten eben so behandeln, sonst findet er nicht Abgang. Es ist doch in gewisser Absicht gut, daß der Eigennutz den Menschen in vielen Fällen zu seiner Schuldigkeit anhält!

Bey

Bey dem Grobbrodt erinnere nur noch zum Beschluß, daß, nach der Angabe des oft angezeigten Bäckers, 40 Pfund Grobmehl nur 48 Pfund Brodt geben. Allein ich muß bekennen, daß ich mich hieraus nicht finden kann. Denn gesetzt, daß beym Teigmachen auf jedes Pfund Mehl abermals nur ½ Pfund Wasser gegossen wird, so entstehen 60 Pfund Brodtteig. Bey diesen ist auf jedes Pfund Teig 5 Loth Verlust im Ofen. Also müsten doch aus den obigen 40 Pfund Grobmehl etwas über 51 Pfund ausgebackenes Grobbrodt entstehen. Wiewohl der berlinische Bäcker nimmt selten das gröbste Mehl von gedachten 40 Pfund in wohlfeilen Zeiten zu Grobbrodt, wie ich schon angezeiget habe, und daher läßt sich hier wol nichts gewisses sagen.

Macht der Bäcker um 10 Uhr Abends den Anfang, Teig zum Weißbrodt zu kneten, so kann dieses Brodt etwa um 2 Uhr Morgens gar seyn. Während der Zeit, da dieses Brodt backt und überdem etwa bis 5 Uhr Morgens entstehen die Salzkuchen und Semmeln, und um 9 Uhr Morgens ist das Hausbacken Brodt gar. Allein jedes Land und jede Gegend ja man kan wol sagen, jedes Backhaus hat seine eigenen Gewohnheiten und Gebräuche. Ich weiß gar wol, daß man in Sachsen und in andern deutschen Gegenden anders verfährt, und die Bäckerey mit Dinkelbrodt muß vermuthlich noch mehr abweichen. Allein die Hauptsache bleibt sich immer gleich, wenn schon in Nebendingen Abweichungen

chungen statt finden. Ich habe die Bäckerey weitläuftig nur so beschreiben können, wie sie in meinem Vaterlande gewöhnlich ist. Ueberdem hab ich mit Bedacht einen bestimmten Fall angenommen, da nemlich der Bäcker täglich dreymal backt. Das Verfahren in Nebendingen muß sich aber etwas abändern, wenn der Bäcker täglich nur einmal Semmel und Brodt zugleich backt, oder wenn er zweymal, oder auch öfter, als dreymal backt. Allein, wie gesagt, die Hauptsache bleibt stets ein und eben dieselbe.

4) In der hiesigen **Feldbäckerey** zu Kriegs- und zuweilen auch in Friedenszeiten, in theuern Jahren läßt man von Losbäckergesellen, die unter der Aufsicht einiger Backmeister und Oberbäcker stehen, Kommißbrodt, und zuweilen auch Schiffs- oder Feldzwieback backen, daher will ich hier sogleich von dieser Bäckerey reden.

Das **Kommißbrodt**, so die Fürsten für die Soldaten backen lassen, wird in Deutschland mehrentheils ganz aus Rockenmehl gebacken. Der König von Preußen läßt zuweilen selbst zu Friedenszeiten, in theuren Jahren, Kommißbrodt backen und unter die Soldaten austheilen. In diesem leztern Fall nimmt man hiezu Rockenmehl, wovon zwar die Kleyen abgesondert sind, allein grobes und feines ist vermischt. Im Kriege nimmt man es so genau nicht, und der Rocken wird insgemein nur geschrotet, das heißt, die Kleyen werden nicht abgesondert. Das hiezu bestimmte

stimmte Mehl liegt oft viele Jahre in den Magazinen. Nach dem Mahlen läßt man es austrocknen und stampft es fest in Fässern ein, worinn es sich oft, gleich einem Stein verhärtet. Die Erfahrung lehret nemlich, daß das eingestampfte Mehl sich besser hält, vorzüglich nicht so leicht Mieten bekommt. Ein preußischer Soldat erhält alle drey Tage ein Brodt, so 6 Pfund wiegt, folglich auf jeden Tag eine 2 Pfund schwere Portion. Zu einem solchen Kommißbrodt, so 6 Pfund wiegt, giebt der König eine Metze Mehl berliner Maaßes, oder 4 Pfund 22 Loth Mehl. Folglich muß das Wasser zu der Masse dieses Brodts 1 Pfund 10 Loth beytragen.

Läßt der König in theuern Jahren zur Friedenszeit Kommißbrodt backen, so nimmt er nicht immer eine Feldbäckerey an, sondern die gewöhnlichen Stadtbäcker müssen es oft in bestimmten Portionen backen. Doch sind auch in Berlin und in andern großen Städten und Festungen große oder sonst gewöhnliche Bäckerofen, worinn insbesondere kurz vor dem Abmarsch der Heere Brodt gebacken wird. Im Kriege ist es denn nun nothwendig, daß eine Feldbäckerey angenommen wird. Bey jedem Heere sind nemlich, außer den zubehörigen Commissarien, verschiedene Backmeister. Jeder hat wieder wenigstens zwey Oberbäcker bey sich, und diese haben die Aufsicht über die gewöhnlichen Bäckergesellen, die man in **Schießer** und **Mischer** absondert.

Vier

Vier und zwanzig Stunden hat jeder Feldbäcker jedesmal Ruhe, und die nächsten 24 Stunden muß er hinter einander arbeiten. In dem letzten Fall gehören zu zwey Ofen ein Oberbäcker, zwey Schießer, zu jeden Ofen einer, so das Brodt einschieben, und wenigstens zu jeden Ofen drey Mischer. Von den letztern macht einer beständig Teig, der andere sorgt für Wasser, der dritte für Holz u. s. w., wie jeden an jedem Tage die Reihe trifft.

Wenn ein Heer in freyen Felde ein Lager beziehet, so ist die erste Sorge der Feldbäckerey, daß die erforderlichen Feldofen aufgerichtet werden. Insgemein lagert sich die Feldbäckerey, in einiger Entfernung hinter dem Heer, in einer kleinen Stadt, in einem Dorfe, Kloster ꝛc. Allein hier fehlt es denn insgemein an erforderlichen großen Backofen. Dieserhalb führet die Bäckerey Maurer bey sich. Diese schaffen auf eine oder die andere Art Steine herbey, legen einen Heerd von Steinen, und richten auf diesem 7 bis 11 eiserne Biegel auf. Diese gleichen einen halben Zirkel oder Ellipse, sind aber von verschiedener Größe. Die Biegel vorne unweit des Mundlochs und hinten im Ofen sind die kleinsten, die mittelsten aber die größten. Folglich stehen die Biegel nach der Breite des Ofens, von dem Mundloch bis zum Hintertheil des Ofens. Jeder Biegel hat oben gerade in seiner Mitte eine eiserne Hülse, und durch die sämmtlichen Hülsen der Biegel steckt der Maurer von dem Mundloch bis zum Hintertheil des Ofens gleichfalls einen Biegel. Dieser geht also nach der Länge des Ofens, und hält die erstern zusammen. Im Hintertheil des Ofens hat dieser letzte Biegel einen eisernen Ring, dessen Gebrauch ich weiter unten zeigen werde. Auf diesen eisernen Biegeln führt nun der Maurer das Gewölbe von Steinen auf, wie sonst gewöhnlich auf einer bretternen Lehne, giebt dem Gewölbe auch einen Lehmschlag oder Mantel, wo es Zeit und Umstände erlauben, oder wirft auch nur Erde darauf. Vorne werden nebst dem Mundloch das Leuchtloch und die Zuglöcher gemauert. Vor dem Mundloch wird eine Grube in die Erde gegraben, worinn der Schießer stehet, um bequem auf den niedrigen Heerd des Ofens das Brodt einzuschieben. Ist ja die Feldbäckerey im Sommer mit im freyen Felde, welches selten geschiehet, so stehen vor diesem Ofen die Zelter, worinn sich die Beuten befinden, und worinn der Teig gemacht wird. Doch in der Kälte gahrt der Teig nicht gut in den Zeltern, daher sucht man die Bäckerey in einem Dorfe anzubringen. Die Mischer sauern gewöhnlich, doch erlaubt die Zeit nicht immer, den Sauer gehörig anzufrischen. Man kann leicht erachten, daß jedesmal viel Teig zugleich gemacht wird. Daher ist es nicht möglich, daß der Mischer beym Teigmachen alle Regeln seiner Kunst anbringen kann. Er gießt blos zu dem Sauer, zerreibet diesen in etwas, und ohne viele Umstände sucht er Mehl und Wasser, ohne zu walzen,

zen, in einen Teig zu verwandeln. Auf diesen deckt er den Beutendeckel, und läßt ihn etwa eine Stunde stehen, bis der Teig durch seine Gahre den Beutendeckel hebt. Der Teig muß sich in dieser Zeit selbst **durchfressen**, sagt der Feldbäcker, welches wol nichts weiter sagen will, als die Gahre muß Mehl und Wasser noch genauer vereinigen, und den Abgang des Knetens ersetzen. Nach gedachter Zeit druckt der Feldbäcker den Beutendeckel insgemein nieder, allenfalls dadurch, daß er hinaufsteiget und darauf tritt. Alsdenn öffnet er die Beute, bricht den Teig, oder wie der Feldbäcker sagt, den **Mörsel** stückweise aus, und die sämmtliche Mischer wiegen ihn ab, wirken den abgewogenen Teig zu Brodten, und tragen diese auf Backbrettern, nach einigen Gahren, zu den Ofen. Die Brodte werden länglichrund gewirkt, damit eins dicht neben dem andern in dem Ofen stehen kann. Unterdessen heitzt der Schießer den Ofen gewöhnlich, so gut, als die jedesmaligen Umstände es mit sich bringen, reiniget den Ofen, und schiebt das Brodt mit dem Schieber ein. Er setzt die Brodte reihenweise nach der Breite des Ofens. Die benachbarten Brodte stehen zwar an den schmalen Enden oder nach der Länge etwa einen Zoll aus einander, nach der Breite berühren sie aber einander, damit sie nicht viel Raum einnehmen. Man schiebt mit offenen Zuglöchern, weil das Kommißbrodt aufreißt, wenn diese Löcher verstopft sind. Das Brodt stehet zwey Stunden in den Ofen. Nach dieser Zeit fährt der Schiesser mit dem Schieber unter die Brodte, bricht hiemit die zusammengebackenen Brodte aus, und zieht sie aus dem Ofen. Auf Glanz, Farbe und Ansehen wird hieben nicht gesehen, wenn das Brodt nur gehörig gebacken ist. So setzen nun die Feldbäcker, welche jedesmal die Reihe trifft, ihre Arbeit 24 Stunden hinter einander fort, und das Backen ruhet nie; denn diese werden nach 24 Stunden von andern abgelöset.

Bricht das Heer auf, insbesondere weil der Feind herandringt, so stossen die sämmtlichen Maurer an den Ring, der sich an dem Bügel nach der Länge des Ofens befindet, ziehen hiemit diesen Bügel heraus, die Biegel nach der Breite des Ofens fallen ein, und zugleich der ganze Backofen. Die Biegel werden auf Wagen fortgebracht. Unterdessen bringen die Feldbäcker die Beuten und andere Backgeräthe gleichfalls auf Wagen. Den Sauerteig zerreibt man in Puzeln, das heißt in Klösse, hüllet diese gut in Mehl ein, und schüttet sie hiemit in einen Beutel oder Sack. Denn in Gestalt der Puzeln gehet der Sauerteig nicht so stark auf, als wenn man ihn in einem ganzen Stücke fortbringt, und er verdirbt auch nicht so leicht. Ich habe von der Feldbäckerey nur einen kurzen Begriff geben können, weil ich ohnedem bey dieser Nebensache mich zu umständlich hätte aufhalten müssen.

Schiffs-

Schiffs- oder Feldzwieback wird in hiesiger Gegend blos für Festungen gebacken. Er muß in der Hitze des Ofens völlig von aller Feuchtigkeit befreyet oder gänzlich ausgetrocknet seyn. Hiernach muß nun auch das Mehl gewählet werden. Die Erfahrung lehret aber, daß Brodt aus feinem Mehl im Ofen besser austrocknet, als aus groben Mehl. Dieserhalb muß der Teig zu gedachten Schiffszwiebacken wenigstens aus dem feinsten Rockenmehl gemacht werden, besser aber aus Rocken- und Weitzenmehl vermischt, beydes zur Hälfte. Hieraus wird nun sorgfältig ein Teig gewöhnlich gemacht, dieser zu runden oder länglichen Brodten aufgewirkt, und diese werden gewöhnlich im Ofen, aber stark gebacken. Nach dem Backen und Erkalten zerschneidet man die kleinen runden Brodte mit einem langen scharfen Messer in zwey Hälften, die länglichen Brodte aber in mehrere dicke Schnitte nach der Breite des Brodts. Diese Brodtschnitte werden abermals in den Ofen geschoben und hierinn so lange **geröstet**, bis sie völlig hart ausgebacken und ausgetrocknet sind. Ein solcher Schiffszwieback dauert viele Jahre, wie die Erfahrung lehret.

Noch zum Beschluß dieser Sache ein Paar Worte von der Backprobe und der Brodt- und Semmeltaxe. Eine **Backprobe**, oder wie der einheimische Bäcker sagt, ein **Probebacken**, ist eine gerichtliche Veranstaltung, da in Gegenwart einiger Personen aus der Polizey des Orts, ein Ofen voll Brodt und Semmel gebacken und alles

 hie-

hiebey nach Maaß und Gewicht bestimmt wird, um hiernach die Brodt- und Semmeltaxe, oder welches einerley sagen will, eine Bäckerverordnung des Orts richtig anzufertigen. Sie kann aus einer doppelten Ursache veranlasset werden, entweder weil die Bäcker klagen, und mit der bisherigen Bäckerordnung nicht zufrieden sind; oder weil die Obrigkeit glaubt, daß die Stadt von den Bäckern hintergangen wird. Es muß hiebey billig Mehl und Wasser vor dem Teigmachen gewogen, das zum Heitzen des Ofens erforderliche Holz nach den marktgängigen Preisen genau bestimmet, und nach dem Backen Brodt oder Semmel, so man aus dem abgewogenen Mehl und Wasser erhalten, gleichfalls gewogen werden, andere Nebendinge, z. B. Hefen nicht zu gedenken. Hiernach kann man nun alle Unkosten beym Backen, z. B. des Mehls von 1 Scheffel Rocken oder Weitzen berechnen, und zugleich den allgemeinen Nutzen oder Profit finden. Der Bäcker will aber mit den Seinigen leben, zumal in einer großen Stadt, er muß Gesellen und Leute auf die Bäckerey halten, ja er muß zum Einkauf des Getreides und zu Landesabgaben hiebey ein Capital verwenden, dessen Zinsen nothwendig mit in Anschlag kommen. Aus allen diesen Ursachen muß man ihm einen anständigen Gewinnst zugestehen, doch so, daß vorzüglich die Armuth der Stadt nicht zu kurz kommt; zumal in einer so nothwendigen Sache, als das Brodt ist.

Jede

Jede ansehnliche Stadt hat fast Backproben angestellt, ich will aber nur bey demjenigen stehen bleiben, was man aus den Backproben in Berlin gefunden hat. Wiewol ich besinne mich, daß ich oben bey jedem, nemlich bey Weißbrodt, Semmel und Grobbrodt schon die Folgerungen aus den berlinischen Backproben angeführet habe. Ich mag nicht wiederholen. Was soll ich zu den Backproben sagen? Die Hauptsache ist und bleibt hiebey doch immer in den Händen der Bäcker, da die gegenwärtigen Polizeypersonen doch unmöglich alles, vorzüglich nicht die kleinen Vortheile übersehen können. Daher hat man sich in einigen Gegenden auch bemühet, durch das Bekenntniß einiger Bäcker selbst, ohne Backproben, hinter die Wahrheit zu kommen. In Berlin nimmt man in der Bäckerordnung vom 12. May 1774 zwar die Erfahrungen aus den Backproben zu Hülfe, um hiernach den billigen Gewinnst der Bäcker zu bestimmen, siehet aber hiebey nicht sowol auf den jedesmaligen Getreidepreis, sondern hat em Bäcker ein beständiges Backlohn auf jeden Scheffel Rocken und Weitzen, ein für allemal festgesetzt. Potsdam machte hiemit den Anfang, und Berlin folgte nach, um die beständigen Klagen der Bäcker zu hemmen. Man nahm nemlich theils die Menge des Getreides an Rocken und Weitzen, so 1773 in Berlin verbacken war; ferner die Anzahl der damaligen Bäcker und bestimmte für jeden Bäckermeister oder Wittwe zum jährlichen Unterhalt 477 Rthlr. 5 Gr. Hiernach

nach wurde nun folgende beständige Bäckerordnung festgesetzt.

Auf jeden Scheffel Weitzen rechnet man dem Bäcker zu Gute oder als Ungeld bey der Taxe, und zwar ohne Unterschied des Weitzenpreises an:

Mahlmetze		1 Gr.	9 Pf.
Mahlgeld		1 —	— —
Bescheiderlohn		— —	6 —
Wagegeld		— —	2 —
Mühlenfuhrlohn		— —	4 —
Zu Holz und Licht		4 —	— —
Transportkosten wegen des auswärtigen Mahlens		1 —	— —
Umschüttegeld		— —	4 —
Accise u. d. g.		7 —	9 —
Dem Bäcker Backgeld zu seinem und der Seinigen Unterhalt		10 —	4 —
	1 Rthlr.	3 Gr.	2 Pf.
Hievon gehen ab für grobes Weitzenmehl oder sogenanntes Salzkuchenmehl, so dem Bäcker nur als Rockenmehl zugeschlagen wird, zu	—	12 Gr.	— —
	Bleibt	15 Gr.	2 Pf.

Ferner

Ferner auf 1 Schfl. Rocken, ohne Unterscheid des Preises:

		Gr.	Pf.
Mahlmetze	⸗ ⸗	1 Gr.	3 Pf.
Mahlgeld	⸗ ⸗	— —	6 —
Bescheiderlohn	⸗ ⸗	— —	6 —
Wagegeld	⸗ ⸗	— —	2 —
Mühlenfuhrlohn	⸗	— —	4 —
Zu Holz und Licht	⸗	2 —	5 —
Transportkosten wegen des auswärtigen Mahlens	⸗	— —	7 —
Umschüttegeld	⸗	— —	4 —
Dem Bäcker zu seinem und der Seinigen Unterhalt	⸗	6 —	6 —
		12 Gr.	7 Pf.

Aber wie? wenn der Unterhalt in Berlin kostbarer, die Anzahl der Bäcker merklich grösser würde, oder die Volksmenge sich merklich minderte, würde alsdenn vorher festgesetztes Bäckerlohn oder Unterhaltungsgeld unverändert bleiben können? Einige rathen, die Anzahl der Backhäuser nach und nach einzuschränken, da denn zugleich auch das Backgeld gemindert werden könnte, weil wenigere Familien von der Bäckerey des Orts lebten.

Ein nach den Grundsätzen der Bäckerverordnung des Orts angefertigte Berechnung, wie viel Brodt oder Semmel der Schwere nach für einen gewissen Preis verkauft werden soll, heißt **Brodt- und Semmeltaxe.** Z. B. Wenn in Berlin 1 Schfl. Weitzen 1 Rthlr. und 16 Gr. und 1 Schfl.

Rocken

Rocken 1 Rthlr. und 4 Gr. gilt, so muß der Bäcker verkaufen:

		℔	L.	Q.
An gut ausgebackener Semmel	für 3 Pf. —		7 L.	3½ Q.
	für 6 — —		15 —	3 —
An gut ausgebacken Weißbrodt	für 6 — —		28 —	1½ —
	für 1 Gr. — —	1 ℔	24 —	3 —
An Hausbackenbrodt	für 1 — — —	2 —	11 —	3¾ —
	für 2 — — —	4 —	23 —	1½ —

Bey Anfertigung dieser Taxe, kommt also zweyerley in Betrachtung: der jedesmalige Getreidepreis und die vorher angeführten sogenannten Ungelder. Die Polizey fertiget insgemein alle Monate eine neue Taxe nach den jedesmaligen Getreidepreisen an, sie muß aber auch über diese Taxen halten. Dieserhalb hört sie nicht nur die Klagen der Käufer, wenn diese zu leichte oder schlecht ausgebackene Bäckerwaare einkaufen, und bestraft den Verkäufer; sondern zuweilen gehen auch einige Personen von der Polizey in den Backhäusern umher, wiegen die Bäckerwaaren nach, und untersuchen zugleich ihre innere Güte. Im Betreffungsfall wird auch bey dieser Gelegenheit der Bäcker bestraft. Diese Polizeyuntersuchungen halten allerdings den Bäcker in Schranken; aber noch mehr nach meiner Meynung der Käufer, da dieser die Auswahl hat. Ein Bäcker, der geringe Waaren verkauft, verliert kert seine Kunden, die ihm täglich auf die Finger sehen, und dies schränkt ihn am besten ein. Ich kann hier nur kurz von allen diesen Dingen reden, denn sie bedürfen keiner eigenen Untersuchung, die hier zu weitläuftig ausfallen würde.

Nachricht. Der Weiß- und Losbäcker erlernet seine Profession in drey Jahren, wenn er nemlich ein Lehrgeld erlegt; ohne dem aber in vier Jahren. Doch kann ein Meister seinen Sohn nach Gefallen ein- und ausschreiben lassen. Die Anzahl ihrer Gesellen ist insgemein groß, aber zum Glück erhalten sie auf ihrer Wanderschaft in jedem Backhause einer Stadt von dem Meister ein Geschenk. In den mehresten Städten bestehet dieses in Semmel oder Brodt; in einigen grossen Städten erhalten sie aber dagegen gleich auf der Herberge ein Geschenk an Gelde. In Berlin z. B., wo das Hausiren untersagt ist, giebt jeder Meister hierzu wöchentlich 6 Pfennige, und das hiedurch zusammengebrachte Geld wird unter die sämmtlichen einwandernden Gesellen vertheilet. Die Anzahl der dasigen Meister beläuft sich jetzt gegen 300. Ein angehender Meister backt einen Ofen voll Brodt, und einen Ofen voll Semmel und Kuchen zum Meisterstück, und zwar in dem Hause eines Altmeisters. Die zum Meisterstück gebackene Waaren werden unter die sämmtlichen Meister vertheilet — Ein Schmaus, den der angehende Meister geben muß, macht insgemein am Ende alles gut.

Von

Von der Haus- oder Familienbäckerey hiesiger Gegend.

Zu dem Familienbrodt in Städten holt sich der Städter gewöhnlich den Abend vorher Sauerteig von dem Bäcker; dieser giebt ihm etwas von dem zuletzt angefrischten Sauerteig. Hiermit sauert die Frau im Hause, oder ein Mädchen, so gut wie möglich, und wie es in jeder Familie üblich ist. Insgemein gießt man zum Sauern die Hälfte des erwärmten Wassers, so zu dem ganzen Teig erfordert wird. Angefrischt wird dieser Teig insgemein nicht, sondern man bestreuet ihn nur mit Mehl, und macht am folgenden Morgen so gut wie möglich Teig. Diesen wirken zwar einige Familien zu Brodten auf, und bringen die aufgewirkten Brodte zum Backen; allein es entstehen hiedurch Fehler des Brodts. In der Sommerhitze erhält der gewirkte Teig beym Hintragen zum Bäcker zu viel Gahre, im Winter wird gedachte Gahre im Gegentheil zu stark unterbrochen. Daher bringen die mehresten Familien ihren gemachten Teig ungewirkt zum Bäcker, und der Bäckergeselle wirkt ihn auf, und läßt ihn gahren. Der Bäcker bringt diesen Teig entweder mit seinem Grobbrodt des Morgens in dem Ofen; oder er schiebt es nach diesem Brodt in den Ofen, wenn nemlich der Ofen noch heiß genug ist; oder er heitzt den Ofen auch besonders hiezu an, aber nur mit wenig Holz, denn der Ofen ist an eben dem Tage schon drey

bis

bis vier mal geheitzt, nemlich in grossen Städten. Uebrigens behandelt der Bäcker dieses Familienbrodt eben so, wie das oben beschriebene Hausbackenbrodt der Bäcker.

Ich komme nunmehro auf den Landmann, der sich in dieser Sache in vielen Gegenden selbst überlassen ist, und seinen Teig selbst kneten und ausbacken muß. Ich kann mich daher nicht entbrechen, bey dem **Landbrodt** oder sogenannten **Bauerbrodt** hiesiger Gegenden in etwas stehen zu bleiben. Ich bin ein Augenzeuge dieser Bäckerey in zwey Gegenden der Mark Brandenburg. In meiner Jugend hab ich sie in meinem Vaterlande, der Ukermark Brandenburg gesehen; und gegenwärtig in der Mittelmark, insbesondere bey Berlin und Potsdam an der sächsischen Grenze. Ich werde mit der Landbäckerey der letztern Gegend den Anfang machen.

Insgemein gegen Abend den Tag vor dem Backen, sauert man in der Mittelmark folgendergestalt ein: Man schüttet das Mehl in einem Backtrog, macht hierin eine Grube, legt hierin den von dem vorigen Backen aufbehaltenen Sauerteig, der noch nicht so groß, als ein einheimisches Groschenbrodt der Bäcker ist, gießet Wasser hinzu, und macht insgemein nur einen lockeren Teig. Gewöhnlich gießt der Landmann zu diesem Sauer die Hälfte des Wassers, so zu dem ganzen Brodtteig erfordert wird, und rechnet überhaupt, nemlich zum Sauern und Kneten, auf jeden Scheffel Mehl 2 mäßige Eimer voll

voll laulichtes Wasser, etwa bis 18 Quart. Das Mehl, so er zu diesem Sauer nimmt, beträgt aber noch nicht die Hälfte des Ganzen, da er nur einen sehr weichen Sauer macht. Dieser Sauer steht bis zum folgenden Morgen, ohne daß man ihn anfrischt. Des Morgens macht die Frau des Hauses, oder ein Mädchen so gut wie möglich Teig, da sie noch einmal so viel laulichtes Wasser zu dem Sauer gießet, und so viel Mehl einknetet, bis er nach ihren Gutdünken fest genug ist. Doch macht der Landmann bey Potsdam und Berlin herum, nur einen sehr lockern Teig, in Verhältniß gegen andere Gegenden. Wenn der Teig gemacht ist, so wirkt man ihn sogleich zu Brodten. Jedes Brodt ist plattrund, und seiner Größe wegen gehört zu ein Brodt gegen $\frac{1}{4}$ Scheffel Mehl. Jedes Brodt setzt der Landmann gedachter Gegend in einem Backkorb von gespaltenen Reisern oder Wurzeln geflochten, und läßt es hierinnen gahren, bis der Ofen heiß ist. Ist die Witterung unfreundlich, so wird die Stube geheizt worin der Teig gemacht wird. Unterdessen daß ein Frauenzimmer aufwirkt, und der Teig gahret, wird der Bauerofen angeheitzet. Jedermann hat dergleichen völlig runde und insgemein grosse Ofen in den Dörfern gesehen, und ich will mich daher in keine weitläuftige Beschreibung einlassen. Das Fundament und der Heerd ist stets von Steinen; das Gewölbe aber entweder von Backsteinen mit einem sogenannten Rock oder Mantel von

von Lehm, so sich ausserhalb des Gewölbes befindet, oder in manchen Gegenden auch ganz von Lehm, wie z. B. insgemein in der Uckermark. Nach dem die Gegend holzreich ist, heitzt der Landmann den Ofen mit Klobenholz, oder auch nur mit Reisern. Es werden aber einige Stunden zum Heitzen erfordert, weil der Ofen insgemein groß, und überdem ausgekühlet ist. Nach dem Heitzen wird der Ofen mit der Krücke von Kohlen, und mit dem nassen Kehrwisch von der Asche gereiniget. Heitzet man aber mit Reisern, so nur flüchtige Hitze giebt, und daher zwar das Gewölbe, aber nicht den Heerd erforderlich erwärmet, so läßt man die glühenden Kohlen auf einer Seite des Ofens liegen, und reiniget den übrigen Raum, wo also das Brodt zu stehen kommt. Dieses wird in den Backkörben zum Ofen gebracht, und wem es hieran fehlt, der trägt den aufgewirkten Brodtteig in den Backtrog oder auf eine andere Art zum Ofen. Hier legt der Landmann ein Brodt nach dem andern auf einen Brodtschieber, bestreicht es fast zu reichlich mit Wasser, und schiebt es so gut wie möglich in dem Ofen. Hierin stehen die vorgedachten grossen Brodte 3 Stunden, und man verschließt einige Zeit nach dem Einschieben die Zuglöcher in dem Gewölbe. Das Brodt wird mit dem Brodtschieber wieder herausgezogen.

So backt man in den mir bekannten Gegenden der Mittelmark, wovon aber die Landbäckerey in der Uckermark, Pommern und Mecklenburg in etwas abweicht. In dasiger Gegend ist in den Städten die Fastbäckerey bekannt, und hiernach scheint sich der dasige Landmann seit undenklichen Jahren zu richten. Gesäuert wird in dasiger Gegend, wie ich vorher gesagt habe, der Teig wird aber ungleich fester geknetet, weil man ihn vor dem Einschieben in den Ofen reichlicher mit Wasser benetzet. Den gekneteten Teig läßt der dasige Landmann so lange unaufgewirkt in den Backtrog stehen und gahren oder aufgehen, bis der Ofen heiß ist. Dieser ist insgemein nur mäßig groß, und wird mit Klobenholz geheitzet. Sobald der Ofen heiß ist, wird der gemachte aber unaufgewirkte Teig in den Backtrog zum Ofen getragen. Der Heitzer schlägt sogleich die glühenden Kohlen auf beyden Seiten des Ofens, so daß in der Mitte ein leerer Raum entstehet, wo zwey Backbretter neben einander Platz haben. Unterdessen wirken die Frauenzimmer den Brodtteig zu mäßig grossen Brodten auf, und besetzen hiermit ein Backbrett, so man in dasiger Gegend **Gessel, Gäßel** oder **Gärstel** nennt. Diese wird vorläufig reichlich mit Wasser benetzt; so wie auch hienächst der aufgesetzte gewirkte Brodteig. Das Backbrett voll Brodt wird sogleich in dem Ofen zwischen die Kohlen auf beyden Seiten geschoben, und bleibt hier so lange stehen, bis sich auf den Brodten eine dünne gelbliche Rinde, etwa höchstens nach einer Viertelstunde, zeigt. Neben diesem

Back-

Backbrett schiebt man sogleich ein zweytes mit aufgewirkten Brodtteig besetztes Brett auf nur gedachte Art in dem Ofen, zwischen die Kohlen. Sobald sich auf dem Brodt des ersten Backbretts die nur gedachten Zeichen zeigen, so zieht man das Brett aus dem Ofen, kehrt die Brodte auf dem Backbrett um, so daß der noch feuchte Boden oben zu liegen kommt, und schiebt das Backbrett abermals in dem Ofen. Hierin steht es so lange, bis sich abermals eine gelbe Rinde auf dem Brodtteig zeiget, so aber in eine kürzere Zeit erfolgt. Diese letztere Rinde bleibt auch in der Folge die Oberrinde. Nach dieser Verrichtung, so man in dasiger Gegend, das Brodt **geßeln**, **gäßeln**, **gärsseln** oder **garben** nennt, wird der Ofen gewöhnlich von Kohlen und von der Asche gereiniget, und man schiebet nun das Brodt auf einem Brodtschieber in dem Ofen. Hierin stehet es zwey bis drey Stunden, nach dem das Brodt groß ist. Dieses sogenannte gegesselte Brodt ist fest und derbe, hat einige Farbe, und ist wohlschmeckend.

Nur zuweilen und so zu sagen kuchenartig backt der Landmann, insgemein blos aus Rockenmehl, ein Brodt, so er in hiesiger Gegend **Bärmbrodt** nennt, hochdeutsch aber **Hefenbrodt** heißen müßte. Ich führe dieses Brodt deshalb an, weil hiebey Sauerteig und Hefen zum Gahren zusammen kommen. Bey dem Bäcker in den Städten wird dieses Brodt zuweilen ausdrücklich bestellet; und ich will daher erzählen, wie der Professionist dieses Brodt backt. Er nimmt zur Hälfte feines Rocken- und Weitzenmehl, macht hierin eine Grube, wirft in diese etwas Sauerteig, und gießet die benöthigten Hefen nebst laulichten Wasser hierzu. Hieraus macht er einen Teig, der ziemlich fest seyn muß, wenn er mit dem blos gesäuerten Teig zu gleicher Zeit gemacht wird, und auch zu gleicher Zeit in den Ofen gebracht werden soll; denn die Hefen beschleunigen die Gahre merklich. So verfährt der Bäcker, wenn er Bärmbrodt in ziemlicher Portion backen will. Soll es aber etwa nur ein Brodt werden, so nimmt er gekneteten und gesauerten Rockenteig, und hiernächst gekneteten Semmelteig, beydes zur Hälfte, gießet etwas Hefen hiezu, und macht mit Mehl einen festen Teig. Uebrigens wird dieses Brodt wie Rockenbrodt im Ofen behandelt. Auf die erst gedachte Art macht der Landmann den Teig zum Bärmbrodt, außer daß er gewöhnlich blos Rockenmehl nimmt. Die Beymischung des Weitzenmehls macht aber dieses an sich schon lockere Brodt noch lockerer. Wiewol dieses Brodt ist nicht für den Geschmack aller Deutschen, so an einen gesauerten derben Rockenbrodt gewöhnet ist.

Zum Beschluß dieser Sache will ich noch einige Mängel anzeigen, so ich bey der Bäckerey des Landvolks bemerkt habe; Erstlich ist der Sauerteig des Landmanns insgemein ganz oder zum Theil verdorben; denn insbesondere zur Win-

Winterszeit backt man viel Brodt zugleich, und zuweilen erst wieder nach 4 bis 6 Wochen. In dieser Zeit muß beynahe der Sauerteig nothwendig seine Güte verlieren, wenigstens wie er in hiesiger Gegend geleget wird. Man nimmt nemlich von dem letzten Backen ein Stück gesauerten Teig ab, so noch nicht so groß als ein Groschenbrodt ist, macht hieraus mit Mehl einen sehr festen Teig, und knetet etwas Salz hinein, giebt dem Teig die Gestalt eines kleinen Brodts, streuet auch wol etwas Salz auf dem Teig, und stellt ihn in einem irdenen Geschirr an einem kühlen Ort, denn in der Wärme schimmelt er leicht. Es ist allerdings dienlich, daß Salz eingeknetet wird, weil die natürliche Kälte des Salzes die Gahre verzögert. Allein die Bäcker wollen nicht rathen, Salz aufzustreuen, denn dieses schmelzt leicht, und befördert alsdenn das Schimmeln. Wenn der Bäcker den Sauerteig einige Tage aufbehalten muß, so streuet er auf demselben ein paar Finger hoch Mehl, dieses hindert zugleich, daß der Sauerteig keine harte Rinde setzen kann. Doch kann auch das aufgestreute Mehl nicht hindern, daß der Sauer nach einigen Wochen seine Kraft verliert, wovon ich bereits oben die Ursache angezeiget habe. Im Nothfall hilft freylich auf dem platten Lande ein Nachbar dem andern um so viel lieber mit seinen Sauerteig aus, da er dagegen frischen erhält; unterdessen ist dieses Leihen doch mit Unbequemlichkeiten verknüpft. Ein

 völlig

völlig vergahrter Sauer ist nicht zu verbessern, und bringt in dem Teig keine Gahre hervor. Hat er aber noch einige Kraft, so kan man ihn, wie die Bäcker versichern, dadurch erneuern, daß man Weitzenkley einknetet, oder den Sauer nach Art der Bäcker ein paar mal anfrischet. Am besten aber ist, daß der Landmann dem Uebel zuvor kommt, so, daß sein Sauer so leicht nicht verderben kann. Gute und erfahrne Bäcker geben in dieser Absicht einen doppelten Rath: der erste ist, daß man in einem Sauerteig, der einige Wochen liegen soll, wenigstens alle 8 Tage etwas Mehl knetet, ihn hiedurch anfrischt, und ihm neue Nahrung giebet. Doch dieses ist umständlich; und der beste Rath ist daher, daß man den Sauerteig in Putzeln oder in kleine Klöße verwandelt, ihn gut mit Mehl einreibet, und mit Mehl in einem Gefäß aufbewahret. Der Bäcker bedienet sich dieses Mittels gleichfalls, wenn er aus dieser oder jener Ursache in einigen Tagen nicht backen kann. Er versichert, daß der Sauerteig in der Gestalt der Putzeln so leicht nicht verdirbt. Bey dem schlesischen Landvolke soll diese Gewohnheit bereits eingeführet seyn, so wie man daselbst auch auf dem Lande den Sauer einmal anfrischet. Und das letztere ist dem Landmann hiesiger Gegend gleichfalls anzurathen. Denn das Anfrischen macht nicht nur das Brodt lockerer, sondern mäßiget auch die übertriebene Säure, die man oft bey dem Brodte auf dem Lande antrift, wenn gleich mit

gutem

gutem Sauer eingesauert ist. Hier heißt es oft, entweder zuviel oder zu wenig. Der westphälische Bauer bedienet sich zum Sauern seines bekannten Pumpernikels, so zu sagen gleichfalls der Putzeln. Er scharret oder kratzet neimlich den von dem letzten Backen rückständigen Teig in dem Backtrog zusammen, sauert hiemit, macht einen festen Teig von groben Rockenmehl, und läßt das Brodt 12 bis 24 Stunden in einem zugemauerten Ofen backen. Das Kneten des Teigs zum Landbrodt, scheint zweytens blos dem guten Glück anheim gestellt zu seyn. Oft ist er nicht genug durchgearbeitet, und daher kommt es, daß das Brodt oft wäßrig und wasserstreifig ist. Eben so verhält es sich auch mit der Gahre des Brodtteigs. Wenn der Ofen geheißt ist, so schiebt man das Brodt hinein, es mag zu viel oder zu wenig Gahre haben; die mehresten Fehler dieser Bäckerey stehen aber drittens insgemein mit dem Ofen und dem Heißen desselben im Zusammenhang. Das Gewölbe eines Bauerbackofens ist viel zu hoch, und es muß oft aus Nebenursachen hoch seyn, da man den Ofen auch zum Obst- und Flachsdörren gebrauchet. Ich habe daher in solchen Gegenden, wo viel Flachs gebauet wird, die größten und höchsten Backofen auf dem platten Lande angetroffen. Es hält aber schwerer einen Ofen auszuheitzen, dessen Gewölbe 3 bis 4 Fuß in der höchsten Entfernung von dem Heerd abstehet. Insgemein bringt man nur in dem Gewölbe eine fliegende Hitze her-

hervor, und der Heerd ist nicht gehörig heiß. Das Uebel wird größer, wenn mit Reisholz geheitzt wird, so nur eine flüchtige Hitze giebt, daher denn auch die Kohlen beym Backen an einer Seite des Ofens liegen bleiben müßen. Man erinnere sich ferner, daß ein solcher Ofen zuweilen in drey bis vier Wochen nicht geheitzet wird, daher er denn sehr auskühlen muß. Aus allen diesen und andern Ursachen trift es sich häufig, daß der Landmann schlechtes, unausgebackenes und ungesundes Brodt isset, ohnerachtet es zuweilen wieder gut ist, und selbst dem Städter gefällt. Es ist daher eine sehr lobenswürdige Einrichtung in Chursachsen und Schlesien, und vielleicht auch in andern deutschen Gegenden, daß in jedem Dorfe ein Schwarzbäcker wohnt, der das Familienbrodt für das ganze Dorf gegen ein festgesetztes Backgeld in einem gemeinschaftlichen Ofen ausbackt, wodurch viel Holz ersparet wird. Allein diese Land- oder Schwarzbäcker haben die Gerechtigkeit, ihr Schwarzbrodt an Markttagen in den benachbarten Städten zu verkaufen. Es würde schwer fallen, diese Gerechtigkeit auch in der Mark Brandenburg in den Städten einzuführen, gleichwol würde ohnedem ein Landbäcker in den wenigsten Dörfen leben können. Doch auch schon bey dieser Sache habe ich mich zu lange verweilet.

Nach-

Nachrichten von den übrigen Handwerksmäßigen Bäckereyen in Deutschland, außer dem Losbäcker.

Ich gebe diese Nachrichten in gegenwärtigen Abschnitt den letzten Platz, weil ich bis jetzt noch nicht alle hiezu benöthigte Materialien gesammlet habe, und nicht weiß wie weit es mir hierin glücken wird. Von der Fastbäckerey besitze bereits einige Nachrichten, die ich sogleich mittheilen will; ich hoffe aber noch von der sogenannten französischen Bäckerey bey den einheimischen vertriebenen reformirten Franzosen, desgleichen von der Dinkelbäckerey in Oberdeutschland, Nachrichten einzuziehen und mitzutheilen. Es hält schwer, von entfernten Handwerken und Künsten Nachrichten zu erhalten, weil es nicht Jedermanns Sache ist dergleichen zu sammlen.

I. Von der Fastbäckerey:

Der Fast- oder Festbäcker führet seinen Nahmen von dem derben und festen Brodte so er backt, wozu er auch einen festen Teig kneten muß. Fest heißt aber in manchen niedersächsischen Gegenden fast, und der Fastbäcker hält sich nur in niedersächsischen Gegenden, vorzüglich an der Ostsee auf. Ich habe ihn selbst in der Ukermark, Meklenburg und Pommern angetroffen, aber gewiß ist überdem, daß man ihn auch in Preußen und Liefland, so wie auch in manchen Seestädten an der Nordsee antrift. Vielleicht wohnt er durch ganz Niedersachsen.

Ueberhaupt unterscheidet er sich von dem Losbäcker dadurch, daß er sich vorzüglich mit der Brodtbäckerey und mit gesottenen weitzenen Waaren abgiebt. Allein so viel ich merke, sind die Gränzen beyder Zünfte nicht an allen Orten, wo sie in den Städten beyeinander wohnen, gleich gezeichnet. An einigen Orten darf der Fastbäcker nur Brodt und gesottene Weitzenwaaren, der Losbäcker aber nur ungesottene Weitzenwaaren führen; an andern Orten darf im Gegentheil der Fastbäcker alles backen, dessen Gahre durch Sauerteig, der Losbäcker aber dessen Gahre durch Hefen hervorgebracht werden kann. Daher backt der letztere Bärm- oder Hefenbrodt. Kurz die ganze Sache ist im Grunde betrachtet eine alte Handwerksgrille, wobey aber das zu bedauern ist, daß Fast- und Losbäcker sich aufs äußerste hassen und verfolgen, wenn sie in einer Stadt beysammen wohnen. Daher ist es immer löblich, daß in den Königl. Preußischen Ländern durch eine eigene Verordnung aller Unterschied aufgehoben ist, so, daß jeder Los- und Fastbäcker backen kann, was ihm beliebet. In Prenzlau in der Ukermark z. B. haben vorher die Los- und Fastbäcker einen vieljährigen Prozeß geführet, der endlich durch vorgedachte Verordnung beendiget wurde.

In' meiner Kindheit habe ich der Fastbäckerey selbst zugesehen, aber weiter ohne sonderlichen Antheil, daher das mehreste aus dem Gedächtniß ausgelöscht ist. Ich habe noch von dieser Sache nur folgende kurze Nachrichten erhalten können. Giebt Gott aber Leben und Gesundheit, so werde ich in der Folge hievon gelegentlich mehr sagen können.

Bis zum Kneten oder Teigmachen hat der Fastbäcker eben die Handgriffe, wie der Losbäcker, denn wie dieser frischt er an und sauert. Mit dem Teigmachen geht aber beyder Behandlung von einander ab. Der Losbäcker sucht nur lockern und doch gut durchgearbeiteten Teig zu erhalten, und daher walzet er ihn aufs beste. Der Fastbäcker im Gegentheil muß nothwendig vorzüglich auf einen festen Teig sehen, theils weil er ihn kurz vor den Einschieben in den Ofen reichlich mit Wasser benetzt, wodurch ein lockerer Teig weggeschlämmet würde; theils auch weil der Teig sich am mehresten in der Hitze des Ofens heben und gahren muß, welches von einem derben und festen Teig am ersten zu erwarten stehet. Daher werden zum Teigmachen oder Kneten des Fastbäckers nur zwey Behandlungen erfordert, das Mischen und Einreiben. Beym Mischen giebt man reichlich Mehl auf, weil der Teig vorzüglich fest werden soll, und beym Einreiben sucht man zugleich den Teig fest in ein Ganzes zusammen zu bringen. Uebrigens wird wie beym Losbäcker gemischt und eingerieben. Der

gekne-

geknetete Teig wird nun sogleich aufgewirkt, aber auch in eben dem Augenblick zum Ofen gebracht.

Der Fastbäcker läßt nemlich den Teig nach dem Aufwirken nicht einige Zeit gahren oder aufgehen, sondern schiebt den aufgewirkten Brodteig sogleich in den Ofen. Denn das Gerßeln oder Geßeln, wovon ich sogleich reden will, ersetzt das Gahren. Zum vereinigten Aufwirken und in den Backofen schieben werden daher 3 Personen erfordert.

Doch ich muß vorher mit ein paar Worten von dem Ofen des Fastbäckers reden. Aeußerlich gleicht dieser völlig dem Ofen der Losbäcker, so wie ich ihn oben beschrieben habe, aber der innere Heerd macht den Unterschied. Der Heerd von Lehm in den Ofen der Losbäcker macht in dem Innern des Ofens vor dem Mundloch eine abgerundete Erhöhung oder eine **Brust** nach dem Obigen. Allein diese Brust nebst dem Heerd würde den Fastbäcker hindern, beym Gerßeln, wovon sogleich die Rede seyn wird, die Gerßel mit dem Brodteig zu heben und in den Ofen zu schieben. Dieserhalb bestehet der Heerd aus Fliesen, die zu den Backsteinen gehören, und werden in dem Ofen blos in Sand eingesetzt, nachher aber oben eben abgerieben. Der Heerd muß mit der untern Seite des Mundlochs Fig. XIII. f g h in grader Linie völlig horizontal fortlaufen. Doch ich eile zum Aufwirken und Einschieben

schieben zurück, wozu, wie gesagt, 3 Personen erfordert werden.

Eine Person wiegt den Teig ab, und wirkt ihn zu jeden Brodt nur ganz unförmlich ab. Die zweyte Person giebt jeden Brodtteig schon eine etwas förmlichere Gestalt, trägt ihn gewöhnlich in Backnäpfen sogleich ohne daß er gahret, zum Ofen. Das übrige überläßt man dem Schieber oder Schießer vor dem Ofen, als der dritten Person. Dieser nimt den zu jeden Brodt bestimmten Teig, und legt ihn auf eine **Geßel, Gerßel, Gerstel** oder **Gärstel.** Denn alle diese Benennungen giebt man diesem einfachen Werkzeuge, so wie man die gleichfolgende Behandlung auch Geßeln, Gerßeln und Gersteln nennt, auch wol z. B. Gäßeln oder Gärsteln schreibt. Eine Geßel kann ein gewöhnliches Brett, wie das Backbrett Fig. VIII. seyn. Besser nimt man aber in der Fastbäckerey dagegen ein sehr starkes Eisenblech, so etwa 4 bis 5 Fuß lang und höchstens 1½ Fuß breit ist, weil Eisen besser nachhitzet. Auf diese Geßel oder Gerstel setzt nun der Schießer oder Werkmeister einige Brodte in Teig, bestreicht sie reichlich oberhalb blos mit der Hand mit Wasser, im Sommer mit gewöhnlichen, im Winter aber mit laulichten, bildet hiedurch den Brodtteig völlig erforderlich aus, und schiebet die Gerßel mit dem Brodtteig in dem Ofen. Vorher hat er schon mit Stangen die glühenden Kohlen auf beyden Seiten des Ofens zurückgeschlagen, so so daß sie wie zwey Wälle daliegen, zwischen welchen in der Mitte des Ofens ein leerer Raum von dem Mundloch bis zum Hintertheil des Ofens bleibt. In diesem leeren Platz wird nun die Gerßel mit dem Brodtteig eingeschoben, und hier, wie man zu sagen pflegt, **gegarstelt**, **gegerstelt**, **gegärstelt**, **gegeßelt**, oder **gegarbet**. Der Brodtteig auf der Gerßel oder Geßel bleibt so lange zwischen den glühenden Kohlen stehen, bis er sich hebt oder gahret, oben eine Rinde setzt und diese einige Farbe oder Glanz hat. Hiezu wird einige Minuten Zeit erfordert, und die Zuglöcher des Ofens sind hiebey offen, weil ohnehin wegen des reichlich mit Wasser benetzten Teigs Dünste genug im Ofen sind. Ob jede Geßel voll Brodt wieder aus dem Ofen gezogen, umgekehrt, wieder mit Wasser benetzt, und zum zweytenmal in dem Ofen geschoben wird, wie oben bey der nordlichen Landbäckerey, vermuth ich zwar, weiß es aber doch nicht gewiß. Wenn nun auf diese Art alles Brodt gegeßelt ist, so wird der Ofen wie beym Losbäcker von Kohlen gereiniget, und das Brodt nun eigentlich in dem Ofen geschoben, und zwar nach eben der Ordnung, wie es gegeßelt ist. Der Fastbäcker setzt ein oder ein paar Brodte, nach Beschaffenheit der Größe, auf einen Schieber, giebt jedem Brodt in der Mitte einen Querschnitt nach der Breite, damit das derbe geknetete Brodt beym starken Auflaufen im Ofen nicht ausläuft oder **pudelt**, und schiebt nun den ge-

ger-

gerstelten Brodtteig eben so in den Ofen, als der Losbäcker. Die Zuglöcher Fig. VIII. werden hiebey gleichfals verschlossen, damit die Dünste überstoßen, wie beym Losbäcker, und nach einiger Zeit geöffnet. Indessen sind beym Einschieben nicht mehr soviel Dünste im Ofen, als beym Einschieben des Losbäckerbrodts, und gleichwol soll das Brodt Farbe erhalten. Daher legen vorzüglich die Fastbäcker ein **Farbenholz**, so wie ichs schon oben beschrieben habe, in die Hacken des Ofens, oder setzen dagegen ein Gefäß mit Wasser hinein, um die Dünste zu vermehren. Alles übrige stimmt mit der Losbäckerey überein. Das Fastbäckerbrodt ist derbe, auf der Oberrinde gelber und fast glänzender, als das Losbäckerbrodt, und wird in manchen Gegenden lieber gegessen, als der Losbäcker Brodt. In solchen Gegenden, wo in den Städten Los- und Fastbäcker zugleich wohnen, haben diese auch das Recht, das Haus- oder Familienbrodt auszubacken, nur nicht ausschließungsweise in den preußischen nordlichen Staaten.

Außer diesen jetzt beschriebenen Fastbäckerbrodt, so grob und fein gebacken wird, backen die Fastbäcker noch gesottene oder Fastenbretzeln und Kringeln, und in manchen Städten noch kleine gesottene Wecken von Weitzenmehl u. d. g. Das Verfahren hiebey hab ich schon oben gezeigt.

Nach

Nach den eingezogenen Nachrichten lernt der Fastbäcker seine Profeßion in 3 Jahren. Ihre wandernden Gesellen erhalten kein Geschenk, aber dagegen ein Hand- oder Miethsgeld, wenn sie in Arbeit treten. Sie sind aber sparsam, wandern nur von einer nordlichen Seestadt zur andern, und finden leicht Arbeit. In den nordlichen deutschen Gegenden z. B. in Preußen sehen sich daher die Fastbäckermeister oft genöthiget, Losbäckergesellen in Arbeit zu nehmen, ohnerachtet die Zunft der Losbäcker dieses nicht gerne gut heißet. Von einem Losbäcker, der auf seiner Wanderung bey einem Fastbäcker gearbeitet hat, sammlete man auch vorige Nachrichten. Der angehende Meister backt einen Ofen voll Brodt und gesottener Weitzenwaare.

Zweyter

Zweyter Abschnitt.

Der Maurer.

Der Maurer wird zwar zu den gewöhnlichen Professionisten gerechnet, besitzt er aber Geschick, so kann man ihn mit allen Recht den Künstlern beyzählen. Denn seine Verrichtungen, zumal in ansehnlichen Städten, gehen ins Grosse, und er muß bey Aufführung eines grossen massiven Gebäudes ja selbst des Pallastes die Vorschriften des Baumeisters vorzüglich ins Werk richten. Dieserhalb ist dem Mauermeister und den vornehmsten Gesellen, die man in hiesiger Gegend **Polirer** nennt, eine Kenntniß der Baukunst und zugleich der Zeichenkunst dieser Art fast unentbehrlich. Diese Regeln der Kunst befinden sich in allen Schriften, die von der bürgerlichen Baukunst handeln, und hier ist auch nicht der Ort, wo sie wiederholet werden dürfen. Ich setze sie also in diesem Abschnitt als bekannt voraus, und bleibe blos bey den mechanischen Verrichtnngen des Maurers stehen. Die beliebte Ordnung führt mich zunächst zu den

I. **Materialien**, die bey dem Aufbau eines Mauerwerks gebraucht werden, oder doch gebraucht werden können.

1) Zuerst kommen diejenigen **Steine** in Betrachtung, womit das Fundament gelegt, oder ein Mauerwerk aufgeführet wird. Diese sind entweder natürliche oder künstliche Steine.

A. Die **natürlichen Steine** bringt die Natur selbst hervor, aber roh und unbearbeitet.

a) In Berlin legt man das Fundament der Gebäude gröstentheils mit **ungebrannten Kalksteinen**, weil man diese Steine daselbst leicht und wohlfeil einkaufen kann. Denn wenige Meilen von Berlin entfernt, nemlich zu Rüdersdorf zwischen Köpnick und Fürstenwalde sind ergiebige Kalkberge, von wannen man die aufgebrachten Steine bequem auf der benachbarten Spree nach Berlin bringen kann. In gedachten Kalkbergen werden die Kalksteine, wenn die Schicht entblößet ist, mit grossen Hämmern losgeschlagen, die festern Stücke mit Geisfüßen losgebrochen, und im erforderlichen Fall mit grossen Hämmern in kleinere Stücke zerschlagen. Der ungebrannte Kalkstein führt von Natur die Eigenschaft bey sich, daß er in der Erde, und sogar in dem sumpfigen berlinischen Boden nicht zerfällt oder verwittert, sondern ehr härrer wird. Dieserhalb kann er bequem zu Grundsteinen verwendet werden. Man hat weiße oder gelbliche und blaue Kalksteine, unter welchen die weißen insgemein für die besten gehalten werden, weil die blauen zersplittern und in der Luft verwittern. Unterdessen kann der Maurer doch beyde Arten bequem zum Fundament verbrauchen, zumal wenn

wenn der Boden ungleich und feucht ist. Denn der weiße Kalkstein bricht in den Kalkbergen vorzüglich in grossen Stücken, und der blaue hat dagegen von Natur die Eigenschaft, daß er sich gleich dem Schiefer zerspalten läßet. Dieserhalb wird die erste Bank oder die unterste Lage der Steine des Fundaments mit grossen weißen Kalksteinen gelegt, und die Fugen oder Lücken zwischen den letztern werden mit zerspaltenen blauen Kalksteinen und einem Kalkguß ausgefüllet. Denn es ist bekannt genug, daß die Kalksteine unbehauen und so wie sie gebrochen sind zum Fundament verbraucht werden. Doch zerschlägt oder zerschellt sie der Maurer im erforderlichen Fall mit einem grossen eisernen Schellhammer oder mit einer Fleche in kleinere Stücke. Doch ist hiebey zu bemerken, daß manche berlinische Maurer in Absicht der inneren Güte, keinen wesentlichen Unterschied unter den weißen und blauen Kalksteinen in der Erfahrung finden. Dieses gilt von diesem Kalk sowohl zum Fundament, als zum Mörtel. Außer diesem Gebrauch zum Fundament bedient sich der Maurer auch der Kalksteine, wenn er über dem Fundament einen felsenartigen Fuß errichtet. Doch sind zu diesem letztern Gebrauch blos die weißen Kalksteine üblich, weil die blauen, wie gesagt, in der Luft verwittern. Alle Kalksteine werden prahmweise gekauft. Ein Prahm ist ein vierkantiger Steinhaufen, der $22\frac{1}{2}$ Fuß in der Länge, $7\frac{1}{2}$ in der Breite, und $2\frac{1}{2}$ in der Höhe hält. Ich bemerke nur noch, daß ich gegenwärtig von dem ungebranten Kalkstein nur in sofern geredet habe, als er in Berlin zum Fundament gebraucht wird. Unten werd ich dieses Steines abermals gedenken, aber insofern hieraus der Mauerkalk entstehet. In oben gedachten Steinbrüchen brechen die weißen oder gelblichen Steine oben, die blauen aber in der Tiefe. Statt der Kalksteine werden in andern Gegenden, nach Gelegenheit des Orts, harte Bruchsteine, dauerhafte Backsteine oder auch wol große Feldsteine zum Fundament genommen.

b) In solchen Gegenden, wo Steinbrüche in der Nähe und die **Bruchsteine** daher wohlfeil sind, führt man das Fundament oder auch die Mauern über dem Fundament auch wol mit grauen Sandsteinen auf, die in einem thonigten Boden auch roth und vorzüglich fest sind. Man bedient sich ihrer alsdenn sowohl im Grunde zum Fundament, und auch über der Erde im Wetter. Zum Fundament werden aber jederzeit die härtesten ausgesucht, die in der Erde am besten dauern. Solche die Adern haben, als wenn es Schiefer wären, taugen hiezu gar nichts. Doch sind sie insgemein nicht feuerfest und können daher nicht zu Feuermauern rc. verwendet werden, weil das Feuer sie mürbe und zerbrechlich macht. In Berlin sind dergleichen Werkstücke theuer, wegen der Enfernung der Steinbrüche, und man mauert daher über der Erde stets mit Backsteinen, zu Treppen vor den Thüren, zu Säulen, zu Attiken

und

und Balustraden auf den Gebäuden wird der graue Sandstein aus den Mansfeldischen Steinbrüchen verbraucht. Härter ist der rothe Sandstein der aus Rothenburg im Mansfeldischen nach Berlin komt. Man hat mit diesem Stein in Berlin z. B. einige steinerne Brücken erbauet.

B. **Die künstlichen Steine** heißen überhaupt, **Ziegelsteine, Backsteine**, oder auch gebackene oder gebrannte Steine. Sie werden auf den Ziegelscheunen aus einer Art Lehm, so man Ziegelerde nennt, verfertiget. Diese Ziegelerde wird mit Wasser vermischt in einen Teig verwandelt, in Formen zu Ziegeln gestrichen, diese im Schatten getrocknet, und endlich in einem Ziegelofen gebrennet. Eine fette Ziegelerde, die insbesondere nicht viel Sand bey sich führet, schickt sich am besten hiezu. Denn aus einer sandigten Ziegelerde gestrichene Backsteine zerbröckeln in wenigen Jahren, zumal wenn sie der Witterung ausgesetzet sind, und verfaulen sogar in der Erde. Ist die Ziegelerde aber zu fett oder zu geil, so zerspringt der Stein leicht. Diese Fettigkeit benimmt man ihr aber, wenn man sie einige Zeit in eine feuchte Grube, oder einen sogenannten Sumpf aufbehält, und vorzüglich mäßig mit Sand vermischt. In Berlin sind diejenigen Backsteine am beliebtesten, die bey Rathenau gebrennt werden, weil sie aus einem Thon oder einer Ziegelerde gebrennt werden, so theils von Natur theils durch Beymischung von vorzüglicher Güte ist. Sie sind insbesondere feuerfest und verwittern nicht so leicht in der Luft und in der Nässe. Sowol der Farbe als auch der Gestalt nach giebt es von solchen gebrannten Steinen verschiedene Arten. In Absicht des verschiedenen Gebrauchs sondern sie sich aber insbesondere ab in

a) **Mauersteine.** Mit diesen werden zuweilen die Mauern im Fundament, insgemein aber die Mauern über dem Fundament in allen Stockwerken des Gebäudes aufgeführet. Die gewöhnlichen Mauersteine zur Aufführung einer ebenen Mauer, sind vierkantig, und die einheimischen sind 10 Zoll lang, halb so breit, und etwa vier Zoll dick. Des Verbandes wegen beym Mauern muß ein solcher Stein jederzeit halb so breit, als lang seyn, wie die Folge lehren wird. Ihrer Farbe nach sind sie entweder mehr oder weniger roth, oder wol gar weiß, nach der verschiedenen Beschaffenheit der Ziegelerde, woraus man sie streicht. In Berlin schätzt man die dunkelrothen rathenauschen gedachtermassen am höchsten, zumal da sie das Feuer am ersten vertragen. Man nimmt sie daher am liebsten zu Feuermauern, Feuerheerden, Kaminen, und ganzen Mauern. Denn sie sind durchgehends ziemlich dauerhaft. Es kommen auch blaßrothe Steine, z. B. aus Besekau, nach Berlin, die aber schon schlechter sind, und blos zu Mauern genommen werden. Die weißen Mauersteine, so über Potsdam aus den Ziegelbrenbrennereyen zu Petzow, Werder und Ferch, zwischen Potsdam und Brandenburg, nach Berlin kommen, wittern aber in der Luft aus, daher sie nur zu Scheidewänden genommen werden können. Jedoch weil sie leicht sind, so können sie dieser Eigenschaft wegen, mit Vortheil zu Wölbungen, die nicht der Witterung ausgesetzt sind, gebraucht werden, desgleichen auch zu Schornsteinen. Doch muß der Schornsteinkasten über dem Dache mit rothen Steinen aufgeführet werden, weil diese der nassen Witterung widerstehen. Gedachte Ziegelofen ohnweit Potsdam liefern aber überdem noch eine Art grünbläulichter Steine, die durch das Brennen im Ziegelofen so zu sagen glasuret sind. Man nennt sie **Klinker** oder **Klinger**, weil sie so hart ausgebrannt werden, daß sie bey jeden Stoß klingen. Sie entstehen von denjenigen Steinen, die im Ziegelofen in den Zügen stehen, und daher dem Feuer vorzüglich ausgesetzt sind. Zuweilen schmelzen sogar 2, 4 bis 12 und mehrere solcher Steine zu einem Klumpen zusammen, wie mir ein Ziegelbrenner zu Werder gesagt hat. Man lieset diese Klinker aus den übrigen Steinen eines Brandes aus, und verkauft sie besonders. Ihre Glasur hält das Wasser vorzüglich ab, daher sie mit Vortheil zu Grundsteinen, zu Brunnen, Rinnen, Pflastern in den Küchen und überhaupt zu solchen Dingen genommen werden, die der Feuchtigkeit ausgesetzt sind. Außer diesen gewöhnlichen Mauersteinen, die ich bisher beschrieben habe,

 giebt

giebt es noch manche, denen der verschiedene Gebrauch eine abgeänderte Gestalt gegeben hat. Unter diesen sind die rothen **Fliesen** am gewöhnlichsten. Die Breite und Länge dieser Steine ist gleich, zu 9 bis 10 Zoll, und die Dicke beträgt nur wenige Zolle. Der Flur und die Küche in gewöhnlichen Gebäuden werden hiemit gewöhnlich von dem Steinsetzer ausgepflastert. In Hauptgebäuden nimmt man auf den Flur dagegen schwedische Fliesen von verschiedener Farbe. Die gebrannten Fliesen kommen aus Rathenau, so wie auch insgemein die übrigen Mauersteine, die ich noch nennen werde. **Keilsteine**, deren Gestalt aus der Benennung erhellet, werden bey Wölbungen gebraucht, aber in Berlin nur selten. Schon häufiger mauert man, mit Beyhülfe dieser Keilsteine, in den Branntweinbrennereyen die Blase mit feuerfesten rathenauschen **Kesselsteinen** ein. Diese haben die Gestalt der Felge eines Rades, oder eines Bogens, und bringen zusammengesetzt eine kreisförmige Rundung hervor. Kessel- und Keilsteine werden in diesem Fall öfters unter einander vermauert, so, daß die Fugen, die durch die Zusammenfügung der erstern entstehen, jederzeit von den letztern, die alsdenn Laufer heißen, ausgefüllet werden, damit das Ganze zusammenhalte. Fehlts an Keilsteinen, so muß der Maurer mühsam gewöhnliche Mauersteine keilförmig behauen. Zuweilen, aber selten, streicht man auch auf den Ziegelhütten **Gesimssteine**. Sie sind größer, als

als die gewöhnlichen Mauersteine, nemlich 18 bis 20 Zoll lang, und 8 bis 9 Zoll breit, weil er zur Hälfte vor der Mauer hervorragen muß. Man hat rathenausche rothe und potsdamsche weiße. Bey Hauptgebäuden nimmt man diese Gesimssteine bey Gesimsen, die eine große Ausladung haben. Auf großen Ziegelbrennereyen macht man alle zuletzt genannte Steine, nemlich Keil- Kessel- und Gesimssteine im Vorrath von mancherley Art, so, daß der Maurer sie nach Befinden erhalten kann.

b) Mit den **Dachsteinen** werden bekanntermassen die Dächer der Gebäude gedeckt. Die gewöhnlichen Dachsteine sind platt und eben, unten abgerundet, und haben einen Haken, womit man sie auf die Latten hängt. Der **Hohlstein**, so auf dem Forst des Dachs gelegt wird, ist aber bekanntermassen nach der Breite gerundet. Ehedem gab man den Dachsteinen noch verschiedene andere Gestalten, z. B. wie ein lateinisches S, es belohnt aber der Mühe nicht, sie anzuführen. Alle diese Dachsteine sind entweder roth oder rothweiß. Die rothen sind die dauerhaftesten, und die besten kommen aus Rathenau. Dagegen stehet der Gebrauch der weißen Dachsteine niemand zu rathen. Sie verwittern insgemein innerhalb vier Jahren, und werden daher in Berlin auch nur im Nothfall gekauft. Denn wenn schlechte Backsteine der Nässe ausgesetzt sind, wie z. B. die Grund- und Dachsteine, so werden sie leicht erweicht, und blättern in wenigen Jahren in Schalen oder Scheiben ab, zerfallen auch stückweise. Die letztern weißen Dachsteine werden ohnweit Potsdam an gedachten Orten gebrennet.

2) Die Backsteine sowol, als die Bruchsteine werden bekanntermassen durch den sogenannten Mörtel beym Mauern verbunden. Mörtel ist aber eine Mischung von Kalk, Sand und Wasser. Der Kalk muß hiebey vorzüglich binden, und ist daher zunächst in Erwegung zu ziehen. Man brennt ihn in manchen Gegenden aus Marmorsteinen, Schiefersteinen, ja aus Seemuscheln, am gewöhnlichsten aber aus dem gemeinen Kalkstein. Diese Steine sind bald fester, bald lockerer, und der Farbe nach weiß, blau oder grau, braun, röthlich, grünlich und schwärzlich. Oben, da ich von diesen Steinen redete, insofern sie zum Fundament genommen werden, habe ich aber bereits bemerkt, daß man in Berlin nur weiße oder gelbe und blaue Kalksteine aus Rüdersdorf erhält. Die weißen sind unter diesen beyden Arten, nach der Meynung der mehresten berlinischen Maurer, die besten, da die blauen oft schon bey dem Einbringen in den Kalkofen zerbröckeln, weil sie nach dem Obigen in der Luft selbst ungebrannt verwittern. Doch, wie gesagt, in Absicht der innern Güte wollen andere Maurer keinen Unterschied statt finden lassen. Jeder Käufer in Berlin, wenn er eine große Menge Kalksteine kauft, muß nach den Landesgesetzen einige Prahme blaue Steine mit

mit zu nehmen, damit der schlechte mit dem guten verkauft und verbraucht wird. Der Kalkstein wird aber alsdenn erst zum Mauerkalk brauchbar, wenn er in einem Kalkofen gebrannt ist, und dieses letztere habe ich in einem besondern Abschnitt einer andern Sammlung beschrieben. Der gebrannte Kalk zerfällt aber von sich selbst in der Luft, und löscht sich auch wol bey einer feuchten Witterung selbst. Daher ist es rathsam, daß man ihn so bald, wie möglich löscht. Beym Löschen mit Wasser erhitzt er sich selbst und raucht, und beydes rührt von der vitriolischen Säure her, so der Kalk bey sich führet. Im Kleinen verkaufen die berlinischen Kalkscheunen den gebrannten Kalk in sogenannten Winspeln. Ein Winspel enthält aber nur zwey Kummkarren voll Kalk. Es ist also nur ein verjüngtes Maaß, denn jede Kummkarre enthält nur 1½ Schfl. Kalk in kleinen Stücken.

Das **Löschen** des Steinkalks ist eine vorläufige Arbeit, die oft ein halbes Jahr und drüber vor dem eigentlichen Gebrauch verrichtet wird. Hier ist also der schicklichste Ort, diese vorläufige Beschäftigung des Maurers zu beschreiben. Das Löschen wird in einer Kalkbank vor einer Kalkkute verrichtet. Beyder Größe muß der Mauermeister nach der Vielheit des Kalks, so zum Bau erfordert wird, gehörig bestimmen, und insbesondere die Gräße der Kalkkute.

Die

Die **Kalkkute** Tab. II. Fig. I. a b ist eine vierkantige Grube in der Erde. Damit die Nässe des gelöschten Kalks nicht in die Erde ziehe, so muß diese Grube entweder mit Bohlen ausgeschälet, oder besser, ausgemauert seyn. Doch mauert man sie insgemein nur in großen Haushaltungen aus, wenn man hierinn vorräthigen gelöschten Kalk zur Ausbesserung der Gebäude aufbehalten will. Neben einer solchen Kalkkute aber, auf der Erdfläche stehet die **Kalk- oder Löschbanke** c d e f. Es ist ein vierkantiger Kasten von Brettern, der insgemein 9 Fuß lang, 4 Fuß breit und 18 Zoll hoch zu seyn pflegt. Der Boden dieser Kalkbank ist nach der Kalkkute a b zu in etwas geneigt, damit der gelöschte Kalk gut nach der Kalkkute ablauft. In dieser Absicht hat die Kalkbank nach der Kalkkute zu auch einen Schieber e f, den man ausziehen kann, und vor diesem Schieber eine kurze Rinne g. Bringt es die Gelegenheit des Orts mit sich, so legt man die Kalkbank nebst der Kalkgrube gerne neben einem Brunnen oder Pumpe an, und leitet das Wasser mit einer Rinne zu der Kalkbank. In der letztern wird nun der **Kalk** folgendergestalt **gelöscht**. Man leitet erst etwas Wasser in der Kalkbank und schüttet hierauf in dieselbe einige Mulden voll gebrannte Kalksteine. Auf diese wird so viel Wasser gegossen, daß ihre Köpfe oder Spitzen noch etwas hervorstehen. Ruhig und ungerührt muß nun der Kalkstein sich in dem Wasser erhitzen, und so zu sagen kochen.

So-

Sobald er aber gekocht hat, werden die Kalksteine mit der Kalkhacke aus einander gestossen und gut durch einander gearbeitet. Die Kalkhacke Tab. II. Fig. I. h i gleicht fast einer grossen Kohl- oder Gartenhacke. Ihr längliches und nicht gar zu breites Blatt von Eisen ist 18 Zoll lang und 2 Zoll breit, und hat oberhalb eine Hülse oder ein Rohr. Vermittelst des letztern wird mit der Hacke ein 6 bis 8 Fuß langer Stiel h vereiniget, womit der Maurer nach allen Orten der Kalkbank reichen kann. Endlich öffnet der Maurer den Schieber oder die Schütze Fig. I. e f, und läßt den Kalk in die Kalkkute a b ab. So wird eine Kalkbank voll Kalk nach der andern gelöscht, und in die Kalkkute geleitet. Es ist nach der gewöhnlichen Meynung sehr dienlich, wenn man den gelöschten Kalk wenigstens einen Winter über in der Kalkkute ungebraucht liegen lässet, denn er geht in eine Gährung über, löset sich in seinen kleinen Theilen auf, und wird hiedurch feiner und bindender. Doch giebt es einige Bauverständige, die dieser hergebrachten Meynung nicht beypflichten, und den neuerlich gelöschten Kalk eben so bindend finden. So werden mit frischgelöschten Kalk die mehresten königlichen Bauten in Berlin vollendet. Soll aber der gelöschte Kalk einige Zeit in der Kute liegen bleiben, und er ist nicht mehr wässerich, so schüttet man Mauersand auf denselben, bedeckt die Kalkkute auch wol mit Brettern. Beydes geschiehet in einer doppelten Absicht, damit nemlich

der

der Kalk zur Winterszeit nicht so stark einfrieret, theils, damit die Feuchtigkeit nicht zu sehr ausdunstet.

Bis jetzt habe ich blos von den Steinkalk geredet. In einigen Gegenden der Mark Brandenburg bedienet man sich aber auch des sogenannten **Erd = Mergel =** oder **Sparkalks**, aber nicht in Berlin und Potsdam. Dieser Kalk wird aus einer Mergelerde gebrennet, so einige Naturforscher für eine mit etwas Sand vermischte Kalkerde halten. Der gebrannte Kalk wird meines Wissens ungelöscht verbraucht. Ich habe selbst einige dieser Kalkgruben, in meiner Jugend ohnweit Prenzlau in der Ukermark gesehen, und nun in demjenigen Abschnitt kürzlich beschrieben, in welchem von der Kalkbrennerey die Rede war. Der Sparkalk ist weißer, als der Steinkalk, aber nicht so bindend. Man vermischt ihn beym Gebrauch gleichfalls mit etwas Sand. Einige Maurer wollen wissen, daß man auf einen Anwurf von Sparkalk nicht gut weißen kann. Endlich nennen einige Maurer auch eine Mischung von Steinkalk und Lehm Sparkalk.

3) Der **Sand**, so gedachtermassen dem Kalk beygemischt wird, heißt **Mauersand**. Ueberhaupt muß er scharf, und ohne Erde und fremdartige Theile seyn. Gewöhnlich ist es eine Art rothen Kiessand. Zum Mauern selbst bedient man sich des sogenannten Grubensandes, der aus Sandgruben einige Fuß tief herausge-

graben

graben wird, und großkörnig ist. Es ist gut, wenn er einige Zeit vor dem Gebrauch gelegen hat. Noch schärfer muß der Sand zum Putzen der Stirnwände seyn, weil der Mörtel in diesem Fall am stärksten binden muß; wozu sich denn der Fluß- oder Seesand am besten schickt. In Berlin wählt man hiezu den Sand aus der Müggel, einem Landsee ohnweit Fürstenwalde. Aller Mauersand wird zuweilen gesiebet, und hiedurch von fremdartigen Theilen gereiniget. Der Kalk an sich ist zu leicht und vereiniget sich daher nicht gut mit den schwerern Mauersteinen. Dieserhalb werden unter $\frac{1}{3}$ gelöschten Kalk $\frac{2}{3}$ Sand gemischt, oder man nimmt auch beydes zu gleichen Theilen, und diese Mischung heißt **Mörtel.** Sand und Kalk vermischt verhärten aber durch die Länge der Zeit zwischen den Mauersteinen.

4) Der **Gips** wird von dem Maurer blos zum Abputzen der berohrten Decken und Wände eines Zimmers unter den Kalk gemischt. Denn der Gips verschluckt sogleich das Wäßrigte des Kalks, und macht, daß dieser besser bindet. Ueberdem formt der Maurer zuweilen aus Gips und Kalk Verzierungen an den Decken, Wänden und Kaminen, die aber jetzt nicht sonderlich im Gebrauch sind. Bey den Stirnwänden wird der Gips nicht sonderlich gebraucht, weil er in der Luft verwittert. Doch thut er bey der Stuckaturarbeit der Stirnwände bekanntermassen Dienste. Der Gips wird von den Gipsbren-

nern

nern vor dem Gebrauch gleichfalls gebrannt, ja schon gebrauchter Gips kann wieder gebrannt, zerschlagen, gesiebet und wieder genutzt werden.

5) Der Kalk verträgt sich nicht gar zu gut mit der gar zu starken Hitze, sondern springt in derselben ab, dieserhalb nimmt der Maurer statt des Kalks zu den Brandtmauern, zum Mauerwerk der Brandtweinsblasen und zu allen übrigen feuerfesten Mauern den bekannten **Lehm.** Derjenige Lehm ist der beste, der weich ist, und keine Sandtheile und andere fremdartige Körper bey sich führet, und der sogenannte Töpferlehm ist zum Mauern am besten, wenn er nur nicht gar zu streng ist. Man findet ihn aber nie ganz unvermischt. Vor dem Gebrauch muß er mit Wasser benetzt, und mit der Lehmhacke gut durchgearbeitet werden, wodurch er in seinen kleinsten Theilen gut aufgelöset und bindender wird.

6) Die **Latten** tragen bekanntermassen die Steine auf den Ziegeldächern, und überdem halten sie auch die Verschalung der Bogen bey Kuffengewölben, damit sie nicht umfallen. Sie sind 12 bis 24 Fuß lang, und nur einige Zolle breit und dicke. Man kauft sie in Berlin aus den Magazinen und von den Bauern. Die Dächer werden mit **Lattnägel** gelattet.

7) **Dachsplitte** oder **Spleißen** werden bey einfachen Dächern unter die Fugen der Steine gesteckt, um den Regen abzuhalten. Man spaltet sie aus Kienenholz, und mit ihrer Verfertigung

fertigung geben sich besondere Arbeiter in Wäldern ab.

8) Die Balken in den Decken, so wie auch alles Holzwerk der hölzernen Häuser, müßen innerhalb der Zimmer bekanntermassen mit **Rohr** gesprügelt werden, weil der Kalk beym Putzen an dem blossen Holz nicht anhängt. Der berlinische Maurer kauft das Rohr aus Spandau, wenn es bereits ausgetrocknet ist, im Frühjahr, und am liebsten im Herbst. Die Fischer schneiden es zu Winterszeit auf dem Eise. Das Rohr wird auf dem Holz mit Drath vermittelst der **Rohrnägel** befestiget.

9) **Lackmus** wird beym Weißen der geputzten Wände mit Wasser gekocht unter dem Kalk gemischt. Ist die Wand erst neu abgeputzt, so braucht man nur sehr wenig Lackmus unter den Kalk zu nehmen; mehr aber, wenn die Wand alt ist, um dieser hiedurch den gelben Schmutz des Rauchs zu benehmen. Lackmus wird aus ungelöschten Kalk, Grünspan, Salmiack und Heidelbeeren gekocht.

10) Mit **Ruß** wird der graue Fuß der Kalkwände innerhalb der Zimmer gefärbt. Es ist bekannt genug, daß man in diesem und allen ähnlichen Fällen blos Kienruß nimmt.

11) Endlich werden die Stirnwände (Façades) der Häuser in Städten, mit verschiedenen mineralischen **Farben** angestrichen, wovon ich an seinem Ort reden werde.

II. Die **Werkzeuge** der Maurer sind zwar größtentheils einfach, aber zum Theil kostbar, wenns ins Grosse gehet. Tab. II.

Der Bauherr muß manche Dinge vorläufig herbey schaffen, es sey denn daß der Maurermeister die Arbeit entweder auf Verdunk übernommen hat, da dieser sie selbst halten muß, oder sie ohnedem dem Bauherrn gegen eine Erkenntlichkeit zum Bau überläßt. Diese Stücke sind folgende:

1) Die **Kalkkute** nebst der **Kalkbank** Tab. II. Fig. I. wovon ich schon oben geredet habe.

2) **Handrammen** Fig. werden beym Fundament gebraucht, um hiemit die grossen Grundsteine der ersten Bank oder der ersten Lage ein- und an einander zu rammen. Sie ist von einem schweren Holz, und gleicht einem abgekürzten Kegel. Am spitzen Ende hat sie zwey Handhaben.

3) **Kummkarren** Fig XI. womit von den Handlangern, Kalk, Sand und Steine herbey gekarret werden. Sie sind bekannt genug, und haben eine bestimmte Größe.

4) **Kalkkasten** Fig. XV. sind 3 Fuß lange, 18 Zoll breite und 4 Fuß hohe hölzerne Kasten, an beyden Seiten mit zwey Handgriffen versehen. Der Kalk wird hieraus bey der Arbeit vermauert.

5) In **Wasserfäßern** Fig. XIX. wird das Wasser herbey getragen, und in die **Handwannen** Fig. XX. taucht der Maurer den Besprengpinsel,

pinsel, wenn er die Steine beym Mauern benetzt.

6) In den bekannten **Mulden** Fig. XII. wird der Kalk von dem Handlanger in die Höhe getragen.

7) Die **Rüstböcke** Fig. XXIX. sind 3, 6 bis 8 Fuß hohe hölzerne Böcke. Diese Böcke dienen blos zur Rüstung bey der Aufführung des ersten Stockwerks. Auf einige dieser Böcke werden nemlich Bretter gelegt, und die Beschaffenheit der Sache bringt es mit sich, daß man zuerst niedrige, nach und nach aber höhere Böcke nimmt.

8) Sobald aber das erste Stockwerk aufgeführet ist, so kann die **Hauptrüstung** angebracht, und an dem ersten Stockwerk befestiget werden. Der Raum erlaubte nur, in der III. Fig. auf der Kupferplatte eine einzige Rüststange mit abgebrochenen horizontalen Stangen anzubringen. Ein solches Gerüst bestehet nemlich aus mehreren starken hohen Rüststangen Fig. III. ab, die etwa 4 bis 6 Fuß auseinander stehen. Sie stehen senkrecht, etwa 3 bis 4 Fuß von der Mauer entfernt. Ueber dem ersten Stockwerk des Gebäudes, liegt neben den Rüststangen eine horizontale Stange, die man **Katrine** cd nennt, und mit **Rüststricken** und **Rüstnägeln** an jeder in die Erde gegrabenen Rüststange befestiget, oder **angewürget** ist. In das Rüststrick wird mit einem Knittel, so man **Würgenpfal** oder **Würgeknippel** ce

 nennet,

nennet, gespannet; und es gehören besondere Handgriffe dazu, diese Rüststricke gehörig zu befestigen. Denn hierauf beruhet die Festigkeit des ganzen Gerüstes, so nebst den Materialien, die von Natur schwer sind, auch Menschen tragen muß. Von jeder Rüststange bis zur Mauer gehet in c eine kurze Stange, so man Netzbaum oder auch Netzriegel nennet, so aber in der III. Fig. nicht in die Augen fallen kann: diese Stange reicht von jeder Rüststange zur Mauer des untersten Stockwerks, und steckt mit einem Ende in der Mauer; an dem andern Ende kann man sie gleichfalls an der Rüststange a anwürgen, zumal wenn keine Karine vorhanden ist; und in diesem Fall ist es nothwendig. Ist aber eine Karine vorhanden, so ruhet zwar jeder Netzbaum mit einem Ende in einem Loche der Mauer des ersten Stockwerks; mit dem andern Ende liegt er aber auf der Karine auf. Hier wird er gleichfalls mit Rüststricken angewürgt oder befestiget. Auf den sämmtlichen Netzriegeln ruhen die Rüstbretter, worauf die Materialien liegen und die Menschen stehen. So ist nun das erste Stockwerk der Hauptrüstung vollendet. So wie aber die Mauer nach und nach in die Höhe steigt, müßen auch auf vorgedachte Art mehrere Stockwerke in der Rüstung angelegt werden. Ist ein Gebäude sehr hoch, so daß die untersten Rüststangen nicht mehr weichen, so muß an jede Rüststange eine neue angewürgt werden, und an diesen neuen Rüststangen bringt man die obere

Stock-

Stockwerke der Rüstung an. Auf das unterste, so wie auch aus einem Stockwerk der Rüstung ins andere, gelangt man auf Leitern. Ist der Bau ansehnlich und groß, wie z. B. ein Thurm, so daß viele schwere Materialien in die Höhe geschafft werden müßen, so müßen dieserhalb außerhalb des Gerüstes noch Brücken angeleget werden; wodurch denn die Anzahl der zur Rüstung erforderlichen und genannten Stücke vermehret wird. Eine solche Brücke ist ein Verband von Bauholz, und daher ein Werk des Zimmermanns. Es wird auch zur Rüstung ein gutes **Bindetau** erfordert, um manche Materialien in die Höhe zu ziehen. Das Bindetau wird nemlich um die Materialien gebunden, und an dieses wird ein anderes Tau angeknüpft. Mit dem letztern zieht man die Materialien mit Menschenhänden in die Höhe. In manchen Fällen z. B. bey Thürmen, ziehet man auch die Materialien in Kästen mit einem Tau in die Höhe; ja, grosse Werkstücke müssen mit dem Richtbaum des Zimmermanns vermittelst des Klobens in die Höhe geschaft werden. In grossen Städten haben die Maurer vorräthige Rüstungen, so sie dem Bauherrn gegen eine Erkenntlichkeit leihen.

9) Beym Rüsten sind **Handsägen** Fig. XXXII. und **Handbeile** Fig. XXXI. unentbehrlich.

10) **Dachkasten** Fig. XVI. werden mit Kalk angefüllet auf den Dächern gebraucht, wo sie an die Latten angehangen werden.

Alle nachfolgende Werkzeuge muß aber der Maurer zu seiner Arbeit mitbringen, ohne daß der Bauherr deshalb Sorge tragen darf.

11) Der **Grundbohrer** Fig. XIII. ist ein Löffelbohrer, der aber vorne eine Spitze hat. Es gehören hiezu drey Stücke der eigentlichen Bohrer, das Mittelstück und der Ansatz. Der eigentliche Bohrer hat vor seinem Löffel eine Spitze a, und der Löffel b bringt das Erdreich heraus. Das Mittelstück dient nur zur Verlängerung, und derer können nach Befinden mehrere Mittelstücke angesetzt werden, wenn man sehr tief in die Erde eindringen muß. Der Ansatz hat oben einen Ring, worinn eine Stange gesteckt wird, und an dieser drehet man den Bohrer um. Auf der erforderlichen Grundfläche c jedes dieser Stücke ist entweder eine Schraube oder Schraubenmutter, und hiedurch werden die Theile mit einander vereiniget. Kurz, Kenner sehen leicht ein, dieser Bohrer gleicht einem gewöhnlichen Bergbohrer, und beyde Bohrer haben auch einerley Zweck. Die XIII. Fig stellt nur den eigentlichen Bohrer vor, ohne Mittelstück und Ansatz. Es wird hiemit der Boden worauf ein Gebäude zu stehen kommen soll, vorläufig untersucht. Wenn nemlich der Bohrer nach und nach Sand, Lehm nasse Erde u. d. g. heraus bringt, so kann man hieraus auf die Erdlagen des Bodens schließen. Folglich auch auf die Lockerheit und Festigkeit des Grundes überhaupt. Hiernach bestimmt der Maurer vorläufig, wie tief er den Grund ausgraben

graben muß, bis er zu einer festen Erdlage gelanget, und wie viel Steine er ohngefähr zum Fundament vonnöthen hat. Bey Vertiefung der Grundgraben im Wassergrunde, bedient man sich auch zuweilen des **Sandbohrers**, dessen Gestalt und Gebrauch ich im vorigen Theil unter den Brunnenmacher beschrieben habe.

12) Der **Schellhammer** Fig. XVII. ist ein grosser eiserner Hammer, womit die Kalksteine zum Fundament im erforderlichen Fall zerschlagen werden. Zu eben diesen Gebrauch ist auch die **Fleche** Fig. XXXVIII. bestimmt. An einer Seite gleicht sie einer Picke, an der andern aber einen Beil. Mit einer oder der andern Seite wird nach Befinden der Kalkstein in kleinere Stücke zerlegt. Man nennt dieses Werkzeug auch wol **Mauerhammer**.

13) Der **Sprengpinsel** Fig. XXI. ist überhaupt nur 1½ bis 2 Fuß lang, nur der Pinsel selbst ist von Schweineborsten, die auf einem kurzen hölzernen Stiel aufgepicht sind. Es werden hiemit die Steine, ehe man sie auflegt, und im erforderlichen Fall auch der Kalk mit Wasser besprengt.

14) Mit der **Mauerkelle** Fig. XXX. wird der Kalk angeworfen. Sie ist von Eisen mit einem hölzernen Stiel.

15) Mit dem **Mauerhammer** Fig. XXXIII. selbst, treibt der Maurer die Steine zusammen, und mit der gegenseitigen Haue, so einer Hacke

gleicht, behauet der Professionist die Steine im erforderlichen Fall.

16) Der **Mauerschnur** Fig. XVI. einer gewöhnlichen Schnur auf einer Rolle, bedienet sich der Maurer, um hiemit eine gerade Linie nach der **Flucht**, wie er zu sagen pflegt, auszumessen oder zu bestimmen.

17) Winkel werden aber winkelrecht mit dem bekannten eisernen **Winkelmaaß** Fig. XXXIV ausgemessen.

18) Mit einem 10 Fuß langen und vierkantigem **Maaßstaab**, worauf die rheinländischen Füße angedeutet sind, mißt man Längen aus, wenn sie über ein Fuß lang sind. Fig XXII. Die Zolle kleiner Längen werden mit dem bekannten **Fußstock** oder **Zollstock** gefunden.

19) Die **Setzwage** Fig. XXVI. bestimmt, ob eine Fläche horizontal ist. Es ist ein Brett, a b c so nach einem gleichschenklichten Triangel zugeschnitten ist. Von der Spitze bis zur Hälfte der Grundlinie a c wird auf einer Seite eine Linie gezogen, und aus der gedachten Spitze b hängt an einer Schnur b d eine Bleykugel d hinab. Ist die Mauer, deren obere horizontale Fläche man ausmessen will, nur kurz, so setzt der Maurer die Setzwage auf ein

20) **Richtscheid** Fig. XXVII dieses schmale Brett muß durchgängig geradelinigt seyn. Der Maurer bedient sich dieses 4 bis 6 Fuß langen Richtscheids aber nicht blos beym horizontalen Abwiegen oder **Abrichten**, sondern

hält

hält es auch auf der Seite gegen die Mauer um zu erfahren, ob diese nicht etwa bauchig oder hockrig aufgeführet ist. Ist aber die abzurichtende Mauer lang, so stellt man die Setzwage dagegen auf das längere

21) **Wagescheid**, Fig. XXIII. z. B. beym Abrichten der Gleichen und Wiederlagen des ganzen Gebäudes oder auch eines Pflasters. Das Wagescheid weicht nur in Absicht der Größe von dem Richtscheid ab. Denn es ist ein 16 bis 20 Fuß langes, und 9 Zoll breites Brett. Nach Befinden legt der Maurer entweder das Richtscheid oder das Wagescheid auf die Mauer, und stellt auf eins oder das andre die Setzwage. Hängt die Schnur genau in dem gedachten Strich der Setzwage und fällt also auf die Mitte ihrer Grundfläche, so ist die Fläche horizontal, oder sie hängt auch nach der Seite zu, wohin sich die Schnur neigt. So wird nun eine Mauer horizontal abgerichtet.

22) Mit dem **Loth** oder **Bleyloth** Fig. V. findet aber der Maurer, ob die Mauer senkrecht aufgeführet ist. Es ist eine 40 Fuß lange Schnur, die auf eine Rolle gewickelt ist. Die Rolle drehet sich auf einer Spille mit einem Handgriff um, damit man das Bleyloth an der Schnur desto besser sinken lassen kann. Denn an einem Ende der Schnur hängt ein eiserner mit Bley ausgegossener Cylinder. Beym **Lothen** hält der Maurer die Schnur gegen die Mauer, so daß sie mit ihren Gewicht erforderlich

lich senkrecht hinab hängt. Der durchgängig gleiche Abstand der Schnur von der Mauer zeiget an, ob diese allenthalben senkrecht aufgeführet ist. Hievon ist aber noch die obige Mauerschnur verschieden.

23) Der **Latthammer** Fig. VI. ist in der Hand des Maurers, sowohl wenn ein Dach gelattet wird, als auch wenn Bogen verfertiget werden. Außer der gewöhnlichen Bahn an einer Seite hat er auf der andern Seite eine Spitze, so im erforderlichen Fall beym Vernageln ein Loch vorschlagen, und also die Stelle eines Nagelbohrers vertreten muß. Der Fig. VI. gezeichnete Latthammer hat also hinten 2 Spitzen, eine kurze und lange. Vermuthlich soll die kurze nur die Stelle des nächsten Nagels andeuten, wenn 2 Nägel neben einander eingeschlagen werden. Gewöhnlich hat er nur eine Spitze.

24) Die **Dünnscheibe** Fig. XIV. ist ein vierkantiges 18 bis 20 Zoll langes und breites Brett, unten mit einem Stiel. Beym Putzen der Decken und Wände hält der Maurer die Dünnscheibe an ihren Stiel in der linken Hand, und auf der Scheibe liegt der Kalk, den er anwerfen will.

25) Das **Reibebrett** Fig. XXIX. ist ein 8 bis 9 Zoll langes und 6 Zoll breites Brett, so an einer Seite völlig glatt und eben, an der andern aber mit einem Griff versehen ist. Beym Putzen wird hiemit der angeworfene Mörtel fest

und

und glatt gerieben. Ein grösseres Reibebrett, sonst aber von eben der Beschaffenheit, dient die Wand im Ganzen, insbesondre aber an den Kanten, z. B. neben den Fenstern, mit einem starken und gleichen Zuge zu ebenen, denn ein gewöhnliches kleines Reibebrett reißt Löcher in die Ecken. Dieses 3 bis 4 Fuß lange und 6 Zoll breite Reibebrett heißet **Kartetsche.**

26) Die **Putzeisen** Fig. XXIV. sind gebogene oder an beyden Enden aufgeworfene Eisen, so an einer Seite eine Spitze an der andern aber ein vierkantiges Blatt haben. Beym Putzen werden hiemit die Ecken z. B. der Gesimse ausgestrichen. Der Stuckaturer bedient sich dieser Eisen zwar vorzüglich, bey Bildung des Stucks, doch zuweilen auch der Maurer z. B. an den Ecken der Gesimse, wie gesagt; vorzüglich aber bey den Rinnen in der **Quadratur** der baurischen Arbeit. (Bossage).

27) Der **Gipstisch** Fig. XXVIII. ist ein gemeiner Tisch mit einer 3 Zoll hohen Leiste umgeben. Gips und Kalk werden auf diesem Tisch zum Stuck gemischt. Doch giebt sich der Bildhauer in kleinen Städten wo keine Stuckaturer sind, mehr mit den Stuck ab, als in grossen.

28) Die Verzierungen von Gips und Kalk z. B. Blumen, halberhobene Köpfe Fig. XXXV. ꝛc. bildet der Maurer im erforderlichen Fall zum Theil in hölzernen **Formen**, und klebt sie alsdenn mit Gips auf der Wand an.

29) Scha-

29) **Schablonen** oder **Profile** Fig. XLII. sind Bretter, die an einer hohen Kante nach der Gestalt eines Gesimses ausgeschnitten sind. Wenn das Gesimse, sowohl in- als außerhalb des Gebäudes gemauert und mit Mörtel beworfen ist, so wird mit dem Schablon nachgezogen, wodurch man das Gesimse völlig bildet.

30) Der **Weißpinsel** Fig. XLIV. ist ein Pinsel von Schweinsborsten, so auf einem 7 bis 8 Fuß langen hölzernen Stiel aufgepicht ist. Die Wände werden hiemit zum letzten mal abgeweißt. Ein solcher bereits abgenutzter Pinsel wird gebraucht, die Wände das erstemal zu überweißen, und heißt alsdenn **Schlämmpinsel.** Ein abgenutzter Schlämmpinsel dient wieder, die alten Wände abzureiben, bevor sie überweisset werden. Dieser heißet **Staubpinsel**, weil er den Staub von den Wänden abnimt.

31) Die **Brechstangen**, Fig. XXXV. **Picken** Fig. XXV. und **Flechen** Fig. XXXVIII. werden zum Einbrechen in alte Mauern gebraucht. Von den Flechen habe in einer andern Absicht bereits unter Schellhammer geredet.

32) Das **Visitireisen**, Fig. XXXVII. ist eine 4 Fuß lange und $\frac{1}{2}$ Zoll dicke runde und in etwas zugespitzte eiserne Stange mit einem eisernen Griff. Es werden hiemit, ob schon nur selten, die Wände visitiret, ob sie zur Feuerung taugen, ob sie stark genug sind, u. d. g. Auch sticht man hiemit wol vorläufig in die Erde, in

einen

einen gegrabenen Kellerloche zu untersuchen, ob unten fester Grund oder Sumpf ist.

Außer dem Schurtzfell Fig. VII. von einen gut gar gemachten Kalbfell, so sich der Maurer, gleich einer Schürze, bey der Arbeit umbindet und umschnallet, den Kalk und Staub von den Kleidern abzuhalten, muß jeder Maurergeselle einen Sprengpinsel, einen Mauerhammer und Kelle, ein Richtscheid, ein Loth, eine Dünnscheibe, ein Reibebrett und eine Kartetsche eigenthümlich besitzen und bey der Arbeit gebrauchen. Die übrigen Werkzeuge hält entweder der Bauherr, wie ich oben angezeiget habe, oder der Mauermeister, und zwar letzterer zum Gebrauch aller beyeinander arbeitenden Gesellen. Die letztern, so nemlich der Meister halten muß, sind mit, von Nummer 11 bis 32 benennet, so wie auch unter diesen die eigenthümlichen Werkzeuge der Gesellen.

III. In der elendesten Bauerhütte, von Holz und Lehm, worinn ein massiver Schorstein ist, wie doch billig der Feuersgefahr wegen seyn sollte, findet der Maurer beym Aufbau Arbeit, aber noch mehr bey dem grösten Pallast. Kurz es ist kein einigermassen anständiges Gebäude, bey dessen Errichtung nicht die Beyhülfe des Maurers erfordert würde, sowohl in der bürgerlichen, als Kriegsbaukunst, und zuweilen auch beym Wasserbau. Ich müste daher einen Folianten schreiben, wenn ich die sämtlichen Verrichtungen des Maurers nur einigermassen

fassen

fassen wolte. Die Gränzen dieses Werks schränken mich ein, und erlauben mir nur, ein einziges Beyspiel zu geben, und dieses sey **ein bürgerliches Haus, massiv von Steinen errichtet und mäßig verzieret**, in einer ansehnlichen Stadt. Es mag dieses Haus zwey Stockwerke haben, ohnerachtet Fig. X. drey Stockwerke vorstellet. Dagegen hat dieses aber wider die Regeln der Symmetrie nur 2 Fenstern zur Breite, um den Raum zu ersparen, und die Thüre ist an der linken Seite. Ich will dagegen ein Gebäude annehmen, dessen Hausthüre ein Thorweg zur Einfahrt in der Mitte ist, und das auf jeder Seite wenigstens eine Stube hat. Wenigstens ist ein solches Wohnhaus symmetrischer. Der Raum bestimmt zwar die Länge eines solchen Wohnhauses, zumal in einer Strasse der Stadt, wo jedes Haus einen eingeschränkten Platz hat. Ist aber Raum vorhanden, so rechnet man wenigstens auf den Flur 8 Fuß breite, wenn eine Auffahrt vorhanden seyn soll, und jede Stube erhält in der Stirnwand wenigstens 14 Fuß Breite. Hiernach würde die ganze Breite des Hauses, in dem angenommenen Fall, 36 Fuß betragen. Ist Raum vorhanden so wird neben jeder Stube nach der Strasse zu noch eine Kammer angelegt, die wenigstens 6 Fuß Breite haben muß, wenn ein Bette darin stehen, und ein Gang bleiben soll. In diesem Fall würde die Stirnwand oder Fronte (Façade) 48 Fuß breit seyn. Zur Tiefe

giebt

giebt man einem bürgerlichen Hause nicht gerne unter 32 Fuß, es sey denn daß der Hofraum Gränzen setzt. Küche und Kammern müssen ohnehin mehrentheils hinterwärts angebracht werden, und das ist auch am schicklichsten und anständigsten. Ein Wohnhaus, wie es jetzt beschrieben ist, wollen wir also zum Beyspiel annehmen. Nach dem Raum, nach der Wirthschaft des künftigen Besitzers und oft auch nach dessen Einfällen muß nun der Baumeister von jeden Stockwerk einen Grundriß, und von dem Ganzen einen Aufriß, zuweilen auch einen auch ein paar Durchschnittsriße verfertigen. Der Grundriß bestimmt die Abtheilungen der Zimmer in jeden Stockwerke, wie Fig. VIII. IX. XXXIX. und XL. der Aufriß aber das äußere Ansehen des Ganzen, wie Fig. X. Nach diesen Rissen des Baumeisters, die genau nach einen verjüngten Maaßstab angefertigt seyn müssen, führt nun der Maurer ein massives bürgerliches Wohnhaus auf. Endlich setze ich fest, daß dieses Gebäude, nach einheimischer Gewohnheit, vorzüglich in Berlin, im Grunde von Kalksteinen, in den Stockwerken aber von Backsteinen aufgeführet wird. Bedient man sich statt der Backsteine des behauenen Bruchsteines, so ist nur das der Unterschied, daß der Bruchstein größer ist, und daß man unter den Mörtel mehr Sand mischt, weil der Bruchstein härter ist, als der Backstein. Uebrigens müssen die behauene Bruch- oder Quadersteine gleichfals im Verband, wie die Backsteine gemauert werden. Ich werde also bey dem angenommenen Beyspiel Gelegenheit finden, wenigstens die Handgriffe beym Mauren mit Backsteinen im Allgemeinen zu zeigen, die sich leicht auf einzelne Fälle anwenden lassen. Jeder redet von dem was er gesehen und gehöret hat, und überläßt es andern, ihre einheimischen Erfahrungen gleichfalls bekannt zu machen, zumal wenn diese noch nicht bekannt sind, wie bey dem Maurer. Denn meines Wissens haben wir überhaupt noch keine taugliche und brauchbare Beschreibung vom Maurer, ausgenommen was in den Anweisungen zur Baukunst zerstreut stehet, so aber mehr Kunst als Handwerk betrifft. Von dem letztern ist hier aber vorzüglich die Rede, und ich schreibe also in diesem Fall ohne Hülfsmittel, das Wenige ausgenommen, so in der ersten Ausgabe dieser Sammlung stehet. Doch zur Sache!

I. Von dem Grundbau.

Nach Anleitung des Grundrisses zum untersten Stockwerk Fig XXXIX. überschlägt nun der Maurer oder Baumeister ohngefähr den Platz zum Gebäude, und läßt diejenigen Stellen, wo eine Umfaßungs- Scheid- oder Mittelmauer zu stehen kommen soll, von Taglöhnern ebnen. In der Baukunst heißen a b. b c. c d, und d a Fig. VIII. **Umfaßungsmauern**, weil sie das Ganze umgeben; e f ist eine **Mittel-**

telmauer und g h eine Scheidemauer. Ist der Platz zu den sämtlichen Mauern geebnet, so wird nun auf diesem der Vorriß zu den Grundgraben entworfen. Hiebey bedient sich der Maurer einer Schnur Fig. XLI, die zwischen Stäben ausgespannet wird, eines Maaßstabes Fig. XXII. und eines Winkelmaaßes Fig. XXXIV. Man siehet leicht, daß der Maurer, nach Anleitung des Grundrisses zum ersten Stockwerk, sehr genau nach Maaß und Winkel verfahren muß. Denn hievon hängt die Ausmessung und Richtigkeit des ganzen Gebäudes ab, da in der Folge in allen Stockwerken Mauer auf Mauer, nach dem Gesetze der Natur und der Schwere, zu stehen kommt.

Sobald nun der Vorriß gemacht ist, so werden hiernach von Taglöhnern die Grundgraben aufgeworfen. Wiewohl vorher prüfen die Maurer die Beschaffenheit des Grundes, und ohne Zweifel noch ehr, ehe sie den Vorriß entwerfen. Zu dieser Prüfung bedienen sie sich des Grundbohrers Fig. XIII., an welchen sie nicht nur den obern Ansatz, sondern auch im erforderlichen Fall das Mittelstück nach dem Obigen anschrauben. Zwey Personen bewegen den Bohrer an seinen obigen Querholz, und eine dritte Person erhält ihn in grader Richtung. Sie ziehen den Bohrer zum öftern heraus, und hören nicht auf zu bohren, bis der Bohrer Trieb- oder Kiessand zum Vorschein bringt, denn hierauf kann man sicher den Grund legen, wie die

Erfahrung lehrt. Es trift sich zuweilen, daß man an einer Stelle 6 bis 7 Fuß und tiefer mit dem Bohrer eindringen muß. So muß man nun mit dem Grundbohrer an mehrern Stellen eines jeden Mauerplatzes untersuchen, wie der Boden beschaffen ist, nicht nur in den Platze zur Umfaßungsmauer Fig. VIII. a b c d, sondern auch zur Mittel- e f und Scheidemauern g h. Kurz an allen Stellen, wo ein Mauerwerk zu stehen kommen soll. Zuweilen trift es sich, daß man an einer Stelle tiefer bohren muß, als an der andern, und hiernach muß auch der Grundgraben an einer Stelle tiefer als an der andern ausgegraben, also auch das Fundament nach diesen Gesetzen geleget werden. Der Grundbohrer verschafft einen doppelten Nutzen. Theils erforscht man im voraus den Grund des Platzes zum Gebäude, theils kann man hiernach im voraus berechnen, wie viel Steine ohngefähr zu den Grundmauern erfordert werden.

Nach dem Vorriß, nach der Untersuchung mit dem Grundbohrer, und endlich auch nach der Stärke der Grundmauer, wovon ich sogleich reden werde, wird nun der **Grundgraben** aufgeworfen. Man glaube aber nicht daß dieser Grundgraben blos bey den Umfaßungswänden Fig. VIII. a b c d erforderlich ist. Nein auch bey den Scheidewänden g h, den Mittelwänden e f, unter Treppen e vor dem Hause, wenn sie von Steinen sind, unter Schornsteinröhröhren, Säulen — kurz wo nur ein Mauerwerk zu stehen kommt, muß ein Grundgraben aufgeworfen und eine Grundmauer errichtet werden. Allein zuweilen trift es sich, daß das Fundament oder der Boden im Grundgraben sumpfig ist. In diesem Fall müßen in allen Grundgräben, oder nur an den sumpfigen Stellen **Grundpfäle** eingerammet, und ein **Rost** auf den Grundpfälen geleget werden. Allein alles dieses ist eine Arbeit des Zimmermanns, und der Maurer verrichtet hiebey weiter nichts, als daß er den Rost nach den Gesetzen der Maurerkunst, wovon ich bald reden werde, mit Steinen ausfüllet. Auf den Rost kommt an ihrem Ort die Grundmauer zu stehen. Die Tiefe des Grundgrabens hab ich schon in Betrachtung gezogen, aber wie breit muß er seyn? dieses hängt von der Breite der Grundmauer ab, wovon sogleich die Rede seyn wird. Einige Maurer laßen den Grundgraben etwas breiter auswerfen, als die Grundmauer, um Platz zum Mauern zu finden, und füllen nach Errichtung der Grundmauer die Lücke mit Erde aus. Andre machen ihn grade so breit, als die Grundmauer, weil im vorigen Fall die locker eingeworfene Erde nachsinket. In Berlin macht man den Grundgraben im Grunde so breit, als die Grundmauer, giebt aber dem Grundgraben an beyden Seiten eine Böschung oder Abdachung, damit die Erde nicht nachschießt. Am Ende wird die Lücke gleichfalls mit Erde ausgefüllt.

In den sämmtlichen aufgeworfenen Grundgraben, wird nun eine Grundmauer aufgeführt. Wie gesagt, man nimt hiezu in Berlin Kalksteine, man kann sie aber auch aus Feldsteinen, dauerhaften Bruchsteinen, ja selbst aus guten Backsteinen, so die Nässe ertragen können, gehörig aufführen. Man giebt der Dauer wegen, jeder Grundmauer unten einen breiten Fuß, verjüngt sie nach und nach bis dahin, wo sie aus der Erde steigt, auf jeder Seite ½ Fuß, und führt sie endlich über der Erde erforderlich auf beyden Seiten senkrecht auf. Allein wie stark oder dick muß das Fundament seyn? dieses hängt lediglich von der Stärke der Mauer im untersten Stockwerk, oder welches einerley sagen will, von der Vielheit der Stockwerke ab. Denn je mehr Stockwerke nach dem Gesetz der Schwere, desto dicker muß das unterste Stockwerk seyn. In dem angenommenen Fall hat das Gebäude 2 Stockwerke, und alsdenn ist die Mauer des untersten Stockwerks, nach berlinischer Gewohnheit, 2 Backsteine, diese nach ihrer Länge gerechnet, oder 20 Zoll dick. In diesem Fall ist das Fundament oben, oder in der Gleiche 2 Fuß breit, unten im Fuß aber 3 Fuß. Denn das Fundament, oder vielmehr dessen Stärke bestimmt man in Berlin nicht nach der Länge der Backsteine, sondern nach Fußen, weil man die Grundmauer mit Kalksteinen aufführet. Je breiter also die Mauer des ersten Stockwerks ist, desto breiter muß auch das Fundament in

der

der Gleiche seyn. Ist jene z. B. 2½ Backstein, oder 25 Zoll dick, so ist die Grundmauer in der Gleiche 3 Fuß stark u. s. w. Ich muß nun aber auch auf die Aufführung der Grundmauer selbst kommen, und diese mag aus Kalksteinen entstehen. In der untersten Lage (und jede Lage heißt bey Kalksteinen, **Bank**, bey Backsteinen **Schicht**, jede Lage von Steinen nach der gantzen Länge der Mauer oder mehrere vereinigte Mauern genommen) in der ganzen untersten Lage oder Bank, sag ich werden in jedem Grundgraben die Steine trocken oder ohne Kalk eingelegt. Man wählt hiezu die großen weißen Kalksteine, nnd **zwickt** die Lücken mit kleinen blauen Kalksteinen **aus**. Ist der Boden im Grundgraben locker oder feucht, und es ist kein Rost vorhanden, so stampft der Maurer die großen Steine mit der Handramme Fig. IV. ein, um die Erde einigermaßen in einen engern Raum zu bringen. Bey festen Boden ist dieses nicht nöthig. Diese erste eingerammte oder nicht eingerammte aber stets ausgezwickte Bank erhält einen **Kalkguß**. Der Maurer nimt überhaupt beym Vermauren der Bruchsteine, als auch der Kalksteine, einen gewöhnlichen Mörtel, der aber etwas mehr Sand enthält, als zu Backsteinen, weil diese leichter sind, als jene. Zum Kalkguß verdünnt er nur gedachten Mörtel mit Wasser, und gießt ihn über die ganze unterste Bank, wodurch die Lücken völlig ausgefüllet werden. Bey den übrigen Banken von Kalkstein in der Grundmauer mauert man gewöhnlich mit Kalk, und zwickt die Lücken mit kleinen Steinen aus. Bey dieser ganzen Arbeit hauet sich der Maurer die unförmlich gebrochenen Kalksteine im benöthigten Fall mit dem Schellhammer Fig. XVII und der Fleche Fig. XXXVIII. zurecht, und bringt diese unförmlich gebrochenen Steine bestmöglichst in **Verband.** Was dieser letzte Ausdruck sagen will, werd ich bald zeigen. Der Handlanger trägt aber auf Leitern Kalk herbey, und wenn der Grundgraben sehr tief ist, karrt er es auch wol in Karren auf **Laufbrücken** herunter. Auf geneigten Brettern (plano inclinato) läßt man aber die großen Steine hinab.

So mauert man nun eine Bank von Kalksteinen nach der andern, und jede verjüngt sich etwa um 3 Zoll überhaupt, damit das Fundament einen breiten Fuß erhalte. Hiemit fährt der Maurer so lange fort, bis an der Höhe der Grundmauer noch zwey Schichten oder Lagen Backsteine fehlen. Die ungleichen Kalksteine erlauben nemlich nicht, dem Fundament oben eine völlig horizontale Fläche zu geben, und daher werden zuletzt 2 Lagen oder Schichten von Backsteinen aufgemauert. Ehe aber die Grundmauer diesen Aufsatz erhält, muß sie mit dem Richtscheid Fig. XXIII. und Setzwage Fig. XXVI. abgewogen werden, um etwa zu erforschen, wo sie hängt, um den Fehler bey Aufmaurung der Backsteine zu verbessern. Die beyden Schichten

ten oder Lagen Mauersteine werden hier gewöhnlich im Verband gemauert, wie ich sogleich im Zusammenhang beym ersten Stockwerk zeigen werde. Hiebey nur noch eine Frage, nemlich, wie hoch das Fundament aus der Erde steigt? Wären keine Keller oder vielmehr Kelleröffnungen oder Kellerfenster nöthig, so könnte sich die Grundmauer mit der Erdfläche endigen: Allein gedachter Oefnung wegen läßt man jede Grundmauer 2 bis 3 Fuß senkrecht aus der Erde steigen. Ist nun gar ein Erdgestock vorhanden, so muß das Fundament noch höher aus der Erde hervorragen, und in diesem Fall mauert man bey Pallästen und öffentlichen Gebäuden zuweilen **felsenartig.** Hiezu nimt man Kalksteine, die dergestalt übers Kreuz über einander eingemauert werden, daß jederzeit eine Kante jedes Steins vorspringt, und alle Kanten einen schicklichen Abstand haben. Doch dis im Verbeygehen gesagt. Uebrigens hab ich schon oben bemerkt, daß das Fundament über der Erde senkrecht hinaufsteigt, doch bey Erdgestocken auch zuweilen außerhalb schräge nach dem Innern des Gebäudes zu, zumal wenn das Fundament baurisch verzieret ist. Doch gilt dis nur von den Grundmauern, worauf die Umfaßungsmauern stehen. Endlich muß das Fundament oben völlig eben und horizontal seyn, weil hierauf das Ganze zu stehen kommt, und es muß daher genau mit der Setzwage abgewogen werden. Der Maurer sagt in diesem Fall, und mich deucht ganz schicklich: die Mauer muß eine vollkommene Gleiche haben. Denn eine genaue horizontale Fläche oben auf einer Mauer heißt bey dem Maurer eine Gleiche.

Zu dem Grundbau gehören denn nun auch die **Keller**, die zugleich mit den Grundmauern aufgeführet werden. Der Deutlichkeit wegen rede ich hievon unter dem Grundbau zuletzt. Der Zierde wegen bringt der Baumeister die Keller in einem Hause gerne hinterwärts an, es sey denn, daß die Vielheit oder Größe der Keller ihn zum Gegentheil nöthigen. Denn der Baumeister bringt jetzt die Kellerthüre gerne unter der Treppe auf den Flur an, die insgemein mehr hinter-, als vorwärts fällt. Jederzeit aber muß ein Keller so angebracht werden, daß jede Kellermauer unter einer Stockwerksmauer zu stehen kommt, und das der Dauer und Festigkeit wegen, damit Mauer auf Mauer zu stehen kommt. Also wird ein Keller unter einer Küche oder einem Zimmer angelegt. Die Tiefe des Kellers hängt insgemein von dem Grund ab, nachdem man Wasser findet. Erlaubet es der Boden, so muß der Keller ganz in die Erde stehen, und so hoch seyn, daß ein Mensch aufrecht darinn gehen kann.

Nach diesen Grundsätzen wird nun, zugleich mit den Grundgraben, das **Kellerloch** von Tagelöhnern ausgegraben, oder eine Grube, worinn der Keller zu stehen kommt. An den Seitenwänden dieser Grube, nach ihrem ganzen Umfang, muß nun gleichfalls ein Grundgraben

nach

nach den obigen Gesetzen ausgegraben werden, und in diesem Grundgraben werden mit Kalksteinen Grundmauern errichtet. Doch ich muß bestimmter reden. Jede Mauer eines Kellers worauf der Bogen zu stehen kommt, bestehet aus zwey Theilen, aus der eigentlichen Mauer, oder dem erhöheten Fundament, worauf eine Mauer des ersten Stockwerks zu stehen kommt, und aus der **Wiederlage**, worauf eigentlich das Gewölbe ruhet. Beyde sind zwar im Verband oder vereiniget gemauert, soweit die Wiederlage mit hinaufsteigt, aber man kann sie doch in Gedanken trennen, und die Wiederlage ist auch niedriger, als die damit vereinigte Mauer. Der erhöhten Grundmauer, so wie auch bey Muldengewölben der eigentlich sogenannten **Kellermauer** an jeder schmalen Seite, giebt der Maurer $2\frac{1}{2}$ Stein zur Dicke, wenn das unterste Stockwerk zwey Steine dick ist, jeden Backstein nach der Länge gerechnet; der damit vereinigten Wiederlage aber $3\frac{1}{2}$ Stein. Hiernach muß der Grundgraben aufgeworfen und die Grundmauern aufgeführet werden, so, daß diese einige Zolle breiter ist, als beyde nur gedachte Mauern zusammengenommen. Nach diesen Gesetzen führt der Maurer auf den Grundmauern die sämmtlichen Kellermauern und Wiederlagen aus Backsteinen auf, giebt jeder die erforderliche Höhe nach Beschaffenheit der Tiefe des Kellerlochs, und mauert übrigens im Verband, wie ich gleich unten beym ersten Stockwerk zeigen werde.

Auf den Wiederlagen kommt das Gewölbe selbst in seiner **Spannung** zu stehen. Mein Zweck erlaubt es nicht, bey den Grundsätzen der Gewölber und ihren verschiedenen Arten zu verweilen. Ich bemerke also nur, daß man in hiesiger Gegend zu Kellern nur **Mulden** oder **Muffelgewölbe** und **Kreuzgewölbe** wählt, je nachdem Raum und Umstände es verstatten. Ein Muffelgewölbe geht in der Breite des Kellers nach einem Zirkelbogen, ruhet an den langen Seiten des Kellers auf den Wiederlagen, an den schmalen Seiten aber auf der **Scheibe** der Kellermauer. Scheibe ist die nur gedachte Rundung auf der zuletzt gedachten Mauer, die der Maurer richtig nach ihrem Bogen findet, wenn er sie nach einen bereits nebenbey aufgerichteten Bogen der Lehre mauert, und hiernach die Steine gehörig behauet. Hieraus erhellet, daß ein Muffelgewölbe mehr Maaß zur Länge, als zur Breite hat. Ein Keller, worauf ein **Kreuzgewölbe** zu stehen kommt, ist im Gegentheil gleichseitig; das Gewölbe selbst bestehet aus vier gleichen, keilartigen, doch gerundeten Theilen, und diese kommen sämmtlich in dem Schlußstein, wie in einem Punkt zusammen. Die jetztgenannten keilartigen Theile nennt man **Kappen**, und wo zwey und zwey Kappen zusammenstossen ist ein stärkerer **Gurt**.

Jedes Gewölbe muß bekanntermassen auf einem hölzernen Modell, so der Maurer **Lehre** nennt, aufgeführet werden, und diese Lehre giebt ihm

ihm seine Gestalt. Der Maurer stellt nemlich neben der Wiederlage hölzerne Klötzer, die ziemlich so hoch sind, als die Wiederlage, und auf diesen kommen, von einer Wiederlage zur andern, Bogen von Bohlen zu stehen. Diese Bogen, die in einiger Entfernung von einander gestellet werden, haben oben die genaue Rundung des Gewölbes, und werden unter einander durch Latten vereiniget und gedeckt. Jeder Bogen steht aber nicht unmittelbar auf seinen beyden Klötzern, sondern auf einem Keil, der also unmittelbar auf dem Kloß ruhet. Der Nutzen dieser Keile wird sich sogleich ergeben.

Nach Maaßgabe einer solchen Lehre wird nun das Gewölbe errichtet. Ein Muffelgewölbe ist nur ½ Backstein, oder 5 Zoll dick, so, daß also der Stein nach seiner Höhe beym Mauern auf der Lehre zu liegen kommt. Eben so dick ist auch das Kreuzgewölbe in den Kappen, in den Gurten ist es aber einen Stein dick. In allen diesen Fällen kommt die Kante der untersten Reihe Steine auf der äußersten Kante der Wiederlage zu stehen. Uebrigens werden die Steine gewöhnlich im Verband gemauert, wie ich bald zeigen werde. Der Maurer pflegt die Steine nicht keilartig zu behauen, sondern die Kanten zweyer über einander liegender Backsteine kommen nur scharf auf einander zu stehen, so wie die Lehre nachweiset. Bringt die Natur des Gewölbes es mit sich, daß nur schwache Lücken zwischen zwey benachbarten Reihen Steinen entstehen, so werden

den die Lücken nur gewöhnlich mit Kalk ausgefüllet; sind diese Lücken aber groß, so verzwickt man sie mit kleinen Zwicksteinen. Der Schlußstein hält das Ganze zusammen, und befindet sich vorzüglich im Sturz des Gewölbes. Er muß daher auf das beste eingetrieben werden, doch so, daß er noch mit Kalk gefuttert ist.

Das fertige Gewölbe muß sich nach und nach sacken. Daher darf man die Lehre nicht mit einmal, sondern nach und nach wegnehmen, und dieserhalb sind die Keile zwischen Bogen und Klötzern, nach dem Obigen, angebracht. Vier und zwanzig Stunden nach Vollendung des Gewölbes wird daher jeder Keil gelöset, oder wie der niedersächsische Maurer sagt, **gelüftet.** Man treibt ihn nemlich mit einem kleinern Keil heraus, so, daß nun der kleine die Stelle des herausgetriebenen großen Keils vertritt. Nach 48 Stunden werden auch die kleinen Keile weggenommen, und endlich auch die ganze Lehre. Zum Beschluß ist nur noch zu bemerken, daß der Fußboden des Kellers beym Ausbau des Gebäudes von dem Dammsetzer mit Klinkern oder sonst mit haltbaren Mauersteinen, z. B. in Berlin mit rathenauschen Steinen ausgesetzt wird.

II. Das erste Stockwerk.

Dieses kommt nun unmittelbar auf den Grundmauern zu stehen, so, daß Mauer auf Mauer stehet. Das unterste Stockwerk pflegt, wenn

wenn das Gebäude zwey Stockwerk erhält, zehn Fuß hoch zu seyn, Balkendicke und Putzwerk mitgerechnet, und dieses letztere beträgt ein Fuß. Mauert man die Stockwerke mit Backsteinen auf, wie wir annehmen wollen, nach hiesiger Landesart, so ist im untersten Stockwerk jede Mauer, sie sey Umfassungs- Mittel- oder Scheidemauer, durchgängig zwey Steine dick. Jeder Backstein wird hiebey nach der Länge genommen, und da jeder Stein 10 Zoll lang und 5 Zoll breit ist, so erhält jede Mauer im untersten Stockwerk 20 Zoll zur Dicke. In diesem Fall ist das Fundament in seiner Gleiche zwey Fuß dick, wie ich schon oben gezeiget habe, und stehet also etwas vor der Stockwerksmauer vor.

Allein die Gesetze der Dauer und der Festigkeit verlangen, daß die Steine jederzeit so eingemauert und gelegt werden, daß bey zwey benachbarten Schichten nie Fuge auf Fuge fällt, sondern die Fuge zwischen zwey Steinen der obersten Schicht auf die Mitte eines Steins in der nächstuntern Schicht oder Lage fällt. Werden die Steine in der jetzt beschriebenen Verknüpfung beym Mauern eingelegt, so sagt der Maurer, die Steine sind im **Verband** gemauert. Allein diese Verknüpfung der Steine im Verband muß nothwendig etwas anders seyn, wenn die Mauer zwey, als wenn sie 1½ oder einen Stein dick ist, und ich will hier diese Sache vorläufig im Zusammenhang erläutern. Zweyerley setze hiebey voraus. Nothwendig muß erstlich jeder Stein halb so breit als

als lang seyn, wenn man ein Verband mauern will, wie die Beyspiele sogleich näher zeigen werden. Zweytens, wenn ein Stein bey mäßigen Gebäuden, in Absicht seiner Länge nach der Dicke der Mauer liegt, so heißt er ein **Strecker** oder **Binder**; liegt er aber in eben der Absicht nach der Länge der Mauer, so heißt er ein **Läufer**. Bekannt ist übrigens genug, daß der Stein in beyden Fällen nach einer seiner breiten Seiten aufliegt, oder daß diese seine Grundfläche ist. Anders redet der Maurer beym Ausmauern des Fachwerks eines hölzernen Gebäudes oder einer Verkleidung, wo er nur einen Stein dick mauert, aber nach Beschaffenheit der Umstände nach allen drey Ausdehnungen des Steins. Auf dem **langen Wege** mauert der Maurer in diesem Fall, wenn der Stein in Ansehung seiner Länge nach der Dicke der Mauer liegt, und diese also nur die Länge des Steins dick ist. Beym **kurzen** oder **schmalen Weg**, liegt die Länge des Steins nach der Länge der Mauer, und diese ist so dick, als der Stein breit ist. Auf der **hohen Kante** mauern ist, wenn der Stein zwar nach der Länge der Mauer in Ansehung seiner Länge fortläuft, aber zur Grundfläche nicht, wie in den beyden ersten Fällen, eine seiner breiten Seiten, sondern seine Höhe oder Dicke hat. Folglich ist in diesem letzten Fall die Mauer am dünnsten, und nur um die Höhe des Steins dick.

Dieses

Dieses alles vorausgesetzt, kann ich nun zeigen, wie der Maurer die Steine einlegt, wenn eine Mauer 2, $1\frac{1}{2}$ und 1 Stein dick ist, den Stein nach seiner Länge genommen, die hier 10 Zoll beträgt. Es sind dies die gewöhnlichsten Fälle, wobey ich, des Raums wegen, gegenwärtig stehen bleibe. Ich will den allerleichtesten und einfältigsten Fall zuerst annehmen, daß nemlich die Mauer einen Stein, diesen nach der Länge genommen, dick ist. Dieser Fall ist in der XLV. Fig. im Grundriß vorgestellet. Nur immer in zwey benachbarten Reihen darf man die Steine in Verband bringen, denn ergiebt sich der Verband des Ganzen von sich selbst. Also blos zwey Reihen, Lagen oder **Schichten**, wie der Maurer eigentlich sagt, sind in der XLV Fig. abgebildet f. Die Steine der untersten Lage sind ganz durch ausgezogene Linien, die Steine der obersten Lage aber nur durch punktirte Linien vorgestellt. So verhält sich auch, in Ansehung der Zeichnung bey allen übrigen Fällen, die ich noch anführen werde. Des Raums wegen auf der Kupferplatte hat man, auf nur gedachte Art, jederzeit zwey Schichten vereiniget, ohnerachtet es deutlicher wäre, sie neben einander abzubilden. Es habe also die Mauer einen Stein, oder 10 rheinländische Zoll zur Dicke. In diesem Fall ist die erste Lage, durch alle Mauern des ganzen Gebäudes, unmittelbar über den Fundament oder nächst untern Stockwerk, welches einerley sagen will — denn sage ich, ist

die

die unterste Schicht (d. i. Lage) eine **Streckschicht**. Das heißt soviel, in der ganzen untersten Schicht liegen blos und allein Strecker oder Binder, d. i. nach dem Obigen, die Backsteine liegen in Ansehung ihrer Länge sämmtlich nach der Dicke der Mauer. Es mag a b c h Fig. XLV. einen Backstein nach seiner Länge und Breite vorstellen, a b oder f c aber die Dicke der Mauer. Die Backsteine a c, c g und g e sind also Strecker oder Binder, und deshalb, weil sie in der untersten Schicht liegen, hat man die Umfassungslinien völlig ausgezogen. Im Gegentheil sind die Steine der nächstobersten Schicht nur punktirt, die Umfassungslinien ausgenommen, welche in der Grundzeichnung Fig. XLV. beyden Schichten gemein sind. Die zweyte Schicht, wovon nunmehro die Rede ist, heißt die **Laufschicht**, weil sie aus lauter Läufern bestehet. Sie ist also durch Punkte Fig. XLV. angedeutet. Laßt uns annehmen, der Stein k h o n läge auf dem Raum (nemlich in der zweyten Schicht) a i q g, so fielen die Steine in der ersten und zweyten Schicht in Absicht der Fuge in g q zusammen, nach den obigen vorausgesetzt, daß zwey a i r h gleich ist a i q g, oder für den gemeinen Mann geredet, daß der Backstein halb so breit, als lang ist. Fuge auf Fuge aber muß in benachbarten Schichten wenigstens nicht ganz zusammenfallen. Denn daß sie zum Theil zusammenfallen, davon giebt es Beyspiele. Was thut nun der Maurer, um den Stein k n o h nicht

nicht in den Raum a i q g anzubringen? Er setzt ein Quartier voraus, d. i. ein Stück abgehauenen Stein, so $\frac{1}{4}$ eines gewöhnlichen Backsteins zur Länge hat. Doch nimmt mans hiemit so genau nicht, wenn nur nicht Steinfuge auf Steinfuge fällt. Ich will sagen, das Quartier kann auch etwas länger oder kürzer, als ein halber Backstein seyn, und das ohne Schaden des Ganzen. Die beyden Stücke a k h i und i h l b sind zwey Quartiere, welche also die beyden Steine k h o m und l h o m so weit fortrucken, daß nicht in beyden benachbarten Schichten Steinfuge auf Steinfuge fällt. Also kommt hinter n o sowol, als hinter o m wieder ein Läufer in der zweyten Schicht zu liegen. So geht nun zwar die Streckschicht durch die sämmtlichen Mauern des Gebäudes hinter einander fort, und über dieser jederzeit auch die Laufschicht. Streck- und Laufschicht wechseln aber beständig durch die ganze Höhe der Mauer ab, wenn diese einen Stein dick ist, und bey einiger Ueberlegung wird der Leser sogleich einsehen, daß hiedurch in zwey benachbarten Schichten jederzeit Fuge von Fuge entfernt wird. Dies ist also der erste Fall, wenn die Mauer einen Stein dick ist.

Zweytens mag die Mauer $1\frac{1}{2}$ Stein dick seyn, jeden Stein abermals nach seiner Länge genommen. Eine solche Mauer ist also 15 Zoll dick. Dieser Fall wird durch die XLVI. Fig. vorgestellet. Auch in diesem Fall stellen die gänzlich ausgezogenen Linien die unterste, die punktirten

tirten aber die obere Schicht vor. In der untersten Schicht sind zv, zt, zs, yq lauter Strecker, die 10 Zoll in der Dicke qg der Mauer ausfüllen, weil sie nach der Länge liegen. Neben diesen liegt in der untersten Schicht noch ein Quartier fglk, um Fuge von Fuge zu entfernen. Auf dieses Quartier folgen lauter Läufer kch u. s. w. Diese Läufer tragen zur Stärke der Mauer 5 Zoll bey. Also betragen in der ersten Schicht die Strecker 10, die Läufer 5, zusammen 15 Zoll. In der zweyten und nächsten Schicht ist nun der umgekehrte Fall. Strecker sind nemlich oben, und Läufer unten. Oben liegen also die Strecker ep, dp, bp, unten aber zuerst das Quartier oq, und hinter diesem die Läufer nr, mu u. s. w. Auf die beschriebene Art gehet es durch alle Schichten fort, und eine beyder gedachten Schichten folgt stets auf die andere nach der ganzen Höhe der Mauer, wenn diese $1\frac{1}{2}$ Fuß dick ist.

Ich komme zu dem dritten Fall, da nemlich die Mauer zwey Steine, diese nach der Länge genommen, oder 20 Zoll dick ist, so in der XLVII. Fig. vorgestellet wird. In der ersten Schicht liegen zwey Reihen Strecker neben einander, so also zusammen 20 Zoll zur Dicke der Mauer beytragen. In der ersten Reihe sind nemlich die Strecker ao, cp, dq, fr; in der zweyten Reihe aber ny, oz, pz, qz u. s. w. In der zweyten Schicht sind aber Strecker und Läufer mit einander vereiniget, so, daß in der

Mitte

Mitte eine Reihe Strecker, über und unter diesen aber eine Reihe Läufer liegt. Die Strecker in der Mitte sind, ιε, αξ, βη, γδ u. s. w. Die Läufer aber haben abermals aus bekannten Ursachen das Quartier a k vor sich, und auf dieses folgen die Läufer b l, e m u. s. w. Unten ist abermals ein Quartier s x, worauf die Läufer t z, u z u. s. w. folgen. Die Strecker in der Mitte dieser zweyten Schicht betragen 10 Zoll, und die Läufer oben und unten zweymal 5 Zoll, also überhaupt 20 Zoll oder zwey Steine. So geht es auch hier in beyden beschriebenen Schichten durch alle Mauern des Gebäudes hinter einander fort, und eine beschriebene Schicht wechselt immer mit der andern ab.

Endlich müßen auch zwey benachbarte Mauern im Verband gebracht werden, und dieses ist Fig. XLVIII. in einem Beyspiel vorgestellet. Es sey a o r d die Stirnwand, o r u v eine Seitenwand, und die Mauern mögen 1½ Stein oder 15 Zoll dick seyn. In diesem Fall ist in der Stirnwand in einer Schicht a i ein Quartier, i c und c e aber sind Laufer. Ueber diesem liegt der Strecker k p und g r, und zwischen beyden der Laufer h n. Alle diese Steine gehören also zur Stirnwand. In diese Stirnwand springen aber die Läufer l t und m u nur zur Hälfte hinein, nemlich um m p und m q, und ihre andere Hälfte p t und q t ragt in die Seitenwand hinein. Ein Laufer dieser Seitenwand ist e r. In der nächsten Schicht, wo nach den obigen, Strecker oben und Laufer unten in der Stirnwand gemauert werden; mauert der Maurer gewöhnlich, ohne auf die Verknüpfung beyder benachbarten Mauern bedacht zu seyn, und so beständig wechselsweise. Eine solche Verknüpfung oder Verband zweyer aneinanderstossenden Mauern, heißt eine **Verzahnung**. Zuweilen wird die angränzende Mauer nicht sogleich aufgeführt, und man läßt alsdenn die Stücke p t und q t an der bereits aufgeführten Mauer stehen. Diese vorspringenden Stücke, die also eine Schicht um die andere stehen bleiben, heißen insbesondere Verzahnung. Nur gedachter Fall ereignet sich insbesondere, wenn der Maurer zwar die Stockwerksmauern aufführt, aber nicht die Schornsteinröhren, weil man noch Veränderungen besorgt. Doch, noch einem Ausdruck, der Maurer sagt nemlich, wenn zwey benachbarte Mauern auf gedachte Art verknüpft sind: die Steine sind **in einander gestossen** oder **eingestossen**; insbesondere die Steine n t und l t Fig. XLVIII. Zum Beschluß dieser Sache erinnere ich nur noch, daß man in den Seestädten an der Nordsee, die Steine noch auf eine veränderte Art im Verband bringt. Allein, die Art und Weise ist den wenigsten einheimischen Maurern bekannt, und noch weniger mir. Sicherheitshalber übergeh ichs, weil ich Fehler machen mögte, ohnerachtet mir etwas hiervon bekannt ist. Zeit, Umstände, Gelegenheit und — Leben, können mich vielleicht noch dahin führen, daß ich gelegentlich auch hier-

hiervon rede. Bruch- oder Quadersteine müßen, wenn man sich ihrer zur Aufführung einer Mauer bedient, gleichfalls im Verband gebracht werden, und dies gehet um soviel füglich an, da die Mauer alsdenn nur immer ein Stein dick ist. Man verbindet diese Quadersteine übrigens mit einem gewöhnlichen Mörtel, der nur etwas mehr Mauersand enthält, als zu Backsteinen. Doch kein Wort mehr hievon!

Ich kehre also nach dieser langen aber nöthigen Einschaltung, zum ersten Stockwerk zurück. Es sey nach dem Obigen, 2 Steine in seinen sämmtlichen Mauern dick, und hiebey kommen die Steine so zu liegen, wie ich nur gleich gezeiget habe. Ich muß nun die kleinen Handgriffe beym Mauern zeigen: Wenn der Maurer eine Schicht in einer Mauer mauern will, so spannt er oberhalb der nächst vorhergehenden Schicht die Mauerschnur Fig. XLI. aus. Er steckt nemlich in eine Steinfuge an jeder Ecke der nächst unteren Schicht einen eisernen Nagel ein, und zwischen beyden Nägeln spannt er die Schnur dergestallt aus, daß sie völlig horizontal und zugleich in der Flucht, d. i. nach der graden Richtung der Mauer fortläuft. Diese Schnur dient ihm bey jeder Schicht zum Wegweiser, daß er die Schicht nicht bauchig, sondern genau in gerader Linie mauert. Daher ist die Mauerschnur nur kurz vor der Mauer ausgespannet. An jede Ecke der Mauer stellt man ferner einen geschickten und geübten Arbeiter, der hier arbeiten, und die Ecke scharf, oder nach der Höhe und Länge genommen, grade halten muß; und nach diesen beyden Arbeitern müßen sich die übrigen in der Mitte richten. Jeder Arbeiter an der Ecke hält zuweilen das Richtscheid Fig. XXIII. und das Winkelmaaß Fig. XXXIV. an die Ecke, sowol nach der Höhe, als Länge der Mauer, um hiedurch zu prüfen, ob die Mauer auch senkrecht, und in Absicht der Länge gradlinigt aufsteigt. Jeder Arbeiter besprengt den Stein, den er jedesmal einlegen will, vermittelst des Sprengpinsels Fig. XXV. mit Wasser, so wie auch den Platz, wo er ihn einlegen will. Zugleich bewirft er den Platz, wo er den Stein einlegen will, vermittelst der Mauerkelle Fig. XXX. mit Kalk, nicht nur an den Ort, wo der Stein mit seiner Grundfläche zu liegen kommt, sondern auch, wo er benachbarte Steine berühret. Den Platz, wo der Stein zu liegen kommt, zeigen ihm nicht nur die obigen Gesetze an, sondern er muß sich hiebey auch nach der Mauerschnur richten, so wie auch nach dem Arbeiter an der Ecke, damit die Mauer nicht nach der Höhe und Länge bauchig wird. Den aufgelegten Stein klopft er mit dem Mauerhammer Fig. XXXIII. an, und zerstückt ihn auch hiemit, wenn er eines Quartiers bedarf, oder auch eines Zwicksteins. Zuweilen setzt er auch das Richtscheid Fig. XXVII. auf die eingelegten Steine der Mauer, um zu prüfen, ob nicht einer vor dem andern in die Höhe steht;

und bey vorfindenden Mängeln klopft er den vorstehenden Stein hinab, damit er bestmöglichst in jeder Schicht die Gleiche hält, d. i. sie völlig horizontal mauert. So wird nun Schicht vor Schicht von den sämmtlichen Maurern in jeder Mauer nach dem obigen jetzt angeführten Gesetze gemauert. Jedesmal wenn 3 bis 4 Schichten über einander aufgemauert sind, denn prüft ein geübter Arbeiter die Mauer mit dem Bleyloth, ob sie auch senkrecht in die Höhe steigt. Er läßet nemlich das Loth Fig. V. erforderlich an der Mauer hinab sinken, und hält die Schnur über der äußersten Kante der Mauer fest, doch so, daß sie um die halbe Dicke des Bleykegels unter der Schnur von der Mauer absteht. Fehler, die man hiebey bemerkt, können noch leicht abgeändert werden, da der Kalk in den zuletzt gemauerten Schichten noch weich ist. Doch können nicht so leicht Fehler entstehen, da sich die Arbeiter beständig nach der Mauerschnur richten, und zugleich nach den Ecken; auch öfters das Richtscheid Fig. XXVII. gegen die Wand halten. So führt der Maurer die Mauer hinauf bis 3 Schichten unter ihrer **Gleiche**: **Gleiche** heißt aber bey dem Maurer, wie ich schon bemerkt habe, die völlig horizontale Fläche auf einer Mauer; und in dem gegenwärtigen Fall ist es also die ebene und oberste Fläche auf einer Stockwerksmauer, womit sich die Mauer schließet. Also drey Schichten unter dieser Gleiche macht der Maurer Stillstand, und wiegt nun die

Mauer mit der Setzwaage ab, ob die Schichten auch völlig horizontal gemauert sind; oder, ob sie etwa nach einer oder der andern Seite hängen. Er legt nemlich das Wagescheid Fig. XXIII. auf die zuletzt gemauerte Schicht der Mauer, stellt die Setzwaage Fig. XXVI. mit ihrer Grundlinie a c auf die Mitte des Wagescheids, und erforscht nun durch das Bleyloth und vermittelst der Schnur b d, ob die Mauer oben horizontal ist. Ist sie horizontal, so muß bekanntermassen die Schnur genau in der senkrechten Linie b d hangen. Weicht aber die Schnur von dieser Linie ab, so ist dies ein Zeichen, daß die Mauer oben nach derjenigen Seite hängt, wohin sich das Bleyloth neigt. Die Maurer hüten sich sehr, dergleichen Fehler zu begehen, und prüfen daher jede Schicht oberhalb zum öftern mit dem Richtscheid. Hängt ja die oberste Schicht nach einer Seite, so muß man die Fehler durch aufgemauerte Dachsteine verbessern, und hiedurch die völlige Gleiche hervorbringen. So wird nun jede Stockwerksmauer im Zusammenhang mit den benachbarten Mauern an verschiedenen Orten abgewogen. Endlich mauert man noch die drey letzten Schichten auf, und in diesen wird zugleich die **Mauerlatte** mit angebracht, deren obere Fläche mit der Gleiche der Mauer gerade fortlaufen muß. In diese Mauerlatte werden bekanntermassen die Balken von dem Zimmermann eingekämmt, wenn das Stockwerck geendiget ist. Kommt

auf

auf dem Stockwerk noch ein andres zu stehen, so giebt man ihm der Zierde wegen zugleich mit Aufmaurung der drey letzten Schichten ein **Bandgesimse** a b Fig. X. Dieses ist ein breiter vorspringender Streif, nach der ganzen Länge der Stirnwand, so etwa 3 Zoll vorspringt. Diesen Vorsprung bewirkt der Maurer, wenn er hinter denjenigen Steinen, die vorwärts das Bandgesimse bilden, Zwicksteine in erforderlicher Dicke einschlägt. So wird nun, im Ganzen genommen, jedes Stockwerk nach allen seinen Mauern aufgeführt, so, daß alle Mauern gleich hoch sind, und also eine fortlaufende Gleiche haben.

Also auch das erste oder unterste Stockwerk Fig. X. a b d c wird auf jetzt beschriebene Art aufgemauert, außer daß es die stärkste Mauern erhält, die in dem angenommenen Fall 2 Steine dick sind. Ich habe aber die Mauern bisher nur so angesehen, als wenn sie gerade durchgängig oben, und ohne Oefnungen in die Höhe stiegen; und ich muß daher noch von einigen Dingen reden, die noch in und neben den Stockwerksmauern angebracht werden. Jetzt ist aber vorzüglich von dem untersten Stockwerk die Rede. 1) Zuerst kommen die Thüren in Betrachtung, die man gerne, so wie die Fenstern halb so breit als hoch macht. Man macht aber eine gewöhnliche Thüre nicht gerne unter 6 Fuß hoch. Hiernach muß nun der Mauer auf beyden Seiten der Thüre die Mauer dergestalt abbrechen, daß die erforderliche Oefnung entstehet. Die obere schwebende Seite einer Thüre oder eines Fensters, heißt der Sturz Fig. X. ef. Bey gewöhnlichen Thüren ist dieser Sturz insgemein grade, doch bey Thorwegen und grossen Hausthüren auch zuweilen rund oder gewölbt, insgemein nach einem flachen Bogen. Im ersten Fall, wenn nemlich der Thürsturz grade ist, mauert der Maurer nach dem Umfang der Thüröfnung, eine Zarge von Holz mit ein, die in der Folge verkleidet wird. Durch diese Zarge ergiebt sich beym Mauern die Thüröffnung von sich selbst. Ueber dem obersten Querbrett dieser Zarge wird nun der Thürsturz gemauert. Der Haltbarkeit wegen, stellt man die Steine hiebey gerne schräge oder keilartig, als wenn man wölbte, doch so daß demohnerachtet der Sturz unten grade wird. Der Maurer behauet nemlich mit dem Mauerhammer diejenige Seite des Steins, die Grundfläche werden soll, etwas schräge, so daß der Stein selbst schräge beym Einmauern zu stehen kommt. Die vorfallenden Lücken werden mit Steinstücken beym Mauern ausgefüllet. Ueber der Thüre und den Fenstern im untersten Stockwerk Fig. X bc ist diese Stellung der Steine in ef durch Putzwerk angedeutet, wie zuweilen zur Zierde geschiehet. Ist aber der Thürsturz gewölbt, so macht sich der Maurer nach dem gewählten Bogen und nach der Breite der Thüre eine kleine Lehre, worauf er den Bogen $\frac{1}{2}$ Stein dick gewöhnlich wölbet. Die Lehre wird nicht weiter an

ihrem

ihrem Ort über der Thüröffnung befestiget, als daß man sie **anwölbt.** Es werden nemlich die angränzenden Steine der Mauer auf beyden Seiten der Thüröffnung; also in e sowol als in f Fig. X hart an den Fuß der Lehre gestossen, und hier, nemlich neben der Lehre, mit Kalk beworfen, wodurch diese kleine Lehre hinreichende Haltbarkeit erhält. Uebrigens wird im Kleinen eben so gewölbt, wie weiter oben bey dem Muffelgewölbe eines Kellers gesagt ist. Ueber dem Thürsturz, er sey grade oder bogig, wird nachher wieder gewöhnlich gemauert. 2) Die **Fensteröffnungen** macht man gleichfalls halb so breit, als hoch; in den zweyten Stockwerk aber macht man sie noch gerne um $\frac{1}{3}$ der Breite höher, wenn nemlich das zweyte Stockwerk höher ist, als das erste, wie ich weiter unten zeige. Bey einem Fenster kommt, außer der Oeffnung selbst, noch die Brüstung, die Schmiege und der Sturz vor. Doch vorher muß ich noch erinnern, daß bey jedem nur mäßig verzierten massiven Hause, unter dem Fenster eine **Plinte** angebracht wird. Man wird sie Fig. X. am besten in g h bemerken. Es ist ein kantiger Vorsprung vor dem Mauerwerk, so breit als das Fenster, und wird also zugleich mit der Fensterbrüstung gemauert. Der Maurer stößt die Steine hiezu beym Mauern eben so vor, wie oben das Bandgesimse. Doch ich komme auf die **Fensterbrüstung** oder **Fensterlehre** innerhalb der Zimmer. Diese ist von dem Fußboden

boden an bis zur Fensteröffnung 3 Fuß hoch, wenigstens insgemein, und so breit als das Fenster. Bey einer dicken Mauer würde man nicht bequem aus dem Fenster sehen können, und daher macht man die Mauer unter den ganzen Fenster etwas dünner, und diese dünnere Mauer heißet Brüstung. Ist die Mauer 2 Steine dick, so giebt man der Brüstung 1 Stein zur Dicke, und sie wird wechselsweise mit einer Streck- und Laufschicht, doch im Verband mit dem Ganzen gemauert. Also springt die ganze Mauer um das Fenster nach dem Innern des Zimmers zu, um 1 Fuß vor der Brüstung vor, und dieser Vorsprung von beyden Seiten des Fensters, vom Fußboden an bis zum Fenstersturz, heißt die **Fensterschmiege**. Die vorspringende Fläche der Schmiege, von der Ecke der Mauer bis zum Fenster, gehet etwas schräge. Folglich ist die Fensteröffnung im Innern des Zimmers weiter als nach der Strasse zu, und dieses, damit das Licht desto besser einfallen kann. Beym Mauern muß man also etwas von den äußersten Steinen schräge abhauen, um die Schmiege hervorzubringen. So steigt das Fenster herauf bis zum Fenstersturz. Doch ehe ich von diesem rede, ist bey der Fensteröffnung selbst noch eins zu bemerken. Dauer und Zierde heischen es, daß der Fensterrahm nach der Strasse zu nicht sichtbar seyn muß. Dieserhalb läßt der Maurer an jeder langen Seite des Fensters den äußersten Stein nach der Strasse zu

so

so alsdenn stets ein Laufer seyn muß, um 3 Zoll vor dem übrigen Mauerwerk nach der Fensteröffnung zu, vorspringen. Dieser Vorsprung an beyden langen Seiten der bey dem Maurer Ausschlag heißet, muß also die Fensterzarge oder den Fensterrahm nach der Strasse zu bedecken. Nun kann ich zu dem **Sturz** übergehen. Dieser ist zuweilen zwar gewölbt, insgemein nach einen flachen Bogen, wie z. B. bey Balconfenstern, insgemein aber eben. Beym gewölbten Fenstersturz verfährt der Maurer eben so, wie beym gewölbten Thürsturz, aber nicht bey dem glatten Fenstersturz, wie bey dem glatten Thürsturz. Bey dem Fenstersturz eines maßiven Gebäudes läßt sich zweyerley unterscheiden, der Sturz nach der Straße zu, und der Sturz im Innern des Gebäudes über der Fensterschmiege. Jener, der Sturz nach dem Aeußern zu, darf nichts von Holzwerk zur Unterstützung enthalten, theils der Dauer, theils der Zierde wegen; aber bey dem Sturz nach dem Innern zu ist diese Unterstützung thunlich. Nach der Straße zu legt man daher zwar anfänglich zur Unterstützung des ebnen Sturzes eine **Fenster**- oder **Sturzlatte**, nimmt sie aber wieder weg, wenn hier das Mauerwerk im Sturz trocken ist. Dieses gehet um soviel eher an, da dieser Sturz mit dem Sturz im Innern im Verband gemauert ist. Ueber dieser Sturzlatte wird nun der Sturz nach den Aeußern grade so gemauert wie der grade Sturz über einer Thüre, nach dem

Obigen.

Obigen. Im Innern des Zimmers über der Fensterschmiege kommt gleichfalls eine hölzerne Unterstützung des Sturzes zu liegen, aber diese nimt man nie weg, sondern berohrt und verputzt sie in der Folge. Diese Unterstützungsbohle heisset **Lateybohle**, ist so breit als der innere Sturz, 4 Zoll dick, und springt an jeder Seite 6 Zoll in die Mauer hinein. Nach dem obern zu ist diese Bohle in etwas gerundet, damit man hierauf, so zu sagen wie auf einer Lehre zu einen sehr flachen Bogen, wölben kann. Uebrigens wird auf dieser unverrückten Bohle der Sturz eben so gewölbartig gemauert wie bey einem glatten Thürsturz. Oft ist auch blos der Sturz im Innern der Zimmer auf gedachte Art gewölbt, weil er der stärkste ist, damit die Schmiege nicht zuviel zu tragen hat, zumal bey breiten Fenstern, und der äußere Sturz ist nach dem Obigen eben. Unmittelbar über der Fensterschmiege liegt das **Lateybrett**, so erst beym Abputzen des Zimmers eingesetzt wird. Der Maurer nimt nemlich auf jeder Seite der Fensteröffnung einen Stein aus, schiebt in diese Lücke die Enden des Bretts ein, und verschmiert und verputzt es unterhalb mit. Uebrigens bemerke hier gleich, daß die Fenster oft eine verzierte Einfaßung an der Stirnwand erhalten, allein diese ist blos Putzwerk von Mörtel. Ist diese Einfaßung simsartig, so bildet man sie mit einem Schablon Fig. XLII. 3) Der **Rauchfang** in der Küche und die **Kaminröhren** zu Kaminen und Stu-

ben

benofen sind wesentliche Stücke eines Wohnhauses. Man mauert sie entweder zugleich mit den Stockwerken, oder man läßt auch an den Brandmauern, wo sie angebracht werden sollen, nach dem Obigen eine Verzahnung stehen. Denn es trift sich häufig, daß man mit diesen Theilen eines Gebäudes noch in der Folge eine Veränderung treffen muß. In den letzten Fall, wenn eine Verzahnung stehen bleibt, führet man gedachte Stücke erst auf, wenn die Schorsteinröhre aus dem Dache geleitet wird. Die Mauer neben welcher ein Schorstein oder eine Kaminröhre angebracht wird, nennt der Maurer in hiesiger Gegend **Brandmauer.** Sie muß jederzeit von feuerfesten Steinen aufgeführet, und so weit, als ohngefähr die Hitze reicht, mit Lehm aufgemauert werden. Denn der Kalk fällt in der Hitze ab. In jeder Küche eines Wohnhauses muß ein Rauchfang vorhanden seyn. Dieser besteht, nach hiesiger Art zu reden, aus dem **Rauchfang** selbst oder **Mantel** über dem Heerd, der sich endlich zu einer schmalern **Schorsteinröhre** verjüngt, und diese geht zum Dache hinaus. Der Mantel oder Rauchfang selbst über dem Feuerheerd ruhet insgemein nur auf einem 5 Fuß 6 Zoll weiten Holzverband, der mit eisernen Bolzen an der Decke der Küche angebolzet wird. Besser ist es aber freilich, wenn er wenigstens im untern Stockwerk, über einen offenen gewölbten Bogen ruhet. Dieser Holzverband ist nemlich um Menschenhöhe vor dem Feuerheerd von den Fußboden entfernt, damit man Raum findet, zum Feuerheerd zu gehen. Der Mantel wird jederzeit mit Feuerfesten Backsteinen und mit Lehm gemauert, und zwar etwas weiter, als das Feuer reicht. Man wölbt den Mantel auf gewisse Art, oben spitzer und unten weiter, indem man bloß die Steine nach dem Innern zu, nach und nach etwas hinein legt. Er ist so wie die Schorsteinröhre und alle Kaminröhren, $\frac{1}{2}$ Stein dick. Wie gesagt, oben verjüngt sich der von feuerfesten Steinen und Lehm aufgeführte Mantel endlich über dem Feuerheerd zu der Weite einer Schorsteinröhre, die insgemein im Durchschnitt ein längliches Vierreck vorstellt. Zu dieser Schorsteinröhre, so wie auch zu Kaminröhren über der Feuerstätte, nimmt der Baumeister gerne leichte, und also in Berlin die oben gedachten weißen Steine bey Potsdam her. Denn alle diese Röhren werden insgemein etwas geschleift oder schräge gerichtet, damit sie den Rauch desto besser abziehen. Die Röhren sämmtlich selbst, über der Feuerstätte oder über dem Ort, wo sie die Hitze nicht mehr dringt, werden $\frac{1}{2}$ Stein dick gewöhnlich mit Kalk gemauert, und die Steine im Verband gebracht. Gleich hier erinnere ich im Zusammenhang, daß nach diesem Gesetze die Schorsteinröhren durch alle Stockwerke und durch das Dach mit leichten Steinen und Kalk geführet werden. Der Dach- oder **Schorsteinkasten**, oder die vor dem Dache vorspringende Mündung der

der Schorsteinröhre, muß aber nicht mit leichten Steinen gemauret werden, weil er der Witterung ausgesetzt ist, sondern mit dauerhaften, und in Berlin mit rathenauer Steinen. Man bringt diesen Schorsteinkasten gerne anjetzt hinterwärts an, so daß er ganz und gar nicht auf der Strasse sichtbar ist, und das der Zierde wegen. In diese Haupt- oder Schorsteinröhren, werden nun die **Ofen-** und **Kaminröhren** gewöhnlich durch Schleifen oder schräge Richten, insgemein unter dem Dache, hinein geleitet. Diese Röhren werden nach Art der Schornsteinröhren aufgeführet, und wenn man sie schleifet, so lässet der Maurer nur nach und nach die Steine mäßig vorrücken, wie auch bey der Schorsteinröhre. Müßen aber diese Röhren vorzüglich schräge gerichtet werden, so wölbt man sie an dem Neigungsort mit einer Lehre auf die gewöhnliche Art. Eine Thüre oder Oefnung auf dem Fußboden eines Stockwerks, welche zu einer Ofen- oder Kaminröhre führt, heißt bey dem Maurer überhaupt ein **Kamin**. Ein Kamin zur Heitzung der Zimmer, ist eine Oeffnung oder Thüre zu einer Röhre, und dessen Oeffnung wird auf dem Flur angebracht. Man legt diese Oeffnungen oder Thüren gerne zwischen zwey Zimmern an, so daß eine Kamin- oder Ofenröhre den Rauch von den Ofen zweyer benachbarten Stubenofen ableitet. Im engern Verstande heißt **Kamin**, eine Oeffnung in einer Kaminröhre in einem Zimmer, um in dieser, vermittelst angezündeten Holzes, eine Stube einigermassen zu erheitzen. Ein solcher Kamin muß also jederzeit unter einer Kaminröhre angebracht werden, damit diese den Rauch abführet. Die Kaminröhre, so wie der Heerd, muß etwas über den Platz, wohin die Hitze reicht, gleichfalls mit Lehm aufgeführet werden, so wie auch der innere Ausbau des Kamins. Die Baumeister suchen nemlich auf mannigfaltige künstliche Arten, das Feuer im Kamin unter der Kaminröhre zusammen zu halten, so daß die Hitze nicht verflieget, sondern in das Zimmer zurück schlägt. Die neueste Mode hat jetzt nischenartige Kamine eingeführt, so daß also unter der Kaminröhre auf dem Heerd eine Nische zu stehen kommt, doch so, daß über dieser Nische oder Blinde nach der Kaminröhre zu, vorne eine Oeffnung zur Abführung des Rauchs bleibt. Man mauert diese Nische, wie ein Gewölbe, nach einer Lehre. Die Wirkung dieser Kamine ist mir nicht bekannt. Ueberdem macht man noch französische oder englische Kamine, da man auf dem Heerd eine Mauer errichtet, die im Durchschnitt durchgängig dreykantig ist, in der Mitte einen Brennpunkt hat, und abgetrappt ist, wie der Maurer sagt. Dieser Ausdruck will nichts anders sagen, als das Mauerwerk gehet stuffen- oder tarrasweise. In der untersten Hälfte dieser Mauer über dem Heerd, zieht sich nemlich jede Schicht Steine nach dem Innern, zu, etwa um 1 Zoll zurück, und das

bis

bis zur Mitte, 3 Fuß hoch. Hier ist auch der Brennpunkt. Von der Mitte rückt das Mauerwerk überhaupt wieder um 3 Fuß vorwärts, jede Schicht aber gleichfalls um 1 Zoll, so daß die gleichnamigen Schichten unten und oben über einander fallen, also auch die unterste und oberste Schicht gleich weit vorstehen. Doch muß über der obersten Schicht gleichfalls eine Oeffnung bleiben, die den Rauch zur Kaminröhre abführt. 4) Endlich werden bey einem nur mäßig verzierten Hause noch einige Vorsprünge und Zurückziehungen angebracht, die beym Mauern schon angeleget werden müßen. Die bekanntesten Verzierungen dieser Art sind die **Füllungen**, da eine vierkantige Fläche einer Mauer, z. B. zwischen zwey Fenster, entweder zurückgezogen und vertieft ist, oder dagegen vorspringet. Vorspringende Füllungen legt der Maurer an, wenn er an dem erforderlichen Ort der Steine, welche gedachte Füllung hervorbringen sollte, erforderlich vorrückt, und die hiedurch entstehenden hintern Lücken mit Zwicksteinen ausfüllt. Gegenseitig muß er aber von den Steinen, die eine Füllung bilden sollen, hinten erforderlich abhauen, wenn diese Füllung zurückgezogen oder vertieft ist. Das Putzwerk mit Mörtel muß übrigens beym Abputzen der Stirnwand alles ebnen, denn an der Stirnwand werden diese Füllungen insgemein nur angebracht. Doch hier kein Wort mehr von Verzierungen, denn ich rede hier von einem massiven bür-

bürgerlichen Hause. Ich eile zum zweyten Stockwerk.

III. Zweyte Stockwerk.

Bey diesem zweyten Stockwerk werd ich mich nun kurz fassen können, da ich die Grundlage hiezu schon beym ersten Stockwerk gelegt habe. In grossen Städten wird das zweyte Stockwerk vorzüglich von Herrschaften bewohnet, gesucht und gemiethet. Dieserhalb bringen gegenwärtig die Baumeister die besten Zimmer in den 2ten Stockwerke an, und es ist also das Prachtgestock, Fig. X. bi. Aus eben dieser Ursache macht man das zweyte Geschoß 1 bis 2 Fuß höher, als das unterste. Ist dieses also 10 Fuß hoch, so erhält das zweyte Stockwerk 11 bis 12 Fuß zur Höhe. Daher macht man hier auch Thüren und Fenstern, nach dem Obigen, etwas höher. Die Gesetze der Schwere verlangen aber, daß die Mauern im 2ten Stockwerk dünner und also auch leichter sind, als im ersten Stockwerk, so daß jedes höhere Stockwerk ½ Stein oder 5 Zoll dünner ist, als das nächst untere. Sind aber mehrere Stockwerke vorhanden, so muß man den untern eine zunehmende und verhältnißmäßige Dicke geben, damit das oberste nicht zu dünne Mauern erhalte. In dem angenommenen Fall ist das unterste Stockwerk in seinen Mauern 2 Steine dick, also das zweyte Stockwerk 1½ Steine. Der Vorsprung des untern Stock-

Stockwerks vor dem obern um 5 Zoll fällt ganz nach dem Innern zu, und wird durch die Balken und den Fußboden des zweyten Stockwerks unsichtbar gemacht. Uebrigens wird wie bey dem ersten Stockwerk gemauert, und die Dicke macht blos Unterschied, wovon ich schon oben im Zusammenhange geredet habe. Was ich bey dem ersten Stockwerk von Thüren, Fenstern, Schorsteine, Kamine und Füllungen gesagt habe, gilt auch hier.

Ein einziger Umstand kommt hiebey zu bemerken vor, wenn nemlich das zweyte Stockwerk, nach der Annahme, das oberste und letzte ist. Unter dem Dache wird nemlich zur Zierde ein **Gesimse** Fig. X. l. k angebracht. Der Baumeister nimt ein solches Gesimse jederzeit aus einer Säulenordnung, wonach das ganze Gebäude verzieret ist. Bey einen Hause von 1 Stockwerk hat das Gesimse 1 Fuß, bey zwey Stockwerken 1½, und bey 3 Stockwerke 18 Zoll Ausladung oder Vorsprung, und in jeden Fall beträgt die Höhe soviel, als die Ausladung. Zu Gesimsen von schwacher Ausladung hauet der Maurer gewöhnlich Backsteine nach den Stäben der Baukunst zu, nach Anleitung eines **Schablons** Fig. XLII. oder eines Bretts, das an einer Seite nach Maaßgabe des jedesmaligen Gesimses, vollkommen nach dem Maaßstab, ausgeschweift ist. Hat aber das Gesimse eine starke Ausladung, und insbesondre eine starke obere **Hängeplatte** Fig. XLII. a b c d, denn muß wenigstens diese mit den oben beschriebenen geformten Simssteinen gemauert werden wenn auch die untern Glieder mit zugehauenen gewöhnlichen Backsteinen aufgeführet sind. Ein Backstein ist aber höchstens 4 Zoll hoch, und daher bestehet ein Gesimse jederzeit aus mehrern in Verband gemauerten Backsteinen übereinander. Jeder Stein liegt aber in Ansehung seiner Länge nach der Dicke der Mauer. So verhält es sich nun auch mit den geformten Simssteinen, daß nemlich mehrere über einander eingemauert werden, die zusammen genommen das ganze Gesimse nach seiner Höhe ausmachen. Die Platte d a Fig. XLII ist zum Beyspiel ein besonderer Simsstein, so wie auch die Platte b c. Diese grossen Simssteine müssen aber, ihrer Größe und Schwere wegen, an den Balken und in dem Mauerwerk mit Ankern von Eisen befestiget werden, daß sie nicht nachgeben und fallen können. In beyden Fällen, es mögen nun zugehauene Backsteine oder Simssteine seyn, muß jeder Stein wenigstens soviel aufliegen und eingemauert seyn, als er vorspringt. In den Ecken behaut man die Steine nach der **Schmiege**, d. i. nach einer schiefen Richtung. Freilich kann der Maurer, insbesondre bey zugehauenen Steinen, die Glieder des Gesimses nicht völlig und zierlich ausbilden: Allein dieses wird beym Abputzen der Stirnwand durch das Schablon Fig. XLII ersetzt, wie ich weiter unten zeigen werde.

Hin-

Hinter diesem Gesimse kommt nun die Mauerlatte zu liegen, so wie auch auf der gegenstehenden Umfassungsmauer, und auf diesen Mauerlatten kämmet der Zimmermann abermals die Balken ein. Auf diesen wird gleichfals von dem Zimmermann das Sparrwerk oder das ganze Dach von Holz errichtet. Im Vorbeygehen gesagt, man schätzet anjetzt in Berlin vorzüglich das neudeutsche oder **Winkeldach**, in welchem jederzeit zwey gepaarte Sparren im Forst rechtwinklich zusammen gesetzt sind, auch wol nach einen spitzen Winkel, der nicht viel kleiner, als ein rechter ist.

Es sey mir vergönnt, nur noch mit ein paar Worten bey den äußern Verzierungen eines Gebäudes stehn zu bleiben, die schon beym Mauern angelegt werden müssen. 1) Anständige Wohnhäuser werden in grossen Städten öfters mit gemauerten **Wandpfeilern** verzieret, und man wählt insgemein die dorische Ordnung. Den Schaft lassen die Baumeister insgemein bey Privatgebäuden nur 3 Zoll von der Mauer vorspringen, und diesen Vorsprung erhält der Maurer, wenn er die Backsteine die den Schaft bilden sollen, um 3 Zoll vor den übrigen vorspringen läßet, und die 3 Zoll breiten Lücken, die hiedurch hinter den Steinen entstehen, mit Zwicksteinen ausfüllet. Die Gesimse dieser Wandpfeiler werden nach einen Schablon aus freyer Hand mit dem Mauerhammer zugehauen, und beym Putzen völlig mit eben dem Schablon

Fig. XLII gebildet. 2) Ehedem führte man auch die eigentlichen Säulen in Berlin aus Backsteinen auf, man hat, aber in der Folge gefunden, daß es wohlfeiler ist, sie von dem Steinmetz aus Sandsteinen verfertigen zu lassen. Der Steinmetz muß sie auch aufrichten, und der Maurer hat hiebey nur wenig zu verrichten. Dieser legt hiezu zwar gleich anfänglich das Fundament, aber jede Säule wird nicht ehr errichtet, bis das Gebälke aufgesetzt werden soll. Auf dem Fundament kömt das Fußgestelle frey und ohne Verknüpfung mit dem übrigen Mauerwerk zu stehen, und die Theile desselben werden mit einem Mörtel voll Kalk und etwas Gips vereiniget. Der Säulenschaft bestehet insgemein aus mehrere Stücke, die man mit dem Richtbaum aufziehet und über einander versetzt. Der Rand eines jeden untern Stücks, worauf ein anders zu stehen kommt, wird am Umfange mit Bleyblech belegt, damit dieser weiche Mittelkörper hindert, daß sich die Kanten nicht abstossen. In der Axe jedes Stücks ist ein Loch und zwey und zwey benachbarte Stücke werden mit einem eisernen Döbel oder Zapfen in gedachten Loche verknüpft, und der Döbel wird mit Bley vergossen. Das Gebälke kommt auf dem Mauerwerk und zugleich auf dem Säulenschaft zu liegen. Die Stücke des Gebälkes werden unter einander mit eisernen Klammern verknüpft, die man mit Bley eingießet. Damit aber das Gebälke nicht vor-

wärts

wärts weichet, so befestiget man es mit eisernen Ankern an den Balken. Ein solcher Anker ist eine Stange Eisen, die an beyden Enden ein Loch hat. In einem Ende, so auf dem Gebälke aufliegt wird durch das Loch des Ankers und zugleich in ein Loch im Gebälke ein **Splint** gesteckt, auch wol mit Bley vergossen. Durch das Loch am andern Ende wird aber der Anker auf seinem Balken angenagelt. Säulen von Sandsteinen werden nicht mit Tünche abgeputzt, sondern man streicht sie mit einer steingrauen Oelfarbe an, welche die Fugen verstecket. Doch pflegt der Stuckaturer gemauerte Säulen zuweilen mit Gipsmarmor zu überziehen. 3) Zuweilen giebt man einem ansehnlichen Wohnhause in grossen Städten über dem gewöhnlichen Gesimse zum Schluß des obersten Stockwerks und also vor dem Dache noch ein **steinernes Hauptgesimse** (Ballustrade, Attique) so gleichfals ein Werk des Steinmetzes ist. Es wird an seinem Ort, wenn es mit dem Richtbaum und der Schern aufgezogen ist, grade wie vorher das Gebälke befestiget. Diese steinerne Gesimse haben aber den Fehler, daß sich der Regen und andre Feuchtigkeiten dahinter setzen und das Dach beschädigen. Auch eine hintenangebrachte Rinne hindert dieses nicht ganz, daher erhöhet man gegenwärtig in Berlin das Dach durch **Knaggen** auf den Sparren bis zur Höhe des steinern Gesimses.

IV. Vom Abputzen und der Dachbedeckung.

Nach Beendigung der Stockwerksmauern schreitet der Maurer sogleich zu der vorläufigen Bedeckung des Dachs, damit Sparre und Balken nicht während des übrigen Ausbaus des Gebäudes, von der nassen Witterung schaden leiden. Zuerst **lattet** oder **belattet** er das Dach. Er schneidet nemlich die Latte in erforderlicher Länge zu, so daß sie immer auf der halben Dicke einer Sparre zu Ende gehen. Denn eine Latte, so wie man sie kauft, reicht nicht über die ganze Länge des Dachs weg. Eine solche Latte wird auf jeder Sparre, welche sie berühret, mit einen Lattnagel aufgenagelt. Doch würd es auf dem Dache weitläuftig und beschwerlich seyn, bey jeden Nagel mit dem Nagelbohrer vorzubohren. Daher schlägt der Maurer mit der hintern Spitze des Latthammers Fig. VI. für jeden Nagel ein Loch in die Latten vor, und treibt mit dem eigentlichen Latthammer den Nagel hinein. Er lattet aber von unten über dem Mauerwerk bis zu dem Forst hinauf, damit die Latten ihn zugleich zur Leiter dienen. Allein der Maurer kann die Latten nicht willkührlich aufnageln, sondern nach einen bestimten Gesetze. Zuerst müssen alle Latten durchgängig gleichweit von einander abstehen, und überdem kann man sie durchgehends auch näher oder weiter von einander auf-

aufnageln, je nachdem das Dach einfach oder doppelt seyn soll. Einige machen sich die Vorstellung, als wenn bey einen doppelten Dache auf jeden Stein in einer Reihe unmittelbar noch ein Stein hänget, der ihn genau deckt. Nein keinesweges, und dieses ist auch nicht thunlich. Es hängt der Unterschied eines doppelten von dem einfachen Dach lediglich von dem weitern oder engern Latten ab. Fig. XLIX mögen a b, c d und e f drey Latten übereinander seyn. Reicht der oberste Stein g h, der auf der Latte a b hängt, genau bis zu dem Hacken des Steins u v, der auf der dritten Latte e f hängt oder bis zur Latte e f welches einerley sagen will, so heißt das Dach ein doppeltes Dach, wenn nemlich die Steine nach diesem Gesetz durch das ganze Dach übereinander liegen. Im Grunde betrachtet lieget alsdenn auch das Dach in allen seinen Punkten 2 Steine dick. Nach der Länge der hiesigen Dachsteine erreicht man diesen Zweck wenn jede Latte von ihrer benachbarten $5\frac{1}{2}$ Zoll abstehet, von der Mitte beyder Latten an gerechnet. Doch nimt mans zuweilen so genau nicht, wenn man sparen will und lattet auch wol 6 Zoll auseinander. Ueberdem müssen die Steine eines doppelten Daches jederzeit gut mit Kalk verschmieret werden, welches bey einen einfachen Dache selten geschieht. Gesetzt aber ferner, die Latten i k, l m, n o Fig. L stehen dergestalt weit aus einander, daß der Schluß des Schwanges q am Stein p q, der auf der Latte

Latte i k hängt, von dem Haken r des Steins s t, der auf der dritten Latte n o hängt oder von dieser nur genannten Latte, welches einerley sagen will, weit abstehet; so heißt ein solches Dach ein **einfaches Dach**. In diesem Fall nagelt man die Latten 8 Zoll weit von einander an, jederzeit von ihrer Mitte an gerechnet. Man sieht aber leicht, daß alsdenn die Fuge zwischen zwey benachbarten Steinen von q bis w Fig. L nicht bedeckt ist, wodurch Schnee und Regen durchschlägt. Man hilft sich zwar in etwas, da man unter jede jetzt gedachte Fuge einen Dachsplitt oder Splett von Holz steckt, allein die Erfahrung lehrt, daß dieses gedachten Mangel nicht ganz abhilft. Zumal wenn ein solches Dach nicht eingeschmieret ist, da denn auch die Dachziegeln leicht abbrechen, zumal im Sturm, weil sie nur eine geringe Haltbarkeit durch sich selbst haben. Daher legt man jetzt in Städten selten ein einfaches Dach. Auf eine oder die andre Art, nachdem es der Bauherr verlanget, oder beym Verdingen der Vergleich es mit sich bringt, auf eine oder die andre Art wird nun gelattet. Auf die Latten hängt der Maurer sogleich die Steine verloren auf, ohngefehr nach eben den Gesetzen, die ich beym eigentlichen Decken zeigen werde. Doch bedarf es hier keiner Genauigkeit, da es nur vorläufig geschiehet, damit das Holzwerk nicht von der nassen Witterung beschädiget wird. Wenn die Steine nur hangen und decken.

Alsdenn wendet der Maurer sich zu den Schorstein- Ofen- und Kaminröhren. Hat er diese zugleich mit den Stockwerken bis zum Dache nach den obigen Gesetzen geführet; so mauert er die Schorsteinröhren nun nur mit leichten Steinen durch das Dach durch, bis zu ihrer Oeffnung im Dache, und schleift die Kamin- oder Ofenröhren unter dem Dache völlig in die Schorsteinröhren hinein. Schon oben habe ich gesagt, daß man nur gedachte Oeffnungen zur Zierde gerne hinterwärts im Dache anbringt, so, daß die Schorsteinkasten auf der Strasse nicht sichtbar sind. Auf der Schorsteinöffnung im Dach wird jetzt auch zugleich der **Schorsteinkasten** aufgemauert. Es ist dieses, bekanntermassen, der Schlund der Schorsteinröhre, der über dem Dache vorspringt, und sich etwas erweitert. Er muß also nicht mit leichten Steinen, die in der Luft verwittern, sondern mit dauerhaften Backsteinen aufgeführet werden. In Berlin nimmt man hiezu Steine aus Rathenau. Hat der Maurer aber den Schorstein nebst den Ofen- und Kaminröhren nicht zugleich mit den Stockwerksmauern hinauf geführet, sondern hat sie bis zuletzt verspartet, weil noch Veränderungen vorfallen könnten: Alsdenn müssen alle nur jetzt genannte Stücke doch gegenwärtig, nemlich nach der vorläufigen Dachbedeckung, aufgeführet werden, und zwar nach den obigen Gründen. Alle diese Stücke, selbst der Schorsteinkasten, dürfen nur einen halben Stein, oder um die Breite eines

Steins dick seyn, und jeder Stein liegt also im Verband mit seiner Länge gleichfalls nach der Länge der Mauer. Ein solcher Verband läßt sich leicht übersehen, wenn man nur gelegentlich eine Schorsteinröhre unter dem Dache ansiehet.

Von der verlornen Dachbedeckung und insbesondere von den Dachkasten, wendet sich der Maurer zum **Abputzen** im Innern des Gebäudes, nemlich zum Abputzen der Zimmerwände. In jedem Zimmer macht er jederzeit mit der Decke natürlicher Weise den Anfang. Denn putzte er diese nach den Wänden, so würden die Wände beschmutzt werden. Die Decke wird insgemein von Taglöhnern, die in hiesiger Gegend **Klementirer** heißen, mit **Lehmstaken** oder **Wallerhölzern** zwischen den Balken besetzt, hernach aber wird die Lücke zwischen den Balken an den Wallerhölzern völlig vermittelst mit Stroh vermischten Lehm ausgefüllet, und der Lehm in gerader Linie mit der untern Fläche der Balken, vermittelst einer **Glättscheibe** Fig. XVIII. geebnet. Doch dieses nur im Vorbeygehen gesagt. Eine solche ungewölbte Decke kann nun auf eine doppelte Art berohrt und abgeputzt werden. Gewöhnlich berohrt der Maurer nur die Balken und putzt alsdenn das Ganze ab. Allein eine solche Decke wird nicht völlig eben. In anständigern und bessern Gebäuden wird dagegen, nach der gegenwärtigen hiesigen Mode, die ganze Decke mit Brettern verschälet oder

oder beschlagen, und die Bretter werden wieder durchgängig berohrt und abgeputzt, so wie auch die Lattenbohle über dem graden Fenstersturz, nach dem Obigen. Der Maurer **berohrt** aber auf folgende Art. Nach der Richtung der Balken schlägt er, vermittelst Rohr- oder Schloßnägel, Eisendrath von einer Wand zur andern an, so, daß zwey und zwey benachbarte Drathenden ein Fuß von einander und jeder Drath überdem soweit von der Decke abstehet, daß das Rohr nur bequem eingesteckt werden kann. So wird die ganze Decke in gedachter Richtung und Abstand mit Drath beschlagen. Wie gesagt, zwischen diesen Drath und die Decke steckt man nun gewöhnliches Rohr, so wie es der Fischer im Winter auf dem Eise schneidet, und nachher trocknet. Doch entfernt der Maurer jeden Rohrhalm von dem benachbarten, um die Dicke eines Rohrhalms, damit der Kalk dazwischen geworfen werden und binden kann. Alsdenn **bewirft** der Maurer die berohrte Decke mit gewöhnlichen groben Mörtel, worunter nur etwas Gips ist. Dieser erste Anwurf muß das Rohr beynahe bedecken, er wird aber nicht geebnet, damit der zweyte Anwurf desto besser haftet. Zum zweyten Anwurf nimmt aber der Maurer **Weißstuck**, einen Mörtel, der aus Kalk, etwas Gips und wenig scharfen Fließsand bestehet. Denn man nimmt hiezu weniger Sand, als zum gewöhnlichen Mörtel. Dieser zweyte Anwurf wird ½ Zoll dick durchgängig aufgetragen, und wenn

der

der Maurer auf diese Art eine Strecke angeworfen hat, so glättet er den Weißstuck sogleich mit der Glättscheibe Fig. XVIII. So wird nun die ganze Decke beworfen, doch so, daß sie durchgängig gleich dick und eben ist. Daher muß man streckenweise glätten, ehe der Kalk antrocknet. Der Maurer macht sich hiebey unter der Decke ein Gerüste von Rüstböcken Fig. XIX. und Brettern, worauf er auch die Wände unter der Decke bewirft. Der Mörtel und Weißstuck liegt beym Bewerfen auf der Dünnscheibe Fig. XIV. und diese hält der Maurer an ihren untern Stiel in der linken Hand. Mit der rechten führet er die Mauerkelle Fig. XXX., womit er den Mörtel gegen die Decke wirft, wie jederzeit beym Bewerfen. Auf nur gedachte Art werden nun auch die Wände beworfen, aber nur einmal um ½ Zoll dick, und zwar mit Weißstuck. Man glättet sie gleichfalls streckenweise mit der Glättscheibe Fig. XVIII. Doch neben den Fensterecken und überhaupt an allen Ecken und schmalen Flächen ebnet der Maurer mit einer größern Glättscheibe, die er Kartetsche nennt, weil er mit diesen einen sicherern und gleichern Zug hat, und daher die Ecken desto schärfer und gleicher abreiben kann. So werden nun alle Wände beworfen und hiernächst geweißet. Der Maurer setzt aber die Tünche oder Weiße folgendergestalt auf Decke und Wände auf, indem er abermals mit der Decke den Anfang macht. Er nimmt hiezu den vorigen Weißstuck, verdünnt diesen mit

mit Wasser zu einen ganz dünnen Brey, und gießt unter diesen etwas von einer Lackmusbrühe hinzu; weniger in eine Tünche zu neuen, als zu alten schmutzigen Wänden. Denn bey diesen muß Lackmus den Schmutz bedecken helfen. Er kocht nemlich das zerstückte Lackmus mit Wasser in einen neuen Topf, klärt die Brühe ab, und gießt hievon etwas nach Gutdünken und Befinden unter die Tünche. Mit dieser werden nun die Wände zuerst **geschlämmt**, und vorher die Decke, da der Maurer den Schlämmpinsel Fig. XLIV. zum öftern in die Tünche taucht, die Wand mit dem Pinsel bestreicht und zugleich die Tünche gut aus einander reibt, damit nicht Striche und Flecke entstehen. Sobald dieser erste Anstrich auf der Decke und allen Wänden trocken ist, so wird zum zweytenmal oder **gut geweißet**. Man weißet in diesem Fall mit den neuern Weißpinsel, doch mit eben der Tünche und so wie vorher beym ersten Weißen. So werden nun alle Zimmer abgeputzt. Schlechten Zimmern giebt der Maurer einen schwarzen oder bläulichen **Fuß** über dem Fußboden. Diesen schnüret er mit einer Schnur ab, löscht Kienruß mit Brandtwein, schüttet ihn unter die Tünche, und streicht hiemit, vermittelst eines kleinern Pinsels, den Fuß an. Nachdem der Fuß weniger oder mehr dunkel werden soll, schüttet der Maurer mehr oder weniger Kienruß unter die Tünche.

Nach dem Abputzen im Innern des Gebäudes wendet sich der hiesige Maurer zum eigentlichen **Dachdecken.** Denn aus dem obigen erhellet, daß die Steine bis jetzt nur verloren auf dem Dache hangen. Kurz über dem Dachboden nimmt der Maurer an jeder Seite des Dachs, etwa in der Mitte, zuerst die Steine wieder zwischen zwey Sparren weg, und macht hier einen Ausschnitt, d. i. er schneidet hier die Latten von der Hälfte der einen bis zur Hälfte der andern angränzenden Sparre aus, so, daß ein Loch entstehet, daß ihm gemächlich einen Zugang zum Dache verstattet. Alsdenn nimmt er die Dachsteine über dem Gesimse der Stockwerke in einigen Reihen weg, und giebt sie dem Handlanger nach dem Dachboden zu. Von dem Dachboden reicht sie ihm in der Folge der Handlanger wieder zurück. So verfährt er nach und nach in allen folgenden aufsteigenden Reihen. Denn die Latten müssen ihm stets statt der Leiter dienen. Nunmehro macht er mit dem Decken über dem obersten Stockwerk oder unmittelbar über dem Gesimse unter dem Dach, welches einerley sagen will, den Anfang. Jederzeit muß er dahin sehen, daß er die Steine in den benachbarten Reihen in Verband bringt. Das will so viel sagen: Ein Stein der nächst obern Reihe muß jederzeit in seiner Mitte die Fuge zwischen zwey Steinen der nächst untern Reihe decken, damit die Nässe bestmöglichst abgehalten wird, durch die Fugen durchzudringen. Denn dies ist der Hauptzweck bey einer

einer Dachbedeckung. Diesen Zweck erreicht der Maurer folgendergestalt. Gesetzt er fängt die unterste Reihe über dem Gesimse an einem Ende mit einem ganzen Stein an, so muß die zweyte Reihe mit einem halben Dachstein ihren Anfang nehmen. In dem letzten Fall hauet der Maurer den Stein nach der Länge bis zum Haken mit dem Mauerhammer ab, so, daß nur ein halber Stein übrig bleibt. So wechselt eine Reihe um die andere ab, und man siehet leicht ein, daß hiedurch der vorgedachte Endzweck erreicht wird. Dies gilt auch von dem doppelten sowol, als einfachen Dache. Doch nunmehro muß der Leser beyde Arten der Dachbedeckung in Gedanken von einander auf einige Zeit trennen. Wir wollen annehmen, die untere Reihe über dem Gesimse sey eingehangen, und der Maurer schreitet nun, wohl gemerkt bey einem **doppelten Dache**, zur zweyten Reihe, und hänget auch hier die Dachsteine ein; so hängt er erstens den halben Stein, des Verbandes wegen, auf, und verschmiert ihn am Beschluß oder am Giebel mit Kalk. Hierauf wirft er auf die erste Fuge, zwischen zwey Steinen der untern Reihe gewöhnlichen Mörtel, und hängt alsdenn den ersten ganzen Stein der zweyten Reihe ein, so, daß er auf dem aufgeworfenen Mörtel zu liegen kommt, treibt ihn auch erforderlich an die erste Reihe an. So werden nun alle Steine, nicht nur dieser, sondern auch aller übrigen Reihen mit Kalk verschmieret, so, daß auf jeder Fuge Kalk, und ein

ein Stein zu liegen kommt. Hiedurch wird nun die Fuge erforderlich gesichert, daß keine Nässe durchdringen kann. Bey einfachen Dächern bringt der Maurer zwar die Steine gleichfalls auf jetzt beschriebene Art in Verband, aber selten werden diese Dächer verschmieret. Der Maurer steckt insgemein nur unter jede Fuge zwischen zwey benachbarten Steinen einen Dachsplitt von Holz. Besser ist es aber allerdings, wenn auf jeden Dachsplitt Kalk geworfen, und auf diesen die benachbarten Steine aufgedruckt werden, wie zuweilen geschiehet. Das Dach mag nun aber einfach oder doppelt seyn, so wird es endlich im Forst mit Hohlziegeln geschlossen. Diese legt der Maurer jederzeit dergestalt, daß eine Hohlziegel zur Hälfte auf der nächst vorhergehenden zu liegen kommt. Jede Hohlziegel liegt auf reichlich aufgeworfenen Kalk oder Mörtel. Zum Beschluß wird der oben gedachte Ausschnitt über dem Dachboden ausgefüllet. Der Maurer nagelt von dem Gerüste aus die ausgeschnittene Lattenstücke wieder auf den Sparren an, und sucht die Steine auf diese oder jene Art in Verband zu bringen und zu verschmieren, so wie auch vorher in der schmalen Lücke, die über dem Ausschnitt bis zum Forst statt der Leiter bleibt. Steht ein Gebäude frey, ohne Bedeckung anderer Häuser auf beyden Seiten, so wird neben jedem Giebel auf beyden Seiten des Dachs eine Windlatte bevestiget, so die Witterung von den äußersten Steinen des Dachs abhalten muß.

Die

Die Latten über dem Giebel werden nemlich sämmtlich nach der Schnur gerade abgesäget, und an der Stirn oder dem Hirnende aller Latten auf einer Seite des Dachs neben dem Giebel wird die starke Windlatte angenagelt, so, daß diese oberhalb um die Dicke der Dachsteine vorspringt und diese deckt. Neben dieser Windlatte werden die Steine mit Kalk verschmieret. Bey dieser ganzen Arbeit reichen die Handlanger Steine und Kalk dem Maurer von dem Dachboden zu, und den Kalk hat er in dem Dachkasten Fig. XVI. bey der Hand. Dieser hängt an seinem obern Haken a b auf einer Latte neben dem Maurer.

Endlich wird nun nach dem Dachdecken die **Stirnwand** (façade) **abgeputzt**. Hiebey bricht der Maurer das Gerüst nach und nach ab, und er muß daher von oben nach unten zu abputzen. Natürlicher Weise macht er also den Anfang mit dem Gesimse l k Fig. X. Das Schablon oder Profil Fig. XLII. muß hiebey das Beste thun, und daher trift der Maurer die Einrichtung, daß er mit dem Schablon das Gesimse glätten kann, ohne daß dieses wankt oder fehl ziehet. Dieserhalb befestiget er über dem Gesimse, nach seiner ganzen Länge, eine glatt behauene Latte, so wie auch unter dem Gesimse. Hierauf wird das Gesimse mit dem obigen Weißstuck beworfen, gleichfalls ¼ Zoll dick, und hernach mit einem Schablon Fig. XLII. geebnet. Das Schablon muß nemlich seinen Gang genau zwischen beyden nur beschriebenen Latten nehmen, damit es nicht wankt oder ausfähret, und man ebnet hiemit das Gesimse nach der ganzen Länge des Gebäudes. Das Gesimse und alle übrigen Verzierungen, z. B. um die Fenster, werden nur mit Weißstuck beworfen, alles übrige an der Stirnwand aber mit gewöhnlichen Mörtel. Man wirft diesen gewöhnlich ½ Zoll dick an, wie beym Abputzen der Zimmer, ebnet ihn mit der Glättscheibe Fig. XVIII., und bey allen Verzierungen bedient man sich zugleich der Schablone und der Putzeisen Fig. XXIV. Doch verfährt der Maurer vorzüglich bey dem Abputzen der Füllungen, Wandpfeiler, Fenstereinfassungen u. d. g. sorgfältig, weil diese Stücke vorspringende Verzierungen sind. Es muß also bey diesen auch der Weißstuck zum Theil dicker, als ½ Zoll aufgetragen werden. So wird nun das ganze obere Stockwerk beworfen. Sogleich wird dieses Stockwerk auf obige Art mit verdünnten Weißstuck geschlämmet, und wenn dieser erste Anstrich trocken ist, so wird es beliebig angestrichen. Soviel ist gewiß, der Maurer nimmt hiezu blos Erdfarben, aber er verschweigt sie, und ich habe sie daher nicht in Erfahrung bringen können. Die weiße Farbe giebt der verdünnte Weißstuck selbst und das Rothe vermuthlich Bolus, das Gelbe gelbe Erde, das Graue Weißstuck und Ruß u. s. w. Diese Farbe wird mit Wasser verdünnt unter die Tünche von Weißstuck gegossen, und hiemit streicht der Maurer die Wand vermittelst

telst eines Weißpinsels farbig an. So werden nun alle Stockwerke von oben nach unten zu hinter einander abgeputzet, und zugleich reißt der Maurer das Gerüst nach und nach hinter sich ab, füllet auch die Löcher zu, worinn die Stangen von den Rüststangen nach der Wand zu an einem Ende in der Wand ruheten. Das unterste Stockwerk putzet er wieder auf einem Gerüst von Rüstböcken und Brettern ab.

Auf diese Art steigt nun ein maßives Wohnhaus in einer großen Stadt, nach und nach, unter den Händen des Maurers in die Höhe. Bey dem ersten Stockwerk steht er beym Mauern anfänglich auf der Erde, nachher aber auf Rüstböcken; worauf Rüstbretter liegen, die er nach und nach von zunehmender Höhe wählen muß. Mit dem zweyten Stockwerk muß aber eine Hauptrüstung errichtet, und mit dem Aufsteigen des Gebäudes beständig erhöhet werden. Der Maurer mauert und der **Handlanger** aber, ein gewöhnlicher Tagelöhner, muß ihm alles herbeybringen. Bey dem ersten Stockwerk macht dieses Zureichen nur wenig Mühe, aber die Beschwerde steigt mit dem Aufsteigen des Gebäudes. Vom zweyten Stockwerk an bringt der Handlanger Kalk in Mulden und Wasser in hölzernen Gefäßen auf der Leiter der Rüstung herbey. Bey den Mauer- und Dachsteinen erleichtert man sich aber diese Last auf folgende Art. Mehrere Personen setzen sich auf die Leiter des Gerüstes dergestalt hinter- und über einander, daß jede Person einen Stein über den Kopf derjenigen Person zureichen oder zulangen kann, die kurz über ihr sitzet. Jede Person gebraucht bey jedem Stein beyde Hände, und mit der größten Schnelligkeit fördern diese Personen auf dem Gerüste mehrere Steine an den Ort auf dem Gerüste, wo man der Steine zum Mauern jedesmal bedarf. Wenn die Personen einmal auf die gedachte Art auf der Leiter sitzen, denn schafft man jedesmal einen guten Vorrath an Steinen in die Höhe. Jede gegenwärtige Person, die beym Bau beschäftiget ist, muß hiebey helfen.

In der ersten Ausgabe dieser Sammlung ist die Frage aufgeworfen: Weshalb das Mauerwerk der Vorfahren fester und dauerhafter zu seyn scheint, als das in neuern Zeiten aufgeführte Mauerwerk? Ich habe diese Frage ein Paar geschickten Mauermeistern in Berlin vorgelegt, und ich will sie selbst reden lassen. Für die Güte der Materialien, sagt der neue Maurer, kann der Maurer nicht durchgängig stehen, da es nicht gänzlich von ihm abhängt. Allein laßt die Materialien gegenwärtig eben so gut seyn, als in alten Zeiten, fährt der Maurer fort, und laßt das Mauerwerk der Neuern eben so lange stehen, als die Mauern der Vorfahren, so werden jene eben so dicht und haltbar seyn. Es ist nemlich bekannt, daß der Kalk Zeit zum völligen Austrocknen bedarf, vorzüglich in dem Innern der Mauer, wo das Austrocknen langsam von statten gehet, wie man aus der Erfahrung weiß,

weil

weil die Luft nicht beykommen kann. Vielleicht haben auch unsere Vorfahren langsamer gebauet, als gegenwärtig, und hieben mit aufs Austrocknen gerechnet, vielleicht auch nicht. Wie gesagt, die Materialien müssen hieben mit in Betrachtung gezogen werden. Doch kein Wort mehr von einer Sache, die ich nur der ersten Ausgabe wegen kürzlich berühre.

Nachricht. Ein Lehrbursche der Maurer muß bereits Jahre und Kräfte haben, damit er sich bey der Arbeit anstrengen kann. Er erlernt seine Profession in drey Jahren, erhält aber von seinem Meister keine freye Behausung und Beköstigung, wie bey den mehresten Handwerken üblich ist. Dagegen giebt ihm der Meister fünf bis sechs Groschen Tagelohn, und er muß für Beköstigung, Ein- und Ausschreiben selbst sorgen. Die Gesellen erhalten auf ihrer gewöhnlichen Wanderung kein Geschenk. Stehen sie in Arbeit, so erhalten sie von dem Meister zwar täglich 9 bis 10 Groschen Tagelohn, aber hievon ziehet jeden der Meister täglich, nach alten Gebräuchen, einen Groschen ab, so der **Meistergroschen** heißt. Auch bey dem Zimmermann ist dieses üblich. Bey einem etwas ansehnlichen Bau setzt der Meister einen oder ein Paar **Polierer** über die übrigen Gesellen, die alles anordnen und den übrigen vorgehen müssen, sonderlich in Abwesenheit des Meisters. Wiewol einem berlinschen Mauermeister ist es viel zu gering, selbst mit zu arbeiten, und er führt nur die allgemeine

Aufsicht. Die Brüderschaft unter den Gesellen hat in Berlin vier Altgesellen, zwey von den einheimischen und zwey von den ausländischen Gesellen, damit niemand Unrecht geschiehet. Denn die vielen Bauten, die sonderlich auf königliche Kosten seit mehrern Jahren veranstaltet werden, hat viele auswärtige Gesellen, sonderlich aus dem Voigtlande, herbeygezogen. Auf den Winter muß aber der Maurer sparen, oder alsdenn auf eine oder die andere Art sein Brodt verdienen, weil alsdenn seine Arbeit natürlicher Weise ruhet. Ein angehender Meister muß in Berlin ein ansehnliches Meisterstück verfertigen. Er muß nemlich in dem Hause eines Altmeisters den Riß oder die Zeichnung zu einem ansehnlichen Gebäude verfertigen, in dessen Grundbau Keller mit einem Kufen- und Kreuzgewölbe sind. Diese Zeichnung wird einem dasigen öffentlichen Baumeister oder auch dem Baugericht zur Prüfung vorgelegt. Wird die Zeichnung gebilliget, so muß er hiernach auch das Gebäude selbst von Gesellen und Polierern, die er sich selbst wählen kann, unter seiner Aufsicht und Veranstaltung aufführen lassen. Das Gebäude muß ohne Hauptfehler seyn, denn nur geringe Fehler werden mit Gelde bestraft. Ein solches Meisterstück verdient denn auch diesen Namen, wenn es anders hiebey ehrlich zugehet.

Dritter

Dritter Abschnitt.

Der Nadler.

In der Werkstätte des einheimischen Nadlers entstehen, insbesondere aus Messing- und Eisendrath, verschiedene kleine Waaren, die zwar im gemeinen Leben brauchbar, nöthig und nützlich sind, aber einen geringen Preis haben, und daher zum Theil, wie z. B. die Stecknadel, wenig geachtet werden. Dieserhalb muß sich der Nadler durch die Uebung eine Fertigkeit erwerben, verschiedene seiner Arbeiter mit der möglichsten Schnelligkeit und in der kürzesten Zeit zu verfertigen, damit er seine Waaren so wohlfeil, wie möglich verkaufen kann. Hieraus erhellet, daß zu dieser Profession nicht sowol Kunst, als Fertigkeit und Schnelligkeit erfordert wird. Die Verfertigung der Stecknadel hat zwar dem Nadler seinen Namen gegeben, und sie ist auch die Hauptverrichtung dieser Werkstätte, zumal in kleinen Städten: Allein der Nadler verfertigt noch überdem eine ziemliche Menge anderer Waaren, die ich an seinen Ort nennen werde. Ich rede hier aber von dem gewöhnlichen Nadler, so wie man ihn in den mehresten Gegenden antrift. Denn zuweilen findet man auch Stecknadler,

nadler, die weiter nichts als Stecknadeln verfertigen. So muß man auch mit dem Nadler nicht den **Nehnadler** verwechseln, der insgemein Fabrikenarbeiter ist.

Durch Veranlassung und unter Aufsicht der Akademie der Wissenschaften in Paris, ist vom Herrn Reaumur und andern Verfassern, eine umständliche Beschreibung der Nadlerkunst in französischer Sprache heraus gegeben worden. Deutsch übersetzt stehet diese Beschreibung in dem ersten Bande des Schauplatzes der Künste und Handwerke. Sie zeigt wie insbesondere die Stecknadeln in den französischen Nadelfabriken verfertiget werden; daher denn die beschriebenen Handgriffe in einigen Nebendingen von denen in den Werkstätten der hiesigen Nadler abweichen müssen. Ein sachverständiger Nadler hat mich versichert, daß die deutschen Stecknadler, so noch von den eigentlichen sogenannten Nadlern verschieden sind, in manchen Fällen wie die französischen Fabrikanten arbeiten. Nach Anleitung der nur gedachten französischen Beschreibung, werd ich in der Folge die Behandlungsart der französischen und deutschen Nadler zuweilen vergleichen, und die Abweichungen anzeigen. Ich eile zur Sache selbst, und der eingeführten Ordnung gemäß, zeig ich zuerst die

I. Materialien des Nadlers an.

1) Bereits im Eingange hab ich bemerkt, daß die mehresten Waaren des Nadlers theils aus Eisen- theils aus Messingdrath entstehen.

Von

Von beyden Dratharten will ich das Nöthigste erinnern.

a) Der **Messingdrath** ist am gangbarsten in dieser Werkstätte, theils weil er ein besseres Ansehen hat, als der Eisendrath; theils weil er nicht so stark wie dieser, dem Rost unterworfen ist. Die Verfertigung des Messingdraths hab ich in der vierten Sammlung bey dem Messingwerk umständlich gezeigt, und ich will also nur kürzlich das Nöthigste wiederholen. Der Messing ist bekanntermassen ein Werk der Kunst, und wird in den Brennhütten der Messingwerke aus Kupfer, Galmey, alten Messing und etwas Kohlenstaub gebrennet. Der Messingbrenner gießt den Messing in Tafeln, und der Messingdrathzieher, der sich den geschmeidigsten Messing aussucht, zerschneidet die Tafeln wieder nach ihrer Länge in schmale Streifen oder Zähne, Zaine. Diese werden nun auf grosse von dem Wasser bewegte Ziehbanken gebracht, wo man sie durch verschiedene Löcher eines Zieheisens ziehet, bis sie völlig gerundet sind, und die erforderliche Stärke haben. Der Drathzieher muß aber den Messing jedesmal ausglühen, wenn dieser durch ein neues Loch des Zieheisens gehen soll, und vor das Ziehloch ein Stück Talg oder Unschlitt legen.

Auf diese Art entstehet nun der **schwarze Messingdrath**, der von dem blanken nur darin unterschieden ist, daß er von dem leztern Glühen auf dem Drathzug des Messingwerks schwarz an-

angelaufen, und überhaupt der stärkste ist. Der stärkste, so aber von den Nadler selten gebraucht wird, ist eines Fingers dick; der dünnste aber gleich einer feinen Stricknadel. Man erstehet den schwarzen Drath auf dem einheimischen Messingswerke bundweise, und ein **Bund** wiegt ¼ Centner. Beym Einkauf ist dieser Drath so wie jener, gleich einem Ringe zusammengewickelt, und ein Bund enthält 30 bis 40 Windungen oder **Adern**. Der Nadler verfertigt aus diesem schwarzen Drath Ketten, Haken und Oesen, wie auch mancherley Gitterarbeit. Vor dem Gebrauch muß aber der Nadler den schwarzen Drath von seinen schwarzen Schmutz reinigen, den er von dem letzten Glühen des Drathzugs mit sich bringt. Nur noch vor wenigen Jahren hatten die einheimischen Nadler die Gewohnheit, den schwarzen Drath dieserhalb mit einem scharfen Eisen zu schaben, und hiedurch blank zu machen. Nach und nach haben sie aber ein leichteres Mittel, zu diesem Zweck zu gelangen, gelernet, so den Franzosen und Engländern schon längst bekannt gewesen zu seyn scheint. Sie werfen nemlich gegenwärtig den Drath in reines Flußwasser in einem gewöhnlichen Kessel, und lassen denselben mit weißen oder rothen Weinstein etwa eine Stunde kochen. Es ist bekannt, daß der Weinstein das Metall von seinem Schmutz reiniget, und der deutsche Silberarbeiter siedet schon seit geraumer Zeit sein Metall vermittelst des Weinsteins weiß. Hat nun der Messingdrath ge-

gedachtermassen eine Stunde im Wasser mit Weinstein gesiedet, so nimmt man ihn aus dem Kessel, schlägt ihn gegen einen Klotz, schwinget ihn in der Luft, und läßt ihn auf Stangen sorgfältig in der Sonne oder an einen heißen Ofen trocknen damit er nicht von der Näße wieder anläuft. Herr Reaumur in seiner obgedachten Beschreibung verlangt, daß der Messingdrath vorgedachtermassen zweymal mit Weinstein in Wasser gekocht werden muß, wenn er völlig blank werden soll.

Ich muß auf eine kurze Zeit zu dem Messingwerk zurückkehren, um zu zeigen, wie der sogenannte **blanke Messingdrath** zu Stecknadeln verfertiget wird. Das Messingwerk übergiebt den feinsten schwarzen Drath dem Scheibenzieher, der ihn nun vermittelst einer Scheibe aus freyer Hand weiter verdünnet. Der Scheibenzieher glühet den Drath gleichfalls aus, und ziehet ihn durch mehrere Löcher des Zieheisens, je nachdem der Drath dicker oder dünner werden soll. Der Drath muß aber hieben mit Baumöl beschmieret werden, damit er in den Löchern des Zieheisens nicht zu spröde wird und zerspringet. In dem dritten Theil dieser Sammlungen hab ich, bey Gelegenheit des Golddrathziehers gezeigt, wie der Drath mit der Scheibe verdünnet wird, worauf ich also den Leser verweise. Zuletzt wird dieser Messingdrath gleich auf den Messingwerk erst in Theergalte, und hiernächst in Wasser mit Weinstein völlig blank gesiedet. Der einheimi-

sche

sche Nadler kauft also den blanken Drath von dem Messingwerk, und hat daher nicht nöthig, den Drath selbst im erforderlichen Fall dünner zu ziehen, wie in einigen Ländern, als auch in Frankreich üblich ist. Doch sah sich der einländische Nadler im siebenjährigen Kriege um die Jahre 1758 bis 1763 genöthiget, den schwarzen Drath selbst feiner zu ziehen, weil es damals zuweilen an blanken Drath fehlte. Gewöhnlich erstehet er ihn aber blank gleichfalls bundweise, und ein Bund wiegt gewöhnlich $\frac{1}{8}$, zuweilen auch $\frac{1}{32}$ Centner. Den Gebrauch dieses Draths hab ich bereits vorher kürzlich angezeiget. Es entstehen hieraus zwar zuweilen kleine Ketten rc., gewöhnlich aber Stecknadeln. In dieser leztern Absicht sondert der Nadler den blanken Drath in **Schaftdrath** und **Knopfdrath** ab, wie die Folge lehren wird. Man hat starken und feinern Nadeldrath, so nach verschiedenen Nummern benennet wird.

Der ausländische Messingdrath überhaupt ist in hiesigen Ländern gänzlich verbothen. Daher erhalten die einheimischen Nadler diesen Drath blos von dem Messingwerk ohnweit Neustadt Eberswalde in der Mittelmark. An jedem Bund des Draths dieser Fabrik hängt ein rundes bleyernes Zeichen. Auf einer Seite dieser kleinen Bleyscheibe steht ein fliegender Adler, auf der andern Seite des Königs Namen im Zuge, und in der Umschrift der Name der Fabrik. Ueberhaupt verfertigt man in dieser Fabrik der verschiedenen Stärke nach, 21 Arten Drath, die man nach seinen Nummern von Nummer 1 bis 21 benennet. Die höchsten Nummern bezeichnen den feinsten oder blanken Drath. Die einheimischen Nadler behaupten, daß der Drath dieser Fabrik spröder und schwerer ist, als der sächsische, braunschweigische und böhmische; dem schwedischen ist er aber an Güte gleich, nur daß er wohlfeiler ist. Ich habe schon an verschiedenen andern Orten gesagt, in wie weit man dem Urtheil der Professionisten über die einländischen Fabrikenwaaren und Produkte trauen kann.

b) Zuweilen verfertiget der Nadler auch aus **Kupferdrath** kleine Ketten und Gitterwerk. Meines Wissens wird dieser Drath im Lande noch nicht fabriziret, es ist mir auch nicht bekannt, daß er in der Werkstätte irgend eines Metallarbeiters gezogen werde. Vermuthlich ziehet man ihn wie Messingdrath.

c) Gangbarer ist in dieser Werkstäte der **Eisendrath.** Es ist in der Mark Brandenburg nur ein einziger Eisendrathhammer in dem Dorfe Hohenfinow ohnweit Freyenwalde, so dem adelichen Besitzer dieses Guts gehöret. Der Drath dieses Drathzuges ist ziemlich geschmeidig, aber es wird auf demselben noch nicht Drath von jeder Stärke verfertiget. Inzwischen erhält man doch von daher Eisendrath von der Dicke eines kleines Fingers bis zu der Dicke einer Stricknadel. Er wird daselbst in **einfache und doppelte Ringe** eingebunden. Ein einfacher Ring wieget 5 Pfund, ein doppelter 10 Pfund. Da aber dieser Drathhammer das Land noch nicht hinreichend mit Drath verlegen kann, so ist die Einfuhre des ausländischen Eisendraths noch nicht gesperret, und man verbraucht hier überdem noch harzer, iserloher und böhmischen Eisendrath. Der einheimische Eisendrath ist am brauchbarsten zu Malzdarren, Fegen, Bienenkappen und zum Gitterwerk. Der Harzer zu Stuhlfedern; und der böhmische zu Trauer- und Haarnadeln. Der iserloher und schmalkaldische ist sehr hart und brüchig, und folglich zu Nadeln unbrauchbar. Die erste Ausgabe gedenkt auch des **stählernen Draths**, so zu Fischangeln genommen wird. Die hiesigen Nadler verfertigen diese Arbeit zwar nicht; geschickte und bewanderte Nadler haben mir aber versichert, daß man hiezu in Schweden blos hartes Eisen nimmt, in andere Gegenden aber gewöhnliches Eisen mit Ochsenklaue gehärtet. Gedachte Meister behaupten daher, daß von den Nadlern nie stählerner Drath verarbeitet wird.

d) Sehr selten bearbeitet der einländische Nadler **unächten** oder **leonischen Silberdrath** zu Uhrketten u. d. g. In England nimmt man zuweilen den ächt versilberten Drath von Messing zu Stecknadeln, wovon ich unten mit mehrern reden werde.

2) Einige wenige Waaren, z. B. Pfeiffendeckel, verfertiget der Nadler auch aus dem bekannten dünnen **Messingblech**.

3) Aus-

3) Außerdem sind noch folgende Materialien kürzlich zu bemerken: **Baumöl** oder **ungesalzenes Schmalz** zum Drathziehen; **Weinstein** zum Weißsieden des Messingdraths, wie oben gezeiget ist; **Zinn** und **Salmiak** zum Verzinnen und Weißsieden der Nadeln; und endlich **Leinöl**, womit eiserne Nadeln schwarz gefärbet werden.

II. Unter den **Werkzeugen** dieser Werkstätte will ich zuerst diejenigen nennen, womit die Stecknadeln verfertiget werden, weil diese die zahlreichsten und beträchtlichsten sind.

1) Die Stärke des gekauften Messingdraths erforscht der Nadler mit der **Schießklinge** Fig. V., so man auch wol **Visierring** oder **Probiereisen** nennt. Es ist ein Eisenblech, mehr lang, als breit, und hat neben jeder langen Seite mehrere Löcher, nemlich von a bis b und von c bis d. Diese nehmen nach und nach an Größe zu, und wenn z. B. in a das kleinste Loch ist, so ist auf der Seite a b in b das größte. Auf der Seite c d ist c schon größer als vorher b, und d ist unter allen das größte und weiteste. Insgemein hat eine Schießklinge 22 bis 24 solcher Löcher, weil es der Stärke nach soviel Drathsarten giebt. Neben jedem runden Loche steht auf der Schießklinge die Nummer desjenigen Draths, so sich genau in ein solches Loch passet. Der Leser siehet leicht, daß der Nadler den erstandenen Drath nur in ein Loch der Schießklinge stecken darf, worinn es sich genau passet, um

mit diesen Instrument die Stärke des Draths genau zu erforschen.

2) Obgedachtermassen erstehet der Nadler den Drath gekrümmt, bund- oder ringenweise, und er muß ihn daher vor dem Gebrauch gerade biegen oder gerade richten. Dieses geschiehet vermittelst des **Richtholzes** Fig. VI. Das Richtholz ist ein Brett a b worauf wenigstens zwey Reihen einen Zoll langer Drathstifte c d stehen. In beyden Reihen sind diese senkrechte Stifte überhaupt 6 bis 7 an der Zahl, und sie stehen nicht paarweise, zwey und zwey über einander, wie die VI. Fig. anzudeuten scheint, sondern zerstreuet. Die Stifte in beyden Linien sind ziemlich nach einer geraden Linie eingeschlagen, und der erste c, wo das Drathende zwischen die Stifte gesteckt wird, stehet nur etwas seitwärts. Zu Anfang von c angerechnet, stehen die Stifte enger hinter einander, als nach d zu, indem sie von c nach d nach und nach einen größern Abstand erhalten. Vorher habe ich gesagt, wenigstens zwey Reihen Stifte stehen auf einem Richtholze. Es können aber auch mehrere Reihen auf einem solchen Brett stehen, wie der Augenschein in der VI. Fig. zeiget. Denn je dicker der Drath ist, der gerichtet werden soll, desto enger müssen in jeder von zwey zusammengehörigen Reihen die Drathstifte bey einander stehen, damit sie der Krümmung des starken Draths desto mehr Widerstand thun. In c d können also zwey zusammengehörige Reihen Stifte bey einander stehen, und z. B.

auch

auch wieder in e f u. s. w. Der Gebrauch dieses Richtholzes erhellet in der Folge aus der Beschreibung, wie Stecknadeln verfertiget werden.

3) Mit der **Halszange** Fig. IV. ergreift der Nadler die Drathspitze, wenn er den Drath so wohl durch das Richtholz, als auch anfänglich durch das nachfolgende Zieheisen ziehen will. Sie hat breite und flache Kneipen, die durchgängig genau an einander schliessen.

4) Bey der Beschreibung der Materialien habe ich bereits angemerkt, daß die einheimischen Nadler den feinen Drath bereits in erforderlicher Stärke einkaufen, daß aber in andern Ländern der Messingdrath in dieser Werkstätte auch verfeinert wird. Unterdessen sieht sich doch der einländische Nadler in einem doppelten Fall gleichfalls genöthiget, den gröbern Drath feiner zu ziehen. Es fehlt nemlich zuweilen auf dem Messingwerk an feinen Drath, z. B. zur Kriegeszeit; und zuweilen wird zu einer Arbeit ein vorzüglich harter und steifer Drath, vorzüglich Eisendrath, erfordert. Das Ziehen macht aber den Drath härter und steifer, wenn er hiebey nicht ausgeglühet, sondern dreymal durch unmerkliche kleinere Löcher des Zieheisens gezogen wird. Unmerklich kleiner müssen diese Löcher seyn, damit der Drath, der durch das Ziehen spröder wird, bey dieser Arbeit nicht zerbricht.

In beyden Fällen ziehet der Nadler den Messingdrath auf einer **Ziehbanke** Fig. III., die in aller Absicht der Ziehbanke der Golddrathzieher von mittler Größe gleich ist. Eine solche Ziehbank hat folgende Theile. Auf der starken Banke r s, von Eichenholz, stehet zuerst eine senkrechte Winde a b, so in dieser Werkstätte Giebe heisset. Sie gleicht überhaupt einem abgekürzten Kegel, und die obere hölzerne Scheibe a h ist kleiner, als die Scheibe e b. Die Bequemlichkeit hat der Giebe diese Gestalt gegeben, und zugleich die Nothdurft. Denn bey dieser Gestalt kann man einen Drathring von jeder gewöhnlichen Weite bequem aus a h auf die Giebe streifen. Die beyden vorgedachten Scheiben a h und e b sind durch verschiedene Sprossen, wie in a e und h b vereiniget. Eine stärkere hölzerne senkrechte Spindel oder Welle c d gehet durch die Axe des Ganzen. Diese Welle hat unter d einen langen Zapfen, womit sie in ein Zapfenloch des Klotzes f g eingreift, doch so, daß man die ganze Giebe umdrehen kann. Blos der nur gedachte Zapfen erhält die Giebe in ihren senkrechten Stand. Eine solche Giebe ist etwa 1½ Fuß hoch, und in e b ziemlich eben so weit. Ich habe sie umständlich beschrieben, weil sie in dieser Werkstätte nicht blos auf der Ziehbanke, sondern auch in andern Fällen Dienste leistet. Auf diese Giebe legt nun der Nadler den Drathring i k, welchen er verdünnen will und den Anfang des Draths leitet er zu dem **Zieheisen** l m. Dieses ist eine länglich vierkantige Eisenplatte von weichen und geschmeidigen Eisen. Sie hat mehrere Reihen Löcher, und die Löcher sind hinter einander be-

ständig

ständig kleiner, so daß jedes Loch in etwas enger ist, als das nächst vorhergehende. Jedes Loch ist kegelartig ausgebohrt, so, daß die weite Oeffnung der Siebe a b zugekehrt ist, wo der Drath in das Loch eintritt; die kleinere Oeffnung ist aber der Walze o p zugekehrt. Jedes Loch hat eine bestimmte Weite, so durch eine beystehende Nummer angedeutet wird, und die der Weite eben dieser Nummer auf der Schießklinge Fig. V. völlig gleich ist. Wird ein solches Loch durch das Ziehen erweitert, so legt der Nadler das Zieheisen auf einen Amboß, treibet dessen engere Oeffnung mit einem Hammer zusammen, und öffnet sie wieder erforderlich mit einer Art von Pfriem, so man Ziehlüfter nennet. Dieser Ursach wegen muß das Zieheisen aus einen weichen und geschmeidigen Eisen geschmiedet werden. Das Zieheisen wird in zwey eiserne Klammern n Fig. III. der Ziehbank eingeschoben, so, daß es nach seiner Breite auf der Ziehbank genau senkrecht stehet. Von dem Zieheisen gehet der Drath zu einer hölzernen Walze o p, und windet sich um diese. Die Walze hat in ihrer Axe eine eiserne Spindel, womit sie in den Zapfenlöchern auf den beyden hölzernen Ständern o und p ruhet. An der Spindel ist eine Kurbel q, womit die Walze umgedrehet wird.

Das Verdünnen des Draths auf der Ziehbank gehöret zu den seltenen und ungewöhnlichen Verrichtungen des hiesigen Drathziehers. Daher will ich diese Arbeit sogleich hier beschreiben, und ihrer in der Folge nicht weiter gedenken. Ist der Drath, der gezogen werden soll, schwarz, so muß er vorläufig von diesem Schmutz gereiniget werden, weil dieser das Zieheisen beschädiget. Dieserhalb reibet man ihn nur mit Hammerschlag, vermittelst eines Lappens, ab. Einige richten ihn auch vor dem Ziehen auf dem vorgedachten Richtholze grade. Gewöhnlich hängt aber der Nadler den Drathring i k Fig. III. auf die Giebe a b, feilt den Anfang oder das erste Ende des Draths mit einer Feile spitz, und steckt diese Spitze durch ein Loch des Zieheisens l m. Es ist an sich begreiflich, daß der Durchmesser dieses Lochs in etwas kleiner seyn muß, als der Durchmesser des Draths, weil der Drath verdünnet werden soll. Dieserhalb ist auch das Loch trichterartig gebohrt, und der stärkere Drath tritt in die weitere Oeffnung des Lochs ein, damit er nach und nach nachgiebet. Die Spitze des Draths ergreift der Nadler mit der Halszange Fig. IV., und ziehet ihn mit dieser Zange soweit durch das Zieheisen durch, bis die Spitze desselben die Walze o p Fig. III. erreicht. Diese Spitze windet er um einen Stift auf der Walze o p, und setzt hierauf die Walze mit der Kurbel q so lange in Bewegung, bis der ganze Drathring i k durch das Zieheisen l m gezogen ist, und sich um die Walze o p gewunden hat. Auf eben die Art wird der Drath mehreremale durch beständig abnehmende feinere Löcher des Zieheisens l m gezogen, bis er erforderlich verdünnt ist.

Hie-

Hiebey ist aber noch folgendes zu bemerken. Erstlich muß der Drath jedesmal durch das zunächst engere Loch gezogen werden. Beym zweyten und folgenden Ziehen wird ferner der Drath mit Rüböl oder Baumöl, oder besser mit ungesalzenen Schweineschmalz beschmieret, weil das Oel leicht abläuft. Dieser Anstrich erleichtert den Durchzug, und erhält den Drath geschmeidig. Doch muß der Nadler drittens den Drath gleichfalls ausglühen, wenn er die Absicht hat, denselben durch verschiedene Löcher des Zieheisens zu ziehen, und hiedurch zu verdünnen. Ohnedem bricht der Drath beym Ziehen. Soll der Drath aber durch das Ziehen nun steifer und härter gemacht werden, so ziehet man ihn nun durch drey mäßig abnehmende Löcher des Zieheisens durch, und er wird nicht ausgeglühet. Denn das Ausglühen macht ihn bekanntermassen wieder weich und geschmeidig. Endlich prüft der Nadler den Drath viertens auf der Schießklinge Fig. V., ob er die erforderliche Stärke hat, wenn er nemlich den Anschein nach meint, daß er ihn hinreichend gezogen hat.

5) Der auf dem vorgedachten Richtholz Fig. VI. grade gebogene Drath wird nun nach Maaßgebung des **Schaftmodells** Fig. XVI. in Nadelschäfte zerschnitten. Bey jeder Stecknadel kann der Augenschein leicht zwey Theile unterscheiden, den zugespitzten Drath selbst und den Knopf. Jener heißt der Schaft. Bekanntermaaßen giebt es Nadeln von verschiedener Stärke

und Länge, und bey jeder Art ist das Schaftmodell der Maaßstab, womit die Länge des Schafts abgemessen wird. Das Schaftmodell ist aber ein halbrunder oder auch vierkantiger ausgehöhlter Kasten, der auf beyden schmalen Seiten a b und c d offen ist. In der Mitte stehet in der gedachten Aushöhlung eine senkrechte Scheidewand e f, so das Schaftmodell in zwey ungleiche Hälften a f und e d zertheilet. Die längere Hälfte e d ist noch einmal so lang, als die kürzere a f. Die längere Hälfte ist nemlich das Maaß zweyer zusammenhängenden Schäfte, die kürzere a f aber das Maaß eines einzigen Schaftes. Aus dem ganzen Zusammenhang erhellet, daß zu jeder Art Stecknadeln ein besonderes Schaftmodell erfordert wird.

6) Nach Maaßgebung des Schaftmodells zerschneidet der Nadler den Messingdrath mit der **Schrotscheere** Fig. XV. in Schäfte. Der eine Schenkel a b dieser starken Stockscheere ist vermittelst der Angel b senkrecht an einen Kloß oder Block befestiget, daher denn nur beym Gebrauch der zweyte Schenkel c d vermittelst der Stange d beweget wird. Die Klingen dieser starken Scheere sind breit und scharf, und die ganze Scheere ist einige Fuß lang.

7) Die zugeschnittenen Schäfte werden auf dem **Spitzringe** oder **Zuspitzrade** Fig. VII an einem Ende zugespitzt. Der Rahm von Holz a b ruhet auf vier hölzernen Füßen c, und in dem Rahm läuft ein grosses 4 bis 5 Fuß hohes Schnur-

Schnurrad de. Die Spille oder Welle dieses Schnurrades hat in h eine Kurbel, so durch einen ledernen Riem hf mit den Tritt fg zusammen hängt. Der Fuß des Zuspitzers setzt also auf dem Tritt fg das Gänze in Bewegung. Bey sehr grossen Spitzrädern muß aber eine besondre Person, so noch von dem Zuspitzer unterschieden ist, das Rad de bewegen. Eine Schnur dei verknüpft das Schnurrad de mit dem Spitzring k. Die XVII Fig. bildet dieses wesentliche Stück des Zuspitzrades besonders ab. Der Spitzring kl Fig. VII und XVII. selbst ist eine stählerne Scheibe, die 2 Zoll breit ist, und im Durchmesser 3 bis 7 Zoll hat. Die Stirn dieser Scheibe hat durchgängig Kreuzhiebe, gleich einer Feile. Und im Grunde betrachtet ist der Spitzring eine scheibenartige Feile, womit die Nadelspitzen gefeilet werden. In der Axe dieser Scheibe ist eine eiserne Spille mn. Fig. XVII befestiget, und auf dieser befindet sich neben dem Spitzring ein hölzerner Kegel o mit mehrere Reifen. In einer oder der andern Reife liegt die obgedachte Schnur, so den Spitzring mit dem Schnurrade vereiniget. Mehrere Reifen hat aber dieser hölzerne Kegel, damit man die Schnur in eine andere Reife nach dem dünnen Ende des Kegels zu, legen kann, wenn sie etwa reißt oder kürzer wird. Mit den Zapfen der Spille mn läuft der Spitzring in dem Zapfenloch der beyden senkrechten Ständer i und k Fig. VII. Setzt also der Fuß des Zuspitzers

spitzers auf dem Tritt f g das ganze in Bewegung, so wird auch der Spitzring k kreisförmig mit umgewälzet. Zweyerley ist hiebey noch zu bemerken. In Frankreich sind auf der Spille m n Fig. XVII. zwey Spitzringe neben einander, so daß die Scheibe Fig. XVII worauf die Schnur ruhet, beyde Spitzringe von einander entfernt. Der eine Spitzring hat grobe, der andre feine Feilenhiebe, und auf dem erstern wird der Nadelschaft zugespitzt, auf dem feinern poliret man aber nur die angefeilte Spitze. Ich habe einen solchen Spitzring auch in einer berlinischen Werkstätte gesehen, er stammte aber von gebohrnen Franzosen her, die ehedem in Berlin eine Stecknadelfabrik anzulegen suchten, hiebey aber nicht den erwarteten Vortheil fanden. Die deutschen Nadler haben dagegen zwey Zuspitzräder. Mit dem einem dessen Spitzring grobe Feilenhiebe hat, wird der Schaft gespitzt, mit dem andern, dessen Spitzring feine Hiebe hat, wird die Spitze poliret. Beyde vereiniget der Franzose nicht ohne Bequemlichkeit. Das Zuspitzrad, wovon ich zweytens bisher geredet habe, dienet nur, um hiemit messingene Stecknadelschäfte zuzuspitzen. Das Eisen nimt er aber nur langsam ab, und daher ist der Spitzring Fig. XVII zu eisernen Nadeln nicht von Stahl, sondern es ist ein gewöhnlicher Schleifstein, von einem Sandstein gehauen. Er ist zwar gleichfalls nur 2 Zoll dick, aber im Durchmesser muß er wenigstens ½ Fuß haben. Uebrigens hat das Zuspitzrad zu eisernen Nadeln die

die beschriebene Gestalt und Beschaffenheit. Endlich stehen auf dem Rahm a b Fig. VII in b und p. zwey kleine befestigte Kasten oder Schachteln. In einen liegen die unzugespitzten Schäfte, in den andern werden aber die zugespitzten geworfen.

8) Der Knopfdrath zu den Nadelknöpfen wird von dem Nadler auf einem **Knopfrad** Fig. IX. gleich einer Spirallinie gesponnen, und nachher in mehrere Knöpfe zerschnitten. Das Gestelle dieses Rades gleicht in aller Absicht dem Gestelle des vorigen Spitzrades. Es ist ein Rahm a b auf vier Füßen c, und in dem Rahm läuft ein 2 bis 3 Fuß hohes Schnurrad d e, so mit einer Kurbel umgedrehet werden kann, wenn man das Ganze in Bewegung setzen will. Um dieses Rad und zugleich um den Cylinder von Holz f gehet eine Schnur d e f, so beyde jetzt genante Theile gemeinschaftlich in Bewegung setzt, wenn die Kurbel g umgedrehet wird. Der hölzerne Cylinder f hat mehrere Reifen, und in einer oder der andern ruhet nach Befinden die Schnur. Eine eiserne Spille durchbohrt die Axe des hölzernen Cylinders f, und diese Spille wälzt sich nebst gedachten Cylinder zwischen den beyden Decken g und h um, in welcher sie eingezapft ist. Gedachte Spindel ist auf ihrer vordern Grundfläche zum Theil in der Axe ausgebohrt, gleich einem Schlüßel. Das ausgebohrte Loch ist aber nur klein, so daß man ein Stück Schaftdrath hineinstecken und befestigen kann.

Um

Um diesen Schaftdrath, so man **Knopfspindel** nennet, wird der Knopfdrath gewunden, wie die Folge lehren wird.

9) Bey diesem Spinnen hält der Nadler den Knopfdrath mit dem **Knopfholz** Fig. VIII. Auf diesem Holze stehet ein senkrechter vierkantiger Zapfen a, und vor demselben, doch in einer geringen Entfernung, stehen 2 eiserne Stifte b und c, oder dagegen zuweilen zwey Haken. Zwischen den Zapfen a und die beyden Stifte b und c wird der Knopfdrath gelegt, und der Nadler hält und richtet diesen mit dem ganzen Knopfholze, damit er sich gleichförmig um die vorhergedachte Knopfspindel windet.

10) Die **Knopfschere** Fig. XVIII weicht nur in zwey Fällen von der oben beschriebenen Stock- oder Schrotschere ab. Erstlich ist sie kleiner, und überdem liegt die Schere mit der untern hohen Kante c b horizontal auf einem Tischblatt. Der lange Schenkel c d wird also mit dem Griff d bewegt. Mit dieser Schere zerschneidet der Nadler den gewundenen Knopfdrath in mehrere Knöpfe.

11) Knopf und Schaft müssen nunmehro zu einer Stecknadel vereiniget werden, und dis geschiehet vermittelst eines einfachen aber doch sinnreich erfundenen Werkzeuges, nemlich mit der **Wippe** Fig. XI. Denn so einfach dieses Instrument zu seyn scheint, so gut ist es doch zu dem bestimmten Gebrauch ausgesonnen, und es ist das künstlichste und beträchtlichste in dieser

Werk-

Werkstätte. Seine Theile sind folgende: Der hölzerne Klotz a b worauf die übrigen Theile stehen, hat die Höhe eines gewöhnlichen Tisches, und seine oberste Fläche a c dient auch statt eines Werktisches. Denn es sind hier in dem Klotz einige Gruben, worin man Nadeln legen kann. Gewöhnlich stehet auf einem solchen Klotz zwar nur eine einzige Wippe, in großen Werkstätten und Nadelfabriken bringt man aber auf einem grossen Klotz zwey bis vier Wippen an. Der Klotz hat alsdenn soviel ebne Seitenflächen, als Wippen vorhanden sind, und vor jeder Wippe sitzet ein Arbeiter. Auf dem Klotz stehet ein kleiner senkrechter Amboß, den man **Unterstämpel** d nennt. Er ist etwas über 1 Zoll hoch und ins Gevierte halb so dick. Seine obere Bahn ist verstählt, und hat gerade in ihrer Mitte eine Grube, worin sich die Hälfte eines runden Nadelknopfs genau paßet. Nach derjenigen Seite zu, wo der Arbeiter sitzt, ist von der Grube bis zum Rande der Bahn eine Rinne, die sich von der Grube bis zum Rande nach und nach etwas erweitert. Der Nadelknopf fällt zur hälfte in die Grube, und der Theil des Schafts hinter dem Knopf komt nach seiner halben Dicke in gedachter Rinne zu liegen. Auf diesem Stämpel d paßt sich der **Oberstämpel** l genau, so daß die Bahn des Oberstämpels die Bahn des Unterstämpels aufs beste deckt, und berühret. Der Oberstämpel hat in der Mitte seiner Bahn eben solche Grube und vor dieser eine Rinne, wie

wie der Unterstämpel, wie denn auch die Bahn verstählt ist. Wenn beyde Stämpel d und e sich berühren so müssen ihre Gruben genau auf einander fallen, so daß der Nadelknopf beyde Gruben genau ausfüllet. Eine Art Nadeln hat aber einen stärkern Knopf, als die andre, nach Beschaffenheit ihrer Länge und Dicke. Daher gehöret zu jeder Art ein besonderer Ober- und Unterstämpel, und beyde Stämpel können von der Wippe abgenommen, und dagegen zwey andre zusammengehörige angesetzt werden. Der Nadler bildet die Gruben und Rinnen auf beyden Stämpeln selbst, und zwar theils mit Beyhülfe der Feile theils mit einem **Stämpellüfter.** Dieser ist ein Dorn der an einem Ende verstählt und gerundet ist, so daß sich die abgerundete Grundfläche genau in die Grube jedes Stämpels paßt. Zu jeder Art Nadeln muß also der Nadler auch einen Stämpellüfter besitzen. Sind die Gruben und Rinnen beyder Stämpel ausgebildet, so werden diese erst gehärtet. Mit dem Stämpellüfter wird die Grube auch wieder erforderlich gebildet, wenn sie durch den Gebrauch abgenutzt und ausgeschlagen ist. Der Oberstämpel ist über e vermittelst seines obern Zapfens in einer Hülse der vierkantigen eisernen Stange f r befestiget. Entweder eine Schraube in der gedachten Hülse, oder dagegen kleine Keile neben dem Zapfen des Oberstämpels befestigen und richten diesen. Durch ein oder das andere Mittel kann man nemlich den Oberstämpel so lange richten,

ten, bis sich aus Versuchen ergiebet, daß seine Grube die Grube des Unterstämpels genau deckt. Die fernere Einrichtung der Maschine zielet blos dahin ab, den Oberstämpel mit Nachdruck zu bewegen, so daß er die erforderliche Wirkung hervorbringt. Der Oberstämpel muß nemlich bey der Bewegung theils genau auf den Unterstämpel passen, theils mit Nachdruck auffallen, und diese doppelte Absicht erleichtert folgender Mechanismus. Neben der oben gedachten Stämpelstange e r, auf deren Grundfläche der Oberstämpel e befestiget ist, stehet in einiger Entfernung eine starke vierkantige Säule q p von Holz, und diese trägt zwey horizontale eiserne Arme h i und f o. Jede hat vorne eine stärkere Hülse h und f worin sich die Stämpelstange r e aufs genauste paßt, so daß sie stets bey der Bewegung eine senkrechte Richtung behält und nicht wankt, folglich auch der damit vereinigte Stämpel e nicht die **Stämpelstange** hat in r eine Oese, worin der Hacken einer kleinen Kette r s greift. Diese verknüpft die Stämpelstange mit der eigentlichen Wippe s t. Diese Wippe ist ein Hebel, so vermittelst eines Bolzens in einer **Klaue** v auf der **Wippensäule** v b schwebt. Die Arme des Hebels s t sind ziemlich einander gleich, und der ganze Hebel ist etwa gegen 2 Fuß lang. In t hängt an dem Hebel eine Schnur t u, an welcher ein eiserner Tritt oder Schemel u, gleich einem Steigbügel befestiget ist. Der Nadler setzt den rechten Fuß in diesen Tritt, druckt diesen hinab und zugleich die Spitze t des Hebels. Gegenseitig gehet die Spitze s dieses Hebels hinauf, und zieht auch die Stämpelstange e r nebst dem Oberstämpel e mit hinauf. Läßt aber der Fuß des Arbeiters in u nach, so erfolgt eine gegenseitige Bewegung, und die Stämpelstange r e sinkt mit dem Oberstämpel e wieder hinab, und dieser fällt auf den Unterstämpel d. So wird nun die erste Absicht erreicht, da nemlich der Oberstämpel bewegt worden, und senkrecht und gleichförmig auf den Unterstämpel fallen soll. Allein dieses Sinken des Oberstämpels an sich würde nur kraftlos seyn, und der erwarteten Wirkung nicht entsprechen. Dieserhalb hat man in g l eine Last oder ein Gewicht angebracht. Es ist nemlich eine 8 bis 9 Pfund schwere Bleykugel, die auf der Stämpelstange r e befestiget, und zur Zierde mit Messingblech umgeben ist. Man pflegt daher in den Werkstätten dieses Messingblech aufs beste zu scheueren. Bey Verfertigung einer Wippe wird die Hülse dieser Kugel mit Bley ausgegossen, und hiedurch zugleich auf der Stämpelstange r e befestiget. An dieser Kugel sitzt ein eiserner horizontaler Arm l k, der in k in der Säule q p eingezapft ist, doch so daß sich der Zapfen dieses Arms in der Rinne oder Falze hinauf und hinab verschieben läßet. Wenn also die Stämpelstange r e hinauf gehet, so bewegt sich

sich zugleich die Kugel g l und der zubehörige Arm l k in die Höhe, und beyde sinken auch wieder mit der Stämpelstange, und geben dem Oberstämpel e Nachdruck. Den Arm l k hat man ohne Zweifel deshalb angebracht, damit die schwere Kugel g l bey der Bewegung nicht schwankt, und die Stämpelstange r e, nebst dem Stämpel e auf eine oder die andere Art verletzt. Auf diese Art werden nun durch die Wippe beyde obgedachte Absichten erreicht. In manchen Werkstätten findet man noch die sogenannte **Galgenwippe**, wo die Stämpelstange r e zwischen zwey Säulen q p läuft, und beyde Säulen in q durch einen Riegel, gleich einem Galgen, vereiniget sind. Die schon oft angeführte französische Beschreibung des Nadlers zeigt, daß diese Wippen wenigstens zu der Zeit, da diese Beschreibung herausgegeben ist, in Frankreich noch üblich gewesen sind. In den deutschen Werkstätten sind sie mehrentheils abgeschaft, weil man sie nur mit Mühe zurichten und bewegen kann.

12) Das **Scheuerfaß** Fig. XX. ist zwar ein gewöhnliches Faß, aber oben enger als unten. Es hat in b eine Handhabe, durch deren Loch der Nadler einen Strick b a ziehet, und das Faß vermittelst eines Ringes a, so an die Decke der Werkstätte aufhängt. Die Stecknadeln werden in diesem Faße gescheuert.

13) Die **Klopfe** Fig. XXI. ist ein Linial von Holz, so in der Mitte von a bis b eine

Spalte oder einen Ausschnitt hat. Auf einer Seite dieses Linials sind 16 bis 32 Rinnen c, die zuweilen mit Messingblech ausgeleget sind, damit sie sich nicht abnutzen. Das Papier zu den Nadelbriefen wird hierin geradlinigt gefaltzet, und in die Faltzen werden nach Maaßgebung der Rinnen c die Nadeln eingesteckt.

Alle bis jetzt genannte Werkzeuge, sind bey Verfertigung der Stecknadeln unentbehrlich. Außerdem giebt es noch einige andere Instrumente in dieser Werkstätte, die bey andere Waaren Dienste thun.

14) **Die Werkbank** Fig. I. a b, ist ein nicht gar zu grosser und niedriger Tisch von starken Eichen- oder Kienholz. Der Nadler verfertiget bey diesem Tische verschiedene kleine Waaren. Neben der Werkbank stehet daher ein Kloß a c, der mit jener eine gleiche Höhe hat. Auf diesem Kloß ruhet ein doppelter Amboß. Der eine d hat auf seiner Bahn verschiedene Rinnen, die halbrund ausgehölet sind, und worinn die Zungen der Riemer- und Sattlerschnallen gebildet werden. Auf dem andern Ambosse, der eine glatte Bahn hat, schlägt oder **pflöckt** der Nadler die Spitzen der Haken rc. flach. Er schlägt hiebey, so wie jederzeit in allen ähnlichen Fällen, mit den

15) **Pflöckhammer** Fig. XXIV. dieser hat auf der Rückseite keine Pinne. Schlagen und **pflöcken** will in dieser Werkstätte einerley sagen.

16) Flache

16) Flache Fig. XIX., und dreykantige Fig. XXII. Feilen gebraucht der Nadler bey verschiedenen Gelegenheiten.

17) Eben so sind ihm auch nachstehende Zangen unentbehrlich. Die Biegezange Fig. XXVI. hat halbrunde Kneipen, die genau an einander schließen. Es werden hiemit unter andern Haken und Oesen verfertiget. Die Beißzange Fig. XXIII. ist eine gewöhnliche Kneipzange, die mannigfaltig gebraucht wird. Fig. XXVII. ist nur etwas größer.

18) Die XXV. Fig. stellet einen gewöhnlichen Zirkel vor, der insbesondere bey Gitterwerken Dienste thut.

19) Das Schakenholz ist nichts weiter, als ein kleiner Kloß, worauf zwey starke eiserne Stifte in einiger Entfernung stehen. Die Schaken zu den Kanonierketten, werden mit Beyhülfe dieser Stifte aus Drath gewunden, so etwa ein Pfeifenstiel dick ist. Man kann diese Schaken aber auch mit der Biegezange bilden.

20) Einige Nadler besitzen auch einen Stuhl nebst einem Kamm, worauf die gestrickten oder gewebten Kornfegen gewebet werden. Es würde aber überflüßig gewesen seyn, diesen Stuhl abzubilden oder zu beschreiben, da er in aller Absicht dem Stuhl gleich ist, worauf der Siebmacher die Boden zu Drathsieben webt, und den ich umständlich an seinem Ort beschrieben habe. Zu Ende dieses Abschnitts werd ich mit Vorsatz von den Kornfegen reden; und alsdenn

denn Gelegenheit nehmen, noch mit ein paar Worten dieses Stuhls der Nadler zu gedenken.

21) Der einheimische Nadler verfertiget zwar gewöhnlich niemalen Nähnadeln. Unterdessen müßen doch die berlinischen Nadler zum Meisterstück einige Nähnadeln zur Prüfung dem Gewerk vorweisen. Daher wird es nicht ganz überflüßig seyn, der Werkzeuge zu gedenken, deren er sich hiebey bedienet. Ein rundes Oehr wird mit einem Eisen, gleich einem Pfriem, in die Nähnadel geschlagen, oder auch mit einem kleinen Trillbohrer eingebohrt. Das länglichte Oehr schneidet man mit einer Fitze ein, so einem feilartigen Messer gleicht. Der Nadler hält hiebey die Nähnadel in der Rinne einer Fitzzange fest. Die dreyseitige Spitze der sogenannten Schneidenadeln der Lederarbeiter, wird mit dem Polirhammer auf dem Amboß gebildet. Doch genug von dieser Nebensache.

22) Es giebt zwar noch einige kleine Werkzeuge in dieser Werkstätte, sie sind aber zu bekannt, als daß sie einer Beschreibung verdienten. Hierzu gehört eine **Krucke**, Topf oder Kessel zum Verzinnen, ein **Schmelzlöffel**, Gefäße, worinnen Schäfte und Knöpfe der Stecknadeln gelegt werden; ein **Sieb**, ein Zober, Beutel, Schaufel, Schwingnapf, Mulde u. d. g. m.

III. Die Anzahl der **Waaren** des Nadlers ist ansehnlich, aber zum Theil sind es kleine und wohlfeile Stücke, wie ich schon im Eingange bemerkt

merkt habe. Es gehört hiezu viel Uebung, um diese Waaren mit Vortheil zu verfertigen und zu verkaufen. Daher kommt es, daß die wenigsten Nadler alle Nadlerarbeiten verfertigen können, ja einige werden auch nur in manchen Gegenden von den Nadlern gemacht. Alle Nadler verfertigen z. B. in hiesiger Gegend Stecknadeln, Haken und Oesen, Stricknadeln, Haarnadeln, Gitterwerke, Bienenkappen u. d. g. Allein in Berlin ist z. B. nur ein Meister, der die Nadeln zu den Stühlen der Strumpfwürker geschickt verfertigen kann, und eben so ist nur hin und wieder ein Nadler, der die Pfeiffendeckel zu thönern Pfeiffen mit Vortheil bildet. Spicknadeln, Packnadeln, Angelhaken u. d. g. kommen ferner noch bis jetzt aus Schwabach oder Nürnberg zu uns, und der einheimische Nadler getrauet sich vermuthlich noch nicht, sie eben so wohlfeil zu verkaufen, weil es ihm bey deren Verfertigung an Uebung fehlt. Aus diesen und andern Ursachen kann ich daher nur einige Stücke zum Beyspiel anführen, und hiedurch die Beschäftigung des einheimischen Nadlers ins Licht setzen.

1) **Die Stecknadeln, Knopfnadeln, Spennadeln, Spendeln**, verdienen zuerst in Betrachtung gezogen zu werden, weil sie dem Nadler seinen Namen gegeben haben. Die Verfertigung der Stecknadeln ist eine neue Erfindung, wie Herr Professor Beckmann in seiner Anleitung zur Technologie bemerkt. Denn in ältern Zeiten bediente man sich dagegen häufiger der Bänder,

Haken und Oesen und der Stifte von Holz und Metall. Der Leser weiß aber aus der Erfahrung, daß die te cknadel in vielen Fällen bequemere Dienste thut. In der folgenden Zeit bediente man sich der gespaltenen Nadeln oder **Glufen**, und die **Glufner** oder **Glufenmacher** kommen noch im 15ten Jahrhundert in Augsburg vor. Sehr wahrscheinlich ist die gegenwärtige Stecknadel in Nürnberg erfunden. Wenigstens waren schon zu Ende des 14ten Jahrhunderts Nadler in Nürnberg. Vermuthlich hat man damals zuerst aus Eisendrath Stecknadeln verfertiget, und es ist allerdings wahrscheinlich, daß man ihnen anfänglich blos mit dem Hammer einen Knopf gegeben hat, wie den gewöhnlichen Nägeln. Denn mit Recht behauptet die schon oft angeführte französische Beschreibung des Nadlers, daß der gegenwärtige Nadelknopf viel zu künstlich ist, als daß man ihn schon in den ältesten Zeiten suchen sollte. In der Folge erfand man vielleicht den gegenwärtigen Nadelknopf, befestigte ihn aber blos mit dem Hammer auf dem Schaft, ohne Beyhülfe der Wippe. Denn die Erfindung dieses Werkzeugs, scheint noch neuer zu seyn, als die Erfindung der Nadel selbst. Die gedachten eisernen Nadeln haben aber viele Fehler, die ich weiter unten anführen werde. Sie sind daher in hiesiger Gegend beynahe gänzlich aus der Mode gekommen, außer daß man noch zuweilen, doch selten geschwärzte Trauernadeln von Eisendrath, gebraucht. Allein auch diese

diese sind in Frankreich und auch hier nicht mehr Mode. Nach und nach hat man vermuthlich auf ein schicklicheres Metall gedacht, so die Fehler des Eisens nicht hat, aber diese kleine Nothwendigkeit, so leicht verloren gehet, nicht merklich im Preise erhöhet. Das Kupfer ist freylich steifer und härter, als der Messing, und man soll auch aus diesem Metall in Rußland Stecknadeln verfertigen: allein es hat theils den Fehler, daß seine rothe Farbe auf den Zeugen gar zu merklich in die Augen fällt, und sich nicht gut durch eine leichte Verzinnung verbergen läßet, theils fehlt es an Kupferwerken, die Kupferdrath ziehen. Auf den Messingwerken ist aber schon einmal die Einrichtung getroffen, daß man daselbst Messingdrath ziehet, und die gelbliche Farbe dieses künstlichen und wohlfeilern Metalls läßt sich auch besser durch eine leichte und wohlfeile Verzinnung verstecken. Aus allen diesen Ursachen haben sich die messingene Stecknadeln durchgängig beliebt gemacht, wenigstens in solchen Gegenden, wo der Geldmangel nicht gar zu groß ist.

a) Ich rede also zuerst von der Verfertigung der **messingenen Stecknadeln**. Schon weiter oben hab ich bemerkt, daß eine Stecknadel aus zwey an sich abgesonderten Theilen zusammengesetzt wird, nemlich aus einem zugespitzten Drath, so man **Schaft** nennet, und dem hiemit vereinigten **Knopf**. Der Stärke nach giebt es eben so viel Nadeldratharten, als es verschiedene Arten von Nadeln giebt. Denn jede Art will aus einem Drath von erforderlicher Dicke verfertiget seyn. Je stärker aber eine Stecknadel ist, desto länger ist sie insgemein, und umgekehrt. Der Nadler benennet jede Art Nadeln nach der Nummer des Draths, woraus sie verfertiget ist. Der **Schaftdrath** ist überhaupt genommen der stärkeste, doch muß die jedesmalige Stärke des **Knopfdraths** der Dicke des Schaftdraths angemessen seyn. Folglich giebt es soviel Arten Schaft- als Knopfdrath, und der letztere ist nur deshalb etwas feiner, damit er sich gut spinnen läßet. Ueberhaupt verfertiget der Nadler hiesiger Gegenden der Länge und Dicke nach etwa 6 Arten Stecknadeln. Die größten sind die sogenannten **Heller- oder Aufstecknadeln**, die so dick, als eine mäßige Stricknadel, und zuweilen 1½ Zoll und darüber lang sind. Eben die Stärke haben die Tapeziernadeln, womit der Tapezierer Vorhänge z. B. an Betten befestiget. Sie haben einen starken Kopf, sind aber nur ganz kurz im Schaft. Unter den gewöhnlichen Stecknadeln ist aber die **Striefelettennadel** die stärkste und längste. Die gebräuchlichste Nadel nennet der Nadler **Mittelnadel**, und verfertiget sie aus dem Drath Nummer 12. Sie ist gegen 1 Zoll lang, und verhältnißmäßig dick. Die dünnste Nadel ist die **Kopfzeugnadel**, so von den Putzmacherinnen insbesondere zum Aufstecken des Kopfputzes der Frauenzimmer gebraucht wird.

Ueber-

Ueberhaupt muß bey einer Stecknadel die Stärke und Länge jederzeit mit einander in Verhältniß stehen. Je länger eine Nadel nemlich ist, desto stärker muß auch ihr Schaft und Kopf seyn, damit sie eine erforderliche Steifigkeit und Haltbarkeit hat. Die Größe und Länge macht aber bey der Verfertigung einer Stecknadel keinen merklichen Unterschied, und ich darf also hierauf in der Folge nicht sonderlich Rücksicht nehmen. Ich eile daher zur Sache selbst.

Zuerst sucht sich der Nadler einen **Nadeldrath**, nach Maaßgebung der Schießklinge Fig. V. aus, so zu der Art Nadeln die er verfertigen will, die erforderliche Stärke hat. Er ist gewöhnlich nicht der Nothwendigkeit ausgesetzt, wie in Frankreich, den Drath noch vor dem Gebrauch auf der Ziehbank Fig. III. zu verdünnen, da er auf dem einländischen Messingwerk blanken Nadeldrath von jeder Stärke kaufen kann. Er erstehet aber diesen Drath gekrümmt in Bunden, und diese Nebensache, so nur die Bequemlichkeit des Transports erfunden hat, nöthiget ihn den Drath gerade zu richten. Dieserhalb stellt er eine Siebe, gleich der Siebe a b Fig. III. der Ziehbank, auf einem Werktisch Fig. I., und auf die Siebe streuft er ein Drathbund. Neben der Siebe befestiget er auf dem gedachten Werktisch das Richtholz Fig. VI., und legt den Anfang des Drathbundes zwischen zwey schickliche Reihen Stifte von c nach d, so daß er die Spitze des Draths in d mit der Zange ergrei-

ergreifen kann. Der Werktisch mit der Siebe und dem Richtholz, stehet an einer Wand der Werkstätte. Der Nad er ergreift die Drathspitze in d mit einer Zange Fig. IV., ziehet den Drath durch beyde benachbarte Reihen Stifte durch, und gehet zugleich bis zur gegenüberstehenden Wand der Werkstätte zurück. Hat er diese erreicht, so schneidet er den durchgezogenen Theil des Draths vor d mit einer Schere ab, so daß noch ein kurzes Ende Drath aus den Stiften hervorspringt. An diesem vorspringenden Theil ergreift er den Drath von neuen mit der Zange, und ziehet ihn wie vorher durch die Stifte des Richtholzes. So wird eine Stubenlänge Drath nach der andern grade gerichtet. Die Richtung der Stifte des Richtholzes benimmt dem Drath seine Krümmung. Doch muß der Nadler zuweilen die Stifte des Richtholzes mit einer Zange erforderlich biegen, wenn er bemerkt, daß der Drath zwischen den Stiften nicht gehörig grade wird.

Dieses Gleichrichten ist nur von dem Schaftdrath zu verstehen. Dieser muß nunmehro in Nadelschäfte zerstückt werden. Die Nadler haben die Gewohnheit, die Nadelschäfte nicht sogleich in erforderlicher Länge zuzuschneiden. Wenigstens schneiden sie zuerst Drathstücken ab, so die Länge zweyer Nadelschäfte haben, und dis ist der gewöhnlichste Fall. Bey sehr kurzen Nadeln, z. B. Kopfzeugernadeln, pflegt man wol anfänglich Drathstücke abzuschneiden, so drey

bis

bis vier Nadelschäfte lang sind. Der Nadler sieht nemlich bey diesem Zerschneiden zugleich auf das Zuspitzen. Ein einzelner Nadelschaft ist zu kurz, als daß man ihn bequem mit den Fingern auf dem Spitzring halten könnte. Schneidet man aber anfänglich Drathstücke ab, die zwey Schäfte lang sind, so kann ein solches Stück leicht an beyden Enden zugespitzt werden. Zerschneidet nun ferner der Nadler nach dem Zuspitzen ein solches Drathstück in zwey gleiche Längen, so erhält er zwey zugespitzte Nadelschäfte. Der Nadler **schrotet** oder **schneidet** aber den grade gerichteten Drath mit der Schrotschere Fig. XV. in die gedachten Drathstücke. Er nimmt mehrere gerichtete Drathenden in seine rechte Hand, soviel als er sich nach der jedesmaligen Stärke des Draths mit einmal durchzuschneiden getrauet; öffnet den Schenkel c d der Schrotschere; legt die sämmtlichen Drathstücke, so er in der rechten Hand hält, zwischen die Schneiden der Schere; hält mit der linken Hand den langen Theil e d des Schaftmodells Fig. XVI, hinten gegen die Schere, und stößt die Drathstücke so weit in das Schaftmodell hinein, bis die sämmtlichen Spitzen der Drathstücke die Scheidewand e f des Schaftmodells berühren. Denn die längere Hälfte des Schaftmodells ist das Maaß, wonach anfänglich zwey zusammenhängende Nadelschäfte abgeschnitten werden. Sobald die Länge der abzuschneidenden Drathstücke nach dem Schaftmodell bestimmt ist, so druckt der Nadler mit dem Knie seines rechten Beins gegen die Stange d der Schrotschere Fig. XV., und schneidet also mehrere Doppelschäfte zugleich ab. Die abgeschnittenen Doppelschäfte läßt der Nadler in seine linke Hand fallen, und legt sie mit dieser in eine benachbarte Schachtel. Hiebey muß sich der Leser wieder an die obige Beschreibung der Schrotschere erinnern, daß nemlich diese Schere mit dem Schenkel a b senkrecht an einem Kloß befestiget ist, daher denn das Knie des Schaftschneiders die gedachten Dienste bequem verrichten kann. Der französische Schaftschneider setzt sich dagegen, nach der obgedachten französischen Beschreibung, mühsam und mit vielen Umständen und Vorbereitungen auf die Erde, bedeckt seine Knie mit einem Werkzeuge so chausse heißt und den Drath festhält, und schneidet die Doppelschäfte mit einer Handschere. Auf die gedachte Art wird aber in Deutschland bequemer eine Partie Doppelschäfte nach der andern abgeschnitten, und sie erhalten einerley Länge, da sie beständig nach dem Schaftmodell abgemessen werden.

Jeder Doppelschaft, denn so will ich in der Folge der Kürze wegen ein Stück Drath nennen, so zwey Nadelschäfte lang ist, jeder Doppelschaft, sag ich, muß nunmehro auf dem Zuspitzrad Fig. VII. an beyden Enden zugespitzt werden. Zuerst wird die Spitze der Nadeln mit einem Spitzring k, der grobe Feilenhiebe hat, angefeilet. Der Nadler ergreift mit dem Finger der rechten Hand aus der Schachtel b, 15 und mehrere Schäfte,

Schäfte, nachdem diese stark sind, legt sie auf dem Spitzring, hält sie auf demselben mit den Fingern beyder Hände fest, und drehet sie zugleich sämmtlich auf dem Spitzring im Kreise um, so daß er dasjenige Ende der Doppelschäfte, so gerade zugespitzt werden soll, etwas fester und genauer an den Spizring andrückt. Zugleich bewegt er mit dem Fuß auf dem Tritt f g das Schnurrad d e und nebst diesen den Spitzring k. Dieser lauft nun gleich schneller um, als das Schnurrad, daher die Nadeln ohngefähr in der Zeit da das Schnurrad einmal umläuft, an einem Ende zugespitzt sind. Auf eben die Art werden eben diese Doppelschäfte, die der Nadler beysammen auf dem Spitzring fest hält, auch an dem andern Ende zugespitzt, und der Nadler wirft sie alsdenn in die Schachtel p. So werden nun mehrere Doppelschäfte zugleich hinter einander zugespitzt, und zwar an beyden Enden, bis die geschnittenen Doppelschäfte sämtlich an beyden Enden eine Spitze erhalten haben. Alsdenn eilt der Nadler mit den sämtlichen zugespitzten Doppelschäften zu dem kleinern und feinern **Polirring**, und polirt die Spitze auf vorgedachte Art. Doch vollbringt er diese Arbeit in einer kürzern Zeit, als das eigentliche Zuspitzen. Denn er darf sie nur ein paarmal auf dem Polirring umdrehen. Einige deutsche Nadler sollen sich statt des feinern Spitzrings zum Poliren eines Schleifsteins bedienen, wie der Uebersetzer der oft angeführten französischen Beschreibung

sagt.

sagt. In Berlin scheint dieses wenigstens nicht üblich zu seyn. Ueberhaupt verrichtet der Nadler das eigentliche Zuspitzen sowohl, als das Poliren mit der größten Schnelligkeit, und in sehr kurzer Zeit. Nur muß er dahin sehen, daß hiebey nicht ein Doppelschaft auf dem andern liegt. Denn alle Doppelschäfte, so den Spitzring nicht berühren, werden natürlicher Weise nicht zugespitzt. Das Zuspitzen ist aber die nachtheiligste Arbeit dieser Werkstätte Denn der feine Feilstaub dringt aller Vorsicht ohngeachtet, leicht in den Mund und in die Augen des Zuspitzers, und ist der Gesundheit sehr nachtheilig. Daher setzen die französischen Zuspitzer eine Glasscheibe zwischen sich und den Spitzring, oder nehmen eine Larve mit gläsernen Augen vors Gesicht, und manche deutsche Nadler hängen einen Flor vors Gesicht. Doch die mehresten vernachläßigen diese nöthige Vorsicht. Vorzüglich diesem Feilstaub ist es auch zuzuschreiben, daß die Nadler öfters grün gefärbte Haare haben, wie beynahe alle Arbeiter, die mit Kupfer und Messing häufig umgehen.

Die Doppelschäfte können nun nach dem Zuspitzen an beyden Enden in gewöhnliche Nadelschäfte verwandelt werden, da man jede mit der Schrotschere Fig. XV. in zwey gleiche Längen zerschneidet. Der Nadler verrichtet diese Arbeit mit eben den Handgriffen, womit er die Doppelschäfte schnitt. Der Unterschied beruhet blos darauf, daß er die Länge der einfachen Schäfte nicht

nicht mit dem längern Theil e d, sondern mit dem kürzern a f des Schaftmodells Fig. XVI. abmißt. Denn dieser kürzere Theil ist halb so lang, als der längere. Daher wurden nach diesem die Doppelschäfte abgemessen, nach jenem aber gegenwärtig die einfachen Nadelschäfte. Bey jedem Schneiden sowohl der Doppel- als einfachen Schäfte muß der Nadler dahin sehen, daß er die Schere mit einem gleichen Zug führet. Ohnedem biegt sich der Drath neben dem Schnitt um, welches bey den Doppelschäften das Zuspitzen, bey den einfachen Schäften aber die Befestigung des Knopfs verhindert. Ein solcher verunglückter Schnitt heißt in der Werkstätte ein Pfaffenschnitt. Herr Professor Beckmann sagt, daß bey diesem Zerstücken das Schaftmodell mit einem Riemen Kauz auf dem Knie befestiget wird. Dis kann aber nur bey dem obigen Zerstücken nach französischer Art statt finden. Zum Beschluß dieser Sache muß ich noch erinnern, daß, wenn der Nadler, nach dem Obigen, anfänglich solche Drathstücke schneidet, die vier Schäfte lang sind, diese Drathstücke zwar gleichfalls an beyden Enden zugespitzt, nachher aber in zwey Doppelschäfte zerschnitten werden. Diese müßen also noch an einem Ende zugespitzt werden, da man sie denn endlich in gewöhnliche Nadelschäfte zerschneidet. Hieraus erhellet an sich wie solche Stücke Drath behandelt werden, die anfänglich drey Schaftlängen enthalten.

Der Schaft der Stecknadel an sich ist nunmehro fertig, und es darf nur noch der **Knopf** aufgesetzt werden. Zu dem letztern spinnet der Nadler **Knopfdrath** auf dem Knopfrade Fig. IX. In die Aushöhlung g der Spille g h steckt er dieserhalb ein Stück Schaftdrath, und zwar grade von der Art und Stärke, als der Schaft der Nadeln die er jedesmal verfertiget. Dieses Stück Drath heißt die **Knopfspindel.** Sie ist so lang, wie möglich, doch übermäßig lang kann sie nicht seyn, da sie nur an einem Ende in der Oefnung der Spille g befestiget ist, der übrige längere Theil aber vor der Spindel horizontal schwebt, ohne an dem andern Ende befestiget zu seyn. Diesen vorspringenden Theil der Knopfspindel bespinnet nun der Nadler mit Knopfdrath. Er nimt hiezu diejenige Art Knopfdrath, die zu den Schäften, so er verfertiget hat, gehöret. Neben das Knopfrad stellet er eine Giebe Fig III. a g, und auf diese hängt er den Ring Knopfdrath. Denn dieser Drath braucht vorläufig nicht grade gerichtet zu werden. Auf der Knopfspindel befestiget er nun das erste Ende des Knopfdraths in g Fig. IX. ergreift den Drath kurz vor der Knopfspindel mit dem Knopfholze Fig. VIII. mit einer Hand, und mit der andern drehet er die Kurbel i des Knopfrades Fig. IX, und setzt dieses in Bewegung. Mit dem Schnurrade d e lauft auch die Spille und die darauf befestigte hölzerne Welle g h um, folglich auch die ander Spille g k befestigte Knopfspinspindel. Der Knopfdrath windet sich daher um die Knopfspindel gleich einer Spirallinie. Zugleich lenkt der Profeßionist den Knopfdrath mit dem Knopfholze dergestalt, daß eine Windung des Knopfdraths so dicht und nahe, wie möglich neben der andern auf der Knopfspindel zu liegen kommt, aber doch so, daß eine Windung nicht auf der andern zu lieget, sondern alle neben einander liegen. Der Nadler könnte den Knopfdrath auch mit der Hand erforderlich leiten, aber der Drath würde bey der Bewegung in seine Finger einschneiden. Um nun solcher Verletzung zuvor zu kommen, hält er den Knopfdrath mit dem Knopfholze. So wird nun die ganze Knopfspindel mit Knopfdrath bedeckt, und dieser windet sich durchgängig um die Spindel. Ist die Spindel mit Knopfdrath angefüllt, so nimt man diesen ab, und spinnet hintereinander so viel Spindeln voll Knopfdrath, als erfordert wird, die geschnittenen Nadelschäfte mit Knöpfen zu versehen. Der Kürze wegen will ich in der Folge, denjenigen Theil Knopfdrath, der in Windungen um die Knopfspindel gesponnen ist, eine **Knopfspille** nennen.

Diese Knopfspillen müßen nun mit der Knopfschere Fig. XVIII, die zu diesem Behuf sehr dünne Klingen hat, in einzelne **Knöpfe** zerstückt und **zerschnitten** werden. Insgemein rechnet man auf einen Nadelknopf $1\frac{1}{2}$ bis beynahe 2 Windungen je nachdem der Knopf stark werden soll. Wiewohl, es läßt sich dieses nicht ganz genau bestimmen, denn beym Schneiden ergiebt sich die Größe jeder Art von sich selbst. Der Nadler stellt sich beym Schneiden vor einen Werktisch, setzt auf den Tisch die Knopfschere Fig. XVIII, so daß die hohe Kante c b das Tischblatt berühret, und die Schere nach ihrer Breite senkrecht auf dem Tisch stehet, gerade wie die Schere in der XVIII. Fig. vorgestellet ist. Mit der rechten Hand bewegt er die Schere zum Schneiden an dem Griff d, und in der Linken hält er etwa zwölf Knopfdrathspillen neben einander. Diese steckt er jedesmal sämtlich zwischen die Klingen der Schere, so daß die Schere mit jedem Schnitt von jeder Knopfdrathsspille beynahe zwey Gewinde abschneidet. Hält er also 12 Knopfdrathsspillen zugleich in der linken Hand, so schneidet er mit jedem Schnitt der Schere 12 Nadelknöpfe beysammen ab. Diese Arbeit wird abermals mit der größten Schnelligkeit verrichtet. Denn die oft angeführte französische Beschreibung sagt, daß ein geübter Arbeiter in jeder Minute 70 mal zuschneiden kann, und wenn er jedesmal 12 Knöpfe zugleich abschneidet, so entstehen in jeder Stunde 50,400 Knöpfe. Doch gehört zu dieser Verrichtung viel Uebung und ein gutes Auge, theils damit der Arbeiter jedesmal beynahe zwey Windungen genau trift, nicht mehr noch weniger, theils damit alle Knöpfe, die er von den sämtlichen Knopfdrathspillen in seiner Hand zugleich abschneidet, die gedachte Größe erhalten, wornach er die

die sämtlichen Spillen vor jeden Schnitt in aller Schnelligkeit richten muß. Aus diesem und den vorigen ähnlichen Fällen erhellet nun ganz deutlich, daß die Fertigkeit das beste bey dieser Kunst thut, damit der Nadler alle diese Verrichtungen in der möglich kürzesten Zeit verrichten, und die Nadel wohlfeil verkaufen kann.

Die Folge wird lehren, daß der Knopf an den Nadelschaft blos angestampft wird. Dieserhalb muß der Knopfdrath so weich und geschmeidig, wie möglich seyn, und daher glühet man die geschnittenen Knöpfe vorläufig aus. Der Nadler schüttet nemlich die sämtlich geschnittnen Knöpfe in eine eiserne Pfanne, und bringt sie mit dieser so lange auf Feuer, bis die Knöpfe rothglüend werden. Allein die Knöpfe laufen durch das Glüen schwarz an, und müßen daher wieder blank gescheuert werden. Der Nadler wirft dieserhalb die sämmtlichen Knöpfe in ein Gefäß, gießt Eßig oder Brandweinstrank auf dieselben, und läßt sie hiemit einige Zeit stehen. Hiernächst gießt er den Eßig oder Brandweinstrank wieder ab, wirft die Knöpfe in einen reinen Topf, und schüttelt sie in demselben so lange, bis sich der Schmutz abgerieben hat. Zuletzt schüttet er die Knöpfe auf ein Papier, und läßt sie in der Sonnen- oder Stubenhitze trocken werden, damit sie nicht wieder anlaufen. Ist der Messing des Knopfdraths an sich sehr weich, so pflegen ihn geschickte Nadler nicht auszuglü-

 hen

hen, und ersparen hiedurch Mühe und Zeit. Doch ist dieses nur ein seltner Fall.

Nunmehro hat der Profeßionist den Schaft und Knopf der Stecknadel verfertiget, aber jedes besonders. Beyde müßen nun auch genau vereiniget oder angestämpet d. i. angestampfet werden. Die Erfahrung lehret bey einer Stecknadel, daß Knopf und Schaft so genau mit einander vereiniget sind, als wenn sie zusammengelöthet wären, dergestalt daß der Knopf selten von dem Schaft abspringt; und daß der Knopf völlig rund ist, ohne daß man die Windungen des Knopfdraths sonderlich bemerket. Beyde Absichten erreicht der Nadler blos durch die Wippe Fig. XI. womit der Knopf nur angestampft wird. Vorläufig setzt der Nadler einen Ober- e und Unterstämpel d Fig. XI ein, der zu der Nadelart, so er jedesmal verfertigen will, gehöret. Hierauf setzt sich der Stämper vor die Wippe, so daß der Steigbügel oder Tritt u zu seiner Rechten ist. Zu seiner Linken liegt in einer Grube auf dem Kloß a b die Schäfte, in einer andern die Knöpfe, und in eine leere Grube zu seiner Rechten wirft er in die Folge die gestampften oder gestämpten Nadeln. Er setzt den rechten Fuß in den Tritt u, und erhebet mit demselben den Oberstämpel e. Zu gleicher Zeit nimt er mit der linken Hand einen Schaft, spießt mit der Spitze desselben einen Knopf auf, und schiebt ihn etwas zum Knopfende des Schafts in die Höhe. Die linke Hand reicht in aller

Eil

Eil den Schaft und Knopf der rechten Hand, und mit dieser bringt der Nadler beydes auf den Unterstämpel d. Hier legt er den Schaft in die Rinne, den Knopf aber in die Grube auf der Mitte des Amboßes oder Unterstämpels, und schiebt zugleich den Knopf in der Grube völlig hinauf bis zum Knopfende des Schafts. Alsdenn läßt er mit dem rechten Fuß nach, und der Oberstämpel e fällt mit Nachdruck auf den Nadelknopf. Drey bis viermal stampft er auf diese Art hintereinander mit dem Oberstämpel zu, wenn die Nadel nur klein ist, bey großen Nadeln aber 6 bis 7 mal, und bey sehr großen auch noch öfter. Wiewol es läßt sich die Anzahl der Schläge des Oberstämpels nicht genau bestimmen, denn der Knopfdrath ist bald mehr, bald weniger weich. Hat der Nadler erst einige Nadeln gestampft, so bemerkt er leicht an der Rundung des Knopfs, ob er mehr oder weniger zustampfen muß. Indem er mit dem Oberstämpel stampft, drehet er die Nadel an ihrem Schaft beständig auf dem Unterstämpel mit der rechten Hand um, damit der Oberstämpel auf alle Seiten des Knopfs gerichtet wird. Die gestampfte Nadel wirft er mit der rechten Hand in die Schachtel zu seiner Rechten. Zu eben der Zeit, da er diese Nadel stampfte, und mit der rechten Hand fest hielt, nimt er mit der linken Hand wieder einen Schaft, spießt einen Knopf mit der Spitze auf, schiebt den Knopf etwas in die Höhe, und wenn er zwey oder mehrere

Knöpfe mit der Spitze des Schafts trift, so stößt er mit dem Finger die überflüßigen wieder hinab. Diese zweyte Nadel wird eben so gestampft, wie die erste, und so auch alle übrigen. Der Nadler unternimt also hiebey zu gleicher Zeit drey Verrichtungen. Mit dem rechten Fuß im Tritt bewegt er den Oberstämpel, mit der rechten Hand hält und drehet er die Nadel, so er stampft, auf dem Unterstämpel, und mit der linken Hand bringt er wieder einen Knopf auf einen Schaft. Daher wird das Stampfen in aller Schnelligkeit verrichtet, und nach der oft angezogenen französischen Beschreibung stampft ein geübter Arbeiter in jeder Minute 20, und an jeden Tage 10 bis 12000 Nadelknöpfe. Denn die Sache selbst geht schneller von statten, als sie beschrieben werden kann.

Die Nadel an sich ist nunmehro vollständig fertig, und man sucht ihr nur noch durch das Scheuern und Verzinnen ein beßeres Ansehen zu geben. Vorläufig wird also die Stecknadel gescheuret. Der hiesige Nadler wirft eine gehörige Anzahl Stecknadeln in das Scheuerfaß Fig. XX., hängt dieses mit dem Seil a b an der Decke der Werkstätte auf, gießt auf die Nadeln Eßig oder Brantweinstrank, und schwingt das Scheuerfaß etwa eine Stunde im Kreise herum. Doch muß er dieses letztere mit einem gleichen Zuge verrichten, damit alle Nadeln gleichmäßig gescheuert werden. Die Beitze des Eßigs oder des Brandweinstranks

und

und zugleich die Reibung in dem Scheuerfaße reiniget und scheuert die Nadeln, wenn man sie nemlich so lange in dem Scheuerfaß schwingt, bis sie blank sind. Alsdenn wird der Eßig oder Brantweinstrank abgegoßen, und der Schmutz wird mit reinem Wasser abgespület, und zwar in einem besondern Gefäße. Das schmutzige Wasser muß hierauf wieder abgegoßen werden, und man gießt reines Wasser auf die Nadeln, damit sie unter der Zeit, da man die übrigen auf gleiche Art scheuert, nicht anlaufen. In Frankreich nimt der Nadler statt des Eßigs oder Brantweintranks, heißes Wasser, worin Weinstein gekocht ist, und scheuert hiemit die Nadeln in der **Scheuertonne.** Diese hängt vermittelst einer Spille in ihrer Axe, auf einem Gestelle, und zwar horizontal. Man drehet sie stets mit einer Kurbel um. Dieses Reinigungsmittel ist allerdings theurer, aber ohnstreitig besser, als das deutsche. Vielleicht würde der Weinstein, wenn man ihn, wie Herr von Justi den Rath giebt, in Eßig, Speisebier, oder Brandweinstrank kochte, noch beßere Wirkung thun.

Die gescheuerten Nadeln werden zuweilen schon in diesem Zustande verkauft, und heißen alsdenn **gelbe Nadeln.** Vordem hatte der Landmann hiesiger Gegend ein Vorurtheil gegen die verzinnte messingenen Nadeln, und hielt sie für eiserne und verzinnte Nadeln. Ihm zu Gefallen wurden die Nadeln damals öfters gelb und unverzinnt verkauft. Der Landmann ist aber in diesem Fall anjeßt schon klüger, und daher sind die gelben Nadeln jeßt ungewöhnlicher, als vor einigen Jahren.

Dieserhalb werden die messingenen Stecknadeln gegenwärtig gewöhnlich **verzinnt oder weiß gesotten.** Dieser dünne Ueberzug von Zinn giebt den Nadeln nicht nur ein beßeres Ansehen, sondern bewahrt sie auch vor dem grünen Rost, den man bey gelben Nadeln weit öfter und häufiger bemerken wird. Nichts ist aber einfacher und leichter, als die Art, wie der einheimische Nadler die Nadeln verzinnt. Zinn und Weinstein sind freilich bey diesem Verzinnen unentbehrlich, doch wird das Zinn hiebey nicht geschmolzen, wie man anfänglich denken sollte, sondern nur vorläufig folgender Gestalt vorbereitet. Der Nadler schmelzt einige Pfund feines englisches Stangenzinn in einem Schmelztiegel, mehr oder weniger, nachdem es lange vorhalten soll. Einige Nadler sollen auch etwas Wißmuth zugleich mit dem Zinn schmelzen. Das geschmolzene Zinn gießt der Nadler in eine hölzerne Mulde, so er inwendig mit Kreide beschmieret hat, damit das heiße Zinn nicht in die Mulde einbrennt. In dieser Mulde wird nun das Zinn so lange geschwungen oder vielmehr geworfen, bis es gekörnet in kleine Körner verwandelt und kalt ist. Sind noch große Stücke vorhanden, so kann man sie nach Befinden von neuen schmelzen, und in der Mulde schwingen, oder deutlicher

cher geredet, in die Höhe werfen, bis sie gekörnet sind. Dieses geworfene oder gekörnte Zinn heißt in der Werkstätte **Weißsood** oder **Weißsod**, weil die Nadeln hiemit weiß gesiedet werden. Der Nadler hebt diesen Weißsod zum Gebrauch in einem kupfernen Kessel auf, und er kann hiemit viele Jahre, ja Lebenslang weiß sieden, wenn der Weißsod nur einen mäßigen Kessel etwa um $\frac{2}{3}$ anfüllet. Denn der Abgang des Zinns beym Weißsieden ist sehr unmerklich.

Mit Beyhülfe des Weißsoods siedet nun der Nadler die Stecknadeln auf folgende Art weiß. In den vorgedachten Kessel, worin sich der Weißsood befindet, schüttet der Nadler auf diesen eine Lage Nadeln, und füllet den Kessel mit Wasser an, worin er in gehöriger Proportion weißen Weinstein schüttet. Nach Herrn Professor Beckmann nehmen einige Nadler statt des Weinsteins auch Salmiak, oder Queckſilber und Weinstein. Soll aber das Verzinnen gut von statten gehen, so muß man hiezu ein weiches Flußwaßer nehmen. Der Kessel mit dem Weißsood, den Nadeln, dem Wasser und Weinstein wird aufs Feuer gesetzt, und die Nadeln mit dem Weißsood und Weinstein müßen eine halbe Stunde auf dem Feuer sieden. Alsdenn nimmt der Nadler den Sood ab, bringt die oben liegende Nadeln unten, und siedet sie mit dem Weißsood abermals $\frac{1}{2}$ Stunde in Wasser und Weinstein. Nach dieser Zeit gießt man die ganze ge-

gekochte Masse durch einen Durchschlag, und der gekörnte Weißsood nebst dem Wasser gehen durch die Löcher des Durchschlags durch, die Nadeln aber bleiben in demselben zurück. Insgemein siedet der Nadler mehrere Partien Nadeln hintereinander, da die Menge, so er zugleich in den Kessel siedet, nicht groß seyn kann. In diesem Fall wirft er die bereits weiß gesottenen Nadeln aus dem Durchschlag in ein Gefäß mit reinen Wasser, damit sie während der Zeit nicht anlaufen, da er die übrigen siedet. Nach völlig vollbrachten Sieden wird der Weißsood zum fernern Gebrauch aufgehoben. Denn, wie gesagt, der jedesmalige Abgang ist unmerklich, ohnerachtet ihn die einheimischen Nadler nicht angeben können.

Es ist allerdings zu bewundern, daß durch dieses leichte Mittel, ohne daß das Zinn geschmolzen wird, die Nadeln mit einer weißen Zinnrinde überzogen werden, wodurch die gelbe Farbe des Messings nur ganz unmerklich durchschimmert. Diese Verzinnung ist um soviel merkwürdiger, da die Naturforscher den Weinstein nicht für ein Auflösungsmittel des Zinns halten, oder bis jetzt nicht gehalten haben. In dem ersten Bande des Schauplatzes der Künste und Handwerke, worin oft gedachte Beschreibung des Nadlers übersetzt stehet, giebt sich sowohl Herr du Hamel, als Herr von Justi Mühe, die Ursachen dieser Verzinnung zu erforschen. Der erste hält sie für eine wirkliche Auflösung,

der

der letztere aber nur für eine Zernagung des Zinns und Messings zugleich. Doch ich will mich bey diesen Erklärungsarten nicht verweilen. Ungleich besser sollen aber die Nadeln verzinnt werden, wenn man sie zwischen Zinnplatten mit Weinstein siedet. Es ist dieses eine englische Erfindung, die auch seit dem Anfang des jetzigen Jahrhunderts in Frankreich eingeführet ist. Meines Wissens hab ich nie auf diese Art verzinnte Nadeln gesehen, daher ich auch ihren Vorzug nicht entscheidend behaupten kann. Mit der englischen und französischen Verzinnung der Nadeln verhält es sich aber kürzlich folgendergestalt. Man legt auf eine runde Zinnplatte eine dünne Lage Nadeln, auf diese wieder eine Zinnplatte, und so wechselsweise eine Lage Nadeln und eine Zinnplatte, bindet den ganzen Stoß zusammen, und läßt diesen mit Wasser und weißen Weinstein in einen Kessel fünf Stunden kochen, da denn die Nadeln gleichfalls verzinnt sind. Herr du Hamel führt bey dieser Gelegenheit auch ein Mittel an, die Nadeln auf eine leichte Art zu versilbern, so aber nicht von Bestand ist. Es wird feines Silber in Scheidewasser aufgelöset und in die Auflösung schüttet man noch zerstossenes Meersalz und weißen Weinstein. Beym Gebrauch wird der Teig, der hieraus entstehet, mit Wasser verdünnt, und die gut gescheuerten Nadeln werden hiemit in einer Krucke versilbert. Doch, wie gesagt, diese Versilberung ist nicht beständig. Dagegen macht man in England

ächt

ächt versilberte Nadeln auf folgende Art. Ein Messingcylinder wird mit starken und ächten Silberblättern versilbert, gerade wie man in der Goldmanufactur Silber zu Golddrath vergoldet. Den versilberten Messing verwandelt man durch die gewöhnlichen Mittel in Drath, der durchgängig eine Versilberung behält, und verfertigt hieraus ächt versilberte Nadeln. Doch ich kehre zur Sache selbst zurück.

Nach dem Verzinnen schüttet der Nadler die Nadeln in eine Mulde, und wirft Sägespäne von einem Holze, so nicht harzig ist, z. B. von Elsen- und Büchenholz hinzu. Beydes rührt er in der Mulde so lange mit der Hand um bis die Nadeln trocken sind, und schwingt zuletzt die Nadeln in der Mulde, wodurch die Sägespäne wieder abgeführet werden. Diese ganze Beschäftigung hat weiter keine Absicht, als die Nadeln, so vor dem Sod naß sind, zu trocknen, damit sie nicht anlaufen. In Frankreich nimt der Nadler statt der Sägespäne Kleyen, und schüttelt hiemit die Nadeln in einem Rollfasse oder auch in einen **Scheuersack**. Herr von Justi giebt dieser letzten Behandlungsart den Vorzug.

Auf Verlangen verkauft der Nadler die Nadeln zwar Loth- und Pfundweise, gewöhnlich aber in sogenanten Briefen auf Papier gesteckt. Ein solcher **Brief Nadeln** enthält mehrere Reihen, und zu jeder Reihe wird das geleimte Papier folgendergestalt gebrochen oder gefalzet.

Für

Für jede Reihe Nadeln bricht der Nadler nach der Breite des Papiers in der Entfernung einiger Linien zwey Falzen, schlägt das Papier hierauf dergestalt zusammen, daß die Rücken beyder Falzen sich decken und auf einander liegen, und steckt beyde Falzen in die Rinne a b. der Klopfe Fig. XXI. In jede Rinne c nach der Breite der Klopfe steckt er hierauf eine Stecknadel in das Papier, und die Rinnen c leiten ihn nur, daß er allen Stecknadeln eine gleiche Entfernung giebt. So werden die Nadeln in allen Reihen eines Briefes in das Papier gesteckt. Bey starken Nadeln enthält eine Reihe 16, bey feinen aber bis 32 Nadeln. In Franckreich bedient man sich statt der Klopfe eines eisernen Instruments mit 26 Zähnen, gleich einem eisernen Kamm. Das gefalzte Papier wird auf eine Bleyplatte gelegt, und mit dem nur gedachten Steckkamm werden zugleich 26 Löcher zu einer Reihe Nadeln durchgeschlagen. Ich finde eben nicht, wie Herr von Justi, daß dieser Steckkamm bequemer sey, als die Deutsche Klopfe.

Eine gute Stecknadel muß einen steifen und gut gespitzten Schaft haben, und in der Spitze nicht kratzen. Der Knopf muß völlig rund, und an einer Seite nicht stärker seyn, als an der andern. Endlich muß sie gut verzinnet seyn, als wenn sie versilbert wäre.

b) Bis jetzt hab ich blos von den messingenen Nadeln geredet, ich komme aber nun

zu

zu der zweyten Art, nemlich zu den eisernen Stecknadeln. Sie sind zwar die ältesten, aber auch die fehlerhaftesten. Denn ihr Knopf ist selten gehörig rund, weil das harte Eisen beym Stampfen in der Wippe nicht gut nachgiebt. Insgemein ist auch der eiserne Nadeldrath schiefrig und splittrig, und die Nadeln behalten diesen Fehler, sie mögen nun verzinnt oder geschwärzt werden. Verzinnt man sie, so vermehrt sich hiedurch das Rauhe und Unebene insgemein noch mehr. Denn dem besten Meister gelingt das Verzinnen nicht immer, und eine verunglückte Verzinnung macht diese Nadeln nur noch hockrichter. Der schwarze Anstrich benimt dem Drath seinen Fehler gleichfalls nicht. Die verzinnte eisernen Nadeln werden daher im Lande selten gebraucht. Höchstens kauft sie noch der arme und unvermögende Landmann in Polen. Wiewohl auch im Lande leisten sie noch bey der Kattunbleiche und beym Trocknen des Tuchs Dienste. Man nimmt hiezu grosse und stark verzinnte eiserne Nadeln, vermuthlich weil diese nach dem Trockenen oder Bleichen nicht so merkliche Rostflecke hinterlassen, als die messingenen Nadeln. Die schwarzen eisernen Nadeln sind in hiesiger Gegend noch zuweilen bey der Trauer üblich, sie kommen aber auch in diesen Fall sehr aus der Mode. Aus dem ganzen Zusammenhang erhellet also, daß es dem äußern Anstrich nach zwey Arten eiserne Nadeln giebt, verzinnte und geschwärzte. Von diesem äußern

Ueber-

Ueberzug brauch ich nur zu reden, denn übrigens werden die eisernen Nadeln an sich eben so gemacht, wie die messingenen, einige Kleinigkeiten ausgenommen. So werden sie z. B. nicht auf einen stählernen, sondern auf einem steinernen Spitzring zugespitzt.

Zuerst red ich von den **weißen oder verzinnten eisernen Stecknadeln**, wobey also nur noch das Verzinnen in Betrachtung zu ziehen ist. Die verfertigten eisernen Stecknadeln müssen vorläufig eben so gescheuert werden, als die messingenen, und hiernächst muß man sie auch wie diese in Sägespäne trocknen. Denn das Verzinnen geht nicht gut von statten, wenn sie nicht gereiniget und trocken sind. Der Nadler schmelzt ferner feines Zinn in einen Topf oder in einer Krucke, so er auf einen Dreyfuß über Feuer setzt. In das geschmolzene Zinn wirft er die Nadeln, und zugleich etwas Salmiak. Ohne Beymischung des letztern erfolgt keine Verzinnung. Die Nadeln müßen in dem Topfe beständig umgerührt werden, damit sie nicht zusammen kleben, und dieses Umrühren über Feuer wird so lange fortgesetzt, bis der Nadler bemerkt, daß die Nadeln vollkommen weiß und verzinnt sind. Zuletzt gießt man die Nadeln nebst dem Ueberrest des Zinns in kaltes Wasser, nimt hierauf die Nadeln wieder heraus, und trocknet sie auf obige Art in Sägespänen. Herr Reaumür in der oft angeführten Schrift beschreibt diese Sache nach französischer Art etwas an-

anders, so mir auch vorzüglich zu seyn scheint. Hiernach bringt der Nadler zuerst die Nadeln mit dem Topf über Feuer, und schüttelt sie so lange bis die Nadeln eine Farbe zwischen gelb und blau bekommen. Alsdenn erst wird das Zinn hinzugesetzt, und wenn dieses geschmolzen ist, der Salmiak. Nach dieser Beymischung verstopft der Nadler den Topf oder die Krucke, und schüttelt diesen über dem Feuer etwa 50 Mal hin und her. Zuletzt werden die Nadeln gleichfalls ins kalte Wasser gegossen, aber durch ein weitlöchriges Sieb von kleinen Stäben, und dieses letztere deshalb, damit sie gut von einander abgesondert werden, und nicht zusammen kleben. Allein eine oder die andre Verzinnung glückt dem besten Arbeiter nicht immer, sondern sie wird oft hockricht, wie ich schon oben gesagt habe. Die übrigen Fehler dieser Nadeln hab ich gleichfalls schon angezeiget. Doch haben sie vor den messingenen den Vorzug, daß sie härter und steifer sind. Herr Reaumür behauptet, daß sie vor den messingenen den Vorzug haben würden, wenn sie mit eben der Sorgfalt, wie die Nehnadeln poliret würden. Ich kann aber nicht entscheiden, ob ein solches Poliren den Preis nicht zu stark erhöhen würde.

Nächst diesen verzinnten giebet es noch **geschwärzte eiserne Stecknadeln**, die man auch **Trauernadeln** nennt, weil sie ehedem von dem deutschen Frauenzimmer statt der weißen bey der Trauer gebraucht wurden. Wenn die Nadeln

deln nach dem Obigen gescheuert und getrocknet sind, so wirft man sie in eine Mulde, und begießt sie hierin mit Leinöl, oder besser mit Baumöl, weil das Leinöl die Nadeln rauch macht. Mit dieser Mulde schwingt der Nadler die Nadeln, bis sie durchgängig mit Oel benetzt sind. Ist dieses, so schüttet man sie in eine Pfanne, setzt sie hiemit über ein Feuer, da denn nach einiger Zeit ein starker Dampf aufsteiget. Wenn man bemerkt, daß die untersten Nadeln schwarz sind, so bringt man die obersten zu unten; und wenn alle geschwärzt sind, so schüttet sie der Nadler auf Papier, und lässet sie trocknen. Hiedurch erhält die Nadel eine Schwärze, gleich als wenn sie mit schwarzen Firniß überzogen wäre, und diese Schwärze hält den Rost in etwas ab. Einige Nadler erleichtern sich diese Arbeit, doch zum Nachtheil der Schwärze. Sie schütten nemlich die eisernen Nadeln sogleich in eine Pfanne, begießen sie mit Baumöl oder Leinöl, setzen die Pfanne aufs Feuer, rühren die Nadeln beständig um, und wenn sie schwarz sind, lassen sie dieselben gleichfalls auf Papier trocknen.

2) Der Verwandschaft wegen gedenk ich hier sogleich der **Haarnadeln**, womit die Locken einer Frisur befestiget werden. Sie gleichen daher einer Klammer. Zuweilen werden diese Nadeln zwar von Messingdrath gemacht, insgemein aber von geschwärzten Eisendrath. Man hat kurze, die nicht viel über 1 Zoll lang sind;

 aber

aber auch längere, deren Länge bis 2 Zoll und mehr beträgt. Je länger solche Nadel ist, desto stärker muß auch der Drath seyn, den man hiezu erwählt. Gleich den Schäften der Stecknadeln wird der Drath nach dem Graderichten nach einem Schaftmodell Fig. XVI. in erforderlicher Länge mit der Schrotschere Fig. XV. zugeschnitten, wobey man gleichfalls mehrere solche Schäfte zugleich zuschneidet. Wie der Nadelschaft wird nun auch der Schaft der Haarnadeln auf dem Spitzring Fig. IX. an beyden Enden zugespitzt, und zwar mehrere solche Schäfte zugleich. Ist der Schaft von Eisen, so schwärzt man ihn nunmehro, grade wie die Trauernadeln. Denn wenn die Haarnadel erst erforderlich umgebogen ist, und man wollte sie alsdenn erst schwärzen, so würde sie zuviel Raum in der Pfanne einnehmen. Nunmehro werden die messingenen sowol, als die eisernen auf folgende Art umgebogen, so daß sie zwey gleiche Schenkel erhalten. Auf dem Blatt des Werktisches Fig. I. schlägt man eine kleine eiserne Klammer ein, deren Oberblatt nur soweit von dem Tischblatt abstehet, als die Dicke des Haarnadeldraths beträgt. Hinter dieser Klammer macht sich der Nadler ein Zeichen auf dem Tischblatt, wie lang ein Schenkel der Haarnadel seyn muß, wenn beyde Schenkel gleich lang seyn sollen. Er nimmt hierauf einige Haarnadelschäfte, bringt alle ihre Spitzen in grader Linie, und steckt die sämmtlichen Spitzen an einem Ende unter das Oberblatt

der

der kleinen Klammer weg, genau bis an das gemachte Zeichen auf dem Tischblatt. Alsdenn bieget er das andere vorstehende Ende der sämmtlichen Schäfte, dicht neben dem Oberblatt der Klammer mit dem Daum um, indem er mit den übrigen Fingern das erstere Ende der Schäfte auf dem Tischblatt fest hält. Zuletzt schlägt er mit dem Pflöckhammer Fig. XXIV. auf die sämmtlichen obern Schenkel der Haarnadeln über der Klammer, und richtet diese hiedurch gerade. Mit so geringfügigen Handgriffen werden die Haarnadeln verfertiget. Seit einiger Zeit hat sich eine grosse und starke Art Haarnadeln bekannt gemacht, die man **Locken- oder Frisirnadeln** nennt, weil hiemit die Locken beym Frisiren gekrümmt und grade gelegt werden. Sie sind etwa einen halben Fuß lang, und werden aus einem starken elastischen Drath verfertiget, der beynahe so dick, als ein Pfeifenstiel ist. Der Gebrauch dieser Lockennadel erfordert, daß der Nadler hiezu einen harten Eisendrath nehmen muß, weil beyde Schenkel elastisch seyn müßen. Uebrigens werden diese Nadeln wie die Haarnadeln verfertiget, außer daß der Nadler den Drath vor dem Gleichrichten mit Hammerschlag, vermittelst eines wollenen Tuchs **blank reibet.** Der Drath zu den feinsten Nadeln dieser Art, wird vor dem Umbiegen noch abgetheilet, und nach Art der Eisenarbeiter poliret.

3) Die erste Ausgabe giebt auch eine kurze Nachricht, wie **Nähnadeln** verfertiget werden, die ich größtentheils abschreiben muß, weil es

 mir

mir an umständlichen Nachrichten fehlt. Denn die berlinischen Nadler müßen zwar zum Meisterstück Nähnadeln verfertigen, übrigens geben sie sich aber mit dieser Arbeit nicht ab, weil die Nähnadelfabriken diese Waaren wohlfeiler verkaufen, als der Nadler zu thun im Stande seyn würde. In Potsdam ist eine Nähnadelfabrik, ich hoffe noch, die erforderlichen Nachrichten zu erhalten. Ich bedaure anjetzt, daß mir die umständlichen und sicheren Nachrichten von einer schwedischen Nähnadelfabrik, die ich vor einigen Jahren besaß, durch eine Veränderung des Orts verloren gegangen sind; die erste Ausgabe giebt folgende Nachrichten von der Verfertigung der Nähnadeln unter den Händen des gewöhnlichen Nadlers, die ich durch einige Zusätze vermehren will. Der Eisendrath, der hierzu brauchbar seyn soll, muß vorzüglich hart und steif, aber nicht spröde und brüchig seyn. Er wird gleichfalls auf dem Richtholze grade gerichtet, und alsdann werden die Nähnadeln nach einem Modell in erforderlicher Länge mit der Schrotschere zugeschnitten oder geschrotet, gerade wie die Schäfte der Stecknadeln. Eben so werden sie auch an einem Ende auf dem Spitzring zugespitzet. Das andere Ende legt der Professionist auf einem Amboß, und glüht es mit einem Polirhammer aus, d. i. er schlägt mit dem Hammer stark auf den obern Theil der Nadel, damit dieser an zwey Seiten platt wird. Denn hier soll in der Folge das Oehr der Nadel ent-

entstehen. Ist die Nähnadel eine Schneidernadel, so eine dreykantige Spitze erhält, so werden diese Kanten gleichfalls jetzt mit dem Polirhammer auf dem Amboß ausgebildet. Nunmehro folgt die künstlichste und mühsamste Arbeit bey dieser ganzen Verrichtung, nemlich die Aushöhlung des Oehrs. Dieserhalb muß die Nähnadel vorher ausgeglühet werden, damit sie weich wird. Die Verfahrungsart bey diesem Ausglühen ist mir aber nicht näher bekannt. Erhält die Nadel ein rundes Oehr, so wird dieses mit einem spitzigen Eisen durchgeschlagen, welches einem Pfriem gleicht. Bekommt aber die Nähnadel ein langes Oehr, so ergreift der Nadler die Nähnadel mit einer Fitzzange, die in ihren Kneipen eine Rinne hat, womit man die Spitze der Nähnadel festhält. Den Ort, wo das Oehr eingefeilet werden soll, befeilt der Nadler auf beyden Seiten, und schneidet das Oehr mit einer Fitze ein, so einem feilartigen Messer gleicht. Alles dieses ist zwar mühsam, aber noch ziemlich leicht und begreiflich. Die Hauptsache beruhet aber darauf, daß die Nähnadel gut gehärtet und poliret wird. Denn dieses gemeinnützige Instrument muß hart und steif, wie Stahl seyn, ob es gleich nur von Eisen ist. Es muß ferner eine feine Politur haben, damit die Ungleichheiten das Nähen nicht verzögern. Nach der ersten Ausgabe scheuert man sie dieserhalb mit Essig oder Speisebier, und trocknet sie wieder in Sägespänen oder Kleyen, wie die

Stecknadeln. Alsdenn werden sie mit Hornspänen und Seife gehärtet, und zuletzt wieder geschmiert, getrocknet und nach ihren Nummern verpackt, nemlich von den Buchstaben a bis s. Diese Beschreibung ist kurz und giebt der Sache noch nicht ein völliges Licht. Vorzüglich zeigt sie nicht, wie man in den Fabriken alle diese Verrichtungen auf die leichteste Art und ohne Zeitverlust vollbringet, damit man die Nähnadeln so wohlfeil wie möglich, verkaufen kann. Doch, wie gesagt, ich bin jetzt nicht im Stande, diese Lücken auszufüllen.

4) Dem Namen nach und auch gewissermassen in Absicht der Verfertigung, hat die **Stricknadel** eine Verwandschaft mit den Nadeln. Man verfertiget sie aus Messing- und Eisendrath, so wie auch in verschiedener Länge und Stärke. Der Nadler verkauft sie gangweise, und zu einem Gang gehören 4 bis 5 Stricknadeln von gleicher Länge und Stärke. Der Professionist muß zu diesen Stricknadeln einen Drath wählen, der nicht hockrich, schiefrich und splittrich, sondern ganz glatt, eben und fehlerfrey ist. Denn gedachte Fehler des Draths würden die Maschen beym Stricken verletzen, oder doch die Arbeit verzögern. Der Drath wird vor dem Gleichrichten entweder mit Sand abgescheuert, oder besser mit Hammerschlag abgerieben, beydes vermittelst eines wollenen Tuchs oder Lappens. Dieses Scheuren macht den Drath blank und glatt. Nachher richtet der

Nadler

Nadler den Drath erst gleich, und zerstückt ihn hiernächst mit der grossen Schrotschere in erforderlicher Länge zu Stricknadeln. Die Stricknadel muß aber zuletzt noch an jedem Ende rund abgerieben werden, da der Nadler blos die Kanten abreibet, ohne die Stricknadel eigentlich zu spitzen. Die Aehnlichkeit und Verwandschaft der Sache besagt schon, daß messingene Stricknadeln auf dem stählernen, eiserne aber auf einem Spitzring von einem Sandstein an beyden Enden rund abgerieben werden. Hiedurch gelangt nun die Stricknadel zu ihrer Vollkommenheit.

5) Zu den kleinen gangbaren Waaren der Nadler gehören auch die **Haken** und **Oesen**. Sie werden aus Messingdrath und auch aus geglüheten Eisendrath verfertiget, und die letztern pflegt man zuweilen auch zu verzinnen. Uebrigens werden die eisernen und messingenen auf gleiche Art verfertiget. Der Nadler schneidet sowol zu den Hacken, als zu den Oesen mehrere Stücke Drath in erforderlicher Länge zugleich zu, und zwar nach einem Modell mit der Schrotschere Fig. XV, gerade wie die Stecknadelschäfte. Zuerst mag er Haken verfertigen. Dieserhalb nimmt er 6 bis 7 und mehrere Stücke Hakendrath zugleich in die linke Hand, richtet sie in der Hand gerade, und bieget mit der rechten Hand vermittelst der Biegezange Fig. XXVI. an jeden Ende einen kleinen Ring oder Oehr. Die runden und sich berührenden Kneipen der Biegezange erleichtern diese Arbeit, die übrigens nach

dem Augenmaaß und aus freyer Hand verrichtet wird, wie alle übrige Behandlungen. Mit Schnelligkeit verfertiget der Nadler diese Arbeit, da er mehrere Hacken zugleich macht, und z. B. die vorgedachten kleinen Ringe an 6 bis 7 Stücke Hackendrath zugleich bieget, und so auch bey allen folgenden Verrichtungen. Sogleich, wenn die Ringe gebogen sind, ergreift er die 7 Stücke Hakendrath mit beyden Händen an den Ringen neben beyden Enden, legt den bis jetzt umgebogenen Drath zwischen beyden Ringen dergestalt zusammen, daß die beyden Ringe zwar einander zugekehret sind, aber auswärts stehen, und der Ueberrest des Draths zwischen beyden Ringen in zwey gleiche Hälften neben einander zu liegen kommt. Diese beyden zusammengelegten, übrigens aber gerade Hälften, druckt er mit dem breiten Theil der Biegezange näher an einander, denn hieraus soll der eigentliche umgebogene Haken entstehen. Er legt hierauf diesen Hakentheil auf einen Amboß e Fig. I, und schlägt oder pflöckt dessen umgebogene Spitze mit den Pflöckhammer Fig. XXIV. breit. Doch werden nur messingene, selten eiserne Haken gepflöckt. Zuletzt bringt er den Haken zu eben der Klammer auf dem Werktisch, worauf vorher die Haarnadeln umgebogen worden, steckt die beyden Ringe des Hakens mit der Zange unter das Oberblatt der Klammer, und bieget den eigentlichen Haken mit dem Daum um, schlägt auch wol mit dem Hammer auf dem eigentlichen Haken

ken über der Klammer. So werden in aller Geschwindigkeit 6 bis 7 Haken zugleich verfertiget. Bey der Bildung der Oese, nimmt der Nadler gleichfalls 6 bis 7 Stück zugeschnittenen Oesendrath in die linke Hand, und bieget mit der rechten vermittelst der Biegezange an jedem Ende abermals einen Ring oder ein Oehr, und zwar bey allen 7 Stücken zugleich. Mit eben der Zange bieget er auch den größern Ring bey allen 7 Oesen zugleich, so daß nun die Oehre gegen einander gekehret sind, aber auswärts stehen. Alles dieses verrichtet er abermals mit der größten Geschwindigkeit. Sind die Oesen etwas krumm, so schlägt man sie auf dem Amboß mit dem Pflöckhammer gerade. Wenn nun mehrere Haken und Oesen auf diese Art verfertiget sind, so können die messingenen sogleich verkauft werden, weil man sie insgemein aus blanken Drath macht; die eisernen müßen aber noch gescheuert werden. Dieserhalb schüttet sie der Nadler in einem langen schmalen **Scheuersack**, in welchem sie gut beyeinander liegen, und schüttelt sie in demselben hin und her, wodurch sie sich unter einander und zugleich an dem groben Sack abreiben. Oefters werden die eisernen Haken und Oesen auch noch verzinnt, gerade wie die weißen eisernen Stecknadeln.

6) Der Nadler verfertiget auch kleine eiserne **Ketten** für kleine Eichhörnchen, und für die Artilleristen, desgleichen messingene zu Tobacksdeckeln, Waageschaalen u. d. g. Er nimmt

hiezu

hiezu ungeglüheten Messing- oder Eisendrath, weil die Kette haltbar seyn muß. Nach dem Gleichrichten des Draths auf dem Richtholze, zerstückt er diesen Drath mit der Schrotschere Fig. XV. in kleinere Stücke, so lang, als die Größe der Schake einer Kette es mit sich bringt. Er nimmt hierauf mehrere Stücke Drath zu Schaken in die linke Hand, und biegt mit der Biegezange Fig. XXVI. die bekannten beyden Krümmungen oder Ringe der Schake, doch so, daß die Spitze jedes Ringes noch nicht anschließt. Ist der Eisendrath zu der Kette stark, so biegt er die Schaken auch wol auf dem obengedachten Schakenholze. Hierauf hängt er die sämmtlichen Schaken bekanntermassen in einander, und eilt mit der ganzen Kette zu einem kleinen Amboß, auf dessen Bahn eine Rinne ist, worinn eine Schake nach ihrer Länge liegen kann, so daß sie nach der Breite aufgerichtet ist. Eine andere Person hält die Kette und läßt beständig nach. Der Nadler selbst aber legt eine Schake nach der andern in die Rinne des Ambosses, schlägt mit dem Hammer auf die Schake, treibt die Spitzen ihrer Ringe fest an, und richtet hiedurch zugleich jede Schake und das Ganze gerade. Auf diese Art werden denn nun auch die kleinen Ketten der Pfeifendeckel zu thönernen Pfeifen gemacht. Der Pfeifendeckel selbst wird mit zwey zusammengehörigen Stangen oder Stämpeln aus Messingblech gestanget oder geformt. Doch wenige Nadler verstehen die

Kunst,

Kunst, diese Deckel schnell zu verfertigen, wie ich weiter oben schon angezeiget habe.

7) In dieser Werkstätte entstehen auch die vierkantigen **Riemerschnallen** von starken Eisendrath, so von den Riemern und Sattlern bey Zäumen, Leinen u. d. gebraucht werden. Der Nadler, so dergleichen Schnallen verfertigen kann, besitzt zu diesem Behuff einen vierkantigen etwa 1 Zoll dicken und 1 Fuß langen Stab von Eisen, der an jedem Ende einen dünnern runden Zapfen hat. Ein Zapfen an dem rechten Ende ist etwas länger, und trägt eine Kurbel. Hiezu gehöret noch ein eiserner Bock, der befestiget ist, und das Zapfenlager des Stabs abgiebet. Beym Gebrauch ruhet also der eiserne Stab auf diesem Zapfenlager. Der starke Eisendrath, der in Schnallen verwandelt werden soll, ist etwa wie ein Pfeifenstiel dick. Damit er sich leicht winden läßet, so glühet ihn der Nadler vorher in Holzfeuer aus, da er den Drathring z. B. in das Feuer eines Stubenofens wirft. Das eine Ende des ausgeglüheten und gerade gebogenen Draths, biegt der Nadler mit der Hand um den gedachten eisernen Stab an dessen linken Ende, und befestiget hiedurch den Drath auf dem Stabe. Hierauf drehet eine Person den vierkantigen eisernen Stab auf seinem Zapfenlager an der Kurbel um, und die andere hält und lenkt den Drath. Der geschmeidige Drath windet sich hiebey um den eisernen Stab, so daß ein vierkantiger Umgang dicht neben dem

andern

andern zu liegen kommt. Ist der eiserne Stab auf diese Art mit vierkantigen Drathumgängen bedeckt, so nimmt ihn der Nadler von seinem Zapfenlager, und streuft den Drath ab. Mit diesem eilt er zur Schrotschere Fig. XV, und schneidet hiemit jederzeit nur einen einzigen Umgang ab, und zwar genau in der Mitte einer der vier Seiten des Umganges. So viel Umgänge er also abschneidet, eben so viel vierkantige Ringe erhält er auch, und aus jedem entstehet eine Schnalle. Jeden vierkantigen Ring legt der Professionist auf den Amboß, richtet mit dem Hammer den Drath in dem Schnitt gerade, und schlägt oder pflöckt zugleich auf die vier Kanten oder Ecken, wodurch er dem Drath an diesem Ort Härte und Haltbarkeit ertheilet. Hierauf schneidet er mit der Schrotschere von einem dünnen und ausgeglüheten Eisenblech einen vierkantigen Streif ab, der so breit ist, als die Schnallen in ihrer innern Oefnung. Diesen langen Streif von Eisenblech zerschneidet er mit der Schrotschere nach seiner Breite in kleinere Theile, und jeder ist so lang und breit, daß er die eine der vier Schenkel der Schnalle genau umgiebet. Dieses Blech wird mit der Zange um denjenigen Schenkel der Schnalle gebogen, wo die Drathenden im Schnitt zusammen stossen. Dieses Blech hat also weiter keine Absicht, als den Drath im Schnitt haltbar zu machen, da dieser übrigens weder zusammgelöthet, noch zusammengeschmiedet wird. Endlich giebt der Nad-

ler

ler der Schnalle noch eine Zunge aus einem erforderlichen zugeschnittenen Stück Drath. Dieses wird an einem Ende mit dem Hammer zugespitzt, und hierauf legt man es in eine rund ausgehölte Rinne auf der Bahn des Ambosses d Fig. I, und schlägt den Drath mit den Pflöckhammer Fig. XXIV. halbrund. Endlich wird das ungespitzte Ende der Zunge mit der Zange und dem Hammer um einen Schenkel der Schnalle gebogen. So daß die Spitze auf dem vorgedachten Blech zu liegen kommt. Diese Schnallen werden eben so geschwärzt, als die Trauernadeln. Doch versetzen einige das Lein- oder Baumöl noch mit etwas schwarzen Pech.

8) Ich habe bey der Nachricht von den Werkzeugen vergeßen, die **Kegeln** Fig II. zur Verfertigung der **Stuhlfedern** zu beschreiben. Hier ist der schicklichste Ort, dieses Versehen wieder gut zu machen, da ich die Verfertigung der Stuhlfedern zeigen will. Beyde Kegeln a b und b c Fig. II. sind von einem harten Holz, zusammengenommen gegen 1 Fuß lang, und in a und c etwa halb so dick. In b, wo sie ihre Spitze gegen einander kehren, sind sie abgekürzt, und hier nur durch einen Zapfen oder eine Schraube zusammengefügt, so daß man sie also im erforderlichen Fall auseinander nehmen kann. Jeder Kegel hat in seiner Axe einen eisernen Zapfen d und a, und an dem Zapfen e ist eine Kurbel. Mit diesem Zapfen werden die

Kegel

Kegel horizontal in ein Zapfenlager gelegt, gerade wie vorher der eiserne Stab zu den Schnallen. Endlich wird man auf den Kegeln a b und b c ganz flache Reifen bemerken, die dem Nadler den Weg zeigen, wie er den Drath beym Winden lenken soll, damit die Windungen gleichmäßig von einander abstehen. Mit Beyhülfe dieser Kegel werden nun die Stuhlfedern verfertiget, die der Stuhlmacher in den Polstern der Canapees, Sophas, Ottomanen und der Kröpelstühle anbringt. Der Nadler wählt hiezu einen harten harzer oder iserloer Drath von der Stärke eines Pfeifenstiels, den er zwar nicht härtet, aber auch nicht ausglühet, da die Stuhlfedern elastisch seyn müßen. Auf der Grundfläche a des Kegels a b ist ein Loch, und in dieses steckt der Nadler das eine Ende des Draths. Hierauf läßt er die beyden Kegel von einer Person an der Kurbel e auf ihrem Zapfenlager langsam umdrehen. Er selbst hält und richtet den Drath, so daß er sich nach Maaßgebung der Reife auf den Kegeln um diese windet. Freilich muß diese Arbeit nach Verhältniß mühsam und langwierig seyn, da der Drath nicht ausgeglühet werden kann, übrigens ist sie aber nicht künstlich, indem die Kegel beynahe alles thun. Sind die Windungen auf beyden Kegeln gebildet, so schraubt man diese in b auseinander, und nimmt sie aus dem gewundenen Drath. Aus dieser Ursach, damit man nemlich die Stuhlfeder von den Kegeln wieder

abneh-

abnehmen kann, muß die Kegel in b abgesondert werden können. Zuletzt wird nur noch der überflüßige Drath an beyden Seiten der Stuhlfeder abgenommen, und diese ist fertig.

9) Die **Gitter von Drath** vor Schränken, Thorwegen, Thüren ꝛc verfertiget der Nadler gleichfalls. Gewöhnlich werden diese Gitter aus Eisendrath verfertiget, da dieser aber leicht rostet, so wählen einige, die es bezahlen können, lieber Messing- oder Kupferdrath. Der Drath überhaupt kann dünn oder stark seyn, je nachdem die Bestimmung des Gitters und der Wille des künftigen Besitzers es fest setzt. Der Eisendrath muß vor dem Stricken ausgeglühet werden, damit er geschmeidig und biegsam wird. Den Messingdrath siedet man aber nur in Wasser und Weinstein, wenn er nemlich schwartz ist, wie ich oben gezeiget habe.

Zur Verfertigung eines solchen Gitters wird jederzeit ein hölzerner Rahm Fig. X. A B C D erfordert, der sich genau in die Oefnung paßt, worin das Gitter angebracht werden soll. Der Nadler bestimmt vorläufig die Weite der Augen des Gitters, und je enger diese sind, je dicker ferner der Drath ist, desto haltbarer ist das Gitter. Nach der bestimmten Weite der Augen theilt er mit gleicher Erweiterung des Zirkels alle Rahmstücke ab, z. B. das Rahmstück A B in 9 gleiche Theile von a bis i. Nach eben dieser Eröffnung des Zirkels theilt er auch die übrigen Rahmstücke ab. Gesetzt nun, er will bey dem Rahmstück A B anfangen zu stricken, so schlägt er in jeden Theilungspunkt von a bis i einen kleinen eisernen Nagel, oder besser eine kleine drätherne Klammer ein, gleich einer kurzen Haarnadel von starken Drath. Er schneidet hierauf den Drath zu, und jedes einfache Drathstück muß dreymal so lang seyn, als die Seite B C oder A D, wie die Erfahrung lehrt. Zwey und zwey solcher Drathstücke in gedachter Länge bleiben ungetheilt beysammen, und durch jede kleine Klammer von a bis i steckt der Nadler von B nach A ein solches doppeltes Drathende durch, so daß die beyden Enden in gleicher Länge nach der Richtung B C hinab hangen. Den Anfang des Gatters macht der Nadler damit, daß er unter der Klammer a die beyden Drathadern einmal unter einander verschlinget, da er dergestalt windet, daß die Ader, die vorher zur Rechten hing, nunmehro zur Linken hängt. Eben so verschlingt er die Drathadern unter den sämmtlichen Klammern von b nach i. Die rechte Ader aus a verschlingt er nun mit der Linken aus b, so daß der Knoten in der Mitte zwischen a und b, und k gerade über fällt. Bey schlechten Gittern windet man nur zwey und zwey Adern einmal in einander, besser ist es aber, wenn die beyden Drathadern zwey bis dreymal in jeden Knoten geschlungen werden. Alsdenn werden die Augen förmlicher, und der Drath hält, wenn gleich eine Ader irgendwo durch einen Zufall reißt. Durch die gedachte Umschlingung ent-

entstehet nun das halbe Auge b l a. Nimmt der Nadler ferner die rechte Ader aus b und die linke aus c, und umschlingt sie nach den vorigen Gesetzen, so erhält er das halbe Auge b m c. So entstehen alle halbe Augen unter a i. Alsdenn geht er zu der Reihe Augen k p über, und macht in k wieder den Anfang. Dieserhalb schlägt er in der ersten Abtheilung k des Rahmstücks B C wieder eine kleine Klammer ein, leitet die linke Ader aus l nach k, zieht sie von l nach k durch die Klammer k durch, legt sie auf der Klammer um, und leitet sie nach dem Innern des Rahms zu. Alsdenn macht er mit der rechten Ader aus l und der linken aus m wieder nach dem obigen Gesetz einen Knoten, wodurch abermals ein halbes Auge entstehet. Auf eben diese Art verfertiget der Nadler die obere Hälfte der Augen von k bis p. Diese Augen schließt und vollendet er, da er nach k zurück gehet, und die Ader aus k und die linke Ader aus dem Knoten unter l rechts in dem Knoten über q vereiniget. So entstehet das ganze Auge l k q l, so wie auch alle Augen in der Reihe k p. Es würde überflüßig seyn, zu zeigen, wie die übrigen Reihen Augen entstehen, da die Verfertigung derselben in keiner Absicht von der Reihe k p abweicht. Ich will nur noch die allgemeinen Regeln anzeigen, wonach diese Gatter verfertiget werden. Zuerst schlinget der Nadler jedesmal die benachbarten Adern der angrenzenden Knoten in einander, so daß er beyde ein bis dreymal zu einem neuen Knoten umwindet. Jedesmal, wenn er zweytens eine Reihe Augen anfängt, so schlägt er in dem nächsten Theilungspunkt auf dem Schenkel B C eine kleine Klammer ein, so die erste Ader befestiget. Endiget er eine Reihe Augen, so wird auf dem Rahmstück A D gleichfalls in dem nächsten Theilungspunkt eine kleine Klammer eingeschlagen, und hierin die letzte Drathader, gerade wie auf dem Rahmstück B C befestiget. Drittens müssen alle Augen völlig rauthenförmig seyn. Daher ist es nothwendig, daß die Knoten sämmtlich sowohl nach der Richtung B C, als auch B A genau in eine gerade Linie fallen. Ist endlich viertens das Drathgitter vollendet, so werden die sämmtlichen Adern in den kleinen Klammern so in den Theilungspunkten des Rahmstücks C D befestiget sind, aufs genaueste verschürzet. Nach diesen Gesetzen verfertiget der Nadler das ganze Gatter. Messingene Gatter behalten ihre natürliche Farbe, eiserne streicht man aber insgemein mit einer schwarzen Oelfarbe an, und bewahrt sie hiedurch vor dem Rost. Zumal wenn sie der feuchten Witterung ausgesetzt sind.

10) **Die gestrickten dräthernen Vogelbauer** oder **Käfige** verfertiget der Nadler nach eben diesen Gesetzen. Er bedarf aber hiezu eines hölzernen Modells Fig. XXX, so dem Ganzen seine Gestalt geben muß, ferner eines runden gedrechselten Knopfs Fig XII und XIV, und eines gedreheten Fusses mit Knöpfen Fig. XXIX.

Alle

Alle diese Stücke läßt er von einem Drechsler abdrehen. In Absicht der Verfahrungsart bey der Verfertigung ist es gleichgültig, der Käfig mag aus Eisen = oder Messingdrath gestrickt werden. Nur muß man den erstern ausglüen, indem man ihn, wie jederzeit, in ein Holzfeuer wirft. Der Nadler fängt die Verfertigung damit an, daß er den untern Rand a b des Käfigknopfs Fig. XII oder XIV in mehrere gleiche Theile abtheilet, und zwar, wie jederzeit bey einem Gatter, mit dem Cirkel. Diese Abtheilungen stehen mehr oder weniger von einander ab, je nachdem die Augen des gestrickten Vogelbeuers groß oder klein seyn sollen. In jeder Abtheilung schlägt er eine kleine Klammer in den Knopf in a b ein, und durch jede Klammer ziehet er eine Drathader, die gleichfalls in zwey gleiche Hälften hinabhängen muß. Jede Hälfte ist dreymal so lang, als der gestrickte Käfig hoch ist. Diesen Knopf nebst den Drathadern setzt der Nadler nun auf das Modell Fig. XXX, welches dem Vogelbauer seine Form geben soll. Er strickt hierauf nach eben den Gesetzen, als bey dem vorigen Drathgatter, außer daß die Reihen der Drathaugen stets in der Rundung um das Modell herum gehen. Daher darf er, wie leicht zu erachten, hiebey weiter keine Klammern einschlagen, als in den Knopf wie vorher gedacht ist. Wenn der Nadler nun auf diese Art den Käfig gestrickt hat, so nimt er ihn von dem Modell ab, setzt jenen auf den Fuß Fig. XXIX, und befestigt und verschlingt hier jede Drathader in einer kleinen Klammer. Die übrigen Kleinigkeiten, die hiebey noch vorfallen, übergeh ich der Kürze wegen.

Der Nadler verfertiget aber die dräthernen Vogelbauern auch aus freyer Hand und zwar ohne Beyhülfe eines Modells. Diese Käfige sind theils rund, theis vierkantig, und in letztern Fall muß wenigstens der Fuß vierkantig seyn, wie Fig. XIII anzeiget. Den obern Rand des Fusses und den untern Rand des Knopfs Fig. XII theilt der Nadler beyde in gleiche Theile. Natürlicher Weise sind aber die Theilungspunkte des Knopfs näher beyeinander, als die Theilungspunkte des Fusses weil jener kleiner ist, als dieser. In jedem Theilungspunkt des Fusses und Knopfs bohrt er mit einen starken Pfriem ein Loch ein. Nach dieser Vorbereitung schneidet er eben soviel Drathstücke zu, als Fuß und Knopf Abtheilungen haben, und bestimmt die Länge dieser Drathadern nach der schicklichen Höhe des Vogelbauers. Diese sämtlichen Drathstücke biegt er an einem Ende, so nach dem Knopf zu fallen soll, schicklich krumm, und der Drath behält diese Krümmungen um soviel ehr, da er nicht ausgeglüet ist. Hierauf steckt er in jedes gebohrte Loch des Fusses das gerade Ende eines Drathstücks, und wenn diese alle eingesteckt sind, so sucht er auch ihr krummes Ende in die Löcher der Abtheilung des Knopfs einzustecken, und in allen diesen Fällen den Drath

gehö-

gehörig zu befestigen. Diese Drathstücke vereiniget und befestiget er dadurch noch genauer untereinander, da er drey Drathringe in gleichem Abstand um dieselben legt, nemlich kurz über dem Boden, in der Mitte des Käfigs, und bald unter dem Knopf. Jeder Drathring wird mit feinen ausgeglüeten **Winde**- oder **Bindedrath** an den aufrechtstehenden Drathstücken befestiget. Man schlingt nemlich den Bindedrath um den Drathring nach dessen ganzen Umfang, und an dem Ort, wo der Bindedrath ein aufgerichtetes Drathstück berührt, umwindet man zugleich dieses und den Drathring. Hiedurch werden nicht nur die aufrechtstehenden Drathstücke befestiget, sondern erhalten auch untereinander einen gleichen Abstand. Ich übergehe hier abermals der Kürze wegen manche Nebendinge, z. B. die Thüre.

11) Zu den grossen Waaren der Nadler gehöret die **Kornfege**. Das Ganze einer solchen Fege hab ich bey dem Bäcker im ersten Abschnitt beschrieben, und hier ist nur die Rede von dem Drathgatter der Fege aus Eisendrath, so blos und allein von dem Nadler gemacht wird, keines weges aber das hölzerne Gestell. In Absicht der Verfertigung giebt es zwey Arten Fegen, sogenante langgeschlagene und gewebte, die aber beyderseits zum Fegen des Getreides bestimt sind.

Die **langgeschlagenen Kornfegen**, oder die **Staubfegen** sind die geringsten. Sie werden

den mehrentheils nur von dem Ackersmann gebraucht, um beym Reinmachen des gedroschenen Getreides dieses von dem Staube zu reinigen. Vorläufig muß der Tischer zu diesen Fegen einen hölzernen Rahm Fig. XXVIII, a b c d verfertigen, der 3 Fuß 4 Zoll lang und 1½ Fuß breit ist. Dieser ist die Grundlage des ganzen Gitters der Fege. Nach der Länge dieses Rahms spannt der Nadler 5 eiserne Stangen e f von starken **Hordendrath**, die man in das Holz in e und f einläßt, und mit kleinen Klammern von Drath befestiget. Nach der Breite dieses Rahms kommen auf den Stangen e f, so zur Unterlage dienen, mehrere Drathstücke g h zu liegen, die sämtlich untereinander und mit den Rahmstücken a d und b c parallel laufen. Man nimt hiezu nur einen mäßig starken Drath, so in der Werkstätte den Nahmen Mittler 2 **Banddrath** führet. Diese Drathstücke müssen einen gehörigen Abstand von einander haben, damit nichts, als Staub durchfällt, und dieser Abstand beträgt höchstens etwas über 1 Linie. Folglich muß der Nadler die Rahmstücke a b und d c hiernach abtheilen, damit alle diese Drathstücke g h einen gleichen Abstand erhalten. In jedem Theilungspunkt dieser Rahmstücke macht er mit einen Pfriem ein kleines Loch, biegt hierauf jedes Drathstück g h in g und h um, und den umgebogenen Theil schlägt er an seinen Ort in das gebohrte Loch ein. Auf diese Art werden alle diese Drathstücke befestiget. Zu mehrerer

Halt-

Haltbarkeit wird auf der Befestigung des Draths und also zugleich auf dem Rahm nach dessen ganzen Umfang verzinntes Eisenblech mit kleinen Nägeln angeschlagen. Alles dieses verrichtet der Nadler aus freyer Hand, blos mit dem Hammer, der Beiß- und Biegezange. Zuweilen werden die Drathadern g h auch wol auf jeder Unterlage e f mit feinen Bindedrath befestiget, grade wie oben bey der zweyten Art der Vogelbauer.

Ungleich mühsamer ist die Verfertigung der sogenanten **gewebten Kornfegen**. Sie haben aber auch einen merklichen Vorzug vor jenen, weil sie nicht nur den Staub, sondern auch Rade, Draspe und d. g. abführen, wenn sie gehörig gestellet werden. Daher bedient sich der Bäcker in grossen Städten jederzeit einer solchen Fege. Doch unterscheidet man wieder, Rocken- oder Kornfegen, Weitzenfegen und Radefegen, je nachdem das Gewebe des Gatters weiter oder enger ist. Außerdem lassen die Pulvermühlen ganz feine **Pulverfegen** von Messingdrath verfertigen. Der Gebrauch dieser Fegen ist mir nicht bekannt. Ich vermuthe, aber, daß man hiemit den Staub von dem feinsten Schießpulver, insbesondre von dem geschliffenen abführt. Das Gatter aller dieser Fegen wird nun gewebt, wie schon die Benennung anzeigt. Der Stuhl, worauf man sie webt, gleicht dem Stuhl der Siebmacher, worauf diese die dräthernen Siebboden weben, wie ich bereits bey der Beschreibung der Werkzeuge angezeiget habe. Ein solcher Weberstuhl hat zwey, 8 Fuß hohe und 6 Zoll starke hölzerne Säulen, die oben und unten durch einen Riegel mit starken eisernen Klammern $3\frac{1}{2}$ Fuß von einander entfernet sind. Ueberdem sind auf jeder Säule nach ihrer Länge noch 2 eiserne Klammern, die 6 Fuß von einander abstehen. In zwey gegenüberstehende Klammern beyder Säulen wird eine eiserne Stange nach der Breite des Stuhls eingeschoben, so daß also oben und unten an den Säulen eine eiserne Stange liegt, und beyde 6 Fuß von einander entfernet sind. Zwischen diesen beyden eisernen Stangen wird der dräthterne Aufzug ausgespannet. Zu einen solchen Stuhl gehört ferner ein $2\frac{1}{2}$ Fuß langer und 6 Zoll breiter Kamm. Dieser bestehet aus 2 kleinen hölzernen Rähmen, die durch Schrauben vereiniget sind. Beyde Rähme befestigen mehrere senkrechte eiserne Zähne, oder kleine platte eiserne Stäbchen, die in ihrer Mitte ein kleines rundes Oehr oder Loch haben. Die Anzahl dieser Zähne beläuft sich auf 70 bis 100, je nachdem die Fege fein und breit seyn soll. Endlich gehört hiezu noch ein dünner flacher Stab, der so lang, als der Weberstuhl breit ist. Der Stuhl steht beym Gebrauch geneigt an einer Wand. Der Eisendrath, so man hiezu nimt wird vorher ausgeglüet, und der zum Aufzug wird in lauter Stücke zerschnitten, die etwas über 12 Zoll lang sind. Dieser Aufzug muß nun um die vorgedachten eisernen Stäbe geschlungen werden so daß er hiedurch in zwey gleiche Hälf-

Hälften 6 Fuß lang getheilet wird. Die eine Hälfte gehet vor, die andere hinter den eisernen Stäben hinab, und beyde Hälften werden auf dem obern eisernen Stab zusammengewunden und ausgespannt befestiget. Diejenigen dieser Hälften, die hinter diesen eisernen Stäben hinabgehen, will ich nach dem Sprachgebrauch der Weber, das **Hinterfach** die aber so vor gedachten Stäben hinabgehen das **Vorderfach** nennen. Indem der Nadler diesen Aufzug auf die gedachte Art ausspannt, leitet er ihn auch durch die Zähne des vorgedachten Kamms. Die hinterste Hälfte jeder Drathader zieht er durch das Oehr des Zahns, die vorderste aber zwischen diesen und den benachbarten Zahn. Wenn nun der Aufzug ausgespannt ist, so begeben sich 2 Arbeiter zum Weben. Der eine zieht zuerst mit dem Kamm alle Hinterhälften oder das Hinterfach der Drathadern vorwärts, so daß sie durch die Vorderhälften oder das Vorderfach durch gehen und diese durchkreutzen. Der andere Arbeiter steckt sogleich über dem Kreutz beyder Fächer den Einschlag mit dem vorgedachten dünnen Holze durch. Der erste Arbeiter läßt hierauf den Kamm fahren, und das Hinterfach trit wieder durch seine eigene Neigung zurück durch das Vorderfach. Zugleich drücken beyde mit den Kamm gegen den Einschlag. Ueber diesem Einschlagdrath machen beyde Fächer abermals ein Kreutz, und es wird von neuen ein Einschlagdrath gegenseitig eingesteckt. Ist der erstere

stere von der Linken zur Rechten durchgezogen, so wird der zweyte von der Rechten zur Linken eingeschlagen. Nunmehro ziehet der Nadler den Kamm zum zweyten mal nach sich, das Hinterfach trit hiedurch vorwärts durch das Vorderfach, und beyde Fächer machen von neuen ein Kreutz. Der Kamm wird gleichfalls wieder von beyden Arbeitern auf den zweyten Einschlagdrath niedergedruckt. Durch diese letztere Bewegung des Kamms richtet der Nadler jedesmal den Einschlagdrath, so daß die sämtlichen Einschlagdräther gleich weit von einander abstehen. So weben beyde Arbeiter hintereinander fort, bis das Gatter vollendet ist, da man es denn mit einer starken Schere abschneidet, und von dem Stuhl abnimt. Ich habe diese ganze Verrichtung nur ganz kurz beschrieben, und ich verweise den Leser in dieser Absicht nochmals auf den Siebmacher. (S. Sammlung XII. Seite 6 bis 15). Das verfertigte Gatter zur Fege übergiebt man nun einem Tischer, der es gleichfalls in einem 3 Fuß 4 Zoll langen und 1½ Fuß breiten hölzernen Rahm befestiget. Dieser bringt auf dem Rahm zur Unterlage vorläufig 5 Stangen von **Hordendrath** in gleichen Abstande an, nemlich 2 nach der Länge und 3 nach der Breite, so er sämtlich in das Holz an beyden Enden einläßt, und mit Klammern befestiget. Auf diesen komt nun die Fege selbst zu liegen, so an ihrem Umfang auf den Rahmstücken mit kleinen Klammern angenagelt wird. Zu mehrerer Haltbarkeit

barkeit legt man auch hier um den ganzen Umfang des Rahms schmale Streifen von verzinnten Eisenblech, und schlägt diese mit kleinen Nägeln an.

12) Endlich muß ich noch der **Drathgatter** oder **Horden zu Malzdarren** oder Malzdörren gedenken. Sie werden beynahe eben so verfertiget, wie die vorgedachten Fegen der ersten Art, daher die XXVIII Fig. abermals zum Leitfaden dienen kann. Vorläufig verfertiget der Schlößer zu dem Darrgitter einen eisernen Rahm a b c d, dessen Länge und Breite der künftige Besitzer der Darre bestimmt. Bey vollständigen und dauerhaften Darren hat das Rahmstück a b auf seiner innern Seite nach seiner ganzen Länge eine Falze, worin sich der Darrendrath genau und gedrengt paßt. Das Rahmstück d c bestehet aus zwey gleich dicken und langen Hälften, die sich einander decken, und die obere Hälfte kann auf der untern angeschraubet werden. Innerhalb dieses Rahms befestiget der Schlößer nach der Länge 3 bis 4 eiserne Stangen e f in gleichen Abstande, so dem Darrendrath zur Unterstützung dient. Dieser Rahm wird nun dem Nadler übergeben, der in demselben einen ziemlich starken **Darrendrath** g h nach der Breite des Rahms befestiget. Der künftige Besitzer der Darre bestimmt die Dicke und zugleich den Abstand dieses Darrendraths. Denn bey einer Darre zu Weitzenmalz können die Dräther schon etwas weniges weiter von ein-

einander abstehen, als zu Gerstenmalz, weil der Weitzen schon stärkere Körner hat, als die Gerste. Ueberhaupt kann dieser Abstand aber kaum 2 Linien betragen, wenn das gedörrte Malz nicht durchfallen soll. Der Nadler richtet den Darrendrath auf einen grossen Richtholz Fig. VI grade, und schneidet hievon Stücke nach der Breite der Darre mit der Schrotschere ab. Es ist aber keine Ursach vorhanden, weshalb man diesen Darrendrath ausglüen müste. Jedes Stück Darrendrath g h steckt er mit dem Ende g in die oben gedachte innere Falze des Rahmstücks a b. Die obere Hälfte des Rahmsstücks d c schraubet und nimt er ab und legt das andre Ende h des Darrendraths auf die untere Hälfte des Rahmstücks d c. So legt er alle Darrendräther von a d bis b c, und siehet zugleich dahin, daß alle einen erforderlichen und gleichen Abstand erhalten. Ist dieses, so schraubet er die obere Hälfte des Rahmstücks d c wieder auf die untere Hälfte auf, und befestiget hiedurch die Darrendräther. Zu mehrerer Haltbarkeit wird aber noch der Darrendrath auf den sämtlich sogenannten **Tag**- oder **Dagstangen** e f, so nach der Länge der Darre liegen, mit ausgeglüeten feinen **Windedrath** umwunden. Der Nadler windet nemlich diesen Windedrath um jede Stange e f, und so oft er beym Winden einen Darrendrath g h erreicht, so umschlingt er zugleich diesen und die Dachstange. Hiedurch wird der Darrendrath eingeschränkt, daß

daß er sich nicht verschieben kann. Die Gitter der Malzdarren werden zwar noch auf eine leichtere aber nicht so dauerhafte Art verfertiget, wovon ich aber der Kürze wegen nichts erwehnen will.

Bey der Uebersicht des Ganzen bemerk ich, daß ich in diesen Abschnitt eine ziemliche Anzahl Beyspiele gegeben habe, woraus die Nadlerprofession hinreichend erhellen wird. Doch ist sie noch nicht erschöpft, denn die Anzahl der Waaren, so dieser Professionist verfertiget, ist beträchtlich. Daher war es unvermeidlich, verschiedene Beyspiele anzuführen, wenn dieser Profession ihr Recht wiederfahren sollte.

Nachricht. Man kann drey Arten Nadler unterscheiden. Ausser dem gewöhnlichen Nadler, wovon in diesem Abschnitt die Rede war, giebt es noch in Schweden, in Lübeck und in andern dasigen Seestädten, so wie auch zuweilen in einigen einheimischen Städten, sogenannte **Stecknadler.** Diese machen blos Stecknadeln, und weichen in ihren Handgriffen in etwas von dem gewöhnlichen Nadler ab. Ueberdem nennen sich auch diejenigen Fabrikanten Nadler, so in den Nähnadelfabriken arbeiten. Die Lehrbursche der gewöhnlichen Nadler erlernen dis Handwerk in 3 bis 4 Jahren. Allerdings müssen sie eine gute Leibesbeschaffenheit haben, da diese Profession obgedachtermassen der Gesundheit nachtheilig ist, zumal wenn jemand oft Stecknadeln zuspitzt. Die Gesellen haben unter-

untereinander ein geschenktes Handwerk, und ein einwandernder Geselle erhält 10 bis 12 Groschen und freyes Nachtlager, nemlich in Berlin. Gesellen, die Meister werden wollen, verfertigen zum Meisterstück 200 dreyschneidige Kürschnernadeln auf carlsbader Art; 200 vierschneidige Barbiernadeln zum Heften der Wunden; und 200 gemeine Schneidernadeln. Ingleichen müssen sie ein rundes Gatter von Drath vor einem Kellerfenster machen. Dieses alles muß der Jungmeister in des Altmeisters Hause innerhalb 8 bis 14 Tagen, verfertigen. In andern Städten bestehet das Meisterstück in einer Anzahl Stecknadeln von verschiedenen Nummern. Und dieses letztere Meisterstück zeigt auch von mehr Billigkeit des Gewerks. Denn der einheimische Nadler hat zur Verfertigung der Nähnadeln weder Gelegenheit noch Uebung. Vermuthlich besagt das Privilegium der Nadler, daß sie auch Nähnadeln verfertigen dürfen, daher sie ihr altes Recht wenigstens durch das Meisterstück behaupten wollen.

In Berlin ist die Nadlerprofession an sich ziemlich nahrlos. Denn die Nadler der benachbarten Städte, die ihre Nahrungsmittel wohlfeiler einkaufen, liefern ihre Stecknadeln und andre kleine Nadlerwaaren für einen wohlfeilern Preiß nach gedachter Stadt. Und wie oft findet sich die Gelegenheit, Malzdarren und andre grosse Stücke abzusetzen? Zum Glück erlaubt das Privilegium den Nadlern, Nadlerwaaren

und

und andre kleine Waaren in einer Bude oder in einen kleinen Laden zu verkaufen. Daher giebt es verhältnißmäßig wenige Nadlerwerkstätten in Berlin, worin Nadlerwaaren verfertiget werden. Verschiedene Meister so einiges Vermögen besitzen, haben sich in kleine Kaufleute umgewandelt ohne daß sie Nadlerwaaren verfertigen oder in ihrer Wohnung verfertigen lassen, und haben zum Theil hiebey einige Reichthümer gesammlet.

Vierter Abschnitt.

Der Böttcher.

Der Böttcher, Bottichmacher, Küfner, Kimker, Kymer heißt in manchen Gegenden auch Binder oder Faßbinder, allein diese Benennung ist den hiesigen Böttchern zuwieder. Vermuthlich wollen sie unter diesem Namen nur solche Personen verstanden wissen, die auf dem platten Lande um alte Gefäße zwar statt der abgesprungenen neue Bände umlegen können, weiter aber nichts von der Böttcherprofession verstehen. Er läuft wie ein Faßbinder, ist überdem ein altes hiesiges Sprichwort, so diese Benennung vermuthlich noch verhaßter gemacht hat. Den Namen Böttcher führt er wahrscheinlich von den Bottich, einem bekannten Braugeräthe. Weiter unten werd ich zeigen, daß sich die Böttcher untereinander in Groß- und Kleinbinder abtheilen.

Herr Fougeroux von Bandaroy, zeigt zu Anfang seiner ziemlich umständlichen Beschreibung der Böttcherkunst, die im vierten Bande des Schauplatzes der Künste und Handwerker, deutsch übersetzt stehet, daß bereits kurz nach Christi Geburth hohle und runde Gefäße

fäße aus schmalen und dünnen Brettern zusammengesetzet sind. In der That sind diese Gefäße auch vortheilhafter, als die irdenen, worinn von den Alten flüßige Körper aufbehalten wurden. Denn jene sind der Gebrechlichkeit nicht so stark unterworfen, als die irdenen. Noch bis jetzt haben wir daher die Gewohnheit beybehalten, hölzerne und von dem Böttcher verfertigte Gefäße zu gebrauchen, zumal in holzreichen Gegenden. Bekannt ist aber, daß wir in diesen Gefäßen nicht nur flüßige Körper, sondern auch solche, die in ihren Theilen einen geringen Zusammenhang haben, wie z. B. Mehl aufbehalten, und von einem Ort zum andern bringen. Ueberdem leisten diese Gefäße bey dem Transport mancher Kaufmannswaare namhafte Vortheile.

Die vorgedachte Beschreibung des Herrn von Bandaroy, ist zwar gut und ziemlich umständlich, aber theils ist sie nur einseitig, da sie nur eine Art Böttcherarbeit der Kleinbinder mit der sogenannten Kröse oder Kröße beschreibet, und die hiesige sogenannte Kimmarbeit der Großbinder gänzlich mit Stillschweigen übergehet, vielleicht, weil sie in Frankreich nicht üblich ist. Theils verändert Ort und Umstände auch vieles, daher der hiesige Böttcher in manchen Fällen ganz anders verfährt, als gedachte Beschreibung besaget. Dis gilt beynahe von allen Beschreibungen der Handwerke und Künste, so die Akademie der Wissenschaften zu Paris veranstaltet.

I. Die **Materialien** des Böttchers bestehen insbesondere und fast grossentheils in gewissen Holzarten.

A) Dieser **Holzarten** bedarf der Böttcher, wie leicht zu erachten, zu Stäben oder Dauben, zu Bodenholz und zu Bändern der verschiedenen Gefäße. Aus den **Stäben** oder **Dauben** entstehet die Seitenwand; aus dem **Bodenholz** aber der Boden der Gefäße. Beyde Arten sind dünne Bretter, die nach ihrer verschiedenen Bestimmung zu großen oder kleinen Gefäßen in Absicht ihrer Länge, Breite und Dicke verschiedentlich von einander abweichen. **Bände, Bänder** oder **Reifen** halten die Stäbe eines Gefäßes zusammen. Nach der Größe ihres Gefäßes müßen sie gleichfalls bald stärker, bald schwächer seyn. Das Stab- und Bodenholz erhält der Böttcher bereits vorgearbeitet aus den grossen einländischen Waldungen. Es wird nemlich daselbst von gewissen unzünftigen **Stabschlägern** aus gesägten Klötzen oder Blöcken mit einer **Spaltklinge** oder **Klöbeisen** Tab. V. Fig. II. gespaltet, und mit einem Beil, so ein langes Blatt hat, vorläufig glatt behauen. Wenigstens in hiesiger Gegend ist es nicht üblich, wie in einigen wenigen andern Ländern dieses Stab- oder Bodenholz mit der Säge zu trennen oder zu schneiden. In der That hat dieses geschnittene Holz auch den Nachtheil, daß es bey

der

der weitern Bearbeitung in der Werkstätte oft wider die Absicht des Arbeiters spaltet, da der Schnitt nicht genau nach den Faden gehet, sondern diesen zum öftern zerschneidet. Uebrigens bearbeitet der Stabschläger die eichenen Dauben und Stäbe ungleich sorgfältiger, als die geringeren kiehnenen oder fichtenen. Das Bandholz, wozu man junge Bäume oder mäßige Zweige nimt, bringt der Landmann dem Böttcher größtentheils zum Verkauf. Der Landmann hauet nur die Zweige ab, und schälet auch zuweilen die Rinde ab.

1) Zu dem **Stab- und Bodenholz** wählet man in hiesiger Gegend folgende beyde Holzarten:

a) Das **Eichenholz** ist hiezu aus einer doppelten Ursache am brauchbarsten. Denn theils hat es, wie bekannt, eine vorzügliche Härte und Dauer, und überdem giebt es insgemein den flüßigen Körpern, die man hierin aufbehält, keinen falschen Holzgeschmack. Daher wählt man es vorzüglich zu solchen Gefäßen, worinn flüßige Körper erwärmt gegossen werden sollen, z. B. zu Bierbottigen und Kühlfäßern, oder worinn flüßige auch feste Körper eine geraume Zeit aufbehalten werden sollen, z. B. zu Wein- und Biertonnen, und Fäßern zum Fleischeinsalzen. Zu Stab- und Bodenholz kann der Böttcher Eichenholz von allen Arten wählen. Doch hat die Steineiche wegen ihres vorzüglich festen und harten Holzes den Vorzug, wenn sie nemlich gut

 spal-

spaltet. Auch zu diesem Gebrauch, wie in allen übrigen Fällen, muß das Eichenholz in den Wintermonaten gefället werden, wenn nicht viel Saft in den Bäumen ist. Die Arbeit aus solchem Holze wird schöner, und ist dem Wurmstich nicht so ausgesetzt, als das im Sommer gefällte Holz. Zumal da dieses in der Sonnenhitze zu schnell austrocknet, Risse bekommt, und folglich von weit geringern Werth und Nutzen ist. Die Böttcher erstehen ihre Stäbe entweder unmittelbar in den grossen Waldungen, oder in grossen Städten auch von den Holz- und Stabhändlern. Sie werden ring- und schockweise gekauft, und ein Ring enthält 4 Schock und 4 Stäbe. Das eichene Bodenholz zu Bottichen ist 5 bis 10 Fuß lang, und 2 Zoll dick, und eben diese Dicke hat auch das Stabholz dieses Gefäßes, aber nur eine Länge von $3\frac{1}{2}$ bis 4 Fuß. Das erstere kauft man fußweise, das letztere aber schockweise. Das **Kufen**- oder **Pipenholz** ist 5 Fuß lang, und $1\frac{1}{2}$ Zoll dick. Faßholz hat eine Länge von $3\frac{1}{2}$ Fuß, und 1 Zoll zur Dicke. Das Tonnen- und Ohmenholz zu ganzen Biertonnen ist 2 Fuß 8 Zoll lang, und 1 Zoll dick; zu halben Tonnen ist es 2 Fuß 2 Zoll lang, und 1 Zoll dick; und endlich ist das Oemchenholz bey eben der Dicke 1 Fuß 2 Zoll lang. Eimerstabholz erhält endlich zur Länge 1 Fuß 2 Zoll, und hat eine zu dieser Länge schickliche Dicke. Mit diesen Stabhölzern zu kleinern Gefäßen stimmt ihr Bodenholz

in

in Absicht der Dicke überein, und die Länge richtet sich proportionirlich nach der Höhe des Gefäßes. Bey allen diesen Hölzern hab ich nur die Länge und Dicke angeben können, denn die Breite ist verschieden und unbestimmt, je nachdem jedes einzelne Stück beym Spalten in den Waldungen breiter oder schmaler ausfällt. Man hält dafür, daß das Stabholz, so grade ab in zwey Stücke bricht, wenn man es auf einen scharfen Stein, oder dergleichen schlägt, von sehr guter Beschaffenheit sey. Allein dergleichen Proben lassen sich nicht wohl anstellen. Wenigstens würden die hiesigen Stabhändler eine öftere Probe dieser Art verbitten.

b) Man hat ferner Stab- und Bodenholz von **Fichten- und Kiefernholz**. Beyde verwandten Nadelholzarten, faßt man hier unter dem allgemeinen Namen **Kienenholz** zusammen. Dieses Holz ist in hiesiger Gegend das gewöhnlichste und wohlfeilste, daher es oft zur geringen Böttcherarbeit genommen wird. Allein dieses Holz kann nur zu solchen Gefäßen gebraucht werden, worin man entweder trockene Dinge aufbehält, als zu Mehlfäßern, Pulverfäßern, Salztonnen und zu Packfäßern der Kaufmannsgüter; oder höchstens zu solchen Geräthen, worin der flüßige Körper nicht lange stehen bleibet, z. B. zu Waschfäßern, Lohtienen und schlechten Wassereimern. Denn dieses weiche Holz saugt die Feuchtigkeit in etwas in sich, insbesondere giebt es aber flüßigen Dingen einen kienigten oder harzigten Beygeschmack. Der Böttcher schätzt das feinadrigte Kienenholz am höchsten, weil es am härtesten ist, und das beste Ansehn hat. Wenn der Baum, woraus dieses Bodenholz und Stabholz gespaltet werden soll, gefället und in Kolben oder Klötze zerstückt ist, so dürfen diese nicht lange in der Luft und in dem Regen stehen. Denn wenn das Holz wieder trocken ist, so läuft es leicht grün an, und eben dadurch wird es zu hölzernen Gefäßen unbrauchbar gemacht. Dis rührt vermuthlich von der Rinde her, die sich noch auf dem gefällten Baum oder auf den Klötzen befindet. Denn man findet, daß wenn die Rinde abgenommen ist, die Näße dem Kienenholz nicht schadet. Eben diese Rinde befördert, wie bekannt, unter gefällten Bäumen auch den Wurmstich. Jeder Stab ist 3 bis 6 Fuß lang, und nach Proportion dick. Zu solchen Gefäßen, worin Wasser oder sonsten flüßige Körper gegossen werden sollen, muß das Holz blos aus dem Kern gehauen werden. Denn der Splint oder Spint ist weich und schwammig, und saugt die Näße ein, so wie er auch der Vergänglichkeit am mehresten unterworfen ist. Von den fettesten Kernholz muß insbesondere das Asch- und **Laugetienenholz** gehauen werden, weil die Lauge das Holz sehr angreift. Dieses Holz ist daher theurer, 3 bis 6 Fuß lang, und nach Proportion dick. Bey Stäben, die zu Fäßern genommen werden, in welche man trockene Sachen

Sachen schütten will, ist der Spint oder Splint schon unschädlicher.

Zur Erläuterung aller dieser Stab- und Bodenhölzer will ich noch einige Anmerkungen beyfügen. 1) In manchen Gegenden, insbesondere wo Holzmangel ist, verfertiget man auch Böttcherarbeit aus andern Holzarten, z. B. in Frankreich zuweilen aus Kastanien und Maulbeerbäumen und d. g. m. Bis jetzt wird zwar hiezu bey uns nur noch das Eichen- und Kiehnenholz verwendet, aber wer weiß wozu uns noch in der Folge der einreißende Holzmangel nöthigen kann. 2) Der Böttcher erstehet zwar vorzüglich eichenes und kiehnenes Stab- und Bodenholz, aber überdem auch in geringerer Zahl **Riegelholz**. Der Riegel wird zur Festigkeit unter den Boden sehr starker Gefäße gelegt, deren Boden einen starken Druck oder eine starke Gewalt ausstehen muß, z. B. bey Bottichen und Waschtienen. Das Riegelholz sowohl von Eichen- als Kiehnenholz, ist nur schmal, so lang als das Bodenholz jeder Art der Gefäße, aber etwas stärker. 3) Das Stab- und Bodenholz insbesondre zu Gefäßen, die flüßige Körper fassen sollen, muß völlig fehlerfrey seyn. Denn es ist bekannt, daß der flüßige Körper durch jede kleine Oefnung, so durch Fehler entstehen kann, durchdringet; und überdem manche Fehler, z. B. die Fäulniß des Holzes vermehret. Insbesondre muß dieses Holz nicht grün, sondern völlig trocken seyn. Denn das Gefäß von grünen Holze verfertiget, trocknet natürlicher Weise in allen seinen Ausdehnungen nach. Hieraus entstehet der Nachtheil, daß die Stäbe in etwas schmaler werden, und die Bänder nicht mehr ausfüllen, daher das Faß oft einfällt. Diesen Verlust leidet der Besitzer schon, wenn ein Gefäß, insbesondre von trockenen Kiehnenholze zur Sommerszeit lange in der Sonne oder auch nur in der Sommerhitze stehet, wodurch es leck oder, wie man in hiesiger Gegend sagt, spack wird, kein Wasser hält und zusammenfält. Diesen Fehler beuget man vor, wenn man das Gefäß zur Sommerszeit in einen feuchten Keller, oder auch nur an einen kühlen Ort stellt, oder wenn es leck geworden ist, noch zu rechter Zeit mit Wasser anfüllet. Hieraus erhellet nun unwiedersprechlich, daß der Böttcher ein Gefäß aus trocknen Holze verfertigen muß. Erstehet er daher Stab- und Bodenholz, so noch grün, oder doch noch nicht völlig ausgetrocknet ist, so muß er es übers Kreutz zu einen vierkantigen Holzstoß aufsetzen, damit die Luft durchstreichen und das Holz austrocknen kann, aber im Schatten, denn in der Sommerhitze reißt das Holz bekanntermaßen auf. Insbesondre trocknet das Eichenholz schwer aus, und muß oft in dieser Absicht eine geraume Zeit stehen, zumal wenn es zu starken Gefäßen dick ist. Zweytens ist der Spint oder Splint dem Holze nachtheilig, wovon ich die Ursache bereits beym Kiehnenholze an-

angezeiget habe. Der Wurmstich giebt drittens dem Holze kleine Löcher, wodurch nicht nur die Feuchtigkeit durchdringt, sondern das Holz ist auch an wurmstichigen Stellen mürbe und zerbrechlich. Die Fäulniß wodurch zugleich rothe flammigte, gestreifte und bunte Flecke entstehen, ziehet beynahe eben den Nächtheil nach sich. Denn diese Fäulniß vermehret sich durch die flüßigen Körper, die sich in dem Gefäße befinden, und am Ende saugt sich die Feuchtigkeit durch. Endlich nimmt man auch nicht gerne Holz von Bäumen, so in einen Windbruch gestürzt sind. Denn die sogenannte Jahre werden durch den umreißenden Sturm verrückt, wodurch Risse in dem Holze entstehen. Herr Bandaron führt in seiner oben angezeigten Beschreibung noch an, daß selbst manches eichene Holz den flüßigen Körpern einen Nebengeschmack beybringt, wovon man aber die Ursache nicht anführen kann. Ich habe nicht Gelegenheit gefunden, die einheimische Böttcher zu befragen, ob sie diesen Fehler bey dem gedachten Holze auch in Deutschland bemerken. So viel ist gewiß, das eichene Holz führt eine Säure bey sich, die man in hiesiger Gegend Lohe nennt. Von allen diesen Fehlern muß nun das Stab- und Bodenholz frey seyn. Doch erlaubet die französische Polizey den dasigen Böttchern, wie Herr Bandaron sagt, bey Wein- und Bierfäßern in und neben dem Spuntloch einige fehlerhafte Stäbe anzubringen, weil hier, der Natur der

Sache

Sache gemäß, der flüßige Körper nicht durchdringen kann.

2) Außer dem Stab- und Bodenholz gehöret auch zu dem Einkauf des Böttchers das **Bandholz** zu Bändern oder Bänden. Hiezu kann denn nun nicht jede Holzart gebraucht werden, denn die Beschaffenheit der Sache verlangt, daß das Bandholz geschmeidig und biegsam ist, damit das Band sich bequem um die Stäbe eines Gefäßes legen läßet. Ueberdem kann man den runden Baum oder Zweig nicht um das Gefäß legen, sondern er muß sich genau anschließen, und daher wenigstens in zwey, zuweilen, aber selten auch in drey Theile nach der Länge zerspalten werden. Man nimmt hiezu junge Bäume, oder auch schickliche Zweige von biegsamen Bäumen. Es giebt Bänder aus

a) **Eichenholz**, die aber nur zu schlechten Bottichen und andern starken Gefäßen gebraucht werden. Sie sind 4 bis 5 Zoll dick, und die stärksten werden selten in 3 Theile, die schwächern gewöhnlich nur in 2 Theile zerspalten. In großen Brauereyen auf den Königl. Pachtämtern legt man zuweilen Bänder von starken jungen Eichen um die Braubottiche, um die Kosten der eisernen gewöhnlichen Bände zu sparen, und alsdenn wird die junge Eiche in drey Theile zerspaltet. Die Natur der Sache bringt es mit sich, daß man zu diesen Bändern nur junge geschmeidige Eichen gebrauchen kann.

b) Zu

b) Zu eben dem Gebrauch werden auch **junge Aeschen** verwendet, die man auch wenn sie nur schwach sind, zu Bändchen der Tienen oder Wannen nimmt. Das Aeschenholz ist hiezu um soviel dienlicher, da es von Natur zähe ist.

c) Eben diese Eigenschaften hat auch ziemlich der junge **Rüsternbaum**, den man aber nur selten gebraucht.

d) Dergleichen geraden Stöcke von **Haselnholz** bedient man sich insbesondre zu mittlern und kleinen Gefäßen. Man kann sie in meinen Vaterlande leicht erhalten, so wie auch die Bandstöcke von

e) **Werften oder Saalweidenholz.** Diese sind bey kleinen Gefäßen die gewöhnlichsten Bänder, insbesondre bey Küchen- und Waschgefäßen. Der berlinische Böttcher erhält sie von den Ufern der Oder, wo sie vorzüglich von Frankfurt an der Oder bis nach Breßlau hinauf häufig wachsen. Sie werden in der Pflöckzeit im Sommer von den dasigen Landleuten geschälet, und die kleinen zum Gebrauch der Korbmacher, die stärkern aber für die Böttcher nach Berlin geschickt. Das Schälen befördert ihre Dauer, und geschält halten sie sich 2 bis 3 Jahre.

Noch ein paar Anmerkungen von den Bandstöcken überhaupt: 1) Der Bast oder die Rinde ist zwar den Haaren gleich, indem er der Fäulniß lange wiederstehet: Allein diese Rinde verursacht

ursacht gegenseitig, daß daß Holz der Bänder eher unter denselben stockt und verweset. 2) Diejenigen Stöcke, welche im Sommer gehauen werden, und lange Zeit liegen bleiben, sollen dem Gewitterschaden unterworfen seyn, der Blitz soll nemlich verursachen daß den nächsten Morgen schwarze Flecke an ihnen erscheinen, aus welchen nach und nach Stockflecke entstehen, die das ganze Band verderben. Man muß sie folglich je eher je lieber zu Bänden spalten und schneiden, und sich gegen den Winter genugsam damit versehen. Einige behaupten auch, aber ohne hinlänglichen Grund, daß die Stäbe dem Gewitterschaden ausgesetzt sind. 3) In Gegenden, wo die vorgedachte Saalweide von der Oder schwer und umständlich herbey zu schaffen ist, insbesondre in kleinen Städten, bedient man sich dagegen der Zweige von den einheimischen abgekröpften Weiden aller Art.

B. Die übrigen wenigen und bekannten Materialien der Böttcher will ich nur noch kürzlich zusammenfaßen. Mit **Kreide** werden die Bänder oder Reife auf ihrer einwendigen Fläche bestrichen, um beym Binden eines Gefäßes das Abgleiten derselben von den Stäben zu verhindern. **Schilf** legt der Böttcher zwischen die Fugen der großen eichenen Gefäße, um das sogenannte **Spackwerden** derselben zu verhindern. Ich habe nemlich schon oben gesagt, daß die Gefäße, wenn sie lange Zeit leer stehen und austrocknen, in ihren Fugen sich gleichsam erwei-

tern

tern, durch welche sich alsdenn hineingegoßenes Wasser durchziehet, und zu rinnen anfängt. Der schwammigte Schilf dehnt sich aber, von dem Wasser erweicht, in den Fugen aus, und versperret dem Wasser gleichsam den Ausgang, bis das Holz selbst durch das Wasser gnugsam aufquillet, und hiedurch die Fugen verschließet. Der Schilf wird um Bartholomäi geschnitten, weil eine jede andre Zeit nicht hiezu geschickt genug ist. Es bekommt sonst den Wurm, und dieser macht es unbrauchbar. Wenn er abgeschnitten ist, wird er getrocknet, und zum Gebrauch aufgehoben. Er bleibt viele Jahre gut. Zu kiehnenen Gefäßen wird er nicht gebraucht, weil diese, wegen den weiten Zwischenräumen des Holzes, und weil dieses an sich schwämmigt ist, die Feuchtigkeit leicht an sich ziehen, und durch eingegoßenes Wasser bald wieder brauchbar gemacht werden. Der beste Schilf wächst an sumpfigten Oertern oder versteckt stehenden Gewässern. Das in Fließwasser stehet, ist hart und bey weiten nicht so gut. Des **Pechs** bedienet sich der Böttcher beym Auspechen der Braugefäße. Die ausgepechten oder ausgepichten Biertonnen sind hier nicht sonderlich im Gebrauch. In Schlesien, Sachsen und im Reiche, wo man selten brauet, und das sogenante braune Pech- oder Lagerbier lange auf den Gefäßen stehen muß, ist das Auspechen nothwendiger und gewöhnlicher. Der Pech wird vor den Thoren der Stadt in einem Kessel flüs-

sig

sig und heiß gemacht, in die verfertigte Tonne gegossen, und alsdenn wird der noch fehlende Boden eingesetzt. Die Tonne wird hierauf nach allen Richtungen verschiedentlich umgedrehet, damit sich der flüssige Pech allenthalben innerhalb verbreitet.

II. Ich komme nun zu der ziemlich zahlreichen Menge der **Werkzeuge** dieser Profession.

Bey dem Behauen und Glätten des Holzes bedient sich der Böttcher folgender Werkzeuge:

a) Die Stäbe oder Dauben liegen oder stehen auf einem **Haublock** Fig. I., wenn man sie behauet. Dieser runde Block oder Kloß, der 2 Fuß hoch ist, wird von dem Stamm eines harten und starken Baumes abgesäget. Nach der oben angeführten französischen Beschreibung stehen auf diesem Block in einiger Entfernung 2 runde und kurze Ständer oder Säulen, worauf das Holz beym Behauen lieget. Dieserhalb muß ein Ständer höher seyn, als der andre, und in diesem Vorsprung ist das Holz halb nach der Länge des größten Ständers abgeschnitten, damit sich der Stab hieran beym Behauen lehnen kann. Ein anderer Block dieser Werkstätte heißt der **Kimmblock**, und auf diesen Block legt der Böttcher den starken Stab, wenn er ihm mit dem Kimmeisen und der Kimmkeule den Kimmschlag giebt. Er gleicht dem vorigen

gen, hat aber keine Ständer, und ist nur 1 Fuß hoch.

2) Das **Handbeil** Fig. VII. hat eine nach einen Bogen laufende Schneide des Blatts. Der Böttcher bedient sich dieses Beils beym gewöhnlichen Hauen und Schlagen, so wie er auch hiemit auf den hölzernen Hammer schlägt, wenn er mit diesem die Bänder auf ein Faß treibt. Die Stäbe und Bodenhölzer werden aber mit dem größern und stärkern **Langbeil**, Fig. VI. behauen, welches man vielleicht auch in manchen Gegenden **Lenkbeil** und nach der ersten Ausgabe auch **Schiebarthe** nennt. Das Blatt dieses Beils hat hinten einen langen Bart. Im Reiche bedient man sich statt des Langbeils des **Bandeisens** Fig. II. oder **Bindemessers**, so der bekannten Spaltklinge mancher Holzarbeiter gleicht. In hiesiger Gegend führt der zu Anfang genannte Stabschläger dieses Bandeisen vorzüglich, doch auch zuweilen der Böttcher, wenn er Holz im Groben zerspaltet. Er nennt es plattdeutsch **Klöbeisen**. Es ist eine bis 1½ Fuß lange, sichere und gut verstählte Klinge, die einen starken Rücken und einen hölzernen Griff hat.

3) Das behauene Stab- und Bodenholz wird nun auf der Schneidebank mit dem Schneidemesser glatt und eben geschnitten, so wie auch die Bänder auf ihrer innern Seite. Die **Schneidebank** Fig. VIII. ist eine 5½ Fuß lange Bank a b, so über g h ein 1 Fuß langes und 2½ Zoll breites Loch hat. Ueber diesen ist in Gestalt

eines Bocks ein Hals a c angebracht, der abermals in e ein 7 Zoll langes und $2\frac{1}{2}$ breites Loch hat. In beyden nur gedachten Löchern sitzt der **Kopf** d f beweglich, denn es wird durch ein Loch e im Bock und zugleich durch ein Loch des Kopfs ein Nagel gesteckt, und auf diesem schwebet der Kopf, so daß er sich nach der Richtung a b und wieder zurück bewegen lässet, der Kopf hat in e zwey bis drey Löcher über einander, und in eins oder das andere steckt man den Nagel, je nachdem das Holz dick ist, so man beschneiden will. Dieses Holz legt nemlich der Böttcher auf den Hals a c in c, druckt mit seinen Fuß auf den Fuß f des Kopfs, und preßt hiedurch den eigentlichen Kopf auf das Holz in c. Dieser Kopf hält also das Holz fest, damit man es beschneiden kann. Der sogenannte Kopf d ist nach a zugerundet, und um diese Rundung bieget der Böttcher kleine Faßbänder krumm. Dieserhalb nennt man diese Rundung auch die **kleine Biegescheibe** zum Unterschied der großen Biegescheibe, deren ich weiter unten gedenken werde. Auf einer solchen Schneidebank wird nun das Stab- und Bodenholz nebst den Bändern mit dem

4) Schneidmesser beschnitten. Man hat in dieser Werkstätte **krumme** Fig. IV. und **grade Schneidemesser** Fig. III. Jene sind in einem Bogen nach ihrer Länge gekrümmt. Beyde Arten haben auf jeder Seite einen hölzernen Handgriff, woran sie der Professionist ergreift.

ergreift. Sie sind in der Schneide gut verstählt, und haben oft über derselben eine Bahn.

5) Es ist aber auch die **Schabe** Fig. V. oder das **Schabeisen** eine Art Schneidemesser, stark gebogen in ac, und mit einem langen Stiel c d. Ihre Schneide ist also in a.

Der Böttcher ebnet ein Faß hiemit von Innen oder schabet es vielmehr. Oft gleicht sie auch der Schabe der Fleischer, und ist völlig ein krummes Schneidemesser, wie Fig. X. Geschickte Meister bedienen sich aber dieses Werkzeuges gegenwärtig selten, sondern dagegen der krummen und graden Schlichthobel.

6) Daher findet man in dieser Werkstätte gleichfalls verschiedene Hobel, die ich in der vorigen Sammlung bereits zum Theil bey dem Tischer beschrieben habe. Hierzu gehöret vorzüglich die grosse **Fügebanke** Fig. XV. Der Augenschein lehrt, daß es ein unbeweglicher Hobel ist. Die Oberfläche der starken Bank ab ist also die Bahn, und in d e ist das Hobeleisen bevestiget. Nicht der Hobel, wie gewöhnlich, sondern das Holz wird hiebey bewegt. Man gebraucht sie, den Stäben nebst dem Bodenholz auf der hohen Kante oder Fuge die erforderliche Genauigkeit zu geben, d. i. die Stäbe auf der hohen Kante dergestalt abzustossen, daß sie sich genau an einander fügen. Imgleichen werden hiemit die Bodenstücke aus dem Groben gestrichen. Man hat grosse und kleine von 3 bis zu 10 Fuß. Ueberdem bedient sich der Böttcher

auf den flachen Seiten der Stäbe und Bodenhölzer öfters des **Schorf**- oder **Schruff**- Fig. XIX, und **Schlichthobels** Fig. XII. Mit jenem wird eine Fläche vorläufig, mit diesem aber völlig glatt gehobelt. Da nun die Stäbe in etwas hohl, oder auch auf der äußern Seite abgerundet sind, so muß der Böttcher von beyden Arten Hobel mit einer glatten, abgerundeten und holen Bahn besitzen. Die Beschreibung des Tischers macht alles dieses begreiflicher. Der **Kimmhobel** Fig. XXVI. hat 2 Hobeleisen, womit die Kimmen oder Falzen der Stäbe, worin man bey einem Bottich den Boden einfalzet, erforderlich ausgestossen werden. Der Böttcher bedient sich seiner gegenwärtig selten, sondern dagegen des weit wirksamern Kimmeisens, so weiter unten vorkommt.

Bey der vorläufigen Bearbeitung der Bandstöcker zu Bänden oder Bändern, werden außer der Schneidebank und dem Schneidemesser, nach folgende Werkzeuge erfordert.

7) Der **Dreyklöber** Fig. XIV. ist ein rundes Stück Holz, etwa ½ Fuß lang, und unten dünner als oben. Er hat auf seinem spitzern Ende drey abgerundete und gleich grosse Abtheilungen oder Keile a. Die Böttcher spalten hiemit grosse und starke Bandstöcke, nach der Länge in drey gleiche Theile, und erhalten so gleich aus jedem Bandstock drey rohe Bänder oder **Splisse**. Das Beil spaltet jederzeit dem Dreyklöber vor, und bestimmt hiedurch das rechte Maaß der Bänder oder Reife.

8) Die

8) **Die grosse Biegescheibe** Fig. IX. Vor einem Kreuzholz a b, so nach Beschaffenheit eines Stiels, an welchem es befestiget ist, von beliebiger Länge seyn kann, sitzt eine hölzerne Scheibe c d. Diese ist im Durchmesser 1 Fuß, und in der Dicke 2 Zoll groß. Zwischen diese Scheibe, und einem hölzernen Nagel e, der zwey Zoll hoch über der Scheibe hervorragt, werden die zugeschnittenen Splisse, d. i. die gespaltenen Bandstöcker gesteckt und gebogen.

Bey der Verfertigung der Kimmarbeit und insbesondere des Bottichs, sind folgende Werkzeuge im Gebrauch:

9) **Die Bottichsbänke** oder **Schraben** sind $5\frac{1}{2}$ Fuß lange, und 1 Fuß breite Bänke von starken Bohlen, um auf denselben die Bottiche zu verfertigen.

10) **Der Bottichszirkel** Fig. XVIII. ist ein Stangenzirkel. Die hölzerne Stange a b hat unterhalb zwey eiserne Füße c und d. Den einen Fuß kann man abnehmen, verschieben, und mit Hülfe des Keils in e wieder befestigen. Folglich kann der Zirkel beliebig eröfnet werden. Auf dem Bodenholz zu den Bottichen, wird hiemit ein Zirkelkreis beschrieben, der den Umfang und zugleich die Größe des Bodens und die Theile des ganzen Bottichs bestimmt.

11) **Das Kimmaaß** Fig. XXIII. ist ein kleines dunnes Brett, so in der Zeichnung zwar nur einen Fuß oder Schenkel c d hat, öfters aber auch über e noch einen zweyten, der länger

oder kürzer ist als c d. Schon vorher hab ich gesagt, daß der Boden eines Bierbottichs in eine Kimme oder Falze der sämmtlichen Stäbe eingefalzet wird. Der Abstand dieser Kimme von dem untern Hirnende eines gewöhnlichen Stabes wird mit dem kurzen, eben dieser Abstand aber bey einen Beinstab mit dem langen Fuß dieses Maaßes abgemessen. Hat also dieses Werkzeug nur einen Schenkel, so besitzt der Böttcher ein doppeltes Kimmaaß. Nach diesem Maaß wird nun die Kimme mit dem

12) **Abreißer** Fig. XXVIII. vorgezeichnet. Es ist ein gewöhnlicher Pfriem.

13) **Das Reißmodell** Fig. XXIX. heißt in den übrigen Werkstätten der Holzarbeiter, Streichmaaß. Ich habe dieses Maaß schon öfters, und neuerlich bey dem Tischer beschrieben, worauf ich den Leser verweise. Der Böttcher zeichnet hiemit die Tiefe der Kimme auf der hohen Kante des Stabes vor. Die XX. Fig. ist nur eine Abänderung gedachten Werkzeuges. Es läßt sich nemlich das dünnere Holz b c in dem stärkern d e gedränkt verschieben, und in a ist eine scharfe Klinge. Die jedesmalige Länge f g bestimmt also die Tiefe der Kimme, und die Klinge a reißt vor.

14) **Das Kimmeisen** Fig. XXX. ist im Grunde betrachtet ein kleines Beil a b, so aber, statt des gewöhnlichen hölzernen Helms, einen gekrümmten eisernen Schwanz hat. Dieser ist in c scharf wie ein Meißel, und wenn mit dem

Beil

Weil a b die Kimme vorgeschlagen ist, so stößt man sie gleich mit dem Schwanz aus. Statt dieses Schwanzes kann man sich aber auch eines Stämmeisens bedienen.

15) Das Kimmeisen wird mit der hölzernen Kimmkeule Fig. getrieben, damit es erforderlich tief in das Holz eindringt.

16) Der Zughaken Fig. XXI. ist ein krummes Eisen, womit der zweyte durchlöcherte Boden eines Bottichs, der nicht befestiget ist, herausgezogen werden kann. Es ist nemlich a der krumme Griff, und b der Haken, womit der Boden aufgehoben wird.

Bey den Gefäßen mit einer Kröse oder Gargel, die insgemein kleiner sind, bedienet man sich aber wieder folgender Werkzeuge:

17) Der Schloßzirkel Fig. XVI. kann von Eisen oder auch von Holz seyn. Im letzten Fall hat er aber eiserne Spitzen unter beyden Füßen. Der Bogen e f ist in einen Schenkel a c befestiget, durchbohrt aber den zweyten Schenkel a b in g, so, daß dieser auf den Bogen verschoben werden kann. Hat man nun den Zirkel erforderlich eröfnet, so befestiget man den Fuß a b durch eine Schraube in g. Bey dem Unterricht in der Mathematik bedienet sich der Lehrer gleichfalls eines solchen Zirkels, um die Figuren auf einer Tafel mit Kreide zu beschreiben. Der Böttcher bestimmt aber hiemit den Umfang des Bodens in einem Faß oder sonst in einem kleinen hölzernen Gefäße.

18) Die Kröße, Kröse oder Gargel, ist eine Rinne in denen sämmtlichen Stäben eines kleinen Gefäßes, in welche der Boden eingesetzt wird. Diese Kröse reißt der Böttcher gewöhnlich mit der Schwanzkröse Fig. XXVII. Es ist ein Brett ab, auf welchen ein hölzerner Zapfen cd senkrecht stehet. An der Spitze dieses Zapfens ist ein horizontales, dreyzackiges und verstähltes Eisen oder Klinge, so die Kröse in die Stäbe einschneidet.

19) Von eben dieser Beschaffenheit ist auch die **Faustkröse**, außer daß das Brett ab Fig. XVII. kleiner oder kürzer ist. Bey kleinen Gefäßen, wo der Böttcher mit der Schwanzkröse nicht zukommen kann, bedient er sich der Faustkröse. Beyde jetzt genannte Werkzeuge, heißen in Obersachsen **Gargelkamm**, und die Kröse der Fäßer selbst heißt **Gargel**.

20) Die **Schraubenwinde** Fig. XXXIII. hat ein vierkantiges Gestell abcd, gleich einem Rahm von Latten. In diesem Rahm ist entweder eine kleine Winde ef mit einen Griff g, oder dagegen ein Querriegel ef, der sich nach der Richtung ad, und wieder zurück nach da verschieben läßet. Eine Schraubenspindel in gh, die aber in der Zeichnung nicht angedeutet ist, verschiebet diesen Riegel nach Befinden. Sie ist nemlich in dem Querriegel dc in h zwar befestiget, aber doch so, daß sie sich umdrehen läßet. In den Riegel ef greift sie hinein, und den Riegel ab durchbohrt sie nur. Endlich gehört

hört zu dieser Winde noch ein starkes Seil h i k, so in h an den Riegel d c, in k aber an dem Riegel e f angeknüpft ist. Es ist bekannt genug, daß die Fäßer neben ihren beyden Boden enger sind, als im Bauche, und sie müßen daher mit der jetzt beschriebenen Winde an dem gedachten Ort zusammen gepresset werden, wenn man sie nemlich bindet. Das Seil h i k wird nemlich um die Tonne gelegt. Indem man nun entweder die Winde e f umdrehet, so daß sich das Seil in k um die Winde wickelt; oder dagegen die Schraubenspindel g h dergestalt umdrehet, daß der Riegel e f nach der Richtung e d hinauf gehet, so preßt das Seil h i k das Faß zusammen. Der Leser siehet leicht, daß die XXXIII. Fig. dieses Werkzeug nicht mit einer Schraubenspindel in h g, sondern dagegen mit einer kleinen Winde e f vorstellt. Beyde Abänderungen findet man in den Werkstätten, allein die mit der Schraube ist ohne Zweifel wirksamer.

21) Statt dieser Winde preßt man auch kleine Fäßer mit der Halbemondwinde Fig. XXV. zusammen, aber selten, weil diese Winde nicht wirksam genug ist. Auf einem Holze a d b, gleich einen halben Mond, steht ein senkrechter Wirbel oder eine kleine Rolle c d, so man mit dem Schlüßel c umdrehen kann. An dem halben Mond ist in f ein Seil f g angeknüpft, das durch ein Loch f des halben Mondes durchgezogen, und endlich an den Wirbel c e in g angebun-

bunden ist. Das Seil fg schlingt man gleichfalls um das Faß, und drehet den Wirbel cd mit dem Schlüßel f um, da sich denn das Seil um den Wirbel in e windet, und das Faß zusammenpresset.

22) Die Klampe Fig. XXXVII. ist von Holz, und der Zacken einer Gabel oder einer Klammer nicht unähnlich. Der erste Stab bey zu verfertigenden Gefäßen, wird hiemit an dem Setzband befestiget, damit die übrigen Stäbe nach ihrer Ordnung hierauf folgen können, wo man nemlich die Stäbe des Fasses zu einem Ganzen aufsetzet.

23) Der hölzerner Hammer Fig. XXXIV. ist an beyden Enden a und b abgeschärft. Der Böttcher setzt eine Pinne oder Finne auf das Band oder den Reif, und schlägt mit dem Beil auf eine tacktmäßige Art auf die andere Pinne. Er gehet stets um das Faß herum, richtet auf gedachte Art den Hammer an allen Orten auf das Band, wodurch er es auf allen Seiten gleichmäßig niederwärts treibet.

24) Der Bandhaken Fig. XIII. ist ein 9 Zoll langes und vierkantiges Stück Holz ab, in dessen Mitte c ein eiserner beweglicher Haken cd befestiget ist, womit die obersten Bänder auf die Gefäße gezwungen, wie auch die verbogenen und verrückten Stäbe wieder in ihre gehörige Lage gebracht werden. Das Holz ab wird in dem Innern des Fasses an den Rand angesetzt, und der Haken d ergreift das Band.

25) Der

25) Der Böttcher bedarf auch verschiedener Bohrer, unter welchem der **Spund**- Fig. XXXVIII. **Zapfen**- Fig. XXX. **Döbel**- Fig. XXXIX. und **Spitzbohrer** Fig. XXXI u. XXXII. die wichtigsten sind. Der Spitzbohrer ist, wie verschiedene andre, ein Schrauben Bohrer, die übrigen sind aber zum Theil Löffelbohrer. Mit dem Spundbohrer wird das Spundloch, und mit dem schwächeren Zapfenbohrer das Zapfenloch der Tonne ausgebohret. Der Döbelbohrer verrichtet seine Dienste, wenn die Bodenstücke und Stäbe z. B. eines Bottichs, mit Pflöcken, die man Döbel oder Döpel nennt, zusammengesetzt werden. Ein in den übrigen Werkstätten nicht üblicher Bohrer ist der **Zoberbohrer** Fig. XLI. oder **Zweyschneider**. Es ist eine eiserne Spille a b, die an ihrer hölzernen Scheibe c d umgedrehet wird. An dieser Spille sitzt eine zweyschneidige und spitze Klinge e f, die mit ihren Zapfen e g in der Spille a b, vermittelst eines Keils, befestiget ist. Mit Beyhülfe dieses Keils kann man die Klinge e f stellen, oder von der Spille a b entfernen und ihr nähern, je nachdem das Loch, so man bohren will, groß oder klein seyn soll. Man bohrt mit diesem Bohrer grosse Löcher in Kienenholz, z. B. in die oben auf dem Rande vorspringenden Handhaben eines Zobers, und bedient sich dieses Bohrers, weil jeder anderer Bohrer das Holz leicht aufspaltet. Der Böttcher bohrt nemlich an dem Ort, wo er mit den Zoberbohrer einschneiden will, mit einen

nen gewöhnlichen Bohrer ein kleineres Loch, steckt in dieses die Spitze a der Spille a b, drehet den Bohrer mit dem Griff c d um, und die Klinge e f schneidet in das Holz ein, und bohret eine Scheibe aus.

26) Endlich sind noch einige Werkzeuge zu bemerken, die schon aus der Beschreibung des Tischers und Maurers bekannt sind, z. B. **Handsägen**, sowol **Spann**= Fig. XXXII. als **Stichsägen** Fig. XI, der **Maaßstab**, **Setzwage**, das **Winkelmaaß** Fig. XXII. **Raspeln**, dreyeckigte **Feilen** und **Schnitzer**. Auch der **krumme Deichsel** Fig. XVII. dessen sich der Stellmacher oft bedienet, wird zuweilen von dem Böttcher gebraucht, zumal wenn er in dem Innern eines Gefäßes etwas abnehmen will. Es vertritt alsdenn die Stelle eines Beils, gleicht aber einer Lehmhacke, außer daß es einen kurzen Stiel, und ein gebogenes scharfes, und verstähltes Blatt hat. Fig. XXXVI. ist endlich ein **Bandmesser**, oder ein gewöhnliches starkes und scharfes Messer, womit das Schloß kleiner Bänder geschnitten wird.

III. Vermittelst dieser Werkzeuge verfertiget der Böttcher nun verschiedene hölzerne Gefäße. Alle **Böttcherwaaren** überhaupt theilt man in Absicht der Befestigung des Bodens, in zwey Arten ab, in **Rimmarbeit**, und solche, die mit einer **Kröße** oder **Gargel** gemacht werden. Gefäße, die einen starken Boden haben müßen, erhalten nemlich eine **Rimme**, das ist eine vierkan=

kantige Falze in allen Stäben, worin der unabgeschärfte Umfang des Bodens eingesetzt wird. Hiezu gehören vorzüglich die Bierbottiche, ferner Kühlfäßer, Brunnentienen, Spritzenwannen, Waschbottige, Badewannen, Butter- und Milchfäßer, Wasser- und Pferdeeimer, Schleifkannen, Butten, Waschmaschinen, und vielmehr solche Arbeit. Der Boden leichterer Gefäße, welcher beym Gebrauch dem Druck nicht so stark ausgesetzet ist, wird an seinem Umfang etwas abgeschärft, und in eine Rinne, d. i. **Kröße** oder **Gargel** der sämmtlichen Stäbe eingesetzt. Fäßer und Tonnen von aller Art gehören hiezu, ferner leichte Zober, kleine Wannen, und jede andre leichte Böttcherwaare. Alle Gefäße mit einer Kimme werden, was die Hauptsache betrift, auf ein und eben die Art verfertiget, so wie auch alle Gefäße mit einer Kröße. Ein oder das andre Beyspiel von jeder Art wird die Verrichtungen dieser Werkstätte hinlänglich ins Licht setzen.

A. Eine vorläufige Arbeit des Böttchers ist, daß er die Bandstöcke im voraus in **Bände, Bänder** oder **Reife** verwandelt. Oefters erhält der Böttcher die Bandstöcke schon von dem Landmann geschält, insbesondre die Saalweide. Kauft er sie aber ungeschält, so muß er die Rinde, wenn der Stock noch frisch und grün ist, mit einen Handmesser oder wenn der Bandstock stark ist, auf der Schneidebank Fig. VIII. mit dem Schneidemesser Fig. III. abnehmen. Die

Hand-

Handgriffe dieser Arbeit sind leicht zu übersehen. Der Bandstock wie das Band stockt leicht, wenn es nicht von der Rinde befreyet wird. Hierauf wird jeder Bandstock nach der ganzen Länge in 3, gewöhnlich aber nur in zwey gleiche Theile zerspalten. Nur sehr starke Bandstöcke, vorzüglich von Eichenholz zerspaltet man zuweilen in 3 Theile. Der Böttcher spaltet nemlich vorläufig den Stock an dem stärksten Ende mit dem Beil Fig. VII. in 3 gleiche Theile, steckt in die Spalten den Dreyklöber Fig. XIV., und treibt diesen mit dem Beil oder mit der Hand, so daß er den Stock nach seiner ganzen Länge in drey gleiche Theile aufreißt und spaltet. Die übrigen Stöcke werden entweder, wenn sie schwach sind, mit einem starken Messer Fig. XXXVI., oder dagegen stärkre mit dem Handbeil Fig. VII. in 2 gleiche Theile nach der Länge gespaltet. Jede Hälfte des Stocks, so auf diese Art entstehet, heißet eine **Splisse.** Eine solche Hälfte oder Splisse übergehet der Böttcher auf der gespaltenen Fläche mit dem Beil Fig VII., und nimmt die stark vorstehenden Splitter und andre Hacken ab. Hierauf bringt er die Splisse auf die Schneidebank Fig VIII., der Bandstock, woraus die Splisse entstanden ist, mag in 3 oder 2 Theile getheilet seyn. Auf dieser Schneidebank wird nun die ebene Fläche, so künftig das Gefäß berühren soll, mit einen graden Schneidemesser Fig III. durchgängig völlig glatt beschnitten. Ist die Splisse dünn und schwach, so biegt man sie

sie gleich auf der Schneidebank Fig. VIII., nemlich auf der kleinen Biegescheibe e hinter dem Kopfe krumm. Ist aber die Splisze schon stärker, so daß das Biegen Nachdruck erfordert, so erleichtert sich der Böttcher diese Arbeit auf der großen Biegescheibe Fig. IX. Er steckt nemlich den Stock zwischen den Pflock e und die halbe Scheibe c d, und sucht ihn nach und nach krumm zu biegen. In beyden Fällen bindet man beyde Enden jeder Splisze mit einer Weide oder sonst mit einen Band zusammen, und giebt ihr hiedurch die Rundung und Gestalt eines Bandes. In diesem Zustande setzt der Böttcher die Bänder oder Reifen zum Austrocknen an einen schattigten Ort, und trocken verbraucht er sie nach Befinden. Der Böttcher verrichtet diese vorläufige Arbeit zur Sommerszeit, aber kurz nachher, wenn die Bandstöcke geschnitten oder gehauen sind. Denn die Bandstöcke stocken nicht nur, wie gesagt, unter der Rinde, sondern ein bereits ausgetrockneter Stock ist auch unbiegsam und zerbrechlich. Daher müßen die Bänder aus dem grünen Holz vorläufig zugerichtet werden. Von den fernern Gebrauch dieser Bänder werd ich weiter unten reden.

B. Ich komme nun zu der Verfertigung der Gefäße selbst, und zwar zu der **Rimmarbeit** zunächst. Ich wähle hier den eichenen **Bierbottig, Boddich** oder **Poddich** Fig. XLII. zum Beyspiel, weil er ohne Zweifel mit das größte und wichtigste Stück dieser Arbeit ist. Ein

Ein Bierbottig ist insgemein eyrund und bestehet blos aus den Boden von Bodenholz, und den aufrechtstehenden Umholz von Stabholz. In kleinen Städten und auf dem platten Lande bindet man dieses Braugefäß zwar zuweilen mit starken hölzernen Bändern, in großen Städten aber stets mit starken eisernen Reifen. Denn dis theure und große Gefäß wird nicht auf wenige Jahre verfertiget, und das hölzerne Band ist der Zerbrechlichkeit gar zu stark ausgesetzt.

Der **Boden** Fig. XLIII. giebt dem Ganzen seine Gestalt, und bestimmt dessen Größe. Daher muß er zuerst verfertiget werden. Man macht kleine und große Bottiche, und einige, worin zum Malzen 5 Winspel Getreide eingeweicht werden können, sind in ihrer größten Weite a b des Bodens 9 bis 12 Fuß weit. Der Böttcher muß sich also nach der bestimmten Größe das benöthigte Bodenholz auswählen. Die einzelnen Stücke des Bodenholzes sind nicht immer von gleicher Breite, und daher kann die Anzahl, so zu einem Boden erfordert wird, nicht genau bestimmt werden. Doch gebraucht man insgemein hiezu folgende Stücke. Zuerst werden 6 **Mittelstücke** erfordert, welche gemeiniglich 9 Fuß lang, und 2 Zoll dick sind. So lang sind sie nemlich, wenn sie unbearbeitet hingeleget werden, ehe man sie zurichtet. Diesen Mittelstücken werden auf jeder Seite 2 acht Fuß lange Stücke zugesellt; denn die Rundung des Bodens bringt es mit sich, daß die Bodenhölzer nach und

nach

nach an Größe abnehmen. Auf diese folgen auf jeder Seite 2 sieben Fuß lange, und endlich zwey 6 Fuß lange Stücke. Die beyden ganz äußersten Stücke, die noch kürzer sind, werden die **Schart-** oder **Kammstücke** c d genennet. Diese Bodenstücke sind einzeln 5 bis 9 Zoll breit, und müssen zusammengesetzt sämmtlich 10 Fuß breit seyn. Denn wenn der ganze Bottich im Boden 9 Fuß im größten Durchmesser haben soll, oder wie der Böttcher sagt, wenn er 9 Fuß auf den **Schart** hat, so muß stets ½ Fuß auf den Abgang beym Runden des Bodens und auf die Dicke der Stäbe gerechnet werden.

Sobald nun der Böttcher die erforderliche Stücke zu einen Boden ausgesucht hat, so muß er jedes Stück einzeln besichtigen, ob es auch etwa krumm, schief oder **windig** ist, und diesen Fehler durch die Wärme und eine Presse verbessern. Er legt nemlich das fehlerhafte Stück Holz auf zwey eiserne Böcke und zugleich über Feuer, so daß dieses das Holz erhitzet. Das erwärmte Stück Holz bringt er ferner auf eine grade und starke Diele oder Brett, so man **Richtdiele** nennet, und die sich auf dem Fußboden der Werkstätte gerade unter einen Balken der Decke befindet. Zwischen diesen Balken und das erwärmte Stück Holz auf der Richtdiele wird eine starke Stange oder ein **Richtbaum** gepresset, so daß der Richtbaum zwischen dem Balken und dem fehlerhaften Stück Holz senkrecht da stehet. Dergestalt eingepresset läßt man das Bodenholz erkalten, und es wird hiedurch grade gerichtet.

Der Stabschläger hauet das Bodenholz so wie auch das Stabholz, nur aus dem Groben, und der Böttcher muß daher jedes einzelne Stück genauer behauen und ebenen. Dieserhalb stellet oder leget er jedes Bodenholz besonders auf den Haublock Fig. I. und behauet oder **lenkt** es sowohl auf beyden flachen Seiten, als auch auf der hohen Kante, und zwar mit dem Langbeil Fig. VI. Hiedurch nimmt er alle vorspringende Theile und alle starke Ungleichheiten ab. Schon näher und genauer wird nun das Bodenstück mit dem Schneidemesser Fig. III. auf der Schneidebank Fig. VIII. auf allen Seiten geebnet. Bey diesem Beschneiden mit dem Schneidemesser kann man das Bodenstück zwar auf der Schneidebank Fig. VIII. nach der oben beschriebenen Art fest halten. Sind sie aber zu breit, so steckt man sie auch wol in ein Schneideloch, und richtet sie in demselben etwas schief, damit sie sich spannen und befestiget werden. Das **Schneideloch** ist ein Loch in einem Stiel der Werkstätte, und wird besonders bey langen Stücken gebraucht, die sich nicht gut auf der Schneidebank behandeln laßen. Sowohl auf der Schneidebank als in dem Schneideloch beschneidet aber der Böttcher ein Stück Holz erst auf der einen und hiernächst auf der andern breiten Seite. So werden nun alle Bodenstücke behauen und beschnitten, wobey der Böttcher vor-

vorzüglich dahin zu sehen hat, daß alle Stücke ziemlich eine gleiche Dicke erhalten. Dieserhalb muß er sie insbesondre beym Hauen, zum öftern in Absicht der Dicke untereinander vergleichen. Nach dem Beschneiden behobelt man jedes Brett zuweilen auf den breiten Seiten auf der großen Fügebanke Fig. XV., jederzeit aber vorläufig im Groben auf jeder hohen Kante. Denn hier sollen die benachbarten Bodenstücke aneinander schließen oder fügen, daher die Fuge vorzüglich glatt behobelt werden muß.

Sind nun auf diese Art alle Stücke eines Bodens behandelt, so werden sie zusammen gelegt, oder wie der Böttcher sagt, **zugelegt**. So vereiniget überschlägt nun der Profeßionist die sämmtlichen Stücke vorläufig mit einem Maaßstab und dem Bottichzirkel, ob hieraus auch der Boden in erforderlicher Größe entstehen kann. Einzeln sind nun die Stücke vorläufig zugerichtet, und der Böttcher muß nunmehro auf eine feste Zusammenfügung derselben um soviel mehr bedacht seyn, da der Bottich dauerhaft seyn, Wasser halten und nicht so leicht leck oder spack werden muß. Dieserhalb füget man die Bodenstücke nicht nur genau zusammen, sondern 2 und zwey werden auch jederzeit auf der hohen Kante oder in der Fuge **zusammengedöbelt**. Ein **Döbel** oder **Döpel** ist nemlich ein Pflock oder hölzerner Nagel, womit man zwey und zwey Bodenstücke in der Fuge zusammen nagelt. Zwey und zwey benachbarte Boden-

 stücke

stücke vereiniget man auf diese Art wenigstens mit zwey Döbeln so daß sich neben jedem Ende einer befindet. Dieserhalb zeichnet der Böttcher alle Stellen vor wo die Döbel eingesetzt werden sollen, und bohret die Löcher der Döbel auf der hohen Kante jedes Bodenstücks mit dem Döbelbohrer Fig. XXXIX. aus. Neben den gebohrten Döbellöchern entstehen Ungleichheiten, daher man die hohen Kanten oder Fugen der sämmtlichen Bodenstücke nochmals mit einer feinen Fügbank Fig. XV. sorgfältig abhobelt und abziehet, damit sich diese Bodenstücke genau an einander fügen. Nunmehro setzt der Böttcher die Döpel, von harten Holz geschnitten, in die gebohrten Döbellöcher ein, und nagelt oder döbelt die sämmtlichen Stücke in der Fuge zusammen. Ehe er aber diese Stücke völlig mit einem Schlägel oder Beil zusammen treibt, so bestreicht er jede hohe Kante eines Bodenstücks mit einen Kleister von Mehl und Wasser, und legt in jede Fuge Schilf ein. Bereits oben hab ich bemerket, daß der Schilf hindert, daß ein Gefäß nicht spack oder leck wird, wenn es einige Zeit ungebraucht stehet. Die sämmtlichen Stücke werden nun genau zusammengetrieben, doch so, daß der Boden noch zu zwey gleichen Hälften auseinander genommen werden kann. Dieserhalb muß eine Fuge gerade in der Mitte, zwar vorläufig zusammengedöbelt, aber nicht mit Kleister und Schilf völlig vereiniget werden. Der Böttcher muß nemlich den Boden noch weiter bearbeiten,

und

und der ganze große und starke Boden würde sich hiebey nur mit Mühe regieren lassen. Gleich nach der Zusammenfügung behobelt er den Boden auf beyden Seiten mit dem Schorfhobel Fig. XIX. und ziehet ihn hiernächst mit dem Schlichthobel Fig. XII. ab. Hiedurch werden alle Ungleichheiten, besonders auf den Fugen weggeschafft. Dem Boden fehlt nun weiter nichts, als seine Rundung, da er bis jetzt nur noch aus verschiedenen viereckigen kurzen und langen Stücken zusammengefüget ist. Dieserhalb beschreibt der Böttcher mit dem Bottigszirkel Fig. XVIII. in erforderlicher Eröffnung einen Zirkelkreis, und hiernach schneidet er vom Rande mit einer starken Handsäge Fig XXXV. das Ueberflüßige ab, so daß nun der Boden eine große Scheibe ist. Der Umfang oder die Stirn des Bodens muß aber mit dem Schneidemesser glatt beschnitten, und mit dem Schorf- und Schlichthobel genau behobelt werden, damit der Rand eine vollkommne Gleichheit erhält.

Zu einen solchen Boden gehören noch drey **Riegel**, die unter dem Boden dieses starken Gefäßes nach der Breite gezogen werden, damit der Boden eine desto beßere Haltbarkeit bekommt. Jeder Riegel ist 3 Zoll dick, aber etwas breiter, und an jeden Ende muß er zwey Zoll vor dem Boden hervorragen. Dieser hervorragende Theil wird in der Folge in einen Zapfen verwandelt, womit man jeden Riegel auf jeder Seite in einen Stab des Umholzes einzapfet.

Hinter diesem Zapfen nach dem Innern zu ist der Riegel abgeschärft, damit man ihn mit einkimmen kann, wenn der Boden aufgekimmet wird. Der Böttcher hauet jeden Riegel mit dem Langbeil Fig. VI. aus Riegelholz, und glättet ihn erst mit dem Schneidemesser Fig. III., und zuletzt mit dem Schorf- Fig. XIX. und Schlichthobel Fig. XII. Bey diesem Ebenen muß jeder Riegel auf den Boden aufgepaßet werden. Der Böttcher kehrt nemlich den Boden dergestalt um, daß seine untere Seite, die bey dem fertigen Bottich gegen den Fußboden gekehrt ist, oben zu liegen kommt, und legt jeden Riegel an seinen Ort auf den Boden. Schließt der Riegel noch nicht genau an den Boden an, so muß man noch mit dem Hobel nachhelfen, bis er allenthalben genau aufliegt. Der ganze Boden ist nunmehro fertig. Man treibt nur noch die mittelste Fuge auseinander, so daß er sich wieder in zwey Hälften zertheilt, kehrt beyde Hälften um, so daß die obere Seite wieder oben zu liegen kommt. Hiebey legt der Böttcher den Boden auf ein paar starke und niedrige Bottigbänke um die Stäbe in der Folge desto bequemer ansetzen zu können. Auf diesen Bänken kommen zuerst die oben gedachten drey Riegel jeder an seinen Ort zu liegen, und auf diesen beyden Hälften des Bodens, doch so daß die Fugen der Bodenstücke die Riegel durchkreuzen. Die Bodenstücke setzt nun der Böttcher völlig zu einem Ganzen zusammen, füllet die mittelste Fuge, die bis

jetzt

jetzt noch nicht gänzlich befestiget war, mit Schilf und Kleister aus, und treibet beyde Hälften völlig zusammen. Bereits jetzt, oder doch, wenn der Böttcher die Stäbe an den Boden ansetzen will, wieget er den Boden mit der bekannten Setzwage ab, damit er völlig horizontal zu liegen kommt. Hätte der Boden nicht diese Lage, so würden die Stäbe sich nicht bequem aufrecht ansetzen lassen, und auf der sich neigenden Seite abfallen. Nun ist der Boden fertig.

Daher gehet der Böttcher zu dem aufrechtstehenden **Rand** oder **Umholz** über. Dieses Umholz wird nemlich aus mehrern gröstentheils senkrechten Stäben zusammengesetzt, so daß diese zusammengenommen die Rundung des Bodens annehmen, und sich unten an diesen anschliessen. Ein fertiger Bottich stehet nicht auf dem untern Rand der sämmtlichen Stäbe, sondern nur etwa auf 6 Stäben die länger sind, und vor den übrigen im untern Rande 1½ Zoll vorspringen. Den Vorsprung dieser sogenannten **Beinstäbe** wird man in der XLII. Fig. in a, b, c bemerken. Der Leser kann bey einer mäßigen Ueberlegung den Nutzen und die Absicht dieser Beinstäbe leicht einsehen. Die Luft streicht nunmehro unter dem Bottich weg, daher denn der Boden nicht so leicht stocken oder faulen kann. Also gehören zu dem Umholz eines Bottichs gewöhnliche und auch längere Beinstäbe. Jeder Stab oder Daube d e Fig XLII. ist 2 Zoll dick, wie die Bodenstücke, und die gewöhnlichen 3½ Fuß lang.

Seine Breite beträgt zwar insgemein 6 Zoll, aber nicht beständig, indem das Stabholz nicht beständig von gleicher Breite ist. Daher läßt sich die Anzahl der zu einen Bottich erforderlichen Stäbe nicht genau angeben, wenn gleich die Weite des Bottigs bestimmt ist. Ueberhaupt aber kann man sagen, es gehören 60 bis 75 Stück hiezu, wenn der Bottich 9 Fuß zur grösten Weite hat.

Der Böttcher muß sich also das zu einen Bottich benöthigte Stabholz auswählen, sowohl zu den gewöhnlichen, als auch zu den 6 Beinstäben. Er besichtiget vorläufig jeden Stab gleichfalls, und ist ein oder der andre schief oder krumm, so muß er über Feuer erwärmet, und auf der Richtdiele mit dem Richtbaum grade gerichtet werden, wie ich bereits bey dem Bodenholz gesaget habe. Hiernächst muß jeder Stab mit dem Langbeil behauen, und hierauf mit dem Schneidemesser beschnitten werden. Alles dieses hab ich bereits umständlich bey dem Bodenholz gezeiget, und ich bemerke daher nur noch daß bey dem letztern Beschneiden, jeder Stab auf derjenigen Seite, die nach dem Inneren des Bottichs zu fallen soll, nach der Breite ein wenig hohl ausgeschnitten wird, damit er sich gut an den runden Boden anpaßt. Der Böttcher bedient sich hiebey eines krummen Schneidemessers Fig. IV und folgt blos seinem getreuen Augenmaaß. Die äußere Fläche jedes Stabes bleibt anfänglich ganz platt, denn sie braucht

braucht bey diesen grossen Gefäße nur alsdenn gerundet zu werden, wenn man in der Folge das ganze Umholz des fertigen Bottichs beschneidet. Nach dem vorgedachten Beschneiden der sämtlichen Stäbe mit den Schneidemesser, wird die hohe Kante oder Fuge jedes Stabes mit der Fugebanke Fig. XV geebnet, aber nur vorläufig, und die breiten Flächen behobelt man mit den Schorf= Fig. XIX und Schlichthobel Fig. XII. Doch müssen diese Hobel, womit man die innere ausgehöhlte Seite der Stäbe behobelt, eine flachrunde Bahn haben.

Der Böttcher hat nunmehro die sämtlichen Stäbe geebnet und zugerichtet, und er muß nun darauf bedacht seyn, sie theils mit dem Boden, theils auch untereinander, zu vereinigen. Mit der Vereinigung der Stäbe und des Bodens macht er den Anfang. Vorhero muß er aber jeden der oben gedachten 3 Riegel in 2 gegen einander über stehende Beinstäbe b f einlochen, und der Bottig hat also überhaupt 6 Beinstäbe, da jeder Riegel in 2 Beinstäbe eingelocht werden muß. Bey der obigen Anzeige der Riegel hab ich bereits gesagt, daß jeder Riegel an seinen beyden Enden 2 Zoll vor dem Boden vorspringt weil jeder Stab 2 Zoll dick ist, daß ferner jeder Vorsprung mit der Säge und dem Meißel in einen Zapfen verwandelt wird, und daß man diesen Zapfen in ein Loch eines Beinstabes einzapfet, oder einlochet. Dieses Loch muß nach der Größe des Zapfens am Riegel mit dem Abreißer Fig. XXIX vorgezeichnet werden. In das von der Zeichnung umgebene Holz bohrt der Professionist ein Loch, um die Stichsäge Fig XI anzubringen, und säget hierauf mit dieser Säge das Zapfenloch des Beinstabes aus. Die Riegel gehören zum Boden unter welchen sie liegen, und der Böttcher muß nicht blos an die Verknüpfung der Beinstäbe mit den Riegeln, sondern auch an die Vereinigung des Bodens selbst mit denen sämtlichen Stäben gedenken. Schon einige Mal hab ich gesagt, daß der Boden eines Bottichs mit den sämtlichen Stäben des Umholzes durch eine Kimme verknüpft wird, weil der Bottich zur Kimmarbeit gehöret. Die Kimme ist nemlich eine vierkantige Falze oder Rinne, deren Grundfläche zur Breite die Dicke des Bodens hat, und worin sich also der Rand des Bodens genau passet. Es sey Fig. XLVIII ein Stab oder Daube, so ist bc die gedachte Kimme, und die sämtlichen Kimmen aller Stäbe zusammen genommen und zusammengesetzt machen die Kimme des ganzen Bottichs aus, worin sich dessen Boden passet. Sie ist von dem untern Rand der gewöhnlichen Stäbe etwa 2 Zoll entfernt, einen größern Abstand hat sie aber von den untern Rand der Beinstäbe fb weil diese nach dem Obigen vor denen gewöhnlichen Stäben unten vorspringen, und hiedurch den Fuß des Bottigs bilden. Die Entfernung der Kimme von dem untern Rand der gewöhnlichen Stäbe

mißt

mißt der Böttcher mit dem kurzen Schenkel des Kimmmaaßes Fig. XXVIII ab, den Abstand eben dieser Kimme aber von dem untern Rand der Beinstäbe mit dem längern Schenkel des Kimmmaaßes, oder er besitzt auch zu jedem ein besonderes Kimmmaaß. Nach Anleitung dieses Maaßes zeichnet er die untere Linie der Kimme mit dem Abreißer Fig. XXVIII. nach der Breite b c jedes Stabes Fig. XLVIII vor. Der Abstand der zweyten obern Linie der Kimme richtet sich nach der Dicke des Bodens, und beträgt also 2 Zoll. Diese obere Linie wird nach Maaßgebung eines Zollstocks gleichfalls mit den Abreisser vorgezeichnet. Die Tiefe der Kimme, die etwa die halbe Dicke des Stabes oder 1 Zoll beträgt, bestimmt der Professionist auf beyden hohen Kanten jedes Stabes mit dem Reißmodell Fig. XXIX. Nunmehro legt er jeden Stab auf den Kimmblock Fig. I, setzt auf die zuerst vorgezeichnete Linie der Kimme die Schneide a des Kimmeisens Fig. XXX, schlägt mit der Kimmkeule Fig. XXIV. in b, und treibt hiedurch das letztere bis zu der vorgezeichneten Tiefe der Kimme hinein. Hiedurch entstehet auf der zuerst vorgezeichneten oder untern Linie der Kimme ein Einschnitt, der auf eben die Art auch auf der zweyten oder obern vorgezeichneten Linie entstehet. Sogleich drehet der Böttcher das Kimmeisen Fig. XXX um, und stößt mit dem scharfen Schwanz c das Holz aus, so zwischen beyden vorgedachten Einschnitten stehet, und hiedurch

durch entstehet die vierkantige Rinne, die man Kimme nennet. Auf diese Art wird nun die Kimme bey allen Stäben aufgesetzt, wie der Böttcher sagt. Doch bedient er sich auch dieses Ausdrucks, wenn er die Stäbe vermittelst der Kimme an den Boden ansetzt. Es wird zu dieser ganzen Arbeit viel Genauigkeit erfordert damit die Kimmen der sämtlichen Stäbe genau auf einander passen.

So können nun die Stäbe mit dem Boden vereiniget werden, vorher muß aber der Böttcher noch auf die Verknüpfung der starken Stäbe unter einander bedacht seyn. Dieserhalb vereiniget er jederzeit zwey und zwey benachbarte Stäbe auf der hohen Kante oder in der Fuge mit einem Döbel oder Döpel, aber nur mit einen einzigen kurz unter dem obern Rande des Umholzes d. i. der sämtlichen vereinigten Stäben. Man zeichnet nemlich bey zweyen benachbarten Stäben den Ort vor, wo das Loch zum Döbel auf der hohen Kante beyder Stäbe eingebohret werden soll, und bohret diese Löcher mit dem Döpelbohrer Fig. XXXIX. Die Ungleichheiten, die hiedurch auf der hohen Kante jedes Stabes entstehen, werden dadurch wieder weggeschafft, daß man jede hohe Kante nochmals auf einer kleinen Fugebank Fig. XV sauber behobelt, und hiedurch zugleich den Stäben unter einander eine gute Zusammenfügung ertheilet. Zuletzt wird noch der Döpel oder hölzerne Nagel aus zähen Holze geschnitten, und vor-

vorläufig in ein einziges Loch eines oder des andern Stabes eingeschlagen.

Alle Stäbe sind nun vorbereitet, und können nun zu dem Umholz oder der auf rechtstehenden Seitenwand des Bottichs untereinander verknüpft werden. Schon vorher hab ich bemerkt, daß diese Verrichtung in der Werkstätte gleichfalls **aufkimmen** heißet. Der Böttcher setzt nemlich den ersten Stab mit seiner Kimme b c Fig. XLVIII aufgerichtet auf den Rand a c d des Bodens Fig. XLIII. Eben so wird der nächste Stab an den Boden angesetzt, zugleich aber auch durch den oben gedachten obern Döbel mit dem vorhergehenden Stab vereiniget, und beyde werden mit einem Schlägel genau in der Fuge an einander getrieben. So wird nun ein Stab nach dem andern angesetzt, und die starken Stäbe fallen von den Boden nicht ab, sondern die Kimme hält sie unten, der Döbel aber oben. Der Haltbarkeit wegen muß aber der Böttcher bey dieser Zusammenfügung dahin sehen, daß die Fugen der Bodenstücke und die Stäbe nicht zusammen fallen. Da aber die Stäbe nach dem Obigen nicht durchgängig von gleicher Breite sind, so kann der Böttcher auch im voraus nicht genau überschlagen, wieviel Stäbe er zu dem Umholz gebraucht. Daher trift es sich insgemein, daß der zuletzt angesetzte Stab entweder zu breit oder zu schmal ist, und die Lücke nicht erforderlich ausfüllt. Im erstern Fall kann der Böttcher etwas von dem Stab abnehmen, im letztern Fall muß er aber einen neuen Stab verfertigen, oder die Lücke durch einen sehr schmalen Stab ausfüllen. Bey dieser Zusammenfügung füllen auch einige Böttcher die Fugen zwischen den Stäben, so wie die Fugen des Bodens, mit Schilf und Kleister aus, geschickte Arbeiter halten dieses aber für Fuscherarbeit. Denn die gut zusammengefügten Stäbe werden in der Folge noch mit eisernen Bändern belegt so die Stäbe genau zusammen halten.

So werden nun die Stäbe sämtlich zu dem Umholz vereiniget. Sie stehen auf dem Boden ziemlich senkrecht, denn sie sind nur sehr wenig nach dem Innern zu geneigt, damit die Bänder gut anziehen. Auf diese geringe Neigung muß aber doch der Böttcher bey dem obigen Beschneiden und Behobeln der Stäbe Rücksicht nehmen. Der Bottich, der nunmehro seine Gestalt erhalten hat, wird nun auf der äußern Fläche des Umholzes mit dem Schlichthobel abgehobelt, wodurch die sämtlichen Stäbe nach dem Umfang des Ganzen eine flache Rundung erhalten. Alsdenn legt der Schmidt 4 eiserne Bänder oder Reifen, um den Bottich, die er entweder aufbrennet, oder nach französischer Art mit einem sogenannten Schloß anziehet. Nach dieser Verrichtung wird der obere Rand der sämtlichen Stäbe mit einer Säge gleich geschnitten, und mit dem Schneidmesser und Hobel geebnet. Endlich glättet der Böttcher auch die innere Fläche des Umholzes, entweder mit einer Schabe be Fig. V und X, oder dagegen mit einen Hobel, der eine flachrunde Bahn hat. Denn die Fugen der Stäbe stehen öfters hin und wieder ungleich vor, aber mit der Schabe oder mit den Hobel wird die völlige innere Ründung ausgearbeitet. Hier sind nun die vornehmsten Handgriffe wodurch ein grosser Bottich zur Vollkommenheit kommt. Ein Bottich wird jederzeit ganz von Eichenholz verfertiget.

2) Ich wende mich nun zu der zweyten Art der Böttcherwaaren, nemlich zu den **Gefässen mit einer Kröße, Kröse oder Gargel.** Ich will hievon zwey Beispiele geben.

a) Das erste sey eine **Tonne** oder ein Faß, dieses Gefäß mag nun zu Wein oder Bier, oder auch zum Einpacken trockener Körper gebraucht werden. Eine Tonne erhält insgemein 2 Boden Fig. XLV. in a b und c d, und sie ist in diesen beyden Boden am engsten, erweitert sich aber bis zu dem Bauch e f in ihrer Mitte, wo sie am weitesten ist. Ist es ein Weinfaß oder eine Biertonne, so erhält sie noch im Bauch ein Spundloch e, und ein Zapfenloch etwa über b. Weinfässer und Biertonnen müssen vorzüglich haltbar seyn, und werden daher aus Eichenholz verfertiget. Leichte Fässer aber zu den trockenen Sachen, z. B. Salztonnen, Mehlfässer und Packfässer werden in hiesiger Gegend nur aus fichten- oder Kiefernholz verfertiget. In der Hauptsache blei-

bleiben sich aber die Handgriffe bey der Zusammensetzung eines solchen Gefäßes gleich.

Der Böttcher sucht sich zuerst solche Stäbe Fig. XLVI. aus, so dem zu verfertigenden Gefäße die erforderliche Höhe geben. Er richtet diese Stäbe gleichfalls mit dem **Richtbaum** auf der **Richtdiele**, wenn sie windschief oder krumm sind, behauet sie auf allen Seiten mit dem Langbeil Fig. VI., und beschneidet sie auf der Schneidebank Fig. VIII. mit krummen Fig. IV. und graden Schneidemesser Fig. V. Bey dem Behauen und Beschneiden der Stäbe eines Faßes ist aber noch dreyerley zu bemerken. Zuerst ist das Faß im Bauche weiter, als in beyden Boden, und diese Gestalt des Faßes muß vermittelst der Stäbe hervorgebracht werden. Dieserhalb ist der Faßstab Fig. XLVI. genau in der Mitte i k am breitesten, nimmt aber nach beyden Enden g h und l m zu nach und nach an Breite ab, so daß er an den beyden äußersten Enden am schmalsten ist. Die Breite beyder Enden muß billig gleich seyn, da das Faß in beyden Boden gleich weit seyn soll. Eben diese abnehmende Weite des Faßes nöthiget zweytens den Böttcher jeden Stab auf seiner hohen Kante oder in der Fuge von der innern Fläche nach der äußern abzuschärfen. Die schiefe Fläche, die durch dieses Abschärfen entstehet ist über dem Boden in g h oder l m Fig. XLVI. am breitesten, nimmt aber nach und nach ab, bis sie sich endlich nach dem Bauch e zu verliert. Die Stäbe, die vom Bauch an nach und nach schmaler werden, sollen an einander schliessen, und dieserhalb ist das nur gedachte Abschärfen nothwendig, wie man bey einer mäßigen Ueberlegung der Sache leicht einsehen wird. Endlich sollen sich die sämmtlichen Stäbe drittens an den runden Boden anschliessen. Dieserhalb müssen sie auf der nach dem Boden gekehrten innern Seite nach ihrer Breite in etwas gehöhlt oder gerundet seyn. Diese Aushöhlung bestimmt der Profeßionist mit einem krummen Schneidemesser Fig. IV. Auf alle diese Eigenschaften des Stabes muß der Böttcher beym Behauen und Beschneiden Rücksicht nehmen. Geübte Arbeiter bedienen sich bey dieser Arbeit keines Maaßes, sondern ihr getreues Augenmaaß vertritt dessen Stelle. Doch vergleichen sie die zusammgehörigen Stäbe mit einander, da sie dieselben beym Behauen und Beschneiden gegen einander halten. Ein oder das andere der vorgedachten Gesetze muß der Böttcher auch vor Augen haben, wenn er jeden Stab auf seinen beyden hohen Kanten auf der Fügebank Fig. XV. abstreicht. Dieses Werkzeug muß nun vorzüglich die erforderliche Breite des Stabes in allen seinen Theilen, und zugleich auch die abgeschärfte Fläche auf beyden hohen Kanten bestimmen. Hiernächst wird jeder Stab auf seinen beyden flachen Seiten insgemein mit einem Schorfhobel Fig. XIX. behobelt, und mit einen Schlichthobel Fig. XII. geschlichtet. Die Bahn beyder Hobeln muß flachrund seyn, wenn hie-

hiemit die in etwas ausgehöhlte innere Fläche behobelt werden soll. Denn die äußere Fläche jedes Stabes bleibt ziemlich eben.

So wird nun jeder Stab vorbereitet, und alle können nun zu einem Faß oder einer Tonne zusammen- oder aufgesetzt werden. Der Böttcher hat zu jeder Art der Tonnen oder Fässer gewiße vorräthige Bänder, die die Weite des Faßes von dem Boden des Faßes an, bis zum Bauche bestimmen. Diese Bänder, die so zu sagen Modelle sind, pflegen in einigen Werkstätten von starken Holz zu seyn, in andern aber wol gar von Eisen. Das erste Band, dessen man sich anfänglich bedient, heißt das **Setzband**, und es bestimmt die Weite des Faßes etwas über dem Ort, wo innerhalb der Boden eingesetzt wird. Der Böttcher setzt den breitesten Stab senkrecht auf, legt das Setzband an den nur bestimmten Ort um den Stab, so daß der Stab nun in dem Bande stehet, und klammert Band und Stab mit der Klampe Fig. XXXVII. zusammen. Die dem Stabe entgegengesetzte Seite des Bandes lehnet er irgend wo gegen, damit das Band den Stab aufrecht erhält. Hierauf setzt er neben den ersten Stab in das Setzband einen zweyten, neben diesen einen dritten, und fährt hiemit fort, bis das Setzband mit Stäben vollgesetzt ist. Die Stäbe treibt er jedesmal erforderlich zusammen. Ist der letzte Stab zu schmal so setzt er einen breitern ein, ist er zu breit, so nimmt er etwas ab, oder setzt einen schmälern

lern ein, oder er sucht sich auf eine andre Art zu helfen. Geschickte Arbeiter, die das Faß auf beyden Seiten im Boden gleich groß oder weit machen wollen, kehren auch wol die sämmtlichen Stäbe im Setzband um, setzen sie auf vorgedachte Art wieder auf, und versuchen hiedurch, ob die Stäbe auch auf dieser Seite das Setzband erforderlich ausfüllen. Vorfallende Fehler verbessert man, da man etwas von einem Stab an einer Seite abnimmt, oder einen andern Stab einsetzt, oder auch die Enden eines oder des andern Stabes verwechselt. Wenn nun die sämmtlichen Stäbe auf diese Art in dem Setzband aufgesetzt, zusammengetrieben und grade gerichtet sind, so werden die sämmtlichen **Schlag- oder Feuerbänder** aufgetrieben. Der erste und weiteste, der den Nahmen **Uebertreiber** führet, wird von dem obern Rand der sämmtlichen Stäbe auf diesen bis zu dem Bauch a f Fig. XLV. hinabgetrieben. Die Weite dieses Bandes erlaubt, daß man ihn in den obern Rand a b der Stäbe aufsetzen kann, ohnerachtet diese im obern Rande noch nicht zusammengefüget sind. So sind denn nun die Stäbe schon ziemlich durch das Setzband und den Uebertreiber an einer Seite vereiniget, so daß man es wagen darf, die sämmtlich verknüpften Stäbe umzudrehen, da denn der Rand der vorher unten war, mit dem Setzband oben kommt. Alsdenn wird über das Setzband weg der **Bauchband** bis an den vorhergehenden Uebertreiber auf-

aufgetrieben, auf diesem folgt der **lange Halsband**, und nach diesem wieder der **kurze Halsband**, die sämmtlich auf einer Seite des Faßes z. B. von e f nach a b zu liegen kommen. Denn der Zusammenhang lehrt, daß die Stäbe auf der andern Seite noch gesperrt von einander stehen. Ihrer Weite wegen lassen sich alle gedachte Bänder über das Setzband streufen, und halten nun die Stäbe des Faßes völlig zusammen. Das Setzband wird daher zuweilen abgenommen jederzeit aber noch ein **Kopf oder Stämmband** aufgetrieben, das kurz hinter a b Fig XLV. l. e g t. Alle diese Bänder sitzen nur, wie gesagt, auf einer Hälfte des Faßes, z. B. von e f bis a b, nemlich auf derjenigen Seite, wo die Stäbe im Setzband aufgesetzt sind. Sie werden auch sämmtlich in der Folge wieder abgeschlagen, und dagegen gewöhnliche Bänder um das Faß gelegt, denn, wie gesagt, sie dienen nur bey der Vereinigung der Stäbe zum Muster oder Modell.

Gesetzt, die Stäbe des Faßes sind nun nach der vorigen Beschreibung in der Hälfte des Faßes a b f e Fig. XLV. durch die Schloßbänder zusammengefüget worden, so stehen eben diese Stäbe in der andern Hälfte c d f e noch weit auseinander, weil jeder Stab im Halse der Tonne c d schmaler ist, als im Bauche e f. Dieserhalb wird nun das Faß, dessen zusammengefügte Hälfte a b f e bisher oben gestanden hat, nunmehro umgekehrt, so daß die noch nicht zusammengefügte Hälfte e f d c oben zu ste-

stehen kommt. Die Stäbe dieser letztern Hälfte können nicht anders, als mit Gewalt und Nachdruck zusammengepreßt werden. Dieses geschiehet zuweilen, aber selten mit der Mondwinde Fig. XXV., insgemein aber mit der Schraubenwinde Fig. XXXIII. Der Böttcher zündet nemlich ein Feuer mit Spänen in dem Faße an, und wenn dieses erwärmt ist, so bestreicht er dessen Bauch in- und auswendig mit Wasser, wodurch das Holz biegsam und geschmeidig gemacht wird. Hierauf legt er das Seil h i k der Schraubenwinde Fig. XXXIII. um das Faß, aber etwas unter den obern Rand (c d Fig XLV.) desselben, so daß sich der Riegel a b der Schraubenwinde Fig. XXXIII. gegen das Faß lehnt, und zieht entweder die Schraubenspindel g h mit ihren Schlüssel dergestalt an, daß sich der Riegel e f von e f nach d c hinauf bewegt; oder er drehet nach der eigentlichen Vorstellung der XXXIII. Fig. dagegen die kleine Winde e f um, so daß sich das Seil in k um die Winde e f wickelt. In beyden Fällen werden hiedurch die Stäbe des Faßes Fig. XLV. in e f d c zusammen gepreßet, und an einander gefüget. Ist dieser Zweck durch die Schraubenwinde erreicht, so legt der Böttcher sogleich ein vorräthiges Halsband um den Hals c d des Faßes, so nun die zusammengepreßten Stäbe beysammen erhält. Die Winde wird nun wieder abgenommen, und man legt um die andre Hälfte e f d c des Faßes eben die Schloßbänder, die vorher um die erste Hälfte a b f e geleget wurden, den Uebertreiber im Bauch e f ausgenommen. Denn dieser liegt in der Mitte zwischen beyden Hälften des Faßes. Durch das Feuer, mit Beyhülfe der Schraubenwinde, werden die sämmtlichen Stäbe in e f d c dergestalt gekrümmet, daß sie nach dem Erkalten krumm stehen bleiben, wenn man gleich das Faß zerschläget, oder dieses beym Leckwerden von sich selbst einfällt.

Sobald nun die Tonne von dem Feuer abgenommen ist, so wendet sich der Böttcher während daß das Faß erkaltet, zu der Verfertigung des **Bodens.** Dieser kann aus mehr oder wenigern Stücken zusammengefüget werden, je nachdem das hiezu erwählte Bodenholz breit, und das Faß weit ist. Insgemein wählt man hiezu 5 Stücke. Das längste ist das **Mittelstück**, neben diesem kommt auf jeder Seite ein **Seiten- oder Nebenstück**, und neben jedem Nebenstück wieder ein **Schartstück.** Die beyden Schartstücke sind die kürzesten, wie die Natur der Sache mit sich bringt. Abermals muß der Böttcher jedes gewählte Bodenholz besichtigen, und wenn es krumm oder schief ist, es erwärmen und auf der Richtdiele mit dem Richtbaum grade richten. Jedes Stück wird im Kleinen eben so mit dem Langbeil behauen, und mit dem Schneidemesser beschnitten, wie ich im Großen bey dem Boden des Bottichs gezeiget habe. So wird auch hiernächst jedes Bodenstück auf seinen beyden hohen Kanten oder Fugen mit der Füge-

ban-

banke aus dem Groben gestrichen. Hierauf kann der Boden zugelegt werden, indem der Böttcher die Stücke beysammenlegt und sie vereiniget, mit dem Zirkel und Maaßstab überschlägt, ob aus derselben der erforderliche Boden entstehen kann. Zugleich zeichnet er die Stellen vor, wo zwey und zwey benachbarte Bodenstücke mit 2 Döbeln zusammengedöbelt werden müssen. Denn die Boden fester Tonnen z. B. zu Wein oder Bier, werden gleichfalls gedöbelt. Die Döbellöcher werden mit einem Döbelbohrer auf den hohen Kanten oder Fugen der Bodenstücke ausgebohrt, und alsdenn kann jede hohe Kante mit der Fügebanke aus dem feinen gestrichen werden. Zugleich steckt der Böttcher die Döbelnägel in die gebohrten Löcher ein, und setzt hiedurch die sämmtlichen Bodenstücke zusammen. Sehr selten werden aber nur die Fugen der eichenen Fäßer und Tonnen vermittelst Schilf und Kleister befestiget. Der völlig zusammengefügte Boden pflegt nun auf beyden Seiten mit dem Schorf- und Schlichthobel behobelt und geebnet zu werden. Endlich muß nun der Boden auch seine erforderliche Rundung nach Maaßgebung des Faßes selbst erhalten. Dieserhalb mißt der Böttcher mit einem Maaß den Durchmesser der innern Weite des Faßes in seinem Halse aus, aber nicht unmittelbar in der Mündung oder in dem Rande c d oder a b Fig. XLV. selbst, sondern etwa einen Zoll tiefer. Denn an diesem Ort wird die Rinne oder Kröße angebracht, worin man den Boden einsetzt und befestiget. Der Umfang oder Rand des Bodens muß aber in diese Kröße in der Folge eingreifen, und hierauf muß der Böttcher bey der Größe des Bodens Rücksicht nehmen. Zu dem Durchmesser der Weite des Faßes, den er, wie nur gedacht, gefunden hat, giebt er bey kleinen Tonnen 4 Linien, bey großen aber ½ Zoll zu. Denn bey jenen beträgt die Tiefe der Kröße 2 Linien bey diesen ½ Zoll. Nach der Hälfte des auf diese Art gefundnen Maaßes beschreibt er auf den zusammengefügten Bodenstücken mit dem Schloßzirkel Fig. XVI. einen Zirkelkreis, wonach der Boden mit einer Handsäge Fig. XXXV. rundbeschnitten wird. Den Umfang oder Rand desselben ebnet er noch mit dem Schneidemesser und Hobel. So werden beyde Boden Fig. XLV. in d c und a b verfertiget.

Von dem Boden wendet sich nun der Böttcher wieder zu dem **Umholz** der Tonne oder zu den vereinigten Stäben, und sucht diese zuerst auf der äußern Fläche im Zusammenhange zu runden. Denn die aufgezwungenen Bänder geben den sämmtlichen Stäben zwar äußerlich nach der Weite des Faßes einige Rundung, aber das Ganze ist doch nicht glatt, zumal in den Fugen. Aus der gedachten Ursache schlägt der Böttcher die drey obersten Bänder sowohl von dem Halse c d, als a b Fig. XLV. ab, und ebnet an beyden Stellen die äußere Fläche des Faßes erst mit dem Schneidemesser, und alsdenn mit dem

Ho-

Hobel. Ohnerachtet der Böttcher die obern Bänder abschlägt, so bleiben die Stäbe doch krumm und zusammengefügt stehen, weil das in der Tonne, nach dem Obigen, angezündete Feuer die Krümmung in Sicherheit gestellet hat. Sogleich treibet er die 3 obersten Bänder wieder auf jeden Hals der Tonne in c d und a b schneidet hierauf jeden Rand des Faßes c d und a b mit einer Säge grade, und ebnet ihn mit dem Schneidemesser und dem Hobel. Insgemein wird auch dieser Rand etwa um 6 Zoll tief nach dem Innern des Faßes zu abgeschärft, ohne Zweifel blos zur Zierde. Der Böttcher schärft nemlich diesen Rand innerhalb mit dem Schneidemesser ab, und behobelt die hiedurch entstandene kleine und schiefe Fläche mit dem Hobel. Zuletzt ebnet er auch noch die innere Fläche des Faßes vorzüglich an der Kröße, entwedermit dem Schabeisen Fig. V. und X. oder mit einen Hobel.

Umholz und Boden des Faßes sind nun soweit vorbereitet, daß beyde mit einander vereiniget werden können. Schon einigemal hab ich gesagt, daß dieserhalb das Umholz der Tonne in dem Innern der letztern eine Rinne oder Kröße erhält, worin der abgeschärfte Rand des Bodens eingreifet. Diese **Kröße Kröse** oder **Gargel** ist etwa von dem obern Rand c d oder a b Fig. XLV. 1 bis 2 Zoll entfernt, je nachdem das Faß groß ist. Sie ist gleichfalls ziemlich vierkantig, aber insgemein im Grunde etwas schmaler als in der Oefnung. Sie unterscheidet sich also von der oben gedachten Kimme, die verschiedene Verfertigung nicht gerechnet, insbesondre durch die Tiefe und Breite. Denn sie ist etwa nur 2 Linien in der Mündung breit, und bey kleinen Gefäßen eben so tief, bey grössern aber etwa noch einmal so tief. In diese schmale Rinne kann nun der Umfang des Bodens nicht nach seiner ganzen Dicke eingeschoben werden, sondern man muß ihn an beyden oder doch wenigstens an der innern Seite abschärfen. Hieraus erhellet nun schon an sich selbst, daß die Kimmarbeit dauerhafter ist, als die mit der Kröße, zugeschweige, daß der Stab in der Kröße leicht abbricht, wenn diese etwas zu tief ist. Denn der Arbeiter hat das Werkzeug, womit die Kröße gemacht wird, doch nicht immer völlig in seiner Gewalt. Selten schneidet man aber die Kröße mit der Faustkröße ein, sondern insgemein mit der Schwanzkrösse Fig. XXVII, so in der mehr erwehnten Uebersetzung der französischen Beschreibung des Böttchers nach der obersächsischen Mundart **Gargelkamm** genennet wird. Die Faustkröße muß nemlich unbequem mit freyer Hand geführet werden, da man im Gegentheil die Schwanzkröße auf das Faß auflegen kann. Der Böttcher legt nemlich den hölzernen Schwanz a b der Schwanzkröße Fig. XXVII in a und b auf den Rand oder die Mündung des Fasses, so daß der Schwanz die Mündung (von b nach a Fig. XLV.) überspannt, und auf einer Seite das dreyzackige Eisen c die Stäbe auf ihrer innern Flä-

Fläche berühret, und der Theil c e des Zapfens e d den Abstand des Eisens c von dem obern Rand des Fasses bestimmet. Den Schwanz a b bewegt er auf dem Rande des Fasses beständig im Kreise herum, und aus dieser Bewegung ist ohne Zweifel die Benennung Kröse entstanden. Er druckt zugleich das dreyzackige Eisen c beständig gegen die Stäbe, und setzt diese Arbeit so lange fort, bis die Kröße oder Rinne die von dem dreyzackigen Eisen c eingeschnitten wird, die erforderliche Tiefe hat. Bey diesem **Gargeln**, wie der Obersachse sagt, muß der Arbeiter denn alle Genauigkeit beobachten, daß das Eisen weder zu flach, noch zu tief einschneidet, und er muß also hieben auf die jedesmalige Dicke der Stäbe Rücksicht nehmen. Bey der Faustkröße liegt hingegen das kleine Brett a b Fig. XXVII. blos auf einer Seite des Faßrandes (z. B. blos in a Fig XLV. auf) der senkrechte Zapfen d e greift in das Faß hinein, und das horizontale dreyzackige Eisen c desselben schneidet ein, indem man das Brett a b an seinen Griff auf den Rand des Faßes im Kreise verschiebet, und zugleich mit dem Eisen c gegen das Holz druckt. Der Unterschied beyder Werkzeuge beruhet also darauf, daß der Schwanz der Schwanzkröße sowohl in a, als in b Fig. XLV. aufliegt, dagegen der kleinere Schwanz der Faustkröße nur z. B. in a aufliegt. Der Böttcher mag nun ein oder das andere Werkzeug zur Vertiefung der Kröße nehmen, so hängt der Lauf und die Rich-

Richtung der Kröße von dem obern Rande des Fasses ab. Ist dieser hockrig und uneben, so wird sich dieses auch in dem Gang und der Richtung der Kröße zeigen. Daher muß der Böttcher den gedachten Rand vorläufig so eben wie möglich behobeln. Sobald nun beyde Krößen in a b und c d Fig. XV. eingeschnitten sind, so werden beyde Boden eingesetzt. Vorläufig macht der Böttcher an dem ganzen Umfang des Bodens einen schmalen Saum, da er ihn mit dem Schneidemesser gewöhnlich nur auf der innern Seite abschärft, damit sich der Rand in die schmale Kröße passet. Der Böttcher schlägt nun von einem Halse der Tonne z. B. von e f d c Fig. XLV. die drey obersten Bänder neben c d ab, biegt im erforderlichen Fall die Stäbe mit den Bandhacken Fig. in etwas zurück, und presset den Boden insgemein ganz in das Innere des Fasses hinein, nemlich bis er in die Krösse durchgängig eingreift. Eben so setzt er auch den Boden in a b ein. Häufig trift es sich, daß der eingesetzte Boden etwas zu groß ist, und daß er also die Stäbe in ihren Fugen auseinander presset. Alsdenn ist kein ander Rath, als daß man den Boden wieder aus dem Fasse schlägt, und etwas von dessen Umfang abnimmt. Ist der Boden zu klein, so läßt sich dieser Fehler schwerlich bessern.

Endlich muß das Faß nun noch zuletzt **abgebunden** werden, da der Böttcher die gedachten Modellbänder, so bis jetzt die Stäbe zusammen gehalten haben, nach und nach abschläget

und

und dagegen neue gewöhnliche Bänder umlegt. Aus dem Obigen erhält, daß der Böttcher seine Bandsplissen in Vorrath krümmet, und an beyden Enden zusammen bindet. Von solchen Bandsplissen wählt der Professionist die erforderliche Anzahl aus, aber ihre Länge und Stärke muß sich nach der Weite und Stärke des zu bindenden Fasses richten. Eine solche Bandsplisse Fig. XLIV erhält nun beym Abbinden theils diejenige Länge, die sie nach der Weite des Fasses an ihren Ort haben muß, theils müssen denn auch beyde Enden durch ein sogenantes Schloß a b c d vereiniget werden. Neben jedem Ende, wird nemlich ein oder 2 Hacken a, e und f, d ausgeschnitten, und wenn die zubehörigen Hacken in einander greifen, z. B. a in f und e in d, so heißt dieses das Schloß des Bandes, oder des Reifs. Eine sogenante ganze Biertonne erhält in Berlin 12 Bänder, drey neben jeder Seite des Spundlochs in g h und 3 auf jedem Halse, nemlich in a b und c d. Ich will eine solche Tonne gegenwärtig zum Beyspiel annehmen. Zuerst werden die 6 Bänder g h neben dem Spundloch umgelegt so daß jederzeit, wie überhaupt, das weiteste Band zuerst, und nach und nach die abnehmenden engern aufgetrieben werden. Dieserhalb treibt der Böttcher die Schloß- oder Modellbänder von dem Bauch der Tonne ab, und blos die Halsbänder in a b und c d müssen alsdenn die Stäbe zusammenhalten. Er legt hierauf eine Bandsplisse zum weitesten

Bande

Bande neben e f um die Tonne, so daß sich ihre breite Fläche sehr genau an das Gefäß anschließet, und beyde Enden dicht neben einander zu liegen kommen. Alsdenn macht er mit einen Messer Fig. XXXVI auf beyden Enden des Bandes einen Strich hinab, wo er das Schloß anbringen will, doch so daß von diesem Strich beyde Spitzen der Bandschlisse gleich lang sind. Das Band Fig. XLIV wird nun wieder von der Tonne abgenommen, und das Schloß a b c d ausgearbeitet. In dem gemachten Zeichen erhält nemlich jedes Ende einen oder zwey Hacken, a, e und f, d so daß beyde zusammengehörige Hacken gegen einander gekehret sind. Bey grossen und starken Bändern bildet der Böttcher den Hacken mit dem Handbeil Fig. VII, bey kleinern aber nur mit einen Schnitzer Fig. XXXVI. Zugleich schärft der Arbeiter jedes Ende des Bandes in c und b in etwas ab, schneidet auch wol das überflüssige ab. Er hacket alsdenn beyde Enden in einander nemlich a in f und e in d, und ihren Spitzen giebt er eine solche Lage, daß sie in das Innere des Bandes nach der Tonne zu hinein ragen, z. B. die Spitze b unter d und c unter a. Das nunmehro verfertigte Band wird nun inwendig mit Kreide beschmieret, damit es nicht so leicht von dem Fasse abgleitet. In dieser Beschaffenheit wird nun das Band mit den Händen über einen Hals c d oder a b gestreuft, und soviel wie möglich hinabgetrieben. Aber die Hand allein kann dem Bande nicht seinen Ort anweisen, zumal da es so fest

wie

wie möglich aufgetrieben werden muß. Dieserhalb setzt der Böttcher die eine Pinne des hölzernen Hammers Fig. XXXIV oben auf das Band, und auf die andre Pinne schlägt er mit den Handbeil Fig. VII. So gehet er um das Faß, so beym Binden aufrecht stehet, herum und treibt das Band taktmäßig an allen Stellen bis es seinen Platz einnimt. Auf diese Art werden nun alle Bänder um das Faß gelegt, nemlich erst die weitern, nach und nach die engern. Die Weite jedes Bandes mißt man an dem Ort ab, wo es auf dem Fasse umgeleget werden soll, verfertiget das Schloß, und treibt es mit dem hölzernen Hammer und dem Beil auf das Faß. Das oberste und kleinste Band in a b und c d muß vorzüglich enge seyn, und folglich mit Gewalt aufgepresset werden, weil es der Böttcher nicht hinab treiben kann. Dieserhalb preßt er dieses Band mit dem Bandhacken Fig. XIII auf das Faß, hinauf. Die eine Seite b des Holzes setzt er außerhalb unter dem obersten Bande gegen das Faß, ergreift mit dem eisernen Hacken d das oberste Band, und preßt an dem Griff a c das Band hinab. So gelangt nun das Faß zu seiner Vollkommenheit, und es fehlt weiter nichts, als daß das Spundloch in e Fig. XLV mit einem Spundbohrer Fig. XXXVIII und das Zapfenloch über b mit einem Zapfenbohrer Fig. XXXVI eingebohret wird, wenn es nemlich ein Weinfaß oder eine Biertonne ist.

b) Nunmehro kann ich noch mit ein paar Worten ein zweytes Beyspiel von der Arbeit mit

der

der Größe geben. Es sey ein kleiner Zober Fig. XLVII von Kienenholz. Ein solcher Zober hat nur unten in a b einen Boden, und das Umholz oder die Seitenwand ist unten im Boden a b enger, als oben in c d. Zwey gegenüberstehende Stäbe des Umholzes c a und d b stehen auf dem obern Rande einige Zolle in c und d vor den übrigen Stäben vor, und weil dieser Vorsprung zum Handgriff des Gefäßes dienet, so wird durch denselben ein mäßig grosses Loch gebohret.

Bey dem gewöhnlichen Behauen und Beschneiden der Stäbe Fig. XLVIII mit dem Langbeil und dem Schneidemesser muß der Professionist darauf Rücksicht nehmen, daß das Gefäß unten nicht so weit ist, als oben. Dieserhalb behauet er nicht nur jeden Stab dergestalt, daß er an einem Ende b c Fig. XLVIII schmaler ist, als an den andern a, sondern auf der hohen Kante wird auch jeder Stab vor den Innern nach dem äußern in etwas abgeschärft, gerade wie bey der Hälfte eines Fasses. Eben so muß auch jeder Stab auf der hohen Kante mit den Fughobel behobelt werden. Alle verfertigte Stäbe werden nun auf den flachen Seiten mit dem Schorf- und Schlichthobel behobelt, und gerade wie ein Faß in einen Setzband aufgesetzt. So werden auch einige Schloßbänder um die aufgesetzten Stäbe gelegt. Die Schraubenwinde darf aber bey einem Zober nicht angebracht werden, da dieses Gefäß nur unten im Boden enger ist. Hierauf wird

der

der Boden, gerade wie bey einen Fasse, verfertiget. Nach dessen Beendigung schlägt der Böttcher die Bänder an der schmalern Seite des Zobers ab, beschneidet und behobelt die äussere Seite der sämtlichen Stäbe, säget den obern vorzüglich aber den untern Rand gerade und beschneidet und behobelt ihn, und zuletzt behobelt er die innere Fläche des Zobers. Alsdenn wird die Kröße mit der Schwanzkröße ausgeschnitten, der Boden eingesetzt, und das Faß abgebunden, gerade wie bey einer Hälfte der Tonne. Zuletzt bohrt der Böttcher durch jeden vorspringenden Theil c und d der beyden gegenüberstehenden längern Stäbe a c und b d, ein Loch mit dem Zoberbohrer Fig. XXXIX wie ich bey der Beschreibung dieses Bohrers gezeiget habe.

Anm. Die Besitzer der ersten Ausgabe können beliebig ihren Text nach der gegenwärtigen Auflage berichtigen, so oft nemlich jener Text auf die Abbildung der Kupfertafel verweiset. Denn in der ersten Ausgabe sind zwar die Werkzeuge insgemein richtig beschrieben, allein die Beschreibung verweiset ofte unrichtig auf eine Abbildung der Kupfertafel. So ist z. B. die 2te Figur der alten Ausgabe keine Biegescheibe, wie die Beschreibung angiebt, sondern ein Kimmblock u. s. w.

Nachricht. Die Lehrzeit der Lehrbursche dieser Profession ist 3 Jahre, wenn sie ein Lehrgeld erlegen, außerdem müssen sie aber 4 bis 5 Jahre lernen. Ihre Gesellen erhalten auf ihrer

Wanderschaft ein Geschenk, und wenn sie irgend wo in Arbeit stehen, so bekommen sie wöchentlich 16 bis 18 Groschen Lohn und freye Zehrung. Ein Geselle, der die Werkstätte seines Meisters freywillig verläßt, darf in derselben Stadt nicht bleiben. Verläßt ein Geselle diesen Stand und wird Meister, so macht er zum Meisterstück erstlich eine 5 Fuß hohe Kufe. Die Weite muß der Höhe angemessen seyn, und stehet in seinem Willkühr, nur muß das Ganze für ein Meisterstück Ansehen und Geschick genug haben. Ferner verfertiget er ein Faß, worin 200 Quart gehen, und einen Brunneneimer Fig. XLIX mit einer Kimme. Das Holz hiezu muß auserlesen und $2\frac{1}{2}$ Zoll stark seyn.

In manchen Weinländern verstehen die Weinküfer oder Kieper so die Aufsicht über grosse Weinkeller haben, gleichfalls die Kunst, blos Weinfäßer zu verfertigen, oder doch die vorhandenen im Stande zu erhalten. Ob es aber in manchen Weinländern besondre Böttcher der Weinkeller giebt die gleichfalls Küfer heißen, sich vor den übrigen Böttchern dadurch unterscheiden, daß sie ein Besteck mit Band- und Kufmessern am Gürtel tragen, wie in der ersten Ausgabe angeführt wird dieses hab ich nicht mit Gewißheit in Erfahrung bringen können. So viel ist gewiß, die Küfer oder Kieper in Weinländern müssen etwas von der Böttcherkunst verstehen.

Fünfter

Fünfter Abschnitt.

Der Kürschner.

Ich will anjetzt nicht untersuchen, ob die Benennung dieses Professionisten von dem alten deutschen Worte Kür oder Kör herkommt, so vordem ein ledernes Schild oder einen ledernen Küraß bedeutete, oder auch überhaupt eine Haut; oder ob es vielmehr von dem noch jetzt üblichen Wort Küren oder Kören hergeleitet werden muß, weil er eine Auswahl bey der Zusammensetzung der farbigten Pelze anstellen muß; wie in der ersten Ausgabe gesagt wird, oder ob es nach Herrn Adelung v. d. alten Worte, Kursen d. i. einem Pelz abstamt. Alle diese Vermuthungen gehören zu dem Gebiet der Wahrscheinlichkeit, die dem Wortforscher in vielen Fällen statt der Gewißheit dienen muß. Gewisser ist, daß der Kürschner in manchen niedersächsischen Gegenden **Buntfoderer** oder **Buntfutterer** heißt, weil manches Pelzwerk buntfleckig ist. Der Kürschner unterscheidet sich dadurch merklich von den übrigen Gerbern, daß er nie das Haar oder die Wolle von den Fellen abstößt, wie die übrigen Gerber, sondern daß er die Felle zu Pelzen mit der natürlichen Bedeckung der Haare gar macht; und daß er überdem die Pelze, nach Art der Schneider, zu verschiedenen Kleidungsstücken zusammensetzt. Ueberdem handelt er nicht nur mit den jetzt gedachten Kleidungsstücken, sondern auch, wenn er begütert ist, sogar mit Pelzen. Kostbares und feines ausländisches Pelzwerk ist bekanntermassen eine theure Waare, und der begüterte Kürschner kann hierauf leicht einige tausend Thaler beym Einkauf verwenden, wenn er diese Waare wieder mit Vortheil abzusetzen weiß, wie auch in der ersten Auflage richtig bemerkt ist.

I. Hieraus erhellet, daß das Waarenlager oder die **Materialien** des Kürschners ansehnlich und kostbar seyn können, und größtentheils aus Pelzwerk von verschiedener Art bestehet. Ich will die in hiesiger Gegend üblichen Pelzfelle nennen und kürzlich beschreiben:

1) Zu diesen Pelzfellen oder dem sogenannten **Rauchwerk** gehöret vorzüglich das **Zobelfell.** Es kommt aus Virginien und Casan, und insbesondre aus dem Russichen Sibirien. Seitdem Sibirien unter russische Botmässigkeit gekommen ist, hat die Landesregierung den Handel mit diesen Fellen ausschliessungsweise an sich gebracht. Es ist bekannt, daß die Zobel von den nach Sibirien verwiesenen russischen Staatsgefangenen größtentheils gejaget werden, und daß diese hiedurch sich ihren Unterhalt erwerben müssen. Damit das kostbare und theure Fell nicht verletzt wird, so fängt man die kleinen Thiere entweder in Schlingen und Fallen, oder schießt sie mit stumpfen hölzernen Bolzen oder

Pfeilen.

Pfeilen. Die Zobel sind etwas grösser, als die Wiesel, und gehören zu dem Mardergeschlecht, sind aber etwas kleiner, als der hiesige Marder. Ihr Haar hat einen vortreflichen Glanz, und ist überhaupt kastanienbraun, so aber zuweilen sehr dunkel ist, und insbesondre auf dem Rücken ins schwarze fällt. Die Kehle nähert sich aber dem Gelbbraunen. Je brauner die Felle sind, desto höher werden sie geschätzt. Zuweilen, aber doch sehr selten, hat man das Stück mit einigen hundert Thalern bezahlt, und blos den Zobelschwanz mit 5 und mehrern Thalern. Die schlechtesten kauft aber der Kürschner für 12 bis 16 Thaler, auch wol ein ganzes Zimmer, oder 40 Stück, für 48 Thaler. Diese sind aber schlecht, denn sie sind auf den Seiten roth, wie die Fuchsbälge, und müssen daher vor dem Gebrauch gebeitzet oder gefärbt werden. Daher schätzt der Kürschner solche schlechte Felle noch nicht so hoch, als die einländischen Baummarderfelle. Der Kürschner verarbeitet diese Zobelfelle insbesondre zu dem Unterfutter und Ausschlag der Pelze und Winterenveloppen vornehmer Frauenzimmer; ferner zu Muffen und Mützen, insbesondre zu Mützen der Husarenoffizier. Doch mögte man dieses theure Pelzwerk, wenigstens bey den mehresten einheimischen Kürschnern vergebens suchen. Denn des theuren Preises wegen wird es wenigstens von dem einheimischen Frauenzimmer selten getragen, und wer es vorzüglich gut verlangt, muß es sich von Danzig oder von einem andern nordischen Ort verschreiben. Denn der hohe Preis macht, daß diese Pelzart in meinem Vaterlande ganz aus der Mode gekommen ist, und daher nur selten von dem Kürschner geführet wird. Die besten Zobelfelle werden im Futter unten und an dem Ausschlag gebraucht, weil sie hier am mehresten in die Augen fallen. Wenn diese Felle beschnitten sind, so fallen sie unten breiter, als oben, und dis ist beym Gebrauch sehr vortheilhaft. Denn wenn der Kürschner das Futter **zeilet**, d. i. in einer Reihe nach der ganzen Weite des Futters mehrere Pelzfelle zusammenehet, so nehmen sie in der untern Reihe 8 Stück Zobelfelle, in der zweyten Reihe oder Zeile von unten 7 Stück, in der dritten Reihe etwa 5 Stück, und in der 4ten drey oder vier Stück. Hiedurch fällt das Futter unten weiter aus, als oben. Dem Kürschner erwächst hieraus der Vortheil, daß er die Felle ganz lassen kann, und nicht nöthig hat, dis kostbare Pelzwerk zu verstücken. Ist nun das Pelzwerk auf vorgedachte Art gezeilet, so wird es **gezwirnt**, da man die sämmtlichen **Zeilen** oder Reihen zusammengeneheter Felle zu dem Unterfutter eines ganzen Pelzes zusammensetzt. Auf diese Art werden die mehresten Unterfutter eines Pelzes aus mehrern Fellen zusammengefüget. Zum Beschluß dieser Sache erinnere noch überhaupt, daß das beste Pelzwerk, z. B. Zobel, aus kalten Gegenden kommt. Ist gleich eben

die

die Thierart in einer wärmern Gegend, so fällt doch ihr Pelz oder Balg ungleich schlechter aus.

2) Der Verwandschaft wegen, setz ich das einheimische Marderfell kurz nach dem Zobelfell. Denn schon vorher hab ich angeführt, daß Zobel und Marder zu ein und eben demselben Geschlecht gehören. **Marder** und **Iltis**, oder **Illing** und **Ilch** ist beynahe ein und eben dasselbe Thier, wenigstens was das Fell betrift. Der Marder ist nur seltener, und sein Fell wird daher theurer bezahlt. Beyde Thierarten sind allen Landleuten auf die gehässigste Art bekannt. Denn diese Raubthiere würgen vorzüglich das Federvieh, insbesondre Hühner und Tauben. Die Marder werden in zwey Arten abgetheilet. Die **Steinmarder** haben ein blasses nur mehr ins gelbliche als braune fallendes Haar, und eine weisse Kehle. Sie halten sich in steinigten und felsigten Oertern, vorzüglich aber in den Scheuren und Ställen der Landleute, besonders auf den Kirchdächern und in den Thürmen auf. Bey allen Schaden, den sie anrichten, lassen sie sich schwer fangen. Die schwedischen sind die besten, und haben eine goldgelbe Kehle. Man läßt die Felle zuweilen kastanienbraun färben. Der **Baum**- oder der **edle Marder** wohnet gewöhnlich in hohlen Eichbäumen. Doch kommt er bey einer strengen Winterkälte zuweilen in die Dörfer, und ist alsdenn den Taubenschlägen und Hühnerställen am gefähr-

lichsten, weil er hoch steigen kann. Er hat ein dunkeles oder koffeebraunes Haar, und eine gelbe Kehle. Man hält die Felle von dieser letztern Marderart für besser, ob sie gleich um den zwölften Theil kleiner sind, als die erstern, und bezahlt sie noch wol einmal so theuer, als die Felle der Steinmarder. Die Marder gehören überhaupt zum Katzengeschlecht, und gleichen an Grösse einer mässigen Katze. Der Illing ist aber noch etwas kleiner als der Marder, und sein Fell wird daher auch wohlfeiler bezahlt. Die Illinge haben ein gelbes Grundhaar, die Spitzen fallen aber ins schwärzliche. Man schießt sie entweder, oder fängt sie in Fallen, in welchen man sie mit Eyern, oder mit Fröschen, so man unter dem Eise findet, oder am sichersten mit dem Eingeweide geschlachteter Hühner herbeylockt, oder auch mit Mastigkraut (marum verum,) auf welchen sie, wie die Katzen, sich gerne herum wälzen. Doch ist der Marder sowohl als der Illing schlau genug, der Falle zu entgehen, wenn man diese gleich vor einem Loche aufstellt, wo dieses Thier bereits einen für dasselbe vortheilhaften Durchgang gefunden hat. Die beste Zeit diese Thiere zu fangen, ist einige Wochen vor und nach Weinachten, weil ihr Haar zu einer andern Zeit nichts tauget. Doch gilt diese Anmerkung überhaupt von den mehresten Thieren, z. B. auch von den Füchsen, daß nemlich ihr Balg brauchbarer ist, wenn das Thier zur Winterszeit, als wenn es zu einer andern Jahres=

reszeit abgestreuft wird. Die virginischen Marder und Illige haben unter allen den Vorzug.

3) **Hermelinfelle** erhält man in den Nordländern, nemlich in Rußland, Lappland, Norwegen und dem hintersten Littauen von Thieren, die dem Wiesel an Gestalt gleich, nur noch weisser und feiner an Haaren sind. Denn die Farbe ihrer Haare ist schneeweiß, und diese sind kurz und sehr fein. Sie werden gleichfalls mit stumpfen Pfeilen geschossen, oder in Fallen gefangen. Ihres theuren Preises wegen sind sie in hiesiger Gegend nicht sonderlich Mode, und sie werden nur zum Futter der fürstlichen Kleidungen gebraucht. So sind die churfürstlichen Mäntel hiemit gefuttert und ausgeschlagen. Beym Gebrauch wird die schwarze Spizze des Schwanzes hin und wieder eingenehet, wodurch man die schöne weisse Farbe dieses theuren Pelzes erhöhet. Der Kürschner erstehet sie zimmerweise, und jedes Zimmer enthält 20 Paar, oder 40 Felle. Doch auch diese Felle sucht man bey den mehresten hiesigen Kürschnern vergebens, weil sie wie gesagt, nicht gesucht werden. Wenigstens ist es ein gutes Sinnbild unserer ehrlichen Vorfahren, wenn man behauptet, das Hermelin halte soviel auf sein weisses Fell, daß es lieber durchs Feuer als durch den Koth lauffe. Denn man kann durch dieses Sinnbild, wie in der ersten Auflage, die Unschuld und Reinigkeit empfehlen. Ob die Thatsache an sich richtig und wahr sey,

dis ist eine andre Frage. Ueberdem gilt das Spielwerk der Sinnbilder in unsern Tagen ebensoviel, als in grossen Städten die Unschuld!

4) Das **Hamsterfell** erhält man von einem kleinen Thier, so in hiesiger Gegend, insbesondre auf den magdeburgischen Feldern und in andern Gegenden seinen Bau oder seine Grube hat, in welche es reichlichen Vorrath auf den Winter einträgt. Der Grund des Haares ist braungelb, durch welchen hin und wieder schwarze Haare durchschimmern, und hin und her sind auch schwarze und weisse Flecke. Der Kürschner verstehet aber die Kunst, diese Flecke durch die Zusammenfügung mehrerer Felle so geschickt bey einem Pelze zu vertheilen, daß das Ganze ein gefälliges Ansehen erhält. Denn zum Futter der Frauenzimmerpelze und der Winterenveloppen wird dieses Pelzwerk vorzüglich verbraucht. Die vorgedachte geschickte Zusammensetzung der Felle zu einem Ganzen gilt von allen fleckigen Pelzarten.

5) **Kaninchen** = oder **Karnickelfelle** sind die Pelze kleiner Thiere, die zum Geschlecht der Hasen gehören, und auch in meinen Vaterlande von manchen zum Vergnügen unterhalten werden. Doch hat man sich in sofern vor ihnen zu hüten, weil sie den Grund der Gebäude durch ihren Bau oder durch ihre Gänge in der Erde untergraben. Gewöhnlich haben die Haare ihrer kleinen Pelze eine weisse, zuweilen auch

eine

eine graue oder schwarze Farbe. Die besten Felle von beyden Arten sucht man zum Ausschlag aus, die übrigen verwendet man aber zum Futter der Pelze und Winterenveloppen der Frauenzimmer. Die seltensten sind die blauen Felle, so man gewöhnlich zum Ausschlag, zuweilen auch zum Futter vorgedachter Kleidungsstücke verbraucht. Die mehresten Kaninchenfelle kommen in hiesiger Gegend insbesondre aus Krakau in Polen nach der Messe zu Frankfurt an der Oder, und an vorgedachten Ort halten sie sich in Felsen und Klippen auf. Die blauen Felle kommen mehrentheils über England zu uns. Dieses Pelzwerk ist in hiesiger Gegend seines mässigen Preises wegen zu Frauenpelzen sehr beliebt. Die weissen Felle besetzt der Kürschner zuweilen hin und wieder mit den schwarzen Ohren des Grauwerks, um ihnen hiedurch das scheinbare Ansehen eines Hermelinfelles zu geben. Denn die Haare des Kaninchenfells sind ziemlich fein und kurz.

6) Die Fehen, **Vehen** oder das sogenannte **Grauwerk** ist vor vielen andern Rauchwaaren am nützlichsten zu gebrauchen. Die Fehen sind eine Art Eichkatzen oder Eichhörner, aus der Tartarey, aber ihr Haar ist rauher, als das Haar der einheimischen Eichhörner. Die Farbe dieser Pelzwerke ist entweder dunkelblau, oder hellgrau, und die Kürschner nennen die dunkelblaue **Schwarzfeh**- oder **Grauwerk**, die weißgrauen aber **Weißfeh** oder **Grauwerk**, ob schon die ersten nicht ganz schwarz, und die leztern nicht

ganz

ganz weiß sind. Der Rücken dieser Felle wird vorzüglich zum Ausschlag und zum Futter der Frauenspelze, oder auch zu Mannspelzen genommen. Der **Bumpf** oder der Bauch dieser Felle, der sehr rauch ist, wird zum Vorstoß der Frauenhandschuh verwendet. Die Köpfe, so klein sie auch sind, setzt man gleichfalls zu einen Futter zusammen. Selbst mit den Ohren wie ich schon oben bemerkt habe, verziert der Kürschner die weissen Kaninchenfelle hermelinartig. Allein diese Ohren sind weiß und schwarz vermischt, die Hermelinschwänze aber, womit man das Hermelinfell besetzt, völlig schwarz. Daher hat denn freilich das mit Fehohren besetzte Kaninchenfell nicht völlig das Ansehen eines Hermelinpelzes.

7) Die **Nerzen** kommen aus Polen und Virginien. Sie sind etwa so groß, wie unsere Illige, und ihr Fell hat ein kurzes kastanienbraunes Haar. Sie werden zu Ausschlägen der Frauenzimmerpelze und zu Mützen gebraucht, und in ganzen Zimmern eingekauft. Ich kann die kunstmässige Benennung derjenigen Thiere von welchen dieses Pelzwerk fällt, nicht finden. Denn vermuthlich wird die Benennung von den einheimischen Kürschnern verunstaltet.

8) Die **Genotten** oder **Gnotten** oder eigentlich **Genith**- oder **Bisamkatzenfell** ist insgemein nichts mehr oder weniger, als das Fell einer ausländischen zahmen oder wilden Katze. Der Erfinder dieses künstlichen Rauchwerks

werks hat demselben vermuthlich deshalb einen veränderten Nahmen gegeben um der Sache desto mehr Beyfall zu verschaffen. Der einheimische Kürschner erhält diese schwarze Katzenfelle aus Holland, es ist mir aber unbekannt, ob die Katze in Holland einländisch, oder ob diese Felle nur ein holländischer Handlungsartikel sind. Doch erhält man sie auch aus Polen, und die schwarzen aus beyden Gegenden sind insgemein gefärbt. Die ächte Geniethe soll aber aus Spanien herrühren, und schwarzgelb mit schönen schwarzen Flecken getiegert seyn. Das feine Fell ist insgemein schwarz, selten blau. In hiesiger Gegend nimmt es der Kürschner größtentheils nur zu Ausschlägen der Frauenzimmerpelze, sehr selten aber zum Futter, und die gefärbt unächte Genotte ist die gewöhnlichste.

Alle diese bis jetzt genannte Pelze werden größtentheils zum Futter und Ausschlag der Pelze und Winterenveloppen der Frauenzimmer verbraucht. Daher hab ich sie auch hintereinander genannt, und jeden den Platz angewiesen, den er der innern Güte oder der Verwandschaft nach verdient. Zobel und Hermelin werden als theure Waaren selten gesucht, wie ich schon bemerkt habe. Gewöhnlich nimmt man in hiesiger Gegend Kaninchen- oder Hamsterfell zum Futter, und Gnotten oder Grauwerk zum Ausschlag der Frauenzimmerpelze, oder läßt das Futter von Kaninchenfellen auch nur ohne Ausschlag

schlag vorstossen. Die Mode, so übrigens alles beherrscht, muß sich demohnerachtet doch öfters nach dem Vermögen des Käufers richten. Jedes Frauenzimmer, so nemlich vernünftig denkt, wählt sich übrigens ein Pelzwerk, so sie bezahlen kann. Die nächstfolgenden Pelzarten werden vorzüglich zu Mützenbrähmen verbraucht.

9) Man hat virginische, polnische, schottische, nordische und einländische **Fischotternfelle.** Die virginischen stehen der Güte nach nächst denen aus Canada. Diese sind aber die besten, und heißen ihres schönen Glanzes wegen **Spiegelottern.** Das Haar der amerikanischen ist durchgehends braun, rauh und weich, dagegen das Haar der hiesigen ein wenig blasser ausfällt. Die Fischotter gleicht einem langgestreckten mässigen Hunde, sie hat kurze Gänsebeine und einen breiten Fischschwanz. Denn es ist bekannt, daß dieses Thier sowohl im Wasser, als auf dem Lande lebt, und sich von Fischen nähret. Daher ist es den Fischteichen vorzüglich gefährlich. Man schießt sie entweder, da sie beym Schwimmen die Schnautze aus dem Wasser halten, oder man fängt sie lebendig mit eisernen Fallen, die zur Winterszeit neben den Eiswuhmen hingestellt werden. Der Kürschner verbraucht ihre Pelze insbesondre zu Mützenbrähmen, und überdem zu Muffen und andern Waaren. Es ist ein dauerhaftes Pelzwerk, die ein-

einheimischen Felle sind aber schlechter und wohlfeiler, als die amerikanischen:

10) Das **Murmelthier, Bergratze, Bergmaus, Alpenmaus** ist ein bekanntes kleines Thier, so sich vorzüglich auf den Alpen aufhält. Es gehöret zum Ratzengeschlecht fast von der Grösse der Kaninchen. Sein Pelz ist gelblich braun, und wird öfters ganz braun gefärbt. Man verbraucht es gegenwärtig in Berlin blos zu Mützenbrähmen, und dieser Gebrauch ist daselbst etwa erst seit 15 Jahren bekannt.

11) Das Fell des **Seehundes** so auch zum Ueberzug der Reisecoffres genommen wird, ist theils gelblich, theils grau, theils grau und gelbfleckig. Von dem Kürschner wird das Fell dieses Thieres, so beydes in dem Wasser und auf dem Lande lebt, blos zum Brähm schlechter Mützen gebraucht.

Es bleiben nun noch diejenigen Pelze übrig, die schon an sich groß sind, und daher auch zu grossen Kleidungsstücken gebraucht werden, als zu Wildschuren und zu Futter andrer Mannskleider, zu Decken und Muffen u. d. g. m.

12) Die Farbe der **Fuchsbälge** ist sehr verschieden. Man hat nemlich a) **Schwarze.** Diese sind nächst den Zobeln das kostbarste Pelzwerk zum Futter und Ausschlag der Pelzkleider, und werden daher insgemein nur von königlichen und fürstlichen Personen getragen. Denn ein Balg wird oft mit 50 bis 100 Rthlr. bezahlet. Das Haar dieses Pelzwerks

werks hat einen sehr schönen Glanz, und der Pelz, so aus Liefland und Canada komt, wird nicht nur zu Pelzen, sondern auch zu Muffen verwendet. b) Die **blauen** Fuchsbälge erhandelt man von den Engländern und Franzosen, so sie aus Westindien mitbringen. Sie geben ein schönes Futter zu Mannspelzen; ihre Seltenheit aber macht, daß sie gleichfalls nur von fürstlichen und sehr vornehmen Personen getragen werden. In Dresden waren sie ehedem sehr gemein da diese Stadt noch begüterter war, als jetzt, und wurden damals wie das Grauwerk unter den Pelzen der Frauenzimmer getragen. c) **Gelbe** Fuchsbälge kommen aus der Schweitz, und werden von den Griechen und Türken häufig zum Futter und zu Ausschlägen ihrer Pelze gebraucht. Hier sind sie nicht üblich. d) **Weiße** Fuchsbälge sind nur von geringer Güte, und werden blos, wie die weißen Hasenfelle, zum Futter der Mannskleider gebraucht. Ihr Vaterland ist Rußland, Polen und Grönland. e) **graue** Fuchsbälge kommen aus Dännemark und Grönland, und werden gleichfalls zum Unterfutter gebraucht. Ihr Haar ist schön und fein, wie bey den Mardern. f) Endlich giebt es noch **rothe** Füchse, die in allen Welttheilen gefunden werden, und woran es auch in Deutschland nicht fehlt. Die besten trift man aber in Podolien und Kleinasien an. Diese haben entweder eine weiße Blume an der Spitze ihrer Schwänze, oder diese Spitze ist auch schwarz.

Im

Im letztern Fall ist auch der Bauch und die Kehle schwarz, und solche Füchse heißen dieserhalb **Brandfüchse.** Unter **Kreutzfüchsen** verstehet man aber diejenigen, welche außer der rothen Farbe noch einen gelben oder schwarzen Strich über dem Rücken, und einen ähnlichen Querstrich über der Buge, d. i. längst den beyden Schultern, haben. Sie kommen aus Liefland und einigen nordischen Provinzen. Sonderbar ist es, daß die Füchse, welche sich auf den Höhen aufhalten, unter dem Halse weiß sind, die Kehle aber derer, die in Thälern und sumpfigten Gegenden wohnen, schwärzlich ist. Das Zehendig, oder 10 Stück, von der ersten Art wird deshalb um einige Thaler theurer bezahlt, und gemeiniglich gilt das Stück 1 Thaler. Alle diese rothen Fuchsbälge verbraucht man zu Mützen, Muffen und dergleichen. Der Schwanz wird von einigen des Winters statt eines Halskragens getragen, oder zu Handschuhbrähmen verarbeitet. Die weißen Stellen, besonders die am Halse, dienen zum Ausschlag der Pelze für die Officier einiger preußischen Husarenregimenter. Der Kürschner muß diesen Ausschlag aus vielen Stücken dergestalt zusammensetzen, daß das Haar durchgängig gerade und gleichförmig fällt. In diesem Fall wird der Ausschlag zu den Pelzen der Husarenunterofficier aus dem Rücken des rothen Fuchsbalgs genommen. Der Fuchs hält sich gewöhnlich in einen Baum, oder in einer Grube mit verschiedenen Zugängen auf. Der Jäger schießt ihn entweder, oder fängt ihn in Schlingen und Fuchseisen. Man ludert ihn mit verschiedenen Dingen, und am besten soll man ihn mit gebrathenen Heringen oder Schmalzgrieben von Gänsen aufwarten können. Einige Jäger lauern ihm hinter den Zäunen oder Bäumen auf, wo sie nicht winden können. Hier pfeift der Jäger wie eine Maus, denn diese ist für die Füchse eine vorzügliche Lockspeise. Sie werden auch getrieben, und wenn sie auf ihrer Flucht vor dem Jäger, welcher sich angestellet hat, vorbey eilen, so giebt dieser einen Laut von sich, worauf der Fuchs den Augenblick stehen bleibt, und auch sogleich den Schuß empfängt. Bey grossen Jagden machen die Füchse wunderbare Wendungen und Sprünge, und setzen wol gar über die Lappen weg. Ein schlauer Fuchs ist ein bekantes Sprichwort, und diese List beweiset der Fuchs vorzüglich, wenn er auf den Raub ausgehet, oder gejaget wird. Wiewohl dem

13) **Wolf** fehlt es gleichfalls nicht an Schlauheit, wenn er auf den Raub ausgehet. Die Farbe ihrer Pelze ist im Grunde grau, und die Haarspitzen verlieren sich ins Schwarze. Jedoch die Wölfe in den äußersten Nordländern haben schon einen blassern Pelz, und je weißer das Haar ist, desto schöner und theurer ist der Balg überhaupt. Denn ein vorzüglich weißer Balg gilt doppelt soviel, als ein gewöhnlicher. Das rechte Vaterland der Wölfe ist

Ruß-

Rußland, Polen, Frankreich, die pyrenäischen Gebürge in Spanien, und verschiedene andre Gegenden. In meinem Vaterlande, der Mark Brandenburg hat man dieses reißende Thier, das aber den Menschen so leicht nicht anfället, durch öftere Wolfsjagden gänzlich ausgerottet. Außer das zuweilen in die Neumark, so wie in Pommern, einige aus Polen überlaufen, denen aber die Königlichen Förster sogleich nachspühren müssen. In der Werkstätte der Kürschner wird der Wolfsbalg vorzüglich zu Wild und Wolfsschuren und überdem zu grossen Muffen verarbeitet.

14) **Bärenhäute** sind theils schwarz, theils grau, theils weiß. Schwarze Bären halten sich in Rußland, Polen, Frankreich, Virginien, und in einigen nordischen Inseln auf. Unter diesen sind die virginischen die besten, da hingegen die rußischen und polnischen, die weissen ausgenommen, nicht sonderlich geschätzt werden. Vorzüglich geben die virginischen jungen Bärenhäute eine vortrefliche Wildschur, und man giebt ihnen daher vor allen übrigen schwarzen den Vorzug. Aus Polen kommen wenige ganz schwarze Bärenpelze. Die schwarzen Haare sind mehrentheils mit gelben untermischt, weshalb sie auch **silberhärige** heißen. Die grauen Bärenpelze, welche man für die größten hält, kommen von den Alpengebürgen, und die weißen aus Grönland und den Spitzbergen. Den weißen legt man überhaupt den vorzüglichsten Werth

ben. Aus allen diesen Bärenpelzen macht der Kürschner Muffen, Husarenmützen, Pferdedecken u. d. g. m.

15) **Der Pelz der Tieger** hat einen gelben Grund mit schwarzen Flecken oder Streifen. Ihr Vaterland ist gleich dem Vaterlande der **Leoparden**, Asien und Africa. Man hält die Leoparden für Bastarte von **Panthern** und Löwinnen erzeugt, andre hingegen halten Tieger, Panther und Leoparden nur für ein Geschlecht, so daß sich die nur gedachten drey Arten blos durch die Farbe unterscheiden. Die Farbe der Leoparden und Panther ist fahl oder gelblich, mit grossen schwarzen Flecken bestreuet, die Narben oder Ribben ähnlich sehen. Alle diese Pelze werden insbesondere zu Muffen verarbeitet, und zu Decken, mit welchen die Kutschpferde behangen werden. Die Stabsoffizier und Rittmeister des Preußischen Leibhusarenregiments von Ziethen tragen bey der Revüe zur Pracht Tiegerdecken. Das Paar Tiegerfelle kostet etwa 30 bis 50 Thaler, das Paar Leopardenfelle aber 50 bis 200 Thaler.

16) Die leichtgelben oder röthlichen **Luchsfelle**, so unter dem Bauch weiß und mit schwarzen und dunkeln Flecken gezieret sind, geben ein gutes Kleiderfutter. Der Luchs ist größer, als eine Katze, sonst aber diesem Thier sehr ähnlich. Man hat daher auch Luchskatzenfelle, die im Haar weißlicher fallen, und ächte genennet werden. Der Luchs ist ein Raubthier, von welchem

be-

bekannt ist, daß es das schärfste Gesicht unter allen Thieren habe. Es lebt in großen Gebürgen, Waldungen und Klüften verschiedener nordlichen Gegenden.

17) Also hat der Pelz von **wilden Katzen** mit dem Luchsbalg die große Aehnlichkeit, vorzüglich aber im Bauch. Doch ist er nicht völlig so schön: Man findet sie auch in Deutschland, überdem in Polen, und ihr Pelz wird zum Unterfutter und zu Muffen verbraucht. Man empfielt dieses Pelzwerk denenjenigen zur Tracht, die mit Geschwulst und Flüssen behaftet sind, dagegen es magern Personen nicht zuträglich seyn soll.

18) **Vielfraßpelze** können weiter zu nichts, als zu Muffen gebraucht werden, und jeder Pelz giebt nur eine einzige Muffe. Das Thier ist ohngefehr so groß, als ein Wasserhund, gleicht auch mit dem Kopf einem Hunde, mit dem Leibe und Schwanze aber einem Fuchse, und mit den Füßen einer Otter. Man findet es in der Barbarey und in den Nordländern. Der schwarze Spiegel in der Mitte seines Pelzes nimmt sich besonders schön aus. Denn sein Rand verliert sich in die gelbbraune Farbe der übrigen Haare. Der Vielfraß ist wegen seiner Gefräßigkeit bekannt, indem er in einem Tage wol einen großen Ochsen zu sich nehmen soll. Wenn er satt ist, so soll er sich zwischen zwey Bäume pressen, um den Ueberfluß wieder von sich zu geben, und als-

denn gehet die Mahlzeit von neuen wieder an, bis der Ochse verzehret ist.

19) **Schuppen** gehören zum Geschlecht der Dachse aus kältern Gegenden; doch haben die Schuppen ein dickeres Haar, als die einheimischen Dachse, und das Haar ist von verschiedener Farbe, die braunen sind aber die besten. Sie kommen aus Virginien und Canada, und der Kürschner nimmt sie zu Mützenbrähmen und Muffen. Den Nahmen selbst find ich weiter nicht, und ist also wol nur in den Werkstätten der hiesigen Kürschner üblich.

20) Der Verwandschaft wegen nenn ich nun die **Dachsfelle**. Es giebt weiße, schwarze und graue, und am Kopf finden sich weiße und schwarze Streifen. Der Dachs ist etwas größer, als die bekannten Dachshunde, welche eben daher ihren Nahmen führen, weil sie die Dachse in ihren Bau ausspüren und aufhalten müssen, bis man sie ausgräbt. Die Dachsfelle, oder nach Weidmannschen Ausdruck, die **Dachsschwarten** kommen aus Polen, es giebt aber auch emländische. Man pflegt aus diesen Fellen besonders Jägertaschen zu machen, oder sie zu solchen Dingen zu gebrauchen, die lange dem Regen ausgesetzt sind, weil sie denselben nicht durchlassen. Dergleichen Waaren findet man aber nur bey dem Täschner. Der Kürschner verarbeitet das Dachsfell nur selten, allenfalls zu Pferdedecken für die Fuhrleute. Eben so

sel-

selten ist in dieser Werkstätte auch der Gebrauch des

21) **Hasenfells.** Die Farbe des einheimischen Hasen ist bekannt, und das weiße Hasenfell, so aus Littauen und andern nordischen Ländern kommt, wird schon höher geschätzt. Zuweilen nimmt der Kürschner die Hasenfelle zum Futter der Kirees, oder er verkauft sie auch gahr gemacht an solche Personen, die sie der Flüsse wegen umbinden.

22) **Nordvögel** oder **Lerke**, werden wie die Schwanenfelle zu Muffen und Palatinen gebraucht, aber nur selten.

23) **Bilchmäuse, Gebürgmäuse, Zieselmäuse** nimmt der Kürschner zum Unterfutter. Sie gehören zum Ratzengeschlecht und leben auf den Alpen in der Erde. Ihr hellaschgrauer Balg ist vor einiger Zeit von dem hiesigen Collegiomedico verbothen worden, weil er etwas giftiges an sich haben soll. Wenigstens hat er einen übeln Geruch, wenn er warm wird, und einige wollen sogar bemerkt haben, daß der Mund ausfährt, wenn man dieses Fell zur Winterszeit an denselben hält.

24) Die **Zieperkatzen** sind bekanntermaßen einheimische buntfleckige Katzen. Sie werden zu Muffen und Unterfutter genommen. Die **Waldeselhäute** nimmt man blos zum Schilde und Zeichen der großen Rauchkaufladen auf den Messen; und der **Waldteufel**, der dem Tieger

an Farbe gleicht, wird zur Zierde ganz ausgestopft.

25) Endlich giebt es verschiedene Wollpelze, die gleichfalls von dem Kürschner gahr gemacht und verschiedentlich verwendet werden, die bekannten **einländischen Lamm- und Hammelfelle** geben ein gutes Futter in Handschuhen und Mützen, insbesondre die Lammfelle und die Felle von jungen Ziegen. Das gahr gemachte Schaffell ist überdem das Pelzfutter der gemeinen Husaren. Außerdem verarbeitet der Kürschner noch verschiedene ausländische Schaffelle. Die **dänischen** und **ukränischen** Schaffelle sind schwarz mit krausen Haar. Man macht hieraus insbesondre Pudel- oder Budelmützen, so wie auch aus den **krimmer Schaffellen**. Diese, nebst den **persianischen Schaffellen** sind theils schwarz, theils grau. Die persianischen Lammfelle haben einen blaulichen Grund mit kleinen krausen perlfarbenen Locken, und geben gleichfalls eine gute Budelmütze. Die **isländischen** Schaffelle sind in der Wolle flammigt; und die **astrakanischen** oder **kalmuckischen** schwarz oder großflammig. Die letztern sind glänzend, wie mit Butter eingeschmiert, und glatt, wenn sie von jungen, rauh aber wenn der Pelz von alten Vieh ist. Sie werden zu großen Mannspelzen gebraucht. Ueberhaupt nimmt man diese ausländischen Schaffelle häufig zum Futter der Kleider und der Pelze, insbesondre in den Nordländern.

26) Zu-

26) Zuletzt gehören, außer den Pelzen, zu den Materialien der Kürschner noch Tuch- und andre Zeugarten zum Ueberzug der Mützen und Pelzhandschuhe, und zu dem letztern Gebrauch auch rothes sämisches Schafleder. Verstehet der Kürschner überdem auch die Kunst, die Felle zu blenden, beitzen und zu färben, so muß er auch verschiedene Färbermaterialien verstehen, die ich an ihren Ort nennen werde.

Ich muß zu dem Pelzwerk, dem wichtigsten Material der Kürschner, noch ein Paar Anmerkungen hinzufügen. 1) Der Jäger, der ein wildes Thier auf eine oder die andre Art in seine Gewalt bekommt, schneidet beym Ausweiden oder Abnehmen des Pelzes diesen gewöhnlich nicht nach der ganzen Länge unter dem Bauch auf, wie der Schlächter zu thun pflegt. Nein er schneidet blos unter den Hinterfüßen, nach der Länge der letztern, ein Loch ein, und streift das ganze Fell dem erlegten Thier über den Kopf, ohne es weiter zu verletzen. Dieser Umstand verschafft dem Kürschner beym Gerben den Vortheil, daß er den Pelz gut und bequem ausrecken und ausdehnen kann, insbesondre auf der Wolfsscheide. 2) Jedes Pelzwerk ist zur Sommerszeit schlecht an Haaren. Denn das Thier rauhet alsdenn, wie man zu sagen pflegt, oder verlieret sein altes Haar. Daher werden die Pelze von Thieren, die man zur Winterszeit gejaget hat, und insbesondre kurz vor und nach Weihnachten, am höchsten geschätzt und bezahlt.

Ohne Zweifel sind aus eben der Ursache die Pelze der Thiere im äußersten Norden schätzbarer, als die in wärmern Ländern. 3) Die hiesigen Kürschner erstehen ihre ausländischen Pelze auf den Messen zu Leipzig und Frankfurt an der Oder. Die Niederlage des nordischen Rauchwerks ist bekanntermaßen in Danzig und in den benachbarten Städten. Aus diesen Handelsörtern kommen Rauchwerkshändler auf die leipziger Messe, und von diesen kauft der Kürschner z. B. Marder, Grauwerk, Wolfs- und Bärenpelze und Pelze von andern nordischen Thieren. Auf die Messe zu Frankfurt an der Oder finden sich vorzüglich polnische Juden ein, die unter andern mit ukräner Schaffellen handeln, und überdem zuweilen danziger, insgemein aber leipziger Rauchwerkshändler. Es finden sich auch auf den Messen magdeburgische und halberstädtsche Kaufleute mit Hamsterfellen ein; ferner Genfer mit canadischen und virginischen Rauchwerk, endlich Türken und Ungern mit grauen und schwarzen Schmaschen oder Lämmerfellen u. s. w. Alle diese Pelze werden zuweilen unzubereitet erstanden, und der Kürschner muß sie alsdenn selbst gahr machen. Begüterte Kürschner in großen Städten handeln aber gleichfalls mit Pelzen, die sie insgemein gahr machen und im erforderlichen Fall beitzen oder färben, in diesem Zustande aber an unbegüterte Kürschner ihres Orts oder an die Kürschner der benachbarten kleinen Städte verhandeln. Diese handelnden Kürschner machen es sich insbesondre nach Johannis zur vornehmsten Verrichtung, daß sie ihre Waaren auspußen, glatt strecken, und in Bünde binden. Die kleinern Felle werden gewöhnlich **bund-zehndig** oder **zimmerweise** verkauft. Z. B. ein Bund Kaninchenfelle, Fuchskehlen oder Wammen enthält 12 Stück; Murmel- Otter- Vielfraß- und ukrainer Schafpelze werden Zehendigweise verkauft, das Zehendig zu 10 Stück; und Zobel, Hermelin, Marder zimmerweise, und jedes Zimmer hat 46 Stück. Große Pelze kauft man stück- oder paarweise.

II. Die Anzahl der vorzüglich einfachen **Werkzeuge** des Kürschners ist sehr gering, und sie lassen sich daher leicht und kurz nennen und beschreiben:

Beym Gahrmachen des Grauwerks bedient sich der Kürschner folgender Werkzeuge:

1) Die **Trampeltonne** Fig. I. ist eine gemeine aber starke und oben offene Tonne. Die Fehen- oder Grauwerksfelle werden mit Butter beschmiert in diese Tonne geworfen, und in derselben, wie in einer Walke, nachdrücklich mit den Füßen getreten oder getrampelt. Hiedurch hebt sich das Aas auf dem Leder, und wird weich und locker, daß es hernach mit den Händen bearbeitet werden kann. In einigen, aber in wenigen Städten haben die Kürschner eine Walke, z. B. in Dresden, so mit Vortheil die Stelle der Trampeltonne vertritt. In Berlin fehlt es noch

an

an einer solchen Walke, daher die Trampeltonne noch beständig ihre Stelle vertreten muß.

2) Die **Gerbebank** Fig. II. ist eine gewöhnliche starke Banke a b, worauf eine hölzerne Säule c d stehet, woran ein horizontaler eiserner Arm e f befindlich ist. Zwischen diesen und der Banke ist das **Abfleischeisen** f g befestiget. Dieses Eisen hat die Gestalt eines flachen Bogens, und über dessen innern Schneide g nach der Säule c d zu wird das Fell abgefleischt, oder das Aas abgestreift. Diese Eisen sind entweder stumpf, und heißen alsdenn **Böckel**= oder **Pöckeleisen**, oder scharf, und dann führen sie den Nahmen **Abzieh**= oder **Abfleischeisen**. Mit dem Pöckeleisen werden die Felle zubereitet, und mit einem Abzieheisen zuletzt weiß und rein gestrichen. Man kann also das stumpfe Eisen von der Gerbebank abnehmen, und dagegen ein scharfes einsetzen.

3) Die **Grauwerksschere** Fig. IV. steckt der Kürschner in den Balg kleiner Pelze, und dehnet ihn hiemit aus, wenn er beynahe gahr ist. In der IV. Fig., so diese Schere abbildet, sind a b und a c und die beyden äußern Schenkel dieser Schere, die unter a durch ein Niedt vereiniget sind, und in den stärkern Theil d gleich einen Einlegemesser, in einander geleget werden können. Der Ueberrest beyder Schenkel liegt flach auf einander, und beym Gebrauch ergreift man sie bey den Griffen b und c.

4) Der

4) **Der Tretstock** oder **Wärmstock** Fig. V. ist eine hohe Tonne, in welcher unten, statt des Bodens ein kupferner Kessel a b befestiget ist. Dieser stehet auf einem Dreyfuß c d und unter dem Dreyfuß wieder eine Pfanne mit glüenden Kolen. Das in der Tonne mit Sägespänen oder Kley und Hechsel oder Heckerling vermischte Rauchwerk wird erwärmt in dieser Tonne getreten, damit das harte Leder z. B. von Kaninchenböcken, und das, welches in der Zurichtung nicht gut gerathen ist, nachdem es mit Fett eingeschmieret ist, Kraft bekomme, daß es weich, und das Haar glänzend werde. Mit diesem Treten darf der Kürschner keinen Augenblick anhalten, weil sonst das Haar verbrennen würde. Die Fettigkeit des Pelzes wird von dem hineingeschütteten Sand und Gips verschluckt.

Nachstehender Werkzeuge bedarf der Kürschner beym Gahrmachen der mehresten großen Haarpelze.

5) Der **Rumpelbaum** Fig. VII. a c gleicht an sich einer halben Walze, die zwar hinten in c auf der Erde lieget, vorne aber in a b auf zwey Füßen stehet. Er kommt völlig mit dem Abstoßbaum der übrigen Gerber überein. Bärenfelle und andre fette Pelze werden auf diesem Baum vor dem Gahrmachen abgestoßen, und zwar mit dem folgenden Stoßeisen. Hiedurch benimmt man ihnen das überflüßige Fett und Aas.

6) Hiezu gehöret also das **Abstoß-** oder **Stoßeisen** Fig. VIII. Es ist ein scharfes etwas gekrümm-

gekrümmtes Messer, so ziemlich einem Schneidemesser der Holzarbeiter gleicht, und an jedem Ende einen graden Griff von Holz hat. Die fetten Felle werden hiemit auf der Fleischseite über dem Rummelbaum abgefleischt.

7) Die **Sandpfanne** Fig. XXVII. Sie ist eine viereckigte eiserne Pfanne, worin derjenige Sand heiß gemacht wird, den man nachgehends in die

8) **Läutertonne** Fig. IX. schüttet. Diese Tonne a b hängt horizontal, vermittelst ihrer beyden eisernen Wellzapfen c und d in den Pfannen zwey hölzerner Böcke e f. Die Tonne selbst a b hat unter g eine Thüre, wodurch Sand und Felle in die Tonne geworfen werden. Man verschließt hierauf die Thüre wieder, und drehet die Tonne mit der Kurbel h um. In dem Innern der Tonne sind hin und wieder vorspringende hölzerne Nägel, damit der hineingeschüttete heiße Sand nicht sogleich und mehr zerstreuet auf das Pelzwerk fallen möge. Dieses **Läutern** benimmt den Haaren ihre Fettigkeit.

9) Die **Wolfs- Fuchs-** oder **Otterscheide** Fig. VI. ist ganz von Holz, und etwa 6 bis 8 Fuß lang. Die beyden äußersten Schenkel a b und c d, von einer dünnen Latte, sind zuweilen oben durch ein Gewinde in a c vereiniget, oder auch nicht, wie Fig. VI. Das Mittelstück e f, oder die **Zunge** aber hängt nur alsdenn mit den beyden vorgedachten Schenkeln a b und c d zusammen, wenn man es in eine Falze dieser Schenkel innerhalb

nerhalb einschiebt. Es hat also auf jeder hohen Kante eine Feder und jeder Schenkel a b und c d innerhalb eine Ruthe, worinn die Feder eingeschoben werden kann. Diese Zunge hat eine keilartige Gestalt, und ist also oben in e schmaler als unten in f. Man streift den Balg über die Schenkel a b und c d, stampft mit der Zunge e f auf die Erde, und dehnet hiedurch den Pelz nach und nach aus. Der Balg ist nemlich im Bauch noch nicht aufgeschnitten, wie ich schon oben bemerkt habe.

10) Der **Pelzkamm** Fig. XV. ist ein gewöhnlicher Kamm von Horn, der auf einer oder auch auf beyden Seiten Zähne, und hinten auch zuweilen einen Griff hat. Es wird hiemit das Haar des gahrgemachten Pelzwerks ausgekämmt.

Nächstfolgende Werkzeuge bedient sich der Kürschner beym Gahrmachen der Wollpelze z. B. der Lamm- und Schafpelze.

11) Der eiserne **Fellkamm** Fig. X. hat Zähne auf beyden Seiten, und in der Mitte einen Stiel zum Angreifen. Hiemit wird die nasse Schafwolle etwas dünner auseinander gearbeitet, wenn sie auf den Fellen zu dick liegt.

12) Das **Kämm- oder Kartetschbrett** Fig. XIV. ist ein gewöhnliches grosses Brett, worauf man die Felle legt, wenn man sie kämmet oder kartetschet, oder auch wenn man sie zuschneidet. Die Wollfelle werden auf diesem

Brett

Brett entweder mit dem nur gedachten Fellkamm gekämmt, oder dagegen mit der bekanten Kartetsche oder Streiche Fig. XIII der Wollstreicher kartetschet.

13) Die **Beitztiene** Fig. XXI ist ein gewöhnliches grosses Faß, oder ein kleiner Bottig, worin die Wollpelze mit Gerstenschrot und Salz einige Zeit gebeitzet werden.

14) Die **Eiser- oder Linderstollen** Fig. III. Bey der Zurichtung der Wollpelze befestiget der Kürschner zwey Schrauben, oder Stollen von Eisen a b und c d in a und c mit Schrauben an dem Stiel einer Wand. In eine Falze e b und f b steckt er ferner ein nach einem flachen Bogen gekrümmtes **Stoßeisen** g h. Auf der äußern Schneide dieses Eisens wird die Aasseite der Wollpelze abgezogen. Die XXVIII Fig. stellt eine Linderstolle (Fig. III a b oder c d) besonders vor, wo man auch in ab die Löcher bemerken wird, durch welche beym Anschrauben die gedachten Holzschrauben gesteckt werden.

Beym Zuschneiden und der Zusammensetzung der Pelze zu Kleidungsstücken erleichtert sich der Kürschner diese Arbeit durch folgende Werkzeuge.

15) Das **Zuschneidemesser** Fig. XXII hat nur einen kurzen Griff, und man schneidet nicht mit der Spitze, sondern mit der ganzen Schneide. Eine gewöhnliche Schere thut hiebey und beym Nehen gleichfalls Dienste.

16) Der

16) Der **Nehehacken** oder **Nathhacken** Fig. XX ist eine kleine eiserne Zange, deren Gebiß a durch eine Hülse, oder durch den Schieber b c zusammen gepreßt wird. Zwey Stücke eines Felles, so man zusammennähen will, werden hiemit anfänglich zusammen gehalten, damit man sie bequem zwischen die Knie fassen und zusammennähen könne.

17) Mit der **Nehnadel** Fig. XII werden die zugeschnittenen Pelzwaaren zusammengenehet. Die Kürschnernadel ist eine dreyschneidige sogenannte Schneidenadel. Der Kürschner gebraucht Nehnadeln von verschiedener Größe und preßt diese mit dem **Fingerring** Fig. XI durch das harte Leder. Hiebey erinnere zugleich, daß die **Elle** womit der Kürschner die Pelze ausmißt, uur ¾ berliner Elle lang ist.

18) Fig. XXV ist ein **Mützenstock**, worauf eine fertige Mütze aufgepaßt wird, um ihr die gehörige Gestalt oder Form zu geben.

19) Solche Kürschner, so die seltene Kunst verstehen, Pelze zu blenden und zu beitzen oder zu färben, gebrauchen hiezu noch eine **Laugentiene** zum Kalkwasser; ferner eine **kupferne Blase**, worin die Galläpfel geröstet werden; ein **Sieb**, die zerstossenen Galläpfel zu durchsieben; endlich einen irdenen **Reibenapf** und eine **Reibekeule**, womit die Farben gerieben werden. An seinem Ort werd ich von dieser Färberey mehr sagen.

III. Die Verrichtungen und also auch zugleich die **Waaren** der Kürschner sind von doppelter Art. Erstlich muß er die Pelze gar machen, und einige begüterte Kürschner handeln auch zugleich mit gahrgemachten Pelzen, wie ich schon vorher gesagt habe. Ueberdem verfertiget der Kürschner aus den Pelzen verschiedene Kleidungsstücke, und dis ist die gewöhnliche Beschäftigung unbegüterter Kürschner. Das Garmachen wird im Frühjahr auch wol im Herbst verrichtet, wenn das Wasser nicht zu kalt, auch nicht durch die Sonnenhitze in die Fäulniß übergegangen ist. Die übrige Zeit verwendet der Kürschner auf die Aufsicht über sein Waarenlager, und insbesondre auf die Verfertigung gedachter Kleidungsstücke von Pelzwerk. Von dieser doppelten Beschäftigung will ich das nöthige sagen. Bis jetzt ist mir keine Schrift bekannt, die diese Profession gehörig ins Licht setzt, daher ich blos dasjenige hinschreiben kann, was ich selbst gesehen und gehört habe.

A. Bey der Gerberey oder dem **Gahrmachen der Pelze** muß der Kürschner eine doppelte Absicht zu erreichen suchen. Erstlich soll das Fell selbst von dem Aas und Fett befreyet und zugleich auch den Haaren ihre Fettigkeit benommen werden. Diese Fleisch- und Fetttheile sind der Fäulniß stark unterworfen, und würden den Pelz in kurzer Zeit zerstören. Ueberdem muß auch zugleich das Fell selbst geschmeidig gemacht, und das Haar von seinem Schmutz befreyet

befreyet werden. Doch kann der Kürschner zu dieser doppelten Absicht sich nur solcher Mittel bedienen, die das Haar nicht angreifen oder ausbeitzen. Dieserhalb läßt sich das sogenannte Anschwöden mit Kalk, nach Art der Weißgerberey, bey dem Pelzwerk nicht in Ausübung bringen. Denn der Kalk macht zwar, daß die Haut sich hebt und aufschwillt, und daß sie daher gut ausgefleischt werden kann, aber der Kalk beitzt zugleich bekanntermaaßen die Haare und die Wolle aus. Jede Pelzart will nach ihrer natürlichen Beschaffenheit behandelt seyn, und der Kürschner kann daher beym Gahrmachen zu jedem Pelze nicht ein und eben dieselben Mittel und Wege ergreifen. Soviel ich aber in Erfahrung gebracht habe, so können alle Pelze durch eine oder die andre der nachfolgenden dreyfachen Behandlung gahr gemacht werden. Allein ehe ich von der dreyfachen Art dieser Gerberey rede, will ich vorher nur noch bemerken, daß der Weißgerber gleichfalls Pelzfelle von Hammeln, Schafen und Lämmern gahr macht, aber auf eine andre Art, als der Kürschner, nemlich mit Alaun und Salz. In der Beschreibung der Weißgerberey hab ich dieses Gahrmachen bereits angezeigt. Doch ich eile zur Beschreibung des Gahrmachens, in der Werkstätte der Kürschner.

B) Die **Fehen- oder Grauwerksfelle** haben von Natur eine harte und spröde Haut, wenn das Fell ausgetrocknet ist, die sich daher

 nicht

nicht gut ausfleischen läßt. Dieserhalb muß das Fell durch das Walken und Treten, und hiernächst durch eine starke Beitze geschmeidig gemacht werden. Daher wird der Balg, der, wie gesagt, im Bauche nicht aufgeschnitten ist dergestalt umgekehrt, daß die Haarseite inwendig, die Fleisch- oder Aasseite aber auswärts fällt. Diese Aasseite beschmiert der Kürschner mit alter Butter, in einigen Gegenden auch dagegen mit Schweineschmalz oder einem Oel, um die harte Haut geschmeidig zu machen. Ist das Fell an sich schon fett, so trägt der Kürschner durchgängig weniger auf, als wenn das Fell von Natur mager ist. Hierauf werden die Felle schicht- oder lagenweise in die Trampeltonne Fig. I gelegt, und wenn die Tonne einige Größe hat, so können 100 und mehrere von diesen kleinen Fellen eingepackt und zugleich kalt getreten oder getrampelt werden. Der Kürschner steigt nemlich in die Tonne, und trit oder trampelt die hineingeworfenen Felle etwa 3 Stunden mit blossen Füßen. Diese Arbeit ist also eine Art Walke, wodurch die Fettigkeit der Butter in die harten Felle übergehet, und sie geschmeidig macht. Ich habe bereits oben bemerkt, daß sich die Kürschner in einigen wenigen Städten statt der Trampeltonne auch der Walke bedienen. Doch ist mir die Einrichtung und der Gebrauch dieser Walke unbekant, weil sie in hiesiger Gegend nicht üblich ist.

Nach

Nach diesem Walken belegt der Kürschner gleichfalls die Aasseite jedes Pelzes mit einer Salbe oder Beitze von weichen Flußwasser und Weitzenkleye, packt die Felle auf einander, aber blos auf den Fußboden der Werkstätte, deckt sie zu, und läßt sie in diesem Zustande etwa von 5 Uhr Abends bis zum andern Morgen liegen. Aus der Beschreibung des Weißgerbers ist bereits bekannt, daß die Kleye, insbesondre mit weichen Flußwasser angefeuchtet, die Felle in eine Gährung versetzt, wodurch das Fell aufgelockert, das Aas gelöset, und die Fleischseite des Felles zum Ausfleischen vorbereitet wird.

Der Kürschner bringt auch sogleich nach vollendeter Beitze die Felle zum **Ausfleischen** auf die Gerbebanke Fig. II. Er setzt sich nemlich vor dem Eisen f g auf die Banke a b, und zieht jeden Balg auf der Fleischseite hinter das Eisen f g weg. Er fleischt zuerst den Rücken vom Halse herunterwärts durch einen schrägen Zug aus, hierauf die beyden Seiten, eine nach der andern, und zuletzt den Kopf und die Füsse, jeden Theil mit einem einzigen Zug. Zu diesem ersten Ausfleischen wählt man nur ein Eisen f g und dieses nimmt bekanntermassen das Aas ab. Die ausgefleischten Felle werden nun auf Leinen aufgehangen, und an einem luftigen Ort auf der Fleischseite getrocknet.

Durch das Trocknen wird aber das Fell wieder in etwas ungeschmeidig. Dieserhalb bestreuet man sie mit Sägespänen, die in etwas mit

mit Wasser angefeuchtet sind, nemlich gleichfalls auf der Fleischseite. Der Kürschner bringt sie hierauf von neuen in die Trampeltonne Fig. I. wie vorher, und trit oder walkt sie abermals einige Stunden. Bey dieser Verrichtung sollen ohne Zweifel die Sägespäne das Fett und die zur Fäulniß geneigten Feuchtigkeiten zugleich austrocknen. Die Natur der Sache bringt es also schon mit sich, daß die Felle vor dem zweyten Treten in der Trampeltonne nicht von neuen mit Butter eingeschmieret werden. Die zum zweytenmal gewalkten Felle werden nun **gestreckt** oder mit der Hand ausgezogen, und hiernächst auf die Grauwerksschere Fig. IV. von a nach b c gestreuft und mit diesem Werkzeuge ausgedehnet. Der Kürschner schaft hiedurch alle Runzeln und Falten weg, die in der Walke und bey der übrigen Bearbeitung entstehen.

Nunmehro müssen aber auch die Haare von ihrer Fettigkeit gereiniget werden. Dieserhalb kehrt der Kürschner den Balg um, so daß die Haarseite ausserhalb, die Fleischseite innerhalb kommt, und hängt die Pelze auf Leinen auf, damit die Haarseite gehörig austrocknet. Die Haare der getrockneten und nach dem Trocknen mit dem Pelzkamm Fig XV. ausgekämmten Felle können aber auf eine doppelte Art von ihrer Fettigkeit gereiniget werden. Will der Kürschner nur wenige Grauwerkspelze gahr machen, so bringt er sie blos mit heissen Sand in die Läuter-

tonne

tonne Fig. IX. wie ich sogleich bey der zweyten Art, Pelze gahr zu machen umständlich zeigen werde. Macht er aber zugleich Pelze in ziemlicher Anzahl gahr, so wählt er dazu den Tretstock. Diesen letzten Fall will ich gegenwärtig annehmen. Nach dem obigen steht in dem Tretstock Fig. V. statt des Bodens ein kupferner Kessel a b auf einem Dreyfuß c d, und unter den letztern wird beym Treten eine Pfanne mit glühenden Kohlen gesetzt. Die Felle bringt man schicht- oder lagenweise in den Kessel und zugleich in den Tretstock, und man kann einige 100 zugleich treten. Bemerkt der Kürschner, daß die vorher aufgestreuten Sägespäne ziemlich von den Pelzen abgefallen sind, so wirft er nebst den Pelzen noch etwas Sägespäne, oder auch an manchen Orten Hechsel oder Kleye in den Tretstock. Ein Arbeiter steigt nun mit blossen Füssen in den Tretstock auf die Felle, und arbeitet die Pelze mit solchen Nachdruck vermittelst der Füsse durch, daß er dieselben beständig aufrühret, und die untersten oben bringt. Diese lästige Arbeit muß 2 Stunden hintereinander ohne Aufhören fortgesetzet werden. Denn würde das nur gedachte Treten der Pelze auch nur eine kurze Zeit unterbrochen, so würden die Haare der untersten Pelze in dem erhitzten Kessel anbrennen. Die Wärme und zugleich die Sägespäne verschlucken bey dieser Behandlung alle Fettigkeit der Haare. Man setzt diese Arbeit so lange fort, bis die Kley der Beitze nebst den Sägegespänen von den Pelzen abgefallen ist, und bis das Haar vorzüglich seine Fettigkeit verloren hat. Will sich aber das Fett bey dieser Behandlung nicht gänzlich verlieren, so nimmt der Kürschner Sand und zerstossenen Gips, beydes zur Hälfte, erwärmet dieses in der Sandpfanne Fig XXVII, und schüttet es in den Tretstock, da denn der Sand und Gips alle Fettigkeit verschlingen. Einige bringen diese überfetten Pelze auch aus dem Tretstock Fig. V. in die Trampeltonne Fig. I., und treten sie in derselben mit dem erwärmten Sand und Gips, oder besser in die Läutertonne Fig. IX., wie ich nachher zeigen werde.

Die auf eine oder die andere Art getretnen Felle werden nun mit dünnen Stäben ausgeklopft, damit die Kleyen und Sägespäne gänzlich abfallen. Alsdenn zieht der Kürschner die Aasseite jedes Pelzes hinter ein scharfes Eisen f g der Gerbebank Fig. II. weg, und schabt zuletzt hiedurch die Aasseite glatt. Endlich wird jeder Pelz von neuen ausgeklopft, die Haare werden mit einen eisernen Fellkamm Fig. X. ausgekämmt, damit sie ihre gehörige Lage erhalten, und dis ist die letzte Zurichtung beym Gahrmachen dieses Pelzwerks.

Das Grauwerk insbesondre wird zwar auf diese Art gahr gemacht, allein überdem auch kleine und feine Pelze anderer Art, z. B. von Kaninchenböcken, müssen mit Butter eingeschmieret und in die Trampeltonne gebracht wer-

werden, entweder weil ihr Fell sehr hart ist, oder weil sie bey einer andern Zurichtung der Gerberey, deren ich sogleich gedenken werde, nicht gerathen wollen.

2) Alle übrigen Pelzwerke, die nemlich mit Haaren bedeckt sind, werden ziemlich auf gleiche Weise, nemlich auf die folgende zweyte Art gahr gemacht. Es gehören hiezu insbesondre: Fuchs- Wolfs- Bären- Ottern- Schuppen- Murmelthierpelze u. a. m. Doch verlangt die natürliche Beschaffenheit mancher Pelze, daß sie anfänglich etwas anders behandelt werden. Hiezu gehören diejenigen Pelze, die auf der Fleischseite viel Fett haben, insbesondre Bären- und Murmelthierpelze. Dieses Fett ist gleich anfänglich beym Gahrmachen hinderlich, weil es das Salzwasser verhindert, in den Pelz einzudringen. Aus dieser Ursache muß der Kürschner diese fetten Felle gleich anfänglich ausfleischen. Allein das Eisen f g der Gerbebank Fig. II. ist zu klein, als daß diese steif ausgetrockneten und unerweichten Pelze auf demselben ausgefleischt werden könnten. Man muß sie daher auf den grossen Gerbebaum der übrigen Gerber legen und auch wie diese den Pelz auf der Fleischseite ausfleischen. Der Kürschner nennt diesen Gerbebaum Rumpelbaum Fig VII., worauf er den Pelz legt, und mit dem Abstoßeisen Fig. VIII. die Fleischseite abstößt, wodurch das Fett abgeschabet wird. In allen andern Fällen werden hiernächst diese Pelze beym Gahrmachen wie

alle übrigen Pelze dieser zweyten Art der Pelzgerberey behandelt. Zuerst muß der Kürschner die Felle beitzen, die Haut derselben hiedurch auflockern, und dieser mit Beyhülfe des Ausfleischens die faulende Theile nächst dem Aas benehmen. Hiezu wählt er ein scharfes Salzwasser, da er in Wasser Küchensalz bis zur Sättigung auflöset, und hiezu gleichfalls weiches Flußwasser nimmt. Doch einige Pelze, insbesondre von Fischottern und Schuppen, verlangen noch eine schärfere Beitze, da sie ein hartes Leder haben, so von dem blossen Salzwasser noch nicht erforderlich erweicht wird. Diese Beitze bestehet aus einer Salbe von Kley und Bierhefen nebst dem vorgedachten Salzwasser. Die Schuppen und Fischottern werden nun auf der Fleischseite mit dieser Salbe reichlich bestrichen, die übrigen Pelze aber blos mit scharfen Salzwasser. Man schlägt hierauf jeden Pelz dergestalt zur Hälfte zusammen, daß die Haarseite ausserhalb ist, legt die sämmtlichen gebeitzten Felle auf einander, und bedeckt sie mit einer Plane oder einem leinen Tuch, damit sie sich in etwas erhitzen und in Gährung gerathen. In dieser Beitze liegen die Pelze eine Nacht, vom Abend bis zum Morgen.

Nunmehro kann die erweichte Haut auf einem scharfen Eisen f g Fig. II. der Gerbebanke eben so ausgefleischt werden, wie ich schon oben gezeigt habe. Dieses Ausfleischen auf der Fleischseite muß insbesondre das zurückgebliebene Aas ab-

abnehmen, wozu ein scharfes Eisen erfordert wird. Die ausgefleischten Pelze werden nun auf Stangen an einem luftigen Ort zum Austrocknen aufgehangen, da sie denn trocken wieder etwas steif und ungeschmeidig sind. Aus dieser Ursach legt sie der Kürschner nach dem Austrocknen in einem feuchten Keller, oder in Ermangelung dessen feuchtet er sie mässig auf der Fleischseite mit Wasser an. Hiedurch geschmeidig gemacht, werden sie zum zweytenmal auf einem stumpfen Eisen f g der Gerbebank Fig. II. auf vorher beschriebene Art ausgefleischt, wodurch sie schon auf der Fleischseite rein und glatt werden. Allein diese Pelze haben noch zum Theil ihre Falten und Runzeln, so von dem Trocknen nach dem Ausweiden oder Schiesten entstehen. Dieserhalb legt man sie auf einen Tisch oder auf eine Banke, worauf sie glatt ausgezogen, oder wie der Kürschner sagt, **gestreckt** werden. Grosse Pelze, insbesondre Wolfs- und Fuchspelze, die sich nicht gut mit der Hand strecken lassen, dehnt man überdem noch auf der Wolfsscheide Fig. VI. aus. Der Kürschner streuft nemlich den Balg der nemlich im Bauch nicht aufgeschnitten ist, über die beyden Schenkel a b und c d der Wolfsscheide, so daß der schmalere Kopf des Pelzes oben in a c setzt, steckt die mittlere Zunge e f in die Falze beyder Schenkel, und stampft die Zunge auf dem Fußboden. Hiedurch geht die Zunge von b d nach a c hinauf, und der Pelz wird nach

und

und nach, und wie die Natur es mit sich bringt, unten weiter, als oben im Kopf a c ausgedehnt. Denn der Augenschein lehrt in der VI. Fig. daß Schenkel und Zunge in b d breiter sind, als in a c. Das Haar aller ausgestreckten Felle wird aber nunmehro mit dünnen Stäben ausgeklopft und mit dem Fellkamm Fig. XV. ausgekämmet. Dieserhalb kehrt man den Pelz beym Austrocknen um, so daß die Haarseite ausserhalb, die Fleischseite innerhalb ist. Denn auch diese Pelze sind noch nicht im Bauch aufgeschnitten, wie alle übrigen.

Die Haut oder das Leder an sich des Pelzes ist nun gahr gemacht, aber das Haar hat noch seine Fettigkeit, und hievon muß es in der Läutertonne Fig. IX. gereiniget werden. Der Kürschner macht Sand in der Sandpfanne Fig. XXVII. heiß, bringt diesen nebst verschiedenen Pelzen, vielen oder wenigen, je nachdem die Pelze groß sind, durch die Thüre g in die Läutertonne, verschließt die Thüre, und drehet die Tonne mit der Kurbel h um. Innerhalb dieser Tonne stehen hin und her viele einige Zoll lange hölzerne Nägel, die den heissen Sand hindern, daß er nicht sogleich übermässig auf die Pelze fällt. Die Bewegung der Läutertonne wird so lange fortgesetzt, bis der erhitzte Sand alle Fettigkeit der Haare ausgetrocknet hat.

Die letzte Zurichtung erhalten diese Pelze dadurch, da man ihre Fleischseite zum drittenmal über ein stumpfes Eisen f g der Gerbebank Fig.

Fig. II. ziehet, wodurch aller Schmuz, insbesondre der vom Sande der Läutertonne abgenommen wird. Hiernächst klopft man die Pelze noch auf der Haarseite mit dünnen Stäben aus, damit auch die Haare von aller Unreinigkeit gereiniget werden, und kämmt die Haare zuletzt mit dem eisernen Fellkamm Fig. X. durch dieses Kämmen bekommen die Haare ihre erforderliche Lage oder ihren Strich.

3) So werden nun die sämmtlichen Pelze, die eine Bedeckung von Haaren haben, zugerichtet oder gahr gemacht. Ueberdem giebt es aber noch **Wollpelze**, die mit Wolle bedeckt sind, wozu Hammel- und Schaffelle von aller Art, sowohl einheimische als ausländische, und überdem Lammfelle oder **Schmaschen** gehören. Diese macht der Kürschner sämmtlich auf folgende Art gahr.

Zuerst müssen die Felle in einen Strohm, und in Berlin in der Spree, eingeweicht oder gewaschen werden. Man befestiget sie nemlich mit einem Strick an einer Waschbank, so auf dem Strohm stehet, und läßt sie 24 Stunden auf den Wasser **fließen** oder schwimmen, wäscht sie auch wol zuletzt ganz rein aus. Dieses Einweichen in Wasser hat einen doppelten Nutzen. Theils wird hiedurch das Leder selbst vorläufig erweicht und zur Beitze vorbereitet, theils und vorzüglich aber die Wolle von ihrem Schmutz und das Fell von Blut gereiniget. In der letztern Absicht kartetschet der Kürschner die Felle gleich nach dem Einweichen auf einen Kartetschbrett. Er legt nemlich jedes Fell auf dieses Kartetschbrett, Fig. XIV und kämmt die Wolle desselben entweder mit dem Pelzkamm Fig. XV aus, oder dagegen mit der bekannten Kartetsche oder Streiche Fig. XIII. Diese Werkzeuge nehmen allen Schmutz und alle Unreinigkeit der Wolle ab. Nach dieser Verrichtung muß das Wollfell auf einem scharfen Eisen, f g der Gerbebanke Fig. II ausgefleischt werden, wodurch das Aas, so sich schon beym Einweichen in Wasser aufgelöset hat, abgenommen wird. Beym Ausfleischen jedes Pelzes ergreift der Kürschner denselben bey den Vorderbeinen, fleischt erst den **Grotzen** oder den Rücken mit einen schrägen Zug vom Halse bis zu den Unterbeinen aus, hienächst jede Seite besonders, und zuletzt den Kopf und jede **Beinlänge** oder Pfote besonders.

Das zum ersten mal ausgefleischte Fell bringt der Kürschner nun in die **Beitze**. Er bestreuet nemlich das Fell auf der Aasseite mit Gerstenschrot, rollt es zusammen, so daß die Fleischseite innerhalb fällt, wirft mehrere solche Felle in die Beitztiene Fig. XXI, und gießt auf die sämtlichen Felle ein scharfes Salzwasser, oder Wasser, so bis zur Sättigung mit Küchensalz geschwängert ist. In dieser Beitze liegen die Felle 14 Tage, und täglich müssen sie zwey= wenigstens einmal umgelegt oder **umgedruckt** werden. Hiernächst trocknet der Kürschner die

Felle,

Felle, so bald er sie aus der Beitztiene genommen hat, und über dieses Trocknen verfließen etwa 2 Tage. Die Felle werden aber hiedurch, so wie alle übrigen, etwas steif und hart, daher man sie auf der Fleischseite mäßig mit Wasser anfeuchten muß. Denn sie müssen nun zum zweiten Mal ausgefleischt werden, aber nicht auf der Gerbebank, sondern auf dem Stoßeisen g h der Eisenstollen Fig. III. Die Ursach dieser Abänderung hab ich nicht in Erfahrung gebracht. Zuerst werden sie auf einen stumpfen Stoßeisen Fig. III g h **ausgepöckelt**, **ausgeböckelt** oder **zugerichtet**, hiernächst aber auf einen scharfen. Das letztere ebnet und reiniget die Fleischseite dieser Pelze völlig.

Die letzte Hand legt der Kürschner an diese Pelze, wenn er sie in der Sonne austrocknet, mit dünnen Stäben ausklopft, die Wolle auch wol mit dem Pelzkamm Fig. X glatt auskämmet.

Bey dem Gahrmachen derjenigen Pelzfelle, die eine Bedeckung von Haaren haben, kann ich einen Umstand nicht übergehen der in den Handel der Pelzwerke einen grossen Einfluß hat, und wodurch der Käufer sehr übervortheilet werden kann. Die Haare der Pelze werden nemlich häufig **geblendet** oder auch **gefärbet**, insbesondre schwarz, zuweilen auch braun. Es giebt nemlich Pelze, deren Haarspitzen zwar schwarz sind, aber das braune Grundhaar schimmert durch. Hiezu gehören schlechte Zobel-Marder-Iltis-Genotten-, und Otterfelle. Das Otterfell

fell ist schon von Natur auch im Grunde ziemlich schwarz. Man **blendet** es daher nur, oder man giebt ihm nur einen schwarzen Anstrich, ohne es in die Farbe zu tauchen. Die übrigen genanten Pelzwerke werden im eigentlichen Verstande **gefärbt**. Uberdem färbt man manche Felle auch kastanienbraun. Hiezu gehöret insbesondre das Murmelthier, dessen Pelz von Natur nur eine gelbliche braune Farbe hat, die aber durch das Färben kastanienbraun wird. Das Blenden kann man bey einen Pelze nicht so leicht bemerken, als das Färben. Denn bey einem gefärbten Fell ist die Haut oder das Leder gleichfalls schwarz oder braun, da das Ganze in die Farbe eingetaucht wird. Das Blenden ist aber nur ein äußerer Anstrich des Haars, so keinen Einfluß auf die Haut oder das Leder selbst hat. Alle genannten Felle können nach Gutbefinden entweder nur geblendet, oder gefärbet werden, und beydes erhöhet nicht nur die Farbe des Haars sondern giebt ihm auch einen Glanz. Allein beydes ist veränderlich und unbeständig, und es soll verschwinden, wenn man Citronensaft aufstreicht. Blos und allein die natürliche Farbe der Haare ist beständig.

Nur eine geringe Anzahl Kürschner verstehet die Kunst, die Felle nach dem Gahrmachen zu blenden und zu färben, und diese sind mit dieser Sache, wie beynahe bey der ganzen Färberey von aller Art üblich ist, sehr geheimnißvoll. Die gröste Anzahl von Kürschner, so diese Kunst nicht

nicht verstehet, muß die Pelze entweder geblendet und gefärbt einkaufen, oder sie dieserhalb zu einem Kürschner schicken, der diese Kunst verstehet. Aus allen diesen Ursachen habe keine Gelegenheit gefunden, von dem Blenden und Färben mündliche Nachrichten einzuziehen, noch weniger mich hievon durch den Augenschein zu belehren. Ich kann also von dieser Sache nur dasjenige berichten, was ich in gedruckten Nachrichten vorfinde.

Der Verfasser des Schauplatzes der Zeugmanufakturen, Herr Jacobsohn, löset in dem letzten Theil dieses Werks auf der 493 Seite, dieses Räthsel sehr kurz auf. Bey der Beschreibung der schwarzen Farbe der Federn in der Federblumenfabrik, berichtet er nemlich daß die Federn und Pelze auf ein und eben dieselbe Art einen schwärzern Glanz erhielten. Es werde nemlich pulverisirtes Kupferwasser in warmen Wasser aufgelöset, und zu dieser Auflösung schüttet man zerstossene Galläpfel hinzu. Wenn beyde Materien gehörig aufgelöset sind, und die Brühe erkaltet ist, so legt man die Federn oder Pelze hinein, und läßt solche mehr oder weniger darin liegen, nachdem man den Glanz erhöhen will. Freilich weiß ich am besten, daß sich dieser Verfasser fleißig in den Werkstätten umgesehen hat, daher er vermuthlich aus einer reinen Quelle schöpfte, nemlich aus sichern mündlichen Nachrichten: Allein sein Bericht ist zu unvollständig. Denn ich weiß schon mit ziemlicher Gewißheit mehr von dieser Sache.

Nächst dem, was in der ersten Ausgabe dieser Sammlung von der Pelzfärberey gesagt ist, redet Herr Professor Halle umständlich von dieser Sache, nemlich in seinem zweyten Bande der Werkstätte der heutigen Handwerke, auf der 317 Seite. Ich will das nöthigste dieser Beschreibung kürzlich anführen. Man nimt die großen Galläpfel, die mit etwas Nierentalg zum ersten Auftrag der Farbe nur wenig, zu den übrigen aber stärker geröstet werden; hievon nimt man 4 Pfund; ferner 6 Loth grünen Vitriol, und eben soviel Salmiak, ferner eben soviel Kupferasche, Schmack, Orlean, Grünspan und Alaun. Dieses giebt eine schwarze Farbe, wozu man aber noch Rothbraun hinzusetzt, wenn die Farbe kastanienbraun werden soll. Alle diese Dinge werden gestossen, und mit 9 Quart Wasser und eben soviel Lauge in einen Farbennapf zu einem Brey gerieben. Ehe aber der Kürschner diese Farbe auftragen kann, muß er vorher die Haare tödten. Bey der braunen Farbe gebraucht er zu dieser Tödtung Scheidewasser, womit er blos die Haarspitzen bestreicht, damit das Scheidewasser nicht die Haare angreift. Dieser Anstrich wird sogleich in der Sonne getrocknet. Zur Tödtung der Haare bey der schwarzen Farbe gebraucht man dagegen ½ Pfund Holzasche; eben soviel ungelöschten Kalk; ½ Pfund Farbe, so man

aus

aus den kastanienbraunen Pelzen bereits heraus geklopft hat; und $\frac{1}{2}$ Pfund englischen Vitriol. Alle diese Dinge werden zerstossen, und vermischt mit Lauge gerieben, auf die Haare aufgetragen, und die Pelze werden hierauf zusammengepackt, geklopft und gebürstet. Nach einer oder der andern Tödtung wird nun die braune oder schwarze Farbe mit einer Bürste kalt aufgetragen. Nach dem Anstrich werden die Haare mit einem Kamm ausgekämmt, die Pelze legt man einige Zeit zusammen, giebt ihnen aber bald nachher den zweyten Anstrich, und läßt sie hierauf eine Nacht über zusammen gepackt liegen. Am folgenden Morgen läßt man die Pelze trocken werden, bürstet sie aus, und hilft auf den fehlerhaften Stellen mit der Farbe nach u. s. w. Herr Professor Halle giebt noch mehrere Vorschriften, insbesondre die schwarze Farbe zuzubereiten: Allein ich mag nicht weiter abschreiben, sondern ich verweise den Leser auf gedachte Schrift selbst.

Folgendes ist mir selbst von dieser Sache bekant: 1) daß man die Haare bey dieser Färberey vorläufig mit Fett einschmieret, damit sie von der Farbe nicht angegriffen werden. 2) Gewiß ist ferner, daß man zu der Farbe geröstete Gallusäpfel, Kupferwasser und Alaun nimt. 3) Eben so gewiß ist endlich, daß einige Felle blos angestrichen oder geblendet werden, und hievon scheint die vorhergehende Nachricht des Herrn Professor Halle zu reden. Daß aber einige Felle auch in die Farbe eingetaucht oder im eigentlichen Verstande gefärbet werden, dies lehrt der Augenschein bey solchen Pelzen, da auch das eigentliche Leder schwarz ist, ohnerachtet dieses Leder von Natur diese Farbe nicht hat, wenn der Pelz nur gewöhnlich gahr gemacht ist. Doch ich verlasse diese Geheimniße und wende mich wieder zu bekannten Gegenständen.

B. Nach der obigen Anzeige werden nun auch von dem Kürschner **aus** den gahr gemachten **Pelzen** verschiedene **Kleidungsstücke** verfertiget. Auch diese Verrichtungen der Werkstäte muß ich kürzlich erläutern. Die erste Auflage bedarf in diesem Fall keine sonderliche Zusätze.

1) Bey Verfertigung einer **Pelzmütze** Fig. XVIII. muß zuerst der **Kolpach** a b, oder der äußere Ueberzug von Tuch oder Sammt von einem Frauenzimmer gewöhnlich zugeschnitten und mit Seide zusammengenehet werden. Vorher hat der Kürschner bereits mit seinem Zuschneidemesser Fig. XXII. den Brähm und das innere Futter zugeschnitten, und er bedient sich beym Zuschneiden insgemein gewisser Muster von Papier, die er als ein Leitfaden auf das Pelzwerk legt. Der Brähm b c wird insgemein von Fischotter- Murmelthier- und Seehundfellen zugeschnitten, das Futter aber von Lammfellen. Zuerst nähet der Kürschner den Brähm an den untersten Schnitt des Kolpachs, der bey einer fertigen Mütze oben hinter den aufgerichteten Brähm fällt, mit einer überwendlichen Nath an. Mit eben dieser Nath werden auch

die

die vier Theile des Futters auf der Fleischseite zusammengenehet. Jederzeit, wenn der Kürschner zwey Stücke Pelzwerk zusammennähen will, legt er Schnitt auf Schnitt, vereiniget anfänglich beyde Stücke mit dem Nathhaken Fig. XX. und nimmt sie hierauf etwas aufgerichtet zwischen beyde Knie, womit er sie, wo möglich, fest hält. Bey der **überwendlichen Nath**, die jederzeit auf der Fleischseite fällt, sticht er die Schneidenähnadel Fig. XII. stets auf der Seite des Pelzes nach seinem Leibe zu ein, und sticht die Nadel beständig von sich abgekehrt durch. Der Zwirn liegt also gleich einer unterbrochenen Schlangenlinie auf dem Schnitt beyder vereinigten Leder, und die Nath muß daher etwas erhöhet und rund werden. Sind aber alle Stücke eines Hauptheils zusammengenehet, so feuchtet man die Nath in etwas mit Wasser an, legt das Pelzwerk auf den Tisch, und druckt die Nath mit einem beliebigen Instrument in etwas platt nieder. Dieser kleine Handgriff vertritt also die Stelle des Biegeleisens der Schneider. Das Futter wird nun umgekehrt, in den Kolpach eingeschoben, und oben in demselben angeheftet. Denn dieses Futter muß nun noch unten an den Brähm nach Art der Schneider staffiret werden. Endlich werden auch wol auf die Nath des Kolpachs Schnüre von Silber- oder Goldfaden, und oben auf die Spitze der Mütze eine Troddel aufgeheftet. Ihre gehörige Form erhält die Mütze, wenn man sie auf einem Mützenzenkloß oder Stock Fig. XXV. mit zwey Zwecken anheftet.

2) Die **Muffe** kann aus verschiedenen Pelzwerken verfertiget werden, wovon man die gewöhnlichsten Fälle anführen wird. Eine **Bärenmuffe** Fig. XXVI. kann der Kürschner aus einem Bärenfell im Ganzen zuschneiden, nemlich den äußern Pelz; er kann aber auch die hintere Hälfte aus mehreren Stücken mit einer überwendlichen Nath zusammenstücken, zumal bey schlechten und wohlfeilen Muffen. Wählt er den ersten Fall, so legt er das Bärenfell nach seiner Breite im Rücken in zwey Hälften zusammen, so daß die Fleischseite außerhalb fällt, wie jederzeit beym Zuschneiden. Die Mitte des zusammengeschlagenen Pelzes bemerkt er durch einen Strich mit Rothstein nach der Länge des Pelzes. Hierauf wird das Maaß zur Größe genommen, und zwar zu beyden Seiten des durch die Mitte gehenden Striches. Das Ueberflüßige der Breite schneidet der Kürschner ab, wobey er sich denn mit vieler Geschicklichkeit nur des scharfen Messers Fig. XXII. bedienet. Beym Zuschneiden liegt der Pelz auf dem Kämmbrett Fig. XIV. Alsdenn nimmt der Kürschner das Maaß zur Länge der Muffe, und was diese übertrift, wird von dem Pelz abgeschnitten. Beynahe auf eben die Art schneidet man auch das Futter von Lämmerfellen zu. Doch, wie leicht zu erachten, nicht aus einem einzigen Felle. Alle Theile dieser und aller übrigen Muffen, sowohl im Ueberzug,

zug, als im Futter, werden auf der Fleischseite überwendlich zusammengenehet, wie ich bey dem ersten Beyspiele angezeiget habe. Doch trift es sich zuweilen, daß von zwey zusammengesetzten Stücken des Ueberzugs eins rauher ist, als das andre, da man alsdenn diesem Fehler dadurch abzuhelfen sucht, daß man in der Nath ein Stück anf dem andern **überkappt**, d. i. das erste auf dem andern in etwas umgelegt annehet. Bey der Zusammenfügung des Futters mit dem Ueberzug muß der Kürschner dahin sehen, daß neben jeder Oefnung der Muffe eine Schnur zwischen Futter und Ueberzug durchgezogen werden kann, damit diese Oefnung sich zusammenziehen lässet. Das Fell der Marder ist zu klein, als daß aus einem einzigen solchen Pelz eine **Mardermuffe** entstehen sollte. Man gebraucht hiezu 4 bis 6 Stück, die an Farbe und Güte einander gleich seyn müssen. Die sämmtlichen erforderlichen Pelze müssen zuerst zu einen sogenannten Blatt, so den ganzen Ueberzug ausmacht, mit einer überwendlichen Nath zusammengestückt werden, ehe man den ganzen Pelzüberzug zuschneiden kann. Vorläufig nehet der Kürschner erst jederzeit zwey und zwey Felle zusammen. Von jeden Pelz werden die beyden Seiten, oder der Bauch **abgeschlagen** d. i. abgeschnitten, weil er zu flach und zu dünne ist, und zwey und zwey Felle setzt man jederzeit nach ihrer Länge, von dem Kopf bis zu dem Hinterleibe, zusammen. Zwey und zwey Paar zusammengesetzte Felle werden wieder dergestalt zusammengenehet, daß der **Bumpf** des einen Paars, oder das Fell im Kreuz bis an die Lenden herunter, mit dem Kopf des nächsten Paars zusammenstößt, damit die Haare einerley Strich behalten. So werden alle benöthigte Felle zu einen ganzen Blatt zusammengesetzt, und hieraus kann nun der Pelzüberzug zugeschnitten werden. In dieser letzten Absicht pflegt man das Blatt mit kleinen Nägeln auf einem Brett ausgespannt aufzunageln oder aufzuzwicken, und hiernächst wird zur Muffe auf dem Blatt Maaß genommen, wonach die Spitzen oder Zippel nach dem ganzen Umfang **abgeebnet** oder abgeschnitten werden. Endlich wird Ueberzug und Futter wie bey der Bärenmuffe zusammengesetzt. Was die **Fehenmuffen** betrift, so gebraucht man zu jeder 8 bis 12 Stück. Sie werden wie bey der Mardermuffe bearbeitet, und müssen von gleicher Farbe und übereinstimmender Schönheit seyn. Alle Muffen aus Pelzen von grossen Thieren, z. B. von Wölfen, Luchsen, Vielfrassen, können aber aus einem einzigen Pelz zugeschnitten werden, es sey denn, daß sie ungewöhnlich groß bestellet würden. Sie werden überhaupt wie die Bärenmuffen behandelt.

3) Das **Futter und der Ausschlag der Frauenzimmerpelze** oder der Winterenveloppen mag das dritte Beyspiel seyn. Ist **Futter** und **Ausschlag** von ein und eben demselben

selben Felle, so nimmt der Kürschner zum Ausschlag oder zu der äussern sichtbaren Verbrähmung die besten Felle, weil diese am ersten in die Augen fallen. Er wählt daher hiezu die Rückentheile am liebsten, weil hier das beste Haar, und die Farbe der Haare durchgehends gleich ist. Oft nimmt man aber auch zu Futter und Ausschlag verschiedene Pelzarten, doch so, daß der Ausschlag stets von einem schätzbareren Pelzwerke ist, als das Futter. Z. B. zum Futter nimmt man Kaninchenfell, und zum Ausschlag Genotten, oder zum Futter Hamster und zum Ausschlag das bessere Grauwerk. Zu Anfang nemlich bey der Beschreibung der Pelzwerke hab ich von dieser Sache mehr gesagt.

Die kleinen feinen Felle, die allein hiezu genommen werden, sucht der Kürschner sorgfältig aus, so daß sie alle in jeden Pelz an Haaren, Farbe und Güte übereinstimmen. Hiernächst nimmt der Professionist jedes Fell insbesondre in Betrachtung. Der Kopf wird oberwärts bis an die Augen abgeschnitten, und wenn die Kehle, wie oft vorfällt, von einer andern Farbe ist, so wird sie ausgeschnitten. Diese Lücke füllt man mit einem Stück aus, so sich der Farbe und Güte nach gut zu dem übrigen passet, und setzt es mit einer überwendlichen Nath an. Ist das Fell buntfleckig, wie z. B. Hamster, so nimmt man auch zugleich auf diese Flecke Rücksicht, damit sie gut gemischt sind, und gut neben einander abstechen. Daher wird man bemerken, daß ein Pelz von Hamsterfellen sehr gestückt ist, in keiner andern Absicht, als weisse und schwarze Flecke gut untereinander zu mischen. Daher muß der Kürschner bey jeden Fell zugleich auf die benachbarten Felle Rücksicht nehmen.

Nach dieser Durchsicht der einzelnen Pelze werden diese **gezeileten**, oder mit einer überwendlichen Nath mit mehrern Pelzen zusammengenehet, so daß eine **Zeile** eine Reihe von zusammengesetzten Pelzen ausmacht, die zwar nur die Höhe eines Balgs hat, aber durch die ganze Weite eines Frauenzimmerpelzes durchgehet. Folglich bestehet eine Zeile aus mehrern neben einander zusammengefügten Pelzfellen, zwey und zwey benachbarte Zeilen werden nun gleichfalls übereinander mit einer überwendlichen Nath zusammengenähet oder **gezwirnet**, so daß alle Zeilen am Ende die Länge des ganzen Pelzes ausmachen. Die Natur der Sache bringt es aber schon mit sich, daß die unterste Zeile eines Frauenzimmerpelzes am weitesten ist, und daß die Weite der Zeilen beständig bis zum Kragen abnimmt. Denn ein Frauenzimmerpelz ist unten weiter, als oben. Aus diesen zusammengeneheten Zeilen wird nun das Unterfutter nach Maaßgabe des Oberzeuges zugeschnitten, und an die Nath des Oberzeuges angeschlagen. Der Schneider schneidet diesen Oberzeug zu, und überschickt ihn dem Kürschner zusammengenähet.

Hat

Hat also der Schneider den Oberzeug gut zugeschnitten und schicklich zusammengenehet, so folgt der Kürschner gut nach. Denn das Unterfutter muß sich natürlicher Weise zu dem Ueberzug genau passen.

Der Ausschlag wird von dem Kürschner in schmalen Streifen zugeschnitten die man überwendlich zusammennehet, aber auf dem Ueberzug und Futter im Zusammenhange aufstaffiret.

4) Endlich füg ich noch kürzlich die Verfertigung einer **Wildschur** Fig. XVI. hinzu. Der Ueberzug oder eigentlich das Unterfutter ist gefärbte Glanzleinwand oder Barchent, so von dem Schneider zugeschnitten wird, und den Kürschner beym Zuschneiden des Pelzwerks gleichfalls leiten muß. Der Pelz so in diesem Fall auch Ueberzug genennet werden kann, ist gewöhnlich von Wolfshäuten, zuweilen aber auch von Bärenpelzen. Zu jedem der beyden Vordertheile a b c Fig. XVI. nimmt der Kürschner eine ganze Wolfshaut. Ist diese groß, so setzt er oben in a nur Köpfe mit einer überwendlichen Nath an; ist der Pelz aber klein, so muß oben eine halbe Haut auf vorgedachte Art angesetzt werden. Der Kopf der untern Haut wird nemlich **weggeschlagen** d. i. abgeschnitten und die vorgedachte halbe Haut muß an jene dergestalt angenehet werden, daß der Kopf oben fällt. Jeden Hintertheil a c d e schneidet der Kürschner gleichfalls aus einer ganzen Haut zu, und

setzt

setzt oben Köpfe an. Die Aermel f g schneidet er aus einem einzigen Pelze zu. Zwey Stücke sind hiebey nur noch zu bemerken. Erstlich müssen alle Theile der Wildschur dergestalt zugeschnitten werden, daß die Lige oder der Strich der Haare nicht hinauf, sondern hinab fällt, und das findet bey allen Pelzkleidungsstücken statt. Denn die hinaufgehenden Haare würden sich leicht beym Tragen sträuben und aufrichten. Ferner werden zweytens alle Theile der Wildschur überwendlich zusammengenehet.

Aus allen diesen Beyspielen erhellet, daß der Kürschner die Pelze nach folgenden Hauptgesetzen zu Kleidungsstücken zusammen fügen muß. Setzt oder stückt er **erstlich** mehrere Pelze oder Stücke zusammen, so muß das Haar aller ein und eben dieselbe Lage, oder wie man zu sagen pflegt, ein und eben denselben Strich haben, und zugleich die Näthe bedecken, daß dieser Strich jederzeit niederwärts gehen muß, lehret die Natur der Sache. Denn gegenseitig würde das Haar beym Tragen straubig oder rauch werden. Fügt er **zweytens** mehrere Pelze zu einem Kleidungsstück von einer einzigen Farbe zusammen, so verlangt Pracht und Geschmack, daß die sämtlichen Pelze und Stücke dergestalt ausgewählet und an einander gesetzt werden, daß sie sich neben einander in Absicht der Farbe nicht unterscheiden, sondern ein einziges von der Natur hervorgebrachtes Ganzes auszumachen scheinen. Allein die Natur legt selten einem Pelze durch-

gängangig eine gleiche Farbe bey, sondern der Rücken ist insgemein dunkeler, als die Seiten und oft auch als die Kehle. Daher hat sich die Kunst genöthiget gesehen das Blenden und Färben der Pelze zu erfinden. Werden endlich **drittens** mehrere buntfleckige Pelze zu einem Ganzen zusammen genehet, so sucht der Kürschner durch das Zusammenstücken die Flecke noch schicklicher zu zertheilen, so daß sie gut und symmetrisch neben einander abstechen. Alle diese Gesetze fallen bey den verschiedenen Pelzkleidungsstücken leicht in die Augen.

Zum Beschluß erinnere ich nur noch, daß die Motten dem Pelzwerke vorzüglich nachtheilig sind besonders in der Sommerhitze, und dieser Umstand verdient, insbesondre in Betrachtung gezogen zu werden. Es gehört daher zu den vorzüglichsten Beschäftigungen des Kürschners, daß er zur Sommerzeit nicht nur über seinen Vorrath von unverarbeiteten Pelzen, sondern auch über die verfertigten Pelzkleidungsstücke in dieser Absicht wachet. In grossen Städten pflegen auch die Besitzer vorzüglich guter Pelzkleidungsstücke und Muffen diese Dinge zur Frühjahrszeit dem Kürschner zuzuschicken, der sie den Sommer über gegen eine Erkentlichkeit vor **Motten** bewahret. Vorzüglich dieses letzten Umstands wegen scheint der Kürschner mit seinen brauchbaren Verwahrungsmitteln gegen Motten geheimnißvoll zu seyn. Im gemeinen Leben giebt man den Rath, in dieser

Absicht

Absicht stark riechende Sachen zu den Pelzen zu legen, als Terpentien, Spiecke, insbesondre fetten Kien u. d. g. Doch werden diese Dinge von den Kürschnern insgemein als unnütze Mittel verworfen. Mir wenigstens scheint es, daß das gedachte Geheimniß vorzüglich darin bestehet, daß man das Pelzwerk zum öftern ausklopft, dessen Haare auskämmt, es in die Zugluft hängt, und insbesondre beständig ein wachsames Auge darauf richtet. In der Folge versichert mich ein in der gelehrten Welt nicht unbekanter Freund, der Herr Verfasser der Hausmutter, daß er gehört habe, das Geheimniß bestünde blos darin, daß man das Pelzwerk blos in Sommer in einem etwas feuchten und kühlen Zimmer aufbehalte. Es fehlt aber meinem Freund sowohl, als mir selbst hierin an eigener Erfahrung.

Nachricht. Die Pelze gehören ohne Zweifel mit zu den ersten und ältesten Kleidungsstücken der Menschen und in kältern Gegenden sind sie unentbehrlich. Daher gehöret der Kürschner ohne Zweifel zu den ältesten Professionen. Ihre Lehrbursche lernen 3 Jahre, wenn sie ein Lehrgeld bezahlen, sonst aber 4 Jahre, wenn sie hiezu nicht Vermögen haben. Die Gesellen wandern 3 Jahre, wie gewöhnlich, bekommen aber auf ihrer Wanderschaft kein Geschenk. Werden sie Meister, so verfertigen sie in Berlin folgendes Meisterstück: 1) Ein grosses Futter unter einem Mannspelz, oder ein Futter

von

von schwarzen ukränischen Schaffellen. 2) Eine sammtene vierhörnige hohe Mannsmütze mit einem gefärbten Baummarder Brähm. 3) Eine Palatine von zwey gleichen Baummardern, nur mit den Unterschied, daß das Haar hier seine natürliche Farbe behält. Die Felle werden durch verschiedene Schnitte ausgelassen, damit sie ihre gehörige Länge bekommen, ohne daß an den Haaren selbst ein Merkmal des Schnitts zu sehen wäre.

Alle ansetzigen Kürschner wenigstens in meinen Vaterlande haben in ihrem Hause einen Kaufladen, oder doch an einen öffentlichen Platz ihrer Stadt eine Bude, worin sie vorräthige Pelzkleidungsstücke, Pelzdecken, Pelzfutter u. d. g. zum Verkauf aushangen. Aus manchen Nachrichten, die ich hier der Kürze wegen nicht anführen kann, ersehe aber, daß ehedem in einigen einheimischen Städten mehr Kürschner gewohnt haben. Ehedem waren in der Mark Brandenburg viele Waldungen, also auch viele wilde Thiere, aber diese haben sich mit den Waldungen sehr gemindert. Ich glaube dis wird die Hauptursach der nur gedachten geringern Zahl der Kürschner in jetzigen Zeiten seyn.

Sechster

Sechster Abschnitt.

Der Drechsler.

Sehr häufig muß die Hand des Professionisten in den Werkstätten gewissen rohen Materien äußerlich eine walzen- kegel- und kugelförmige Gestalt geben, oder sie auch innerhalb nach eben diesen Gestalten aushöhlen, wenn er gedachte rohe Materien gehörig bearbeiten will. Diese Bildung der Körper mit scharfen Eisen aus freyer Hand hervorzubringen, würde unendliche Genauigkeit, Mühe und Zeit erforderen. Die Kunst hat daher zeitig zu diesem Behuf eine sehr einfache Maschine erfunden, nemlich die Drechsel- oder Drehbanke und das Drehrad. Die kreisförmige Bewegung, so man dem Körper auf dieser Maschine geben kann, erleichtert die gedrehte Bildung unendlich. Daher findet man die Drehbanke oder das Drehrad selbst in vielen Werkstätten der Metallarbeiter, so schwer es auch hält, harte Metalle abzudrehen. Der Zinn- Roth- und Gelbgießer kann der Drehbanke und des Drehrades nicht entbehren, so wie auch der Mechaniker, der Uhrgehäusemacher nebst dem Uhrmacher bedienen sich

sich der Drehbank gleichfalls, aber nur im Kleinen, und außerdem noch manche andre Metallarbeiter. Ueberdem trift man die Drehbanke auch in den Werkstätten mancher Holzarbeiter an, wie bey dem Stell- und Brunnenmacher. Allein bey allen diesen Professionisten ist das Drehen nicht die einzige oder Hauptbeschäftigung, sondern blos und allein bey dem Drechsler oder Dreher, der daher hievon auch seinen Nahmen führet. Es giebt in allen Städten gewöhnliche **Holzdrechsler**, die blos aus Holz gewöhnliche Drechslerarbeiten verfertigen. In grossen Städten trift man aber auch Drechsler an, die feine und künstliche Sachen aus ausländischen Holzarten, aus Elfenbein, Knochen rc. drehen können, und diese nennt man **Kunstdrechsler**. Ferner drehen auch einige Drechsler Horn ab, entweder blos und allein, oder neben der Holz- und künstlichen Arbeit. Diese heißen Horndrechsler. Doch statt einer langen Vorerinnrung will ich lieber die ganze Dreh- oder Drechselkunst, so weit sie mir nemlich bekannt ist in eine Tabelle bringen. Bey der Anordnung und Stellung der verschiedenen Drechsler neben und hinter einander sehe auf weiter nichts, als auf die verschiedene Kunst.

I. Die Drehkunst, insofern die abgedrehete Fläche glatt oder in allen ihren Kreisen Zirkelrund ist.

A. In sofern diese Kunst blos den bereits gebildeten Körper zum Gebrauch vorbereitet oder dagegen ebnet.

1) Der **Perlbohrer** bohrt blos auf seiner Drehbank ein Loch in die ächten Perlen.

2) Der **Metalldrechsler** findet das Metall, so er abdrehen will, insgemein schon durch den Guß oder das Schmieden gebildet vor sich, und schabet oder ebnet also nur die Oberfläche mit den Eisen. Der Rothgießer, Gelbgießer, Zinngießer und Mechanicker bringt diese Kunst vorzüglich im Grossen, der Uhrmacher, Uhrgehäusemacher Gürtler u. d. g. aber im kleinen in Ausübung.

B. In sofern diese Kunst den Körper eigentlich auf der Drehbank bildet.

1) Der gewöhnliche **Holzdrechsler** drehet Geräthe aus Holz im Groben und Grossen.

2) Der **Kunstdrechsler** drehet insgemein Geräthe im kleinen ab und zugleich aus edeln Materialien. Hiezu gehöret:

a) Der **Kunstdrechsler in Holz** wählt zu seinen Arbeiten edle oder doch gebeitzte gewöhnliche Holzarten und arbeitet sie fein aus. Hiezu gehöret: 1) Der **gewöhnliche Holzkunstdrechsler** macht Büchsen ꝛc. von Holz. 2) Der **Paternostermacher** in Oberdeutschland drehet Paternosterkugeln aus Holz, zuweilen auch aus Bein, lackirt die erstern, und

und verfertiget noch andre kleine Geräthe.
3) Der **Flötenbohrer** drehet Queer- und gewöhnliche Pfeifen, nebst andern ähnlichen blasenden Instrumenten.

b) Der **Horndrechsler** sondert sich, meines Wissens wieder in zwey Arten ab: 1) Der **gewöhnliche** Horndrechsler, den man in allen grossen Städten antrift, drehet z. B. Pfeifenröhren von Horn, wie ich zeigen werde. 2) Der **Wildruf- oder Wildhorndreher**, eine gesperrte Profession in Nürnberg, bereitet für die Jäger aus Horn kleine Pfeifen, womit man die Stimme der Thiere und Vögel nachahmen kann, und diese **ruft** oder lockt, ferner Jagdhörner, Pulverhörner.

c) Der **Bein- oder Elfenbeindrechsler** drehet aus Knochen und Elfenbein Büchsen und andre künstliche Geräthe.

d) Der **Papiermaschemacher** bereitet Tobacksdosen rc. aus gekauten Papier (papier maché) und drehet diese auf einer künstlichen Drehmaschine ab, die ich noch nicht habe erforschen können. Denn dieser Künstler ist geheimnißvoll.

e) Der **Bernsteindreher** macht aus Bernstein Büchsen, Dosen, Korallen, Stockknöpfe rc. Man findet diesen Künstler in manchen Städten an der Ostsee, und man hat mir Hoffnung zu Nachrichten von dieser wenig bekanten Kunst gemacht, die ich aber in diesem Abschnitt und also auch in dieser Sammlung noch nicht mittheilen kann. Hiezu kann man auch der Aehnlichkeit wegen, mit Herrn Professor Beckmann, die **Bereitung der Knöpfe aus Steinkolen und Gagat** rechnen.

f) Der **Serpentin-** und **Lavezsteindreher** drehet insbesondre aus Serpentinstein Tintenfäßer, Sandbüchsen, Rauchtobacksdosen 2c.

II. Die Drehkunst, in sofern die abgedrehete Fläche nicht in allen Kreisen Zirkelrund ist oder die **Bassig-** oder **Passigdrehkunst.** Vermittelst dieser Kunst wird der abgedrehete Körper gereift, gewunden, eyrund, kantig, vielseitig 2c. Es werden hiezu künstliche **Figurirdrehbanken** und sehr elastische Dreheisen erfordert. Die engen Grenzen dieser Sammlung und insbesondre der schmale Raum auf der Kupferplatte erlauben aber nicht, diese Kunst zu beschreiben; denn eine Beschreibung ohne Abbildung würde ganz unverständlich seyn. Daher kann den Leser in diesen Fall nur auf die letzte Hälfte des bekannten Buchs, l'art de tourner par le R. P. Charles Plumier verweisen; zumal da diese Kunst in hiesiger Gegend sehr selten in Ausübung gebracht wird. Etwas weniges habe hievon bereits bey der Zinngießerkunst gesagt.

Ich will zu dieser Tabelle noch einige Anmerkungen hinzu setzen. 1) Herr Professor

Beck-

Beckmann setzt auch unter die Drechsler den **Ringdreher**, aber ich habe nirgend von diesem Professionisten Nachrichten finden, und ihm daher auch keinen Ort anweisen können. 2) Ich habe zwar alle diese verschiedene Drehkünste von einander abgesondert, allein sie sind zum Theil in einer einzigen Person vereiniget. So verstehet der gewöhnliche Kunstdrechsler insgemein die Kunst in Holz, Horn und Bein zu drehen. Die übrigen angeführten Drehkünste beschäftigen aber insgemein besondre Professionisten. 3) In gegenwärtiger Sammlung wird man sich blos auf den gewöhnlichen Holz- und Kunstdrechsler in Holz, Horn und Bein einschränken. Denn zu den übrigen in der Tabelle angeführten Drehkünsten fehlt es noch an brauchbaren Nachrichten, und zum Theil verdienen sie auch, besonders umständlich in Betrachtung gezogen zu werden.

I. Bey der Beschreibung der **Materialien** des gewöhnlichen Holz- und Kunst-Drechslers, worzu ich mich zuerst wende, nehm ich also die Benennung Drechsler zwar im eigentlichen, aber in etwas weitern Verstande. Alsdenn muß ich von den Materialien des Holz-Horn- und Kunstdrechslers reden, und diese sind folgende:

1) Die **verschiedenen Holzarten**, die gewöhnlich abgedrehet werden, hat man bereits bey dem Handwerk des Tischers berührt, und in den folgenden Sammlungen ist bey den Holzarbeitern

arbeitern hievon noch näher die Rede. Besonders gehören folgende hieher:

a) Das rothbraune **Erlen- oder Elsenholz** wird zu den gewöhnlichen groben Holzarbeiten der Drechsler am allerhäufigsten genommen. Denn es ist zwar weich, aber doch haltbar, und läßt sich am bequemsten abdrehen, und am leichtesten glätten oder poliren. Doch kann man dieses weiche Holz freilich nicht zu merklich großen Stücken gebrauchen, sondern insbesondre zu solchen, die gefärbet oder gebeizet werden. Denn freilich hat dieses Holz an sich kein sonderlich Ansehen, und diesen Mangel muß die Farbe, Beitze oder Firniß abhelfen. Zugleich wird das Holz durch diesen Anstrich härter, da insbesondre der Firniß in die Zwischenräume eindringt, und sie ausfüllet. Daß man dieses Holz gerne beizet, hab ich auch schon bey dem Tischer gezeigt. Der Drechsler nimmt es z. B. zu Spinnrädern, Haspeln u. d. g.

b) Größere Drechslerwaaren z. B. Füße unter Schränken, Tischen und Stühlen, ferner alle große Werkzeuge dieser Werkstätte, insbesondre die Drehbanke, werden aus allen Arten des harten **Eichenholzes** verfertiget. Da die Drechsler nicht so große Stücke, als der Tischer gebrauchen, so haben sie auch ehr die Auswahl. Sie suchen sich daher bey dieser, so auch bey allen andern Holzarten, solche Stücke aus, die keine Aeste, keine Risse oder andre Fehler haben, und die völlig ausgetrocknet sind.

c) Solche Drechslerarbeiten, die zugleich Härte, Glätte und Gewicht haben müssen, z. B. Kegel und zubehörige Bahnkugeln, werden aus **rothbüchenem**, und insbesondre aus dem **weißbüchenen Holze** abgedrehet. Man nimmt es auch gerne zu Schrauben, Keilen, Heften der Eisen, zu Hammerstielen, und zu allen solchen Werkzeugen, die vorzüglich Härte und Glätte haben müssen. Denn dieses Holz wird durch den Gebrauch glatt.

d) **Eschenholz** wird zu verschiedenen großen Arbeiten gebraucht, aber in Berlin nur selten. Weil es schöne wässerigte Adern hat, so nimmt man es auch gerne zur gebohnten Arbeit. Es wird in Berlin stückweise bezahlt, wie alle übrige Holzarten.

e) **Apfel- und Birnbaumholz** ist sonderlich wegen seiner Dichtigkeit beliebt. Apfelbaumholz ist zu Schrauben am brauchbarsten, das Birnbaumholz aber nimmt eine gute schwarze Beitze an. Es muß aber dieses, wie das **Pflaum- Flieder- und Ulmbaumholz** recht trocken seyn, wenn es gebraucht werden soll. Alle diese Holzarten verarbeitet man nur zu kleinen Stücken.

f) Außer diesen einheimischen nimmt nun der Drechsler auch zu kleinen künstlichen Arbeiten verschiedene ausländische Holzarten. Ich darf sie nur nennen, da ich sie bey den Holzarbeitern bereits umständlich beschrieben habe. Das schwarze **Ebenholz**, so wie auch das rothe und blaue

Brasilien- oder Fernanbuckholz dient vorzüglich in dieser Werkstätte zu Pfeifenröhren. Das Buchsbaumholz kömmt aus der Schweitz und Indien. Es entstehen hieraus kleine Büchsen. Aus dem harten Schlangen- oder Litternholze drehet der Drechsler unter andern Röhren zu Perspectiven und Etuis, so wie auch noch öfter aus Lignum Sanctum. Das röthliche Mahonienholz ist jetzt sehr beliebt, und wird zu großen und kleinen Stücken genommen. Aus Königsholz drehet man Büchsen. Das Pfaffenköpflerholz, so am gelbsten ist, wenn es im Monath März gefället ist, wird nebst den Sassafras und Sassaparille in dieser Werkstätte nur selten verarbeitet. Zu sehr kostbaren Arbeiten nimmt man das wohlriechende Cedernholz, selten Cypressenholz u. a. m.

Alle einheimische und auswärtige Holzarten, die für den Drechsler brauchbar seyn sollen, müssen völlig trocken und fehlerfrey seyn. Ausserdem muß der Drechsler, wie alle übrige Holzarbeiter, nie das Holz oder den dünnen Baum nach seiner ganzen Rundung gebrauchen, oder dagegen blos den Kern eines starken Baums. Denn Waaren, die hieraus verfertiget werden, bekommen jederzeit Risse. Folglich muß er zu einer Arbeit entweder die Hälfte, oder ein Drittel, oder ein Viertel der Dicke eines nach der Länge aufgespaltenen Baumes nehmen, oder ein Stück von einer Bohle oder einem starken Brett. Die einheimischen Holzarbeiter haben gewisse kurze aber plattdeutsche

deutsche Wörter, womit sie die Bäume in dieser Absicht von einander unterscheiden. **Einklöbig** nennen sie nemlich einen Baum, der nur so schwach ist, daß er sich nach der Länge nicht zu zwey brauchbaren Stücken zerspalten lässet, kann man den Baum aber in dieser Absicht in zwey Stücke zerspalten, so heißt er **zweyklöbig**, woraus leicht erhellet, was **drey-** und **vierklöbig** heißet. Klöben sagt nemlich im Plattdeutschen eben so viel, als im Hochdeutschen spalten. Das Stammwort, **Klobe** ist noch im Hochdeutschen üblich.

Außer diesen genannten Holzarten drehen denn nun auch die Horn- und Kunstdrechsler verschiedene Stücke aus folgenden Materialien ab:

2) Das gewöhnlichste unter diesen Materialien ist das **Horn**. Es giebt Horndrechsler, die nur in Horn, und gar nicht in Holz, und andere Materialien, drechseln. Die Hörner von Ochsen, selten aber die ungleich kürzern Kuhhörner werden hiezu genommen. Die Hörner des einheimischen Rindviehs sind nur kurz und spröde, und zu jedem Gebrauch, auch in den Werkstätten der Kammacher nur von geringem Werth. Der Drechsler kauft daher Hörner von friesischen, polnischen, ungarischen und englischen Ochsen. Die ungarischen sind die größten, die englischen aber die feinsten und besten. Dosen von Horn müssen zwar aus dem untern hohlen Theil eines Horns gepreßt und gedreht werden, die übrigen kleinere Stücke verfertiget man aber aus der

massiven Spitze, insbesondre die Pfeifenröhren. Diese Hornspitzen sind dem Kammacher unbrauchbar, und von diesem erstehet sie der Horndrechsler zu dem nur gedachten Gebrauch. In beyden jetzt gedachten Fällen muß aber das Horn durch die Hitze erweicht und vorbereitet werden, wie ich weiter unten zeigen werde.

3) Aus **Elfenbein** werden die bekannten Billardkugeln oder Billen, so wie auch kleine künstliche Büchsen u. d. g. gedrehet. Ja große Stücke pflegt man hiemit zuweilen auch zu verzieren. Es ist der Zahn des Elephanten, und ein solcher Zahn ist oft von ziemlicher Größe, so daß er 100 Pfund und mehr wieget. Das weiße Elfenbein, so vorzügliche Weisse, Reinigkeit, Glanz und Ansehen hat, ist der Zahn junger Elephanten, indem die Zähne der alten schon ins Gelbliche fallen. Die Kunst pflegt das Elfenbein auch grün, roth und vorzüglich schwarz zu beitzen. Herr Professor Halle in dem dritten Theil seiner Werkstätte der Künste und Handwerke auf der 81 Seite beschreibt folgende schwarze und rothe Beitze des Elfenbeins. Man läßt das Elfenbein 6 Stunden in einer Farbenbeitze von Galläpfeln, Pottasche und Arsenik liegen, bestreicht es hiernächst mit der schwarzen Beitze des Birnbaumholzes, deren ich unten gedenken werde, und läßt das Elfenbein an der Sonne trocknen. Das Elfenbein wird hiedurch schwarz gefärbet, roth aber auf folgende Art: Man kocht Scherwolle von Scharlachtüchern in

Was-

Wasser, und wenn dieses siedet, wird Pottasche und Alaun hinzugeschüttet, die Farbe aber nach dem Kochen durch ein Tuch gegossen. Hiernächst wird das Elfenbein zuerst in Scheidewasser, und alsdenn in die nur gedachte rothe Farbe gesteckt.

4) Der Verwandschaft wegen nenn ich nach den Elfenbein den **Knochen**, zumal da dieser in manchen Fällen für Elfenbein verkauft wird. Die Geislerarbeit und die englischen Drechsler wovon die erste Ausgabe saget, daß sie blos in Knochen arbeiten, sind mir und den Drechslern, die ich gesprochen habe, nicht bekannt. Vermuthlich sind hierunter die sogenannten Beindreher zu verstehen. Die hiesigen Kunstdrechsler verfertigen aber blos aus dem harten Knochen der Rinder Pfeifenröhren, Stockknöpfe, und Nadelbüchsen. In den Stockknopf muß oben, in die Nadelbüchse aber im Boden und oben in dem Deckel ein Spund eingeschraubet werden, weil der Knochen hohl ist. Allein der Knochen ist von Natur gelblich, und des bessern Ansehens wegen sucht man ihn entweder weiß zu bleichen, oder schwarz, roth und grün zu färben oder zu beitzen. Schwarz und roth wird er wie vorher das Elfenbein gefärbet. Das Weißbleichen beschreibet aber der Herr Professor Halle in der oben angeführten Beschreibung folgendergestalt. Man wäscht entweder den Knochen rein ab, und bleicht ihn in der Sonne, da man ihn hiebey zum öftern in Wasser taucht; oder es wird alles untaugliche

che von dem Knochen abgenommen, und nachher wird er in einer Lauge von Asche, Kalk und Allaun eine Stunde lang gekocht. Der Knochen muß aber in der Lauge kalt, und im Schatten trocken werden. Mit Bedacht hab ich die Quelle angezeigt, woraus diese Nachricht geschöpft ist. Herr Professor Hall hat diese Nachricht vermuthlich aus dem Plümier genommen, den ich jetzt nicht bey der Hand habe.

5) Unter **Schildkrötenschalen** muß man nicht die ganze obere und untere Decke der Schildkröte verstehen, worin die Kröte lebt, sondern nur einen kleinen Theil aus der obern Rinde derselben. Es giebt Schildkröten im Meer, die an die 500 Pfund wiegen, und jährlich über 1000 Eyer legen. Ihr Gehäuse muß also ziemlich groß seyn. Die besten Schalen kommen von den sogenannten falkenschnablichten Meerschildkröten in Jamaika und andern amerikanischen Inseln. Sie sind durchsichtig, und mit rothen oder andern bunten Flecken gezieret. Nur wenige Kunstdrechsler verstehen die Kunst, die Schildkrötenschalen in Dosen und Pfeiffenröhren zu verwandeln. Man zertheilet nemlich die Platten und die brauchbaren dünnen Blätter werden wieder zusammengelöthet. Hierin liegt nun das erste Geheimniß dieser Arbeit, ich kann aber hierin der Beschreibung des Herrn Professor Halle um soviel eher trauen, da er eine ganz einfache Behandlungsart angiebt. Man schärft, sagt dieser Schriftsteller

steller, den Umfang zweyer Platten ab, bis beyder Ränder gut zusammen passen, vereiniget sie, wickelt sie in ein feuchtes Tuch, und preßt sie zwischen zwey erwärmten Eisenblechen, worin sie mit den Blechen erkalten müssen. Dieser Versuch gelingt wenigstens das zweytemal. Auf eine ähnliche Art läßt sich vermuthen, daß der Kunstdrechsler diese Schalen auf einen erwärmten eisernen Dorn zu einen Pfeiffenrohr zusammenkittet. Soll aus dieser Schale eine Dose entstehen, so legt man sie in siedendes Wasser, wozu einige noch Baumöl hinzu giessen mögen, und preßt sie erweicht sogleich zu einer Dose. Mit dieser Schale pflegen auch zuweilen saubere aus Holz gedrehete Stücke ausgeleget zu werden.

6) **Perlenmutter** ist die Schale der Perle. Sie ist von aussen rauh und ungestaltet, inwendig spiegelt sie aber einen schönen Perlglanz. Man zerschneidet diese Schale mit einer Laubsäge von einer Uhrfeder, und leget hiemit blos feine Arbeiten aus, als Stockknöpfe, Dosen, Spinnräder u. d. g.

7) Von dem **Bernstein**, dessen die erste Ausgabe gedenkt, sage hier nichts, weil ich hiedurch die festgesetzten Gränzen dieses Abschnitts überschreiten würde

8) Ueberdem gedenkt die erste Ausgabe auch der **Cocusnusschalen**, woraus in Seestädten Knöpfe zu den Schifferkleidern und Stockknöpfe gedrehet werden. Der hiesige

Drechs-

Drechsler verarbeitet sie wenigstens nur sehr selten. Die Frucht des Cocusbaums ist in Ostindien, in vieler Absicht nützlich. Das Innere giebt einen nahrhaften Kern und einen kühlenden Trank. Aus der faserigten äussern Schale entstehen Lunten und Stricke, und aus der harten Unterschale, wovon hier die Rede ist, Becher, Schüsseln, Löffeln, Teller u. d. g. Bey dieser Gelegenheit fällt mir bey, daß ich neulich in einer benachbarten Pappiermühle Schnüre von Cocusbast bemerkte, worauf man statt auf Haarschnüren das Pappier trocknete. Haarschnüre verfaulen in der Feuchtigkeit, etwa in ½ Jahr. Schnüre von Cocusbast halten aber viele Jahre. Doch sind diese auch ungleich theurer.

9) Gold, Silber, Messing, Kupfer rc werden zu mancherley ausgelegten Arbeiten verwendet.

Die obgedachten Materialien müssen zuletzt noch verschiedentlich nach ihrer Natur und Beschaffenheit geglättet oder poliret werden. Hiebey sind die nun folgende Dinge behülflich.

10) Die Fischhaut ist eine getrocknete Haut eines Seefisches, Roggen, Roche oder Main genannt. Die Narbenseite ist so scharf als eine Feile, aber weit feiner. Doch pflegt die Haut gröber, als die Floßfeder zu seyn, und diese nimmt man daher zum Poliren am liebsten. Die Folge wird lehren, in welchen Fällen diese Haut zum Poliren gebraucht wird.

11) Eine

11) Eine Art dünnes Rohr oder Biesen, so auf den Wiesen und in den Gräben wächst, führt den Nahmen **Schaft-** oder **Schachtelhalm.** Eine Arbeit, die schon mit Fischhaut abgerieben ist, wird mit dem Schachtelhalm noch glätter poliret oder **geschachtelt.** Beym Gebrauch legt man diesen Schachtelhalm entweder in einen feuchten Keller, oder feuchtet ihn mässig mit Wasser an, damit er beym Reiben nicht zerbröckelt. Man spaltet ihn entweder von einander, oder läßt ihn auch ganz, nimmt ihn zwischen die Finger und reibt hiemit die Arbeit. Der Schachtelhalm wird im Herbst abgeschnitten oder ausgezogen, und ausgebreitet getrocknet, damit er nicht schimmelt. Zu dem Ende legt man ihn an einen solchen Ort, wo die frische Luft durchstreichen kann, weil er sonst allzu spröde und zerbrechlich wird. Der berlinische Holzarbeiter kauft ihn in den dasigen Apotheken.

12) Nur gedachter beyden Mittel bedienet man sich aber blos beym Ebnen des harten Holzes. Horn wird im Gegentheil mit **Tripel,** einer scharfen Thonart, und **Baumöl;** Elfenbein mit weisser **Kreide,** Tripel und **Leinöl;** und endlich Metall mit **Bimsstein,** Tripel, **Schmirgel** und Baumöl poliret. Das Nähere lehrt die Folge. Bimsstein ist bekanntermassen ein in den feuerspeienden Bergen ausgebrannter oder verschlackter Stein.

13) End-

13) Endlich werden verschiedene Drechslerarbeiten von geringhaltigen Holze auch angestrichen, gebeitzet, und zuweilen, aber selten lackiret. Die Farben sind mineralische Wasserfarben, oder auch Saftfarben. Geheimnißvoller sind aber die Drechsler mit der Beitze des Holzes, die die Farbe des Holzes größtentheils nicht sonderlich verändert, aber, wenigstens auf einige Zeit verschönert. Es gehört hiezu viel Uebung und Erfahrung, und diese Sache will daher selbst viel Meistern nicht glücken. Die Hauptsache beruhet hiebey darauf, daß man das Holz mit einem Farbenholze tränkt, so die natürliche Farbe des Holzes verbessert oder erhöhet. Doch müssen zu den Farbenhölzern gewisse scharfe Mineralien hinzugefüget werden, damit die Farbe desto dauerhafter und tiefer in die Oberfläche des Holzes eindringt. Ich kann nur von dieser Beitze soviel sagen, als ich mündlich in Erfahrung gebracht, oder in Büchern gelesen habe. Insbesondre Birnbaumholz pflegt man öfters schwarz zu beitzen, und es auch wol unter dem Nahmen des Ebenholzes zu verkaufen. Aber der Sachverständige bemerkt den Betrug gleich am Gewicht. Denn Ebenholz ist ungleich schwerer als Birnbaumholz. In der Folge entdeckt sich der Betrug augenscheinlich. Denn die Farbe des schwarzgebeitzten Holzes verbleicht bald, wie alle Farben dieser Art. Das Holz kann aber unter andern auf folgende Art schwarz gebeitzet werden. Vorläufig wird

es

es drey bis viermal mit einer Farbenbrühe die man aus Brasilienholz und Allaun in Wasser kocht, angestrichen. Jeder Anstrich muß aber gut austrocknen. Alsdenn überziehet man das Holz mit einer Eisenschwärze aus scharfen Eßig und Feilspänen. Die letztern müssen in dem Eßig einige Zeit gelegen haben. Zuletzt wird das Holz nochmals mit der vorgedachten Brühe von Brasilienholz, Allaun und Wasser angestrichen, so demselben einen Glanz giebt. Herr Professor Halle zeigt in der oben angeführten Beschreibung noch ein Mittel an, dem Pflaumbaumholz die Farbe des Brasilienholzes zu geben. Das fertig gedrehete Holz muß einige Zeit in Allaunwasser liegen. Alsdenn kocht man Brasilienholz in Wasser 4 bis 6 Stunden, läßt das allaunete Holz einige Zeit in dieser warmen Farbenbrühe liegen, und polirt es zuletzt mit Tripel, vermittelst eines Oelleders. Oder man löscht Kalk in Urin, und trägt dieses auf das Holz auf, und läßt es darauf trocken werden. Alsdenn wird der Kalk abgerieben, und das Holz muß noch mit einem geölten Leder, worauf man Zinnasche streuet, zum Glanz gerieben werden. Allein genug von dieser geheimnißvollen Sache, die kein Meister so leicht entdeckt. Die in der ersten Ausgabe angeführte Beitze aus trocknen welschen Nußschalen in Wasser gekocht, ist bekanntermassen nur ein Farbenanstrich, und keine Beitze. Soviel aber ist gewiß, daß der Drechsler dem Holze durch einen

Anstrich von Scheidewasser Hammerschlag und Allaun, oder auch blos mit Scheidewasser eine dunklere Farbe geben kann. Er muß aber das mit Scheidewasser getränkte Holz über Kolenfeuer halten. Je stärker er das Holz erhitzt oder brennt, desto dunkler wird es. Gewiß ist ferner, wie auch die erste Ausgabe anzeigt, daß der Drechsler zum Anstrich der Spielsachen für Kinder keine giftige Oel- oder Leimfarben nehmen muß. Die Ursache läßt sich leicht errathen. Selten gebraucht endlich der Drechsler den Firniß überhaupt, und den **Lackfirniß** insbesondre, und noch weniger bereitet er ihn selbst. In vorkommenden Fällen erstehet er ihn aus der Apotheke.

II. Unter den **Werkzeugen** des Drechslers ist die Drechselbank nebst den dazu gehörigen Eisen und Meißeln das wichtigste. Doch will ich überdem alle, auch die weniger beträchtlichen Werkzeuge nennen und beschreiben. Tab. VI.

1) Vorläufig bearbeitet der Drechsler ein Stück Holz, so er abdrehen will, mit der **Hand-** und **Stichsäge**, mit dem **Handbeil**, ferner mit dem **Schneidemesser** auf der Schneidebanke, und mit dem **Strämmeisen**, wobey er sich zugleich des **Maaßstabes** und eines gewöhnlichen eisernen **Cirkels** bedienet. Alle diese Werkzeuge brauch ich nur zu nennen. Denn ich habe sie sämmtlich in dem vierten Abschnitt dieser Sammlung hinlänglich beschrieben.

2) Ich

2) Ich wende mich daher sogleich zu dem vorzüglichsten Werkzeug dieser Werkstätte, nemlich zu der Dreh- oder **Drechselbanke** Tab. VI. Fig. I. Ich werde zuerst die gewöhnliche Drehbanke der Holzdrechsler beschreiben, und alsdenn die Abänderungen hinzufügen, die sich an der Drechselbank der Kunstdrechsler befinden. Im voraus erinnre ich nur noch, daß eine Drechselbank jederzeit vor einem Fenster ihren Platz erhalten muß, damit beym Drehen, wobey das Augenmaaß nebst der Uebung das Beste thut, das Licht auf die abzudrehenden Körper fällt.

Man kann bey einer Drehbanke einen **Vorder-** und **Hintertheil** unterscheiden. Jener führt diesen Nahmen, weil er bey der Arbeit vor dem Drechsler nach dem Lichte zu ist. Die abzudrehende Arbeit wird auch auf diesem Vordertheil befestiget und umgewälzet. Am Hintertheil ist, nebst verschiedenen andern nöthigern Stücken, die Banke, worauf der Drechsler beym Drehen sitzt.

Der Natur der Sache gemäß, muß die Beschreibung mit dem **Vordertheil** g o den Anfang machen. Zwey **Pfeiler**, oder Säulen von Holz a b und c d Fig. I. Tab. VI, die etwa 1 Fuß breit, halb so dick, und 3 Fuß hoch, und die sowohl unten in B C, als oben in a c durch einen horizontalen Riegel vereiniget sind, diese beyden vereinigten Pfeiler nebst den Riegeln, sag ich, machen das Gestelle des Vordertheils aus. Die

 Höhe

Höhe dieser Pfeiler ist nach der halben Höhe eines Menschen abgemessen, so, daß die abzudrehende Arbeit, welche auf diesem Gestell umläuft, sich genau vor der Brust des Arbeiters befindet. Der untere Riegel B C ist nur der Haltbarkeit wegen angebracht, da im Gegentheil der obere breitere Riegel a c e f zu der fernern Zusammenfügung und dem Mechanismus des Ganzen das seine beyträgt. Er ist nemlich von a bis c grade in der Mitte gespalten, wodurch nach der Höhe dieses Riegels eine Rinne oder **Wange** entstehet, die man auch auf dem Riegel über a c, oder deutlicher oben vor e f angedeutet bemerken wird. Die Absicht dieser Wange wird sich sogleich ergeben. Auf dem Riegel a c e f und genau über dem Pfeiler a b stehet links ein hölzerner **Stock** g a unbeweglich befestiget. Er ist insgemein 1 Fuß hoch und ins Gevierte halb so dick. Etwa 2 Zoll unter der obern Fläche g dieses Stocks steckt in diesem ein 2 Zoll langer Dorn, die **gerade Pinne** h genannt. Diese horizontale Pinne ist zwar von Eisen, aber seine vordere Spitze ist verstählt und stumpf zugespitzet. Dieser geraden Pinne genau gegen über ist die **krumme Pinne** l. Sie gleicht einem Hacken, wovon sie auch ihren Nahmen führt, und ist an einem hölzernen **Reitstock** i k befestiget. Dieser Stock hat die Dicke des vorigen g a, aber er muß etwas kürzer seyn, damit er beym Abdrehen die rechte Hand des Arbeiters nicht hindert. Gleichwohl müssen die Spitzen der Pinnen l und

h geh genau gegen über stehen, und dieserhalb ist die krumme Pinne l einem Hacken gleich, und erhebt sich etwas über den Reitstock. Der Reitstock ist in der Wange oder Rinne über a c des Riegels a e eingezapft, und man wird den untern vorspringenden Zapfen auch in k bemerken. Doch ist er in der Wange nicht unbeweglich befestiget, sondern nur durch den eingesteckten Keil in k, den man auch in K über der Drehbank besonders bemerken wird. Nimmt nun der Drechsler diesen Keil ab, so kann er den Reitstock i k nach Belieben in der Wange a c verschieben, und dem Stock g a nach der Richtung c a nähern, oder auch nach der Richtung a c von ihm entfernen. Das Holz h l, so man abdrehen will, wird nemlich zwischen den beyden Pinnen h und l befestiget, und umgewälzet, so wie auch Fig. I. eine hölzerne Walze in h l eingespannt ist. Die abzudrehende Arbeit kann länger oder kürzer seyn, und dieserhalb muß man wenigstens dem Reitstock i k jeden Platz auf der Wange a c anweisen können, je nachdem die abzudrehende Arbeit lang oder kurz ist. Hat man nun dem Reitstock seinen jedesmal erforderlichen Platz angewiesen, so wird er wieder in der Wange a c befestiget, indem man den Keil k wieder einschlägt. Vorher hab ich gesagt, wenigstens der Reitstock i k muß beweglich seyn; denn es giebt Drehbanken, vorzüglich in Frankreich, wo beyde Stöcke g a und i k, wie der Reitstock i k, beweglich sind. Allein meines Erachtens ist es, wenigstens in den mehresten Fällen, hinlänglich, wenn man nur den Reitstock i k verschieben kann. Bewegt der Drechsler diesen dergestalt gegen den linken Stock g a, daß die beyden Pinnen l und h sich berühren, so müssen ihre Spitzen nothwendig genau auf einander treffen. Denn zwischen beyden wird, wie gesagt, die abzudrehende Arbeit befestiget, und sie bestimmen also die Axe der letztern. Diese würde schief zu liegen kommen, und daher die ganze Arbeit schief werden, wenn die Spitze einer Pinne etwas tiefer fiele, als der andern.

Auf diese Art wird nun die abzudrehende Arbeit auf der Drehbanke befestiget. Allein die Eisen, womit man das Holz abdrehet, müssen auch sicher ruhen können, und zwar bey jeder Stärke des Holzes, damit sie dem umgewälzten Holze erforderlich widerstehen, und zugleich in dasselbige einschneiden. Dieserhalb hat der Reitstock i k auf seiner vordern Seite einen horizontalen Vorsprung n, der rund, oder auch kantig seyn kann. In der Schraubenmutter dieses Vorsprungs steckt eine senkrechte hölzerne Schraubenspindel o, die oben in m eine hölzerne Scheibe oder einen Teller trägt. Den letztern kann man also vermittelst der Spindel o hoch oder niedrig stellen, wovon sich die Ursache sogleich ergeben wird. Auf dem Teller ruhet die bewegliche Spitze q der Armschiene p q. Die andere Spitze dieser Schiene ist an dem linken Stock g a befestiget. Auf dieser Armschiene ruhet nun das Eisen beym Abdrehen. Allein die abzudrehende Arbeit ist bald

bald stärker und grösser, bald kleiner und dünner, und hiernach muß die Armschiene doppelt verrückt werden können. Ist die abzudrehende Arbeit groß, so muß die Armschiene nicht nur nach der Richtung a g und k i in die Höhe gerückt, sondern auch vorwärts nach dem Hintertheil G D der Drehbanke zugezogen werden können. Ist die abzudrehende Arbeit im Gegentheil klein, so wird die Armschiene nach der Richtung g a und i k hinabgesenkt, und überdem auch näher an die Stöcke g a und i k horizontal gerücket. Denn wie gesagt, die Eisen ruhen beym Abdrehen auf der Armschiene, und die Lage und Richtung dieser Eisen muß sich natürlicher Weise nach der jedesmaligen Stärke der abzudrehenden Arbeit richten. Die gedachte doppelte Vorrückung der Armschiene wird nun folgendergestalt bewerkstelliget. Die Armschiene hat nemlich in p eine Scheibe, und diese hat drey Löcher über einander. Soll nun die Schiene z. B. sehr hoch gestellet werden, so steckt man einen vierkantigen Zapfen mit einem runden Kopf r durch das unterste Loch der Scheibe p, und zugleich in ein horizontales Loch in der vordern Seite des Stocks g a. Auf diese Art wird aber nur die eine Seite p der Armschiene p q in die Höhe gerücket, aber noch nicht die andere q. Dieses Ende der Armschiene bringt man aber durch den Teller n in die Höhe, so, daß man diesen vermittelst seiner Spindel o so weit in die Höhe schraubet, daß die Armschiene p q genau horizontal lieget. Der

Leser nehme aber durchgehends das Gegentheil der jetzigen Beschreibung an, so wird gedachte Armschiene nach der Richtung g a oder i k hinabgesenkt. So verhält es sich mit der ersten erforderlichen Verrückung der Armschiene. Oben habe ich aber bereits angezeigt, daß man diese Schiene auch vorwärts nach dem Hintertheil GD der Drehbanke und wieder zurück nach den beyden Stöcken g a und i k horizontal verschieben kann, je nachdem die Stärke der abzudrehenden Arbeit es mit sich bringt. Dieserhalb ist die Schiene p q zwar, wie oben gedacht, mit dem Zapfen r in dem Stock g a befestiget, aber doch so, daß man den Zapfen aus seinem Loche vorwärts hinausziehen und auch wieder tiefer hineinstossen kann. Im erstern Fall wird die Armschiene von den Stöcken g a und i k entfernt, zwar nach dem Hintertheil G D der Drehbanke zu. Diese Verrückung findet alsdenn statt, wenn die abzudrehende Arbeit stark ist, und einen grossen Raum zu ihrer Umwälzung erfordert. Stößt man aber zweytens den Zapfen r tiefer in sein Loch des Stocks g a hinein, so nähert sich die Armschiene p q den beyden Stöcken g a und i k, und dieser Fall findet bey einer dünnen abzudrehenden Arbeit statt, die bey ihrer Umwälzung einen geringern Raum einnimmt. Damit aber der Zapfen r unverrückt fest sitzet, er mag vor- oder rückwärts gerichtet seyn, so ist auf der Nebenseite f des Stocks g a eine hölzerne horizontale Schraube p, deren Spitze bis zu dem Zapfen

pfen r in den Stock g a hineinragt. Mit dieser Schraube kann der Drechsler den Zapfen in seiner jedesmaligen Richtung befestigen. Die Armschiene wird aber nicht blos auf der Seite p, sondern auch in q horizontal verrückt, und der Spitze q wegen hat der Teller m eine gehörige Breite, damit die Spitze q bey jeder horizontalen Verrückung der Armschiene darauf ruhen kann. Bey einigen andern Drehbanken verrückt man die Armschiene auch horizontal durch ein sogenanntes **Löcherholz**, dessen in der ersten Ausgabe gedacht ist. Ich will mich aber hiebey nicht verweilen, weil die beschriebene Einrichtung einfacher und sicherer ist, das Löcherholz und dessen Lage auch nicht in der I. Fig. angedeutet ist.

Die abzudrehende Arbeit muß aber auf der Drehbanke nicht allein befestiget werden, sondern man muß diese Arbeit auch in einer kreisförmigen Bewegung umwälzen können. Dieserhalb sind verschiedene Stücke angebracht, so den Vorder- und Hintertheil der Drehbanke mit einander verknüpfen. Der **Hintertheil** GD hat gleichfalls zwey senkrechte drey Fuß hohe Pfeiler GE und FD von starken Stollholze, die unter einander durch drey Riegel ED, HI und GF vereiniget sind. Mit dem Vordertheil hängt dieser Hintertheil durch die beyden kurzen Riegel DC und EB zusammen. In HI ist nach dem Vordertheil zu eine Banke, worauf aber der Drechsler bey der Arbeit mehr hängt oder schwebet, als sitzt. Neben dem Pfeiler GE des Hintertheils stehet ein längerer Pfeiler t v, der nach der Höhe der Werkstätte drey bis vier Fuß vor den übrigen hervorragt. Auf diesem Pfeiler ist in t eine Klaue, in welcher ein hölzerner fünf bis sechs Fuß langer Hebel U S mit einem eisernen Bolzen in t befestiget ist, doch so, daß der Hebel auf dieser Unterstützung wie auf einer Axe bewegt werden kann. Dieser Hebel heißt in der Werkstätte die Wippe, und sein kürzerer Arm t u hat etwa $\frac{1}{3}$, der längere t s also $\frac{2}{3}$ des Ganzen zur Länge. Denn die Folge wird lehren, daß in s die Kraft angebracht ist, da sich im Gegentheil in u die Last, oder der Gegendruck befindet. Eine starke Darmseite S Z verbindet die Spitze s der Wippe mit dem Tritt Z A. Dieser ist ein schmales Brett, so zwar in Z an der Darmseite schwebt, in A aber mit Leder auf dem Fußboden der Werkstätte angeschlagen und befestiget wird. Beym Drehen ruhet der Fuß des Drechslers auf diesem Tritt, und setzt durch einen stets unterbrochenen Druck das Ganze in Bewegung. Die Darmseite S Z wird nemlich in L einmal um die abzudrehende Arbeit h l geschlungen, und hiedurch kann der Drechsler die letztere in eine unterbrochene kreisförmige Bewegung setzen. Allein diese Bewegung erfordert, daß an der Spitze U der Wippe ein Gegendruck oder ein Widerstand angebracht wird. Aus dieser Ursache hängt die Spitze U der Wippe durch die starke Darmseite U V mit einer sogenannten Feder zusammen. Zwey biegsame oder elastische Stangen V X und

YX

YX werden hierunter verstanden. Die obere VX liegt unmittelbar auf der untern YX, und beyde sind in X gemeinschaftlich mit einer eisernen Klammer auf dem Fußboden der Werkstätte unbeweglich befestiget, so wie auch die Spitze Y der untern Stange mit einer Klammer auf eben dem Fußboden angenagelt ist. Die Spitze V der obern Stange schwebt aber unbefestiget an der Schnur UV, und beyde Stangen sind gerade in ihrer Mitte durch einen ledernen Riem W zusammengebunden. Zu diesen biegsamen Stangen nimmt man am liebsten das zähe und biegsame Birkenholz. Indem nun der Drechsler mit seinem rechten Fuß den Tritt ZA in Z niederdruckt, zieht er zugleich die Spitze S der Wippe und die Schnur SZ mit hinab. Diese ist in L einmal um die abzudrehende Arbeit hl geschlungen, und wälzet daher zu eben der Zeit diese Arbeit ein einzigesmal um, und zwar so, daß diese kreisförmige Bewegung nach dem Drechsler zu gerichtet ist. Gegenseitig drehet sich aber die Arbeit einmal um, so bald der Drechsler mit seinem Fuß nachläßt, und der Tritt daher in Z wieder in die Höhe steiget. Dieses letztere erfolgt, indem die Spitze U der Wippe von der Stange VX, vermittelst der Schnur UV hinabgezogen wird. Die Stange VX sucht sich durch ihre eigene Biegsamkeit wieder mit der untern Stange YX zu vereinigen, zumal da beyde zusammengebunden sind. So wälzt also beständig abwechselnd der Druck des Fusses auf den Tritt die abzudrehende Arbeit nach

nach dem Drechsler zu um, und der Zug der Stange v x wieder gegenseitig. An einigen Drehbanken fehlt die Wippe u s, und es ist dagegen an der Decke der Werkstätte eine **Prellstange**, gleich den Stangen v y x angebracht, so wie auch mit dem Tritt in Z eine solche Prellstange vereiniget ist. Ich habe diese Einrichtung der Drehbanke in der fünften Sammlung auf der 93sten Seite beschrieben. Allein man sagt, das Drehen gehet leichter von statten, wenn die Drehbanke eine Wippe hat. So ist nun die einfache Drehbank der gewöhnlichen Holzdrechsler beschaffen, und ich will nur noch ein Paar Anmerkungen hinzusetzen. Zu der ganzen Drehbanke muß man ein festes Holz, und insbesondere Eichenholz nehmen. Denn das Ganze muß eine erforderliche Festigkeit haben, damit es der Gewalt beym Drehen widerstehet. Aus eben dieser Ursach muß auch die Drehbank bestmöglich fest an einer Wand befestiget seyn, damit sie nicht wankt. Die Höhe der Drehbanke habe ich oben angezeigt. Die Länge f e richtet sich zwar nach dem Platz in der Werkstätte, doch beträgt sie nicht über sechs Fuß.

Allein auf einer solchen Drehbanke können nur große Stücke oder solche abgedrehet werden, um welche man die Schnur bequem schlingen kann. Oft leidet aber das letztere die Figur einer Arbeit nicht; oft ist die Arbeit hiezu auch zu klein. Dieserhalb ist die Drehbanke der Metall- und Kunstdrechsler in manchen Fällen abgeändert,

und

und insbesondere hat sie statt des Reitstocks Fig. I. ik eine sogenannte **Docke**. Diese ist in der II. Fig. abgebildet. Die Docke selbst stehet auf einem hölzernen **Dockenstock** a b, der etwa acht Zoll hoch und ½ Fuß dick ist. Er hat unten in b einen Zapfen, gerade wie der Reitstock, dessen Stelle er vertreten soll, und mit diesem Zapfen wird er auf der Drehbanke befestiget, wie ich hernach zeigen werde. Vor diesem Dockenstock ist in c d eine eiserne oder messingene Platte mit Schrauben angeschraubet, und dies ist die eigentliche Docke. Im Kleinen ist die Docke ein Ganzes, große Docken sind aber aus zwey Theilen nach der Länge zusammengesetzet. Man hat diese Zusammensetzung durch einen Strich unter e angedeutet. Die Docke bestehet also aus zwey gleichen Hälften, die an den Dockenstock a b durch ein Gewinde angesetzt werden. In ihrer Mitte bilden beyde Hälften eine Pfanne, wenn sie nemlich zusammengesetzt sind, die einer ausgeschnittenen Scheibe gleichet. In diese Pfanne wird die Spitze c der Spindel f c eingesetzt. Indem man aber die Spindel einsetzt, so schlägt man auch beyde Hälften der Docke zusammen, und vereiniget sie oben in e mit einer eisernen hohlen Klappe. Es ergiebt sich von sich selbst, daß die Docke in keiner andern Absicht aus zwey Hälften zusammengesetzt ist, als damit man die Spindel f c bequem einsetzen und wieder abnehmen kann. Die nur gedachte Spindel f c ist insgemein von Messing, entweder hohl oder mit

einen

einen eisernen Cylinder ausgefüllt. Ihre Dicke beträgt zwey Zoll, ihre Länge zehn bis zwölf Zoll, und auf ihrer Oberfläche sind verschiedene Stäbe oder Reifen abgedrehet, damit man die Schnur bequem umschlingen kann, und diese nicht abgleitet. Auf ihrer Grundfläche f ist eine Pfanne, gleich der Aushöhlung eines kleinen Kegels. Die zweyte Grundfläche c durchbohret, wie gedacht, die Docke c d, und vor dieser Docke in g ist in der Grundfläche g der Spindel ein Zapfenloch, oder besser, eine Schraubenmutter. In eins oder das andere setzt der Drechsler das Futter ein. Bey der Zeichnung der II. Fig. hat der Drechsler, der zugleich ein Horndrechsler war, gerade an die Spindel ein Futter angeschraubet, so aus einem Knopf h von Holz vorne mit einem zugespitzten eisernen Dorn i bestand. Ein solches Futter wird gebraucht, wenn man sich des Reitstocks und der Docke zugleich bedienet, um dünne und kurze Cylinder abzudrehen, wie ich weiter unten bey der Verfertigung eines Pfeifenrohrs begreiflich machen werde. Gewöhnlicher Weise hat es aber mit dem Futter folgende Beschaffenheit. Es ist ein $1\frac{1}{2}$ bis drey Zoll langer und etwas stärkerer Cylinder a b Fig. XXVI., der in f eine kurze Schraubenspindel hat. Mit dieser wird es an die Spindel der Docke (Fig. II. in g) angeschraubet. Der Cylinder a b selbst ist auf der vordern Grundfläche g ausgehöhlt, und zwar nach der Figur und Gestalt derjenigen Arbeit, so das Futter beym Abdrehen fest halten soll, z. B.

wie

wie eine halbe Kugel, wenn das Futter beym Abdrehen einer Kugel Dienste thun soll. Soll also eine abzudrehende Arbeit auf beyden Seiten abgedrehet werden, und hat auf einer Seite eine andere Gestalt, als auf der andern, so gehören hiezu zwey Futter. Vorne hat das Futter vier Einschnitte b, c, d, e in gleichem Abstande, die halb so tief sind, als der Cylinder a b lang ist. In die vorgedachte Aushöhlung g des Futters wird nun die abzudrehende Arbeit eingesetzt oder eingepreßt, und die vorher genannten Einschnitte b, e, d, c erleichtern dieses Einpressen. Zuletzt wird um den äußern Rand des Futters b e d c ein eiserner Ring gelegt, so die abzudrehende Arbeit in dem Futter völlig festhält. Ein Futter zu einer Kugel erhält aber die gedachten Einschnitte b, e, d und c nicht, sondern die Kugel wird blos in die Aushöhlung des Futters eingepreßt, wie die Folge lehren wird.

Beym Gebrauch dieser **Docke** oder **Hohldocke** auf der vorgedachten Drehbanke Fig. I. preßt der Drechsler zuvor die abzudrehende Sache nur gedachtermaaßen in das Futter Fig. XXVI ein, und schraubet dieses mit seiner Schraube f an den Cylinder oder die Spindel der Docke in g Fig. II. an. Hiernächst schiebt er den Reitstock i k der Drehbank Fig. I. bis in e zurück, und setzt dagegen die Docke Fig. II. auf die Drehbank, so daß der Zapfen b der Docke in die Wange a c Fig. I. eingreift. Auf die grade Pinne h Fig. I. schiebt er die kegelartige Pfanne in der Grund-

fläche

fläche der Spindel in f Fig. II. und hierauf befestiget er den Dockenstock mit einen Keil in b Fig. II. unter der Wange a x Fig. I. mit einem Keil, grade wie den Reitstock i k Fig. I. Indem er die Spindel auf die gedachte Art befestiget, schlinget er um dieselbe die Schnur s z Fig. I. einmal um. Diese Umschlingung der Schnur wird man auch in k Fig. II. bemerken. Die abzudrehende Arbeit befindet sich also vor der Docke in ihrem Futter in h Fig. II, und stehet aus diesem so weit heraus, als sie auf einer Seite abgedrehet werden kann. Die Schnur in k Fig. II. setzt die Spindel und zugleich die abzudrehende Arbeit in Bewegung, und zwar die erstere auf eben die Art, als ich bereits bey der Beschreibung der einfachen Drehbanke gezeiget habe. Hinter der Docke Fig. II. ist endlich noch ein **Lehrbrett** l m, oder ein schmales horizontales Brett, worauf verschiedene senkrecht stehende Zapfen befindlich sind, die man auch in l Fig. II. bemerken wird. Aehnliche Zapfen stehen auf der Lehne der Banke G F. Fig. I. in M. zwischen zwey Zapfen sowohl der Lehne in M, Fig. I. als des Lehrbretts l m Fig. II legt man einen Stab nach der Breite der Drehbank Fig. I. Dieser Stab thut aber nur alsdenn Dienste, wenn man eine Arbeit ausbohren will. Alsdenn ruhet nemlich der Bohrer oder das Schraubeneisen auf dem gedachten Stabe.

Noch eines kleinen Vortheils bey der Drehbank, den ich hin und wieder in den Werkstäten bemerkt habe, muß ich gedenken. Manche

Drechsler

Drechsler bringen nemlich an dem linken Pfeiler a b Fig. I. der Vorderbank ein senkrechtes Schnurrad an, und dieses setzen sie durch einen Riem in Bewegung, den sie an der Kurbel der Welle des Schnurrades und zugleich an dem Tritt z befestigen. Die Schnur s z wird alsdenn abgenommen. Eine Schnur um das Schnurrad vereiniget dieses mit einer Scheibe oder Rolle, so man auf die Spindel Fig. II. in f aufschraubet. Daher hat diese Spindel auch an dem gedachten Ort Schraubengänge. Die Schnur k Fig. II. fällt also in diesem Fall gänzlich weg, und die Spindel wird dagegen durch den Tritt, das Schnurrad durch eine Schnur und eine Scheibe auf der Spindel in Bewegung gesetzt. Der Drechsler kann mit Beyhülfe des Schnurrades zwar leicht und schnell drehen, aber nur kleine Arbeiten. Den großen Stücken ertheilt das Schnurrad nicht die erforderliche Bewegung.

Ich habe nunmehro die gewöhnliche Einrichtung und Beschaffenheit einer Drehbanke der Drechsler beschrieben. Auch in der fünften Sammlung bey dem Gelbgießer und in der siebenten bey dem Mechaniker stehet eine Beschreibung eines solchen Werkzeuges, aber mit einer Docke. Eine Vergleichung dieser beyden Beschreibungen mit der gegenwärtigen, wird den Leser überzeugen, daß zwar hin und wieder mit diesem Werkzeuge, nach seinem verschiedenen Gebrauch, Abänderungen getroffen werden können, daß aber das Wesentliche unverändert bleibt.

Von der Figurirdrehbank zum Bassigdrehen sag ich hier kein Wort, und zwar aus eben angezeigten Ursachen.

3) Der hölzerne Schraubestock PO Fig. I. ist zwar kein wesentlich Stück einer Drechselbanke, er pflegt aber doch neben diesem Werkzeuge der Holzdrechsler gewöhnlich angebracht zu seyn. PO Fig. I. ist ein langer hölzerner Stock von Büchenholz, dessen Obertheil PQ folgende Einrichtung hat. Es ist nemlich in Q ein hölzerner horizontaler Riegel oder Zapfen der in den langen oder hintern Stock PO fest sitzt, den kürzern PQ aber nur durchbohret. In diesem Zapfen sind verschiedene Löcher in einer Reihe über einander. Beyde Stöcke oder Kneipen PO und PQ können ferner durch eine hölzerne Schraube R zusammengeschraubet werden. Man hält in diesem Schraubestock kleine Stücke Holz fest, wenn man sie mit der Säge zerschneiden will. Das Stück Holz wird nemlich zwischen die beyden Kneipen in N gesteckt, und nach die Dicke desselben entfernt der Drechsler die bewegliche Kneipe PQ von der an der Drehbanke befestigten NO. In ein oder das andere Loch des Riegels oder Zapfens Q, je nachdem es die Dicke des eingespanten Holzes mit sich bringt, steckt man außerhalb der Kneipe PQ einen Pflock, damit diese unten in Q nicht vorwärts ausweicht. Zuletzt wird die Schraube R angezogen, und hiedurch das eingespannte Holz völlig befestiget.

4) Auf

4) Auf dem großen Drehrade dieser Werkstätte werden nur sehr große Stücke z. B. große Kugeln, Säulen oder Füße unter Schränken und in Gärten u. d. g. abgedrehet. Daher bedient sich der Drechsler dieses Rades nur selten. Ich will es also auch nicht weitläuftig beschreiben, zumal da in der vierten Sammlung auf der 80 Seite eine umständliche Zergliederung dieses Drehrades in der Werkstätte der Zinngießer stehet. Diesem Drehrade ist das gegenwärtige in aller Absicht gleich. Dem äußern Ansehen nach gleicht dessen Gestell einem großen Spinnrade. Ein Schnurrad hängt durch eine Schnur mit einer starken Spindel zusammen, und setzt diese mit in Bewegung, indem man jenes umdrehet. Auf einer Grundfläche der Spille wird das vorgedachte Futter aufgeschraubet, und in diesem die abzudrehende Arbeit befestiget. Zuweilen setzt man diese aber nicht in ein Futter ein, sondern schlingt die Schnur unmittelbar um die abzudrehende Arbeit. Zwey Personen werden zum Abdrehen auf diesem Drehrade erfordert. Eine drehet das Schnurrad um, und die andre, so ein Drechsler seyn muß, hält die Eisen gegen die Arbeit, und drehet diese hiemit ab.

5) Ich komme nun zu der großen Anzahl Eisen, womit die Körper auf der Drehbanke abgedrehet werden. Ich will zuerst die Eisen zur Holzarbeit nennen. Das **Röhrchen** oder die **Röhre** Fig. IV. ist von a bis b gleich einer

halben flachen Walze ausgehöhlt, und vorne ist es, gleich der Spitze eines Löffels, abgerundet und in etwas aufgeworfen. Ferner ist b c der eiserne Stiel, so mit seiner Angel auf einen hölzernen Heft c d von harten und glatten Holze befestiget ist. Ein solches Heft haben alle folgende Eisen, welches hiemit ein für alle Mal erinnere. Ferner müssen alle Eisen, und also auch das Röhrchen, in seiner Schneide a b gut verstählt, gehärtet und abgeschliffen seyn. Man hat Röhrchen von verschiedener Größe, und die grösten, so zu sehr großen Stücken und zu Hohlkehlen genommen werden, nennt man **Hohleisen** Fig. VI. Mit dem Röhrchen wird die Arbeit jederzeit im Groben abgedrehet, welches man **ausschroten** nennet. Der **Meißel** Fig. V muß aber den ausgeschroteten Körper weiter ausarbeiten. Er ist flach und hat vorne eine Schneide, die von a bis b in etwas schräge hinab gehet. Diese Schneide ist auf beyden Seiten gleichmäßig zugeschliffen, und das Eisen hat also auf einer Seite keine sogenante Ballen oder Bahn. Der Drechsler besitzt große und kleine, breite und schmale Meißel, und wählt einen oder den andern nach der Größe und Beschaffenheit der Arbeit. Der **Schlichtmeißel** ist dem vorigen in aller Absicht gleich, er hat nur eine feinere und schärfere Schneide.

6) Beym Abdrehen des Horns und Elfenbeins muß sich aber zweytens der Drechsler wie-

der

der anderer Eisen bedienen, und zwar folgender: Aus dem Groben bringt man das Horn beym Drehen entweder mit einem Spitz- oder Stechstahl oder dagegen mit einen Rundstahl. Das **Spitzstahl** Fig. XIV, so auch **Stechstahl** heißet, hat vorne eine dreykantige Spitze, dagegen die Spitze des **Rundstahls** Fig. XV unten zwar flach ist, oben aber abgerundet zuläuft, gleich der Spitze eines Löffels auf der untern Seite. Diese beyden Stähler und zuweilen auch der Hohlmeißel schroten also vor, und heißen daher auch zusammen genommen **Schrotstähler**. Das **Breit**- oder **Flachstahl** Fig. XVI hat vorne eine Schneide, die schräge abgeschnitten ist, noch schräger, als bey dem vorgedachten Meißel der Holzarbeit. Die **Schlichtstähler** gleichen den vorigen, sind aber feiner und schärfer. Alle diese Eisen sind nur klein, weil aus Horn nur kleine Stücke entstehen können. In Oberdeutschland drehet man das Horn auch mit folgenden beyden Eisen ab, die ich auch in einer berlinischen Werkstätte gefunden habe, und daher nennen will. Aus dem groben bringt der Drechsler nemlich das Horn mit dem **Hacken** Fig. VII, dessen gekrümmte Schneide a auf beyden Seiten scharf ist. Feiner arbeitet aber der Künstler das Horn mit der **Krücke** Fig. VIII aus. Die beyden Seitenflächen a und b sind zwar flach, man schneidet aber mit ihren scharfen Kanten. Diese, und insbesondre ihre Spitzen thun auch Dienste, wenn man auf der äußern

äußern Fläche des abgedreheten Horns Stäbe und Knöpfe ausdrehet.

7) Folgende Eisen werden sowohl beym Holz, als beym Horn und Beinen gebraucht, daher ich sie nur einmal nennen darf. Die **Einschneide** Fig. XVII thut alsdenn Dienste, wenn man eine Arbeit, z. B. eine Büchse oder ein Pennal, walzenartig aushöhlen will. Zu diesem Zweck muß die eigentliche Schneide, so einem kleinen Messer gleicht, umgebogen seyn, gleich einem Hacken. Diese Klinge schneidet aber nur auf einer Seite, da im Gegentheil die Klinge der **Zweyschneide** Fig. XVIII auf beyden Seiten schneidet. Weiter ist unter diesen beyden Werkzeugen kein merklicher Unterschied. Der **Bauchhacken** Fig. XIX hat zwar gleichfalls eine umgebogene Klinge a, aber diese ist schon bauchiger gekrümmt. Denn es werden hiemit bauchige Dinge nach einer Kugelfläche ausgehöhlet. Die XX Fig. ist gleichfalls ein Bauchhacken, aber mit einer breitern Klinge.

8) Oefters werden die Theile eines Ganzen zusammengeschraubet, und der Künstler muß die Schraube sowohl, als ihre Mutter sorgfältig ausschneiden. Geschiehet dieses auf der Drehbanke, so verrichtet er das Einschneiden mit dem **Schraubeneisen**. Fig. XXI ist das Eisen zur Vater- Fig. XXII aber zur zubehörigen Mutterschraube. Das erstere ist ein Meißel Fig. XXI, so statt der Schneide in a fünf bis 7 schräge abgeschärfte Zähne hat. Der Zapfen,

auf

auf welchen das Gewinde zu einer Schraubenspindel ausgeschnitten werden soll, muß vorher auf der Drehbanke gehörig abgedrehet seyn. An diesen Zapfen setzt nun der Drechsler die Zähne des Eisens Fig. XXI an, läßt das Ganze auf der Drehbanke umlaufen, und schneidet zugleich die Schraubengänge ein. Zu diesem Eisen der Vaterschraube gehört jederzeit ein Eisen zur Mutterschraube Fig. XXII. Dieses hat nicht auf der Schneide, sondern seitwärts in b schief abgeschärfte Zähne, damit man hiemit in die Aushöhlung zur Mutterschraube hineingreifen kann. Die Zähne des Eisens Fig. XXII müssen sich genau zwischen die Zähne des Eisens Fig. XXI passen, wenn man beyde gegen einander hält. Die Aushöhlung zur Mutterschraube muß vorläufig nach der Stärke der Vaterschraube ausgebohret werden. In diese Aushöhlung hält nun der Drechsler die Zähne des Schraubeneisens Fig. XXII, und schneidet die Schraubengänge ein, indem er zugleich die Arbeit auf der Drehbanke umlaufen läßet. Zuletzt muß die Vaterschraube gut in die Mutterschraube eingetrieben werden. Die Schraubeneisen der Horndrechsler heißen **Schraubenstähler.** Sie sind kleiner und haben keinen Heft. Denn die Vaterschraube ist an einem, die Mutterschraube aber an dem andern Ende des Eisens. Zuweilen werden aber auch die Vaterschrauben aus freyer Hand mit dem Schneidezeuge, und die Mutterschraube mit einem zubehörigen

Schraubenbohrer geschnitten. Das **Schneide-** oder **Schraubezeug** wird aus zwey kleinen hölzernen Scheiben Fig. XI und XII zusammengesetzt, und diese Scheiben haben eine gleiche Grösse. Man schraubet diese beyde Theile entweder mit zwey hölzernen Schrauben zusammen, oder fügt sie auch nur mit zwey hölzernen Zapfen a und b Fig. XI zusammen, da man diese in die Zapfenlöcher c und d Fig. XII einsetzt. Wenn beyde Scheiben zusammengefüget sind so gehet durch beyde ein senkrechtes Loch e Fig. XI und XII mit Schraubengängen. Auf der innern Seite einer Scheibe Fig. XII liegt neben dem nur gedachten Loche e ein horizontales Eisen, welches in f zwey in einen spitzen Winkel zusammengesetzte und in etwas aufgerichtete kleine Klingen hat, gleich einen lateinischen V. Dieses Eisen heist **Geißfuß**, und zwischen seinen beyden Schneiden bleibt der Schraubengang erhöhet ausgeschnitten stehen. Der Winkel, in welchem beyde Klingen zusammengesetzt sind, fällt auf den Beschluß eines Schraubengangs im Loche e, und man kann die Klingen dergestalt stellen, daß ihre Spitzen mehr oder weniger in das Loch e eingreifen, je nachdem man ein starkes oder schwaches Gewinde ausschneiden will. Der Zapfen, der mit diesem Instrument in eine Schraubenspindel verwandelt werden soll, muß vorher auf der Drehbanke rund abgedrehet werden, aber aus einem durchgängig harten Holze, weil sonst die Schraubengänge abbrechen.

Das

Das beste Holz hiezu ist Weißbüchen = Pflaumen = auch Apfelbaumholz. Wenn nun beyde Theile Fig. XI und XII des Schneidezeuges zusammengesetzt sind, der Zapfen zur Schraubenspindel auch nach der Weite des Lochs e abgedrehet ist, so steckt man diesen auf der äußern Seite der Scheibe Fig. XI in das Loch e, drehet den Zapfen von der Linken gegen die Rechte in dem Loche e um, und neigt ihn anfänglich ein wenig, bis einige Gänge von dem Geißfuß eingeschnitten sind. Diese greifen in das Schraubengewinde des Lochs e Fig. XII ein, und der runde Zapfen wird nunmehro blos umgedrehet. Die zugehörige Schraubenmutter bohret der Drechsler mit dem zum Schneidezeuge gehörigen **Schraubenbohrer** Fig. XIII aus. Diese ist nichts anders, als eine eiserne Schraubenspindel mit einem Griffe. An dem Ort wo die Mutter entstehen soll, wird ein Loch mit einem gewöhnlichen Bohrer vorgebohret, und in dieses schneidet man das Gewinde mit dem Schraubenbohrer ein. Es giebt aber auch Schraubenbohrer, die man auf der Drehbanke umdrehet, und das Holz gegen den Bohrer hält. Von dieser Art ist der, so in der III Fig. abgebildet ist. In a b erblickt man den eisernen Bohrer oder die Schraubenspindel selbst, so auf einem Futter b c von Holz befestiget ist. Dieses hat hinterwärts eine Schraube c, womit man den Bohrer an die Docke Fig. II in g anschraubet. Der Bohrer kann also von der

Docke umgedrehet werden, und schneidet alsdenn in das angehaltene Holz ein.

9) Die gewöhnlichen Bohrer dieser Werkstätte sind Löffelbohrer von verschiedener Stärke. Sie haben einen langen Stiel, damit man mit dieselben ein tiefes Loch aushöhlen kann. Von dieser Art ist der dünne **Pfeiffenrohrbohrer** Fig. XXIV. In a b ist die löffelartige Schneide, in b c der lange Stiel, und c d ist das hölzerne Heft. Es werden hiemit die Theile eines Pfeifenrohrs von Horn ausgebohret. Mit dem **Zwirlbohrer** Fig. XXIII. werden vorgebohrte Löcher erweitert. Man bohrt nemlich mit einem gewöhnlichen Bohrer vor, und in das vorgebohrte Loch greifet die schmalere Spitze a. Die beyden Seiten c sind schneidend, und bohren das Loch weiter aus, indem die Spitze a in der Axe vorschneidet, und den ganzen Bohrer in einer senkrechten Richtung erhält. Der Drechsler bohret insgemein mit Beyhülfe der Drehbanke, aber auf eine doppelte Art. Ist das Loch nicht tief, so wählt er einen Bohrer, welchen er, wie den Schraubenbohrer Fig. III, an die Docke Fig. II anschrauben kann. In diesem Fall drehet er also den Bohrer auf der Drehbanke um, und hält den Körper, welchen er ausbohren will, dem Bohrer entgegen. Allein, wie gesagt, dis findet nur bey einem kurzen oder flachen Loche statt, da er den Körper leicht aus freyer Hand gehörig richten kann, daß das Loch grade wird. Ist aber das Loch tief, so

läßt

läßt sich dieses nicht erwarten. Dieserhalb schraubet er in diesem Fall den Körper, den er ausbohren will, an die Docke Fig. II., vermittelst eines Futters, läßt diesen auf der Drehbanke umlaufen, und hält nun den Bohrer gegen gedachten Körper. Damit der Bohrer aber eine gleiche horizontale Richtung und Lage behält, so unterstützt er ihn folgendergestalt, wie ich auch schon oben bey Beschreibung der Docke gezeiget habe. Er legt nemlich zwischen die Zapfen der Lehre l m hinter der Docke Fig. II., und zwischen zwey gegenüberstehenden Zapfen M auf der Lehre in der Banke vor der Drehbanke Fig. I. einen Stock. Dieser liegt nach der Breite der Drehbank, und auf demselben ruhet der Bohrer vor dem Körper, der ausgebohret werden soll. Diesem wird der Bohrer nach und nach horizontal entgegen geschoben. In diesem letztern Fall bedienet man sich eines Löffelbohrers mit einem hölzernen Heft, gleich dem Pfeiffenrohrbohrer Fig. XXIV.

10) Der Taster Fig. IX. ist ein bekannter eiserner Zirkel mit gekrümmten Füssen. Es wird hiemit die Stärke aller runden Körper und insbesondre der Kugeln ausgemessen.

11) Endlich muß ich noch eines Werkzeugs der Horndrechsler, nemlich des Zugeisens Fig. XXVII. gedenken. Diese eiserne Platte ist etwa ¼ Zoll dick, 3 Zoll lang und halb so breit. In der Mitte hat sie ein rundes Loch a, durchgängig von gleicher Weite. In diesem

Loche

Loche ist eine Röhre, so etwa ¼ Zoll vor der Platte vorspringt. Es wird mit diesem Zieheisen das Blech zum Futter eines Mundstücks zu einem Pfeiffenrohr rund gebogen, wie ich weiter unten zeigen werde.

Zum Beschluß will ich noch mit ein paar Worten von den sämmtlich schneidenden Werkzeugen der Drechsler, und insbesondre von den Dreheisen reden. Der Drechsler erstehet diese Eisen zwar von einem Zeugschmid, aber er härtet und schärft sie sich selbst. Denn sie erfordern eine gute Härte, und überdem müssen sie vorzüglich scharf seyn, wenn die Arbeit gut gelingen und von statten gehen soll. Ein berlinischer Drechsler rühmt folgende Art, das Eisen zu härten vorzüglich. Das Eisen wird nemlich anfänglich nur in etwas erwärmet, alsdenn mit Seifwasser beschmiert, und in kaltes Wasser gesteckt. Hiedurch soll dem verstählten Eisen die Sprödigkeit benommen werden. Hiernächst macht man das Eisen rothwarm, und taucht es nicht in Eßig oder Urin, sondern blos in Regenwasser. Dieses Mittel ertheilt aber dem Eisen einen gar zu großen Grad der Härte, den man folgendergestalt wieder mildern muß. Der Professionist legt nemlich das Eisen auf glühende Kolen, da es denn erst weiß, alsdenn gelblich, und hiernächst hafergelb anlauft. Soll das Eisen zum Abdrehen des spröden Horns gebraucht werden, so muß es nicht zu hart seyn. Man nimmt es daher sogleich von den

Kolen

Kolen, wenn man die hafergelbe Farbe bemerkt. Zum Abdrehen des Holzes müssen die Eisen aber schon härter seyn, und daher läßt man sie so lange auf den Kolen liegen, bis sich nach der hafergelben eine schwefelgelbe Farbe zeigt. Das erkaltete Eisen darf alsdenn nur noch auf einem groben Sandstein mit Wasser geschliffen, und auf einem feinern Schleifstein mit Baumöl abgezogen werden. Eben so schärft man auch die Eisen, wenn sie stumpf geworden sind. Außer dem gedachten haben die Metallarbeiter noch mehrere Mittel, das verstählte Eisen zu härten, die ich auch hin und wieder bey dem Metallarbeiter bemerkt habe. Man steckt nemlich das erhitzte Eisen in Horn; oder bestreuet es mit Spänen von einem Pferdehuff, oder man läßt eine Federspule darauf verbrennen, und taucht es in kaltes Wasser; oder man steckt es auch in Baumöl. Freilich erfordert der verschiedene Gebrauch der Eisen auch eine verschiedene Härte, doch die zuerst beschriebene ist die leichteste und einfachste, und daher auch mehrentheils die beste. Sie wird auch von den mehresten Metallarbeitern vorzüglich in Ausübung gebracht.

III. Die Werkzeuge und die Uebung nebst einem guten Augenmaaß müssen bey der **Arbeit des Drechslers** das beste thun. Und von diesen Beschäftigungen will ich gegenwärtig in einigen Beyspielen näher reden.

A. Zu-

A. Zuerst werd ich die Handgriffe des **Holzdrechslers** durch einige Beyspiele ins Licht setzen. Er drehet aus Holz: Säulen, Tischgestelle, Stuhlfüße, Ofenfüße, Handspritzen, Bahnkugeln und Kegel, Spinnräder, Haspel, Büchsen, Hefte u. d. g. m. Aus einigen Beyspielen wird die Verfertigung aller dieser Drechslerwaaren leicht begreiflich werden.

1) Ich will zuerst ein ganz leichtes und einfaches Beyspiel wählen, und hiebey die Handgriffe beym Holzdrehen mit Vorsatz zeigen. Es sey ein **Cylinder** oder eine **Walze**, so mit einigen Stäben auf seiner Oberfläche verzieret ist. Es gilt mir hiebey gleichviel, der Cylinder mag ein Stuhl- oder Tischfuß, oder auch ein Theil eines Spinnrades u. d. g. seyn. Der Drechsler wählt sich hiezu ein schickliches Stück Holz, und wenn es eine leichte Arbeit ist, insgemein von Elsenholz, aus obgedachten Ursachen. Daß der Drechsler nicht gerne ein Stück Holz nimmt, so noch die ganze Baumdicke hat, sondern dagegen ein solches, so von einem zwey- bis viermal und öfter gespaltenen Kloß genommen ist, hab ich nebst der Ursach oben bey der Anzeige der Holzarten bemerkt. Das gewählte Stück Holz hauet er nun in dem gegenwärtigen Fall mit dem Handbeil rund, und ebnet die runde Seitenfläche auch noch auf der Schneidebanke mit dem Schneidemesser. Doch muß der Drechsler dem Holze beym Behauen und Beschneiden mehr Stärke lassen, als es nach dem Abdrehen erhalten

ten soll. Denn die Dreheisen nehmen noch Holz ab. Nunmehro kann das behauene Stück Holz auf die Drehbanke gebracht werden, und hiebey ist ein wesentliches Stück, daß die beyden Pinnen h und l Fig. I. den noch unförmlichen Cylinder gerade in der Axe festhalten. Die mehresten Drechsler finden die beyden Endpunkte dieser Axe blos durch Versuche, da sie die Arbeit vorläufig in die Drehbanke einspannen, ein Spitzeisen Fig. XIV. gegen das Holz halten, und versuchen, ob das Eisen an einem Ort mehr einschneidet, als an dem andern. Nach diesen Einschnitten können sie das Holz leicht richten, und die Axe treffen. Denn die mathematische Aufgabe, aus dem Umfang der Grundflächen des Cylinders, den unbekannten Mittelpunkt zu finden, ist gewiß den allermehresten Drechslern unbekannt. Gleichwol ist es nothwendig, daß der Cylinder nicht auf der Drehbank nach einer Seite hängt, weil er alsdenn nicht die erforderliche Gestalt und die gehörige Dicke erhalten kann. Doch zieht ein geringer Fehler dieser Art keinen Nachtheil nach sich, wenn das Holz beym Behauen und Beschneiden die gehörige Stärke behalten hat.

Den unförmlichen Cylinder h l Fig. I. spannt aber der Drechsler folgendergestalt in eine gewöhnliche Drehbanke Fig. I. ein. Die eine Grundfläche h desselben setzt er gegen die gerade Pinne h, so daß die Spitze dieser Pinne auf den gefundenen Endpunkt der Axe fällt. Hierauf bewegt

bewegt er den Reitstock i k gegen die zweyte Grundfläche l des unförmlichen Cylinders h l, so daß die krumme Pinne l mit ihrer Spitze in den Endpunkt der Axe auf dieser Grundfläche fällt. Alsdenn nimmt er ein hölzernes Klopfholz oder einen Schlägel, schlägt hiemit gegen den Reitstock i k so lange, bis die Spitzen beyder Pinnen h und l in die Grundflächen des Cylinders so tief eindringen, daß dieser nicht nur befestiget ist, sondern auch nicht schwankt, aber sich doch zwischen den Pinnen umwälzen läßt. Hiernächst befestiget er den Reitstock mit dem Keil in k unter der Wange a c. Gleich beym Einspannen, oder auch nachher schlingt der Drechsler die Darmsaite s Z ein Mal um den Cylinder, aber so, daß beyde Theile s L und L Z nach dem Arbeiter zu, und also vor dem Cylinder hinabgehen, wie auch in L richtig bemerkt ist. Nunmehro muß er der Armschiene p q auch nach Maaßgebung der Stärke des Cylinders die gehörige Richtung geben. Ist dieser Cylinder stark, so wird die Armschiene nicht nur nach der Richtung a g und k i in die Höhe geschoben, sondern auch vorwärts nach dem Drechsler zu gezogen. Ist der Cylinder schwach, so erfolgt in beyden angeführten Bewegungen der Armschiene gerade das Gegentheil. Die Mittel, diese Armschiene gehörig zu richten, hab ich bey der Beschreibung der Drehbank angezeiget. Auf der Armschiene ruhen beym Drehen die Eisen, und diese hält der Dreher jedesmal

gegen

gegen das Holz etwa in der Mitte seiner Dicke. Ferner muß die Arbeit Raum zum Umlaufen haben, und nach dieser doppelten Erforderniß muß der Drechsler die Armschiene gehörig richten. Doch bringt man die Armschiene so nahe, wie möglich an die abzudrehende Arbeit, damit das Dreheisen kurz hinter seiner Schneide von gedachter Schiene unterstützt wird.

Nunmehro tritt der Arbeiter mit den rechten Fuß den Tritt z A nieder, und der abzudrehende Cylinder h l wälzet sich zugleich in einer kreisförmigen Bewegung einmal um, und zwar nach dem Drechsler zu. Läßt aber dieser mit dem Fuß wieder nach, und der Tritt z A steigt in die Höhe, so erfolgt eine gegenseitige Umwälzung des Cylinders h l, da er sich nemlich einmal von dem Arbeiter abgekehrt umdrehet. Zugleich hält der Drechsler das Dreheisen gegen die Arbeit. Dieses ruhet kurz hinter der Schneide auf der Armschiene p q, so daß die Schneide der Arbeit zugekehrt ist. Der Drechsler hält dieses Eisen an seinen hölzernen Heft mit der linken Hand, und mit der rechten ergreift er es kurz hinter der Schneide oder vor der Armschiene; die rechte sowol als die linke flache Hand ruhet auf den Eisen. Das Eisen wird jederzeit mit dem Heft etwas hinabgeneigt gehalten, so daß seine Schneide etwas über der Hälfte der Dicke der Arbeit in diese einschneidet. Eine Hauptsache hiebey ist aber, daß der Arbeiter das Eisen auf der Armschiene völlig fest hält, damit es der umgewälzten Arbeit gehörig widerstehet und nicht zurückgeschleudert wird. Das Eisen schneidet jedesmal nur mäßig ein, und zwar nur alsdenn, wenn die abzudrehende Arbeit sich nach dem Arbeiter zu umwälzet.

Bey der ersten Bearbeitung jeder Holzarbeit, bedienet sich der Drechsler des Röhrchens Fig. IV, oder bey sehr grossen Stücken auch wohl des Hohleisens Fig. VI. Hiemit wird, wie der Professionist sagt, das Holz **geschrufft** oder **geschrotet**. Man hält dieses Eisen nach obiger Beschreibung auf der Armschiene gegen den Cylinder Fig. I. h l, oder auch gegen jede andere Holzarbeit, und drehet das Stück insgemein von der Linken zur Rechten ab, da das Eisen nach und nach auf der Armschiene von der Linken zur Rechten horizontal bewegt wird. Dieses Röhrchen schneidet flache Furchen oder Reifen auf dem Holze aus, und der Drechsler bemühet sich, diese Furchen mit eben dem Eisen bestmöglichst wieder wegzuschaffen.

Das Röhrchen drehet also das Holz nur im Groben ab, giebt aber doch z. B. den Cylinder die erforderliche Rundung. Mit dem Meißel Fig. V. wird aber die Fläche völlig rund abgedrehet, und der Drechsler sagt daher, der Meißel **schrufft hinterher**. Der Meißel ebnet also die Fläche vorläufig, die das Röhrchen rauch hinterläßt. Beym Drehen führt der Professionist den Meißel grade wie das Röhrchen, und es ist ihm hiebey gleichgültig, ob er die Fläche von der

der Linken zur Rechten, oder auch umgekehrt abdrehet. Bey diesem Abdrehen muß er aber dahin sehn, daß der Cylinder durchgängig eine gleiche Dicke erhält, wenn er nemlich von solcher Wichtigkeit ist, daß diese Genauigkeit erfordert wird. Denn bey unbeträchtlichen Stücken, trauet der Drechsler hierin nur seinem Augenmaaß. Im erforderlichen Fall mißt er aber die Stärke des Cylinders an verschiedenen Stellen mit dem Taster Fig. IX. aus, und nimmt gehöriges Orts das überflüßige ab. Sobald nun der Cylinder auf vorgedachte Art vorläufig mit dem Meißel geebnet ist, so finden zwey Fälle statt: Entweder die krumme Seitenfläche soll glatt bleiben, oder durch Stäbe verzieret werden. Im ersten Fall glättet oder schlichtet man ihn nur noch mit einem Schlichtmeißel. Bereits bey der Beschreibung der Dreheisen hab ich bemerkt, daß der Schlichtmeißel dem vorigen Fig. V. völlig gleicht, außer daß er feiner und schärfer ist, und daher auch das Holz genauer ebenet. Uebrigens wird hiemit eben so abgedrehet, wie mit dem vorigen Meißel. Zuletzt muß der Cylinder neben jeder Grundfläche h und l Fig. I. gewöhnlich noch abgestochen werden. Der Drechsler kehrt nemlich den gewöhnlichen Meißel Fig. V. um, so daß seine Schneide a b auf der Armschiene Fig I. p q senkrecht stehet, und schneidet blos mit der Kante oder Spitze a in das Holz ein, nemlich kurz neben der Grundfläche h Fig. I., und nachher auch neben der

Grundfläche l. An einen oder dem andern Ort schneidet die Kante des Meißels so tief in das Holz ein, daß nur noch auf der Spitze der Pinne h oder l ein kleiner Zapfen stehen bleibet, da denn der Drechsler die Grundfläche auch mit dem Schlichteisen ebnet. Auf diese Art pflegt man die beyden Grundflächen abzudrehen. Nunmehro nimmt der Drechsler den glatten Cylinder von der Drehbanke, bricht die nur gedachten Zapfen auf beyden Grundflächen ab, und beschneidet die unebene Stelle in der Axe, die durch den Bruch entstehet.

Es bleibt aber noch der zweyte Fall übrig, da nemlich ein solcher Cylinder auch mit Stäben verzieret wird. Dergleichen Verzierungen wird man an den gedrechselten Füssen der Tische, Stühle und Spinnräder bemerken. Diese Stäbe weichen aber zum Theil von den bekannten Stäben oder Gliedern der Baukunst ab. Die bekanntesten Stäbe sind: **Rundungen**, die einer unförmlichen oder unvollständigen Kugel gleichen; **Hohlkehlen** und zwey gegen einander gekehrte Hohlkehlen; **Vertiefungen** zwischen zwey Stäben, die kurzen Cylindern gleichen; und endlich **Faden**. Die letztern sind sehr schmal, und laufen oben nach einem spitzen Winkel zusammen. Oft werden sie an jeder Seite eines breitern Stabes angebracht. Soll nun ein Cylinder dergleichen Verzierungen erhalten, so zeichnet der Drechsler den Ort und die Länge aller dieser Stäbe vorläufig durch ein Schablon vor.

Ein

Ein solches Schablon ist ein dünnes und schmales Brett von harten Holze, so nach Maaßgebung der Arbeit eine erforderliche Länge, und auf einer langen Seite mehrere Kerbe hat. Zwey und zwey benachbarte Kerbe deuten die Länge, und durch diese die Beschaffenheit eines Stabes an. Der Drechsler legt dieses Schablon dergestalt auf die Armschiene Fig. I. p q, daß die sämmtlichen Kerbe gegen den Cylinder h l gekehret sind, und diesen berühren. Er wälzt hierauf den Cylinder auf der Drehbanke gegen das Schablon um, und die Kerben, oder vielmehr die Spitzen zwischen den Kerben beschreiben Linien um den Cylinder. Der Drechsler kennt die Breite jedes Stabes, und die gezogenen Linien deuten ihm also nur an, welchen Stab, und in welcher Länge er ihn anbringen soll. Er nimmt hierauf das Schablon wieder von der Armschiene weg, und legt dagegen den Meißel Fig. V. auf. Diesen richtet er dergestalt auf der Armschiene, daß die Schneide a b auf der Schiene senkrecht stehet, und blos die Kante a schneidet. Mit dieser Kante schneidet er auf jeder Linie, so das Schablon vorgezeichnet hat, in das Holz ein, mehr oder weniger tief, nachdem es der Stab erfordert, den das Schablon angedeutet hat. Dieser Einschnitt bestimmt aber nur höchstens die Tiefe jedes Stabes, und dieser muß daher nunmehro weiter ausgearbeitet werden. Eine Rundung wird mit dem nur gedachten Meißel Fig. V. abgedrehet. Mit eben dem Meißel drehet der Drechsler eine schräge Fläche zur Hohlkehle ab, giebt aber dieser mit dem Hohleisen Fig. VI. die erforderliche Gestalt. Gegen einander gekehrte Hohlkehlen werden vorläufig mit dem Röhrchen Fig. IV. ausgearbeitet, und mit dem Hohleisen Fig. VI. gleichfalls zur Vollkommenheit gebracht. Cylindrische Vertiefungen zwischen zwey Stäben drehet man blos mit dem Meißel Fig. V. aus, und mit eben diesem Instrument werden auch die Faden abgedrehet u. s. w. Bis jetzt ist aber das Holz noch nicht geschlichtet, da es nur erst seine erforderliche Gestalt erhalten hat. Nunmehro wird es aber geschlichtet und hiedurch völlig geglättet, und zwar jeder Stab mit eben dem Eisen, womit er abgedrehet ist. Doch müssen diese Schlichteisen ungleich schärfer seyn, als die Eisen, womit man den Stab ursprünglich abdrehet. Zuletzt muß nun jede Holzarbeit, und also auch der gegenwärtige Cylinder, poliret werden, wenn nemlich eine solche Arbeit aus harten Holze abgedrehet ist. Zuweilen bedient man sich hiebey der Floßfedern einer Fischhaut, jederzeit aber und gewöhnlich nur des feuchten Schachtelhalms. Eins oder das andere hält der Drechsler gegen das harte Holz, und läßt dieses so lange auf der Drehbanke umlaufen, bis es völlig geglättet ist. Ich habe mit Bedacht gesagt, hartes Holz wird auf diese Art poliret. Denn ist das Holz weich, wozu insbesondere Elsenholz gehöret, so ist es hinreichend, wenn man es nur auf der Drehbanke fein abschlichtet, und Fisch-

haut

haut und Schachtelhalm sind überflüßig. Zuletzt ziehet der Drechsler zuweilen um den Cylinder zwischen dessen Stäben auch schwarze Striche oder Linien. Der Drechsler hält in dieser Absicht das schräge abgeschnittene Ende eines Spans von harten Holze gegen den Cylinder, und läßt diesen schnell auf der Drehbanke umlaufen. Das weichere Holz des Cylinders erhitzt sich durch die starke Reibung, und hiedurch entstehet auf den Cylinder ein schwarzer Strich oder Reif.

So wird nun ein Cylinder oder eine Walze abgedrehet. Auf eben die Art, doch mit einigen Abänderungen, nach Beschaffenheit der Gestalt, werden auch die übrigen Holzarbeiten abgedrehet. In der Folge werde ich mich zum öftern auf diese Beschreibung, wie ein Cylinder abgedrehet wird, beziehen können.

2) Das zweyte Beyspiel mag gleichfalls ein einfacher Körper seyn, nemlich eine **Kugel.** Dem Holzdrechsler fällt das Abdrehen einer **Bahnkugel** zum Kegelschieben öfters vor, und es mag daher eine solche Kugel seyn. Zu einer Bahnkugel muß der Drechsler ein hartes und schweres Holz wählen, so zugleich beym Gebrauch glatt wird. Alle diese Eigenschaften hat das büchene Holz. Aus solchem Holze hauet sich nun der Drechsler mit dem Handbeil einen Cylinder, der nur etwas dicker, als die künftige Kugel, aber einen guten Theil länger ist. Die Dicke dieses Cylinders mißt er mit dem Taster

Fig. IX. aus, und ebnet den Cylinder auch mit dem Schneidemesser auf der Schneidebank. Hierauf sucht er mit einem gewöhnlichen Zirkel den Durchmesser der Grundfläche, und also auch zugleich die Dicke des Cylinders. Mit dieser Eröffnung des Zirkels mißt er von der ganzen Länge des Cylinders ein Stück ab, und dieser kürzere abgemessene Cylinder ist also so lang, als er dick ist. Zu Ende dieses letztern Cylinders sägt er mit der Säge nach dem ganzen Umfang desselben so tief ein, daß dieser Cylinder und das überflüßige Stück nur noch in der Axe durch einen schwachen Zapfen zusammenhangen. Der Drechsler ergreift hierauf den Cylinder an den überflüßigen Theil, und sticht mit dem Meißel die Kanten an beyden Grundflächen des eigentlichen Cylinders ab, sucht diesen auch mit dem Meißel bestmöglichst kugelrund auszuarbeiten. Endlich sägt er das überflüßige Stück ab. Diese unförmliche Kugel muß nun auf der Drehbank mit Beyhülfe der Docke Fig. II. völlig gerundet werden, und dieserhalb spannt sie der Drechsler nach dem Obigen in ein Futter ein. Ich habe ein solches Futter bereits oben beschrieben. Es ist ein hölzerner Cylinder a b Fig. XXVI., hinten mit einer Schraube f, womit man das Futter an die Docke anschrauben kann. Auf der Grundfläche d b ist dieses Futter, wenn nemlich hiemit eine Kugel abgedrehet werden soll, in g nach einer halben Kugel ausgehöhlet. Der Drechsler beschmiert nun seine unförmliche Kugel, die er in

zwey

zwey Halbkugeln mit einen Strich getheilet hat, zur Hälfte mit Kreide, und die beschmierte Hälfte preßt er in die Aushöhlung g des Futters Fig. XXVI. ein. Doch muß die Kugel etwas über die Hälfte aus dem Futter hervorragen, so, daß der Strich oder das Zeichen auf der Kugel deutlich in die Augen fällt, so die Kugel in zwey Hälften theilet. Vorläufig braucht es nur ein Zeichen zu seyn. Das Futter mit der Kugel wird nun an den Cylinder f c der Docke Fig. II. vor der eigentlichen Docke e d in g angeschraubet und die ganze Docke nach dem Obigen auf die Drehbanke Fig. I. gestellt. Drehet nun der Drechsler mit der Schnur k Fig. II. den Cylinder f c nach der obigen Beschreibung um, so wälzt sich auch das Futter in g mit der Kugel vor der Docke kreisförmig um.

Der Drechsler nimmt ein Spitzstahl Fig. XIV., hält dieses auf der Armschiene der Drehbanke gerade so, wie die Eisen beym Abdrehen des obigen Cylinders, und richtet ferner die Spitze des Spitzstahls gegen die Kugel, und zwar gerade in dem Zeichen, so die Kugel in zwey gleiche Hälften theilet. Indem die Kugel auf der Drehbank vor der Docke umläuft, beschreibt die Spitze des Spitzstahls nach ihrem ganzen Umfang einen **Faden** d. i. einen Einschnitt nach einen Zirkel. Dieser gezogene Faden deutet also genau die beyden gleichen Halbkugeln an. Hierauf nimmt der Drechsler die Kugel wieder aus dem Futter, preßt sie aber, wie vorher, sogleich dergestalt wieder ein, daß er einen zweyten Faden mit dem Spitzstahl ziehen kann, der den erstern rechtwinklich durchkreuzet. Beyder Faden oder Kreise auf der Kugelfläche theilen also diese in vier gleiche Theile. Dieser Kreuzschnitt auf der Kugelfläche verschafft den Drechsler einen doppelten Nutzen. Erstlich theilt er die Kugelfläche in mehrere Theile, welches dem Drechsler beym Abdrehen zur Richtschnur dienet; vorzüglich zeigt dieser Kreuzschnitt aber zweytens die Hocker und Ungleichheiten an, denn wo dergleichen sind, da dringt die Spitze des Spitzstahls tiefer ins Holz ein, und deutet also dem Drechsler an, daß er an einer solchen Stelle mehr Holz abnehmen muß.

Nunmehro wird die unförmliche Kugel fest in ihr Futter eingepreßt, so, daß nach Maaßgebung eines gezogenen Kreuzfadens etwas mehr, als die halbe Kugel aus dem Futter hervorragt, der Faden auch mit dem Rand b c d e des Futters Fig. XXVI. parallel läuft, und deutlich in die Augen fällt. Diesen Faden muß der Drechsler beym Abdrehen der ersten Halbkugel nicht verletzen, sondern nur genau bis an denselben die Kugel abdrehen. Hieraus erhellet nun schon, daß zuerst nur die aus dem Futter hervorragende Halbkugel bis an nur gedachten Faden abgedrehet werden kann. Die Dreheisen hält und regieret der Drechsler bey dieser ganzen Arbeit beynahe eben so, als bey dem obigen Cylinder. Zuerst drehet er die Halbkugel mit einem gewöhnlichen Meißel

Meißel Fig. V. ab, so die Hocker und Unebenheit größtentheils abnimmt, doch noch einige Reifen zurückläßt. Hiernächst nimmt er einen Flachmeißel, dessen Schneide noch schräger hinabläuft, als die Schneide a b Fig. V. Diese Richtung der Schneide macht den Flachmeißel geschickt, die Furchen und Reifen auf der Kugel gehörig abzunehmen. Bey dem Abdrehen mit beyden nur gedachten Meißeln muß aber der Drechsler beständig sein Augenmerk auf die oben erwähnte Kreuzfaden richten, und an jeder Stelle das Holz nach der Tiefe des Kreuzfadens abnehmen. Ist nun auf diese Art die erste Halbkugel erforderlich abgedrehet, so nimmt man die ganze Kugel aus dem Futter, setzt die abgedrehete Hälfte in das Futter ein, und die unbearbeitete Hälfte ragt also nur aus dem Futter hervor. Diese zweyte Halbkugel wird mit den vorgedachten beyden Meißeln eben so abgedrehet, als die erste. Allein nunmehro muß der Drechsler untersuchen, ob die Kugel auch durchgängig gleich rund ist, da er sie nur theilweise bearbeiten konnte. Dieserhalb nimmt er die Kugel aus dem Futter, spannt sie aber vor Queer wieder ein, allein so, daß er die bisherigen Halbkugeln abändert, und die Kugel in zwey abgeänderte Hälften durch das Futter abtheilet. Er ziehet abermals gerade in der Mitte der Kugel mit dem Spitzstahl Fig. XIV. einen Faden, und dieser zeigt ihm an, wo noch Ungleichheiten sind, die er nur mit dem Meißel abnehmen darf. Zuletzt wird die Kugel noch mit einem

einem scharfen Meißel fein geschlichtet, wobey jene eben so in das Futter eingespannet und der Meißel regieret wird, als beym ersten Abdrehen. Die Bahnkugel kann nur aus harten Büchenholz abgedrehet, und dieses kann der Schlichtmeißel noch nicht völlig ebnen. Man läßt daher die Kugel gewöhnlich auf der Drehbank umlaufen, und hält gegen dieselbe mit der Hand erst Floßfedern von einer Fischhaut, und hiernächst angefeuchteten Schachtelhalm. Hiedurch wird nun die Kugelfläche völlig geglättet und poliret, und die Kugel ist fertig.

Ich habe bis jetzt bey zwey einfachen Körpern gezeigt, wie der Holzdrechsler sowohl auf der einfachen Drehbanke Fig. I., als auch an der Docke Fig. II. drehet. Nunmehro will ich auch ein Paar Beyspiele von zusammengesetzten Holzarbeiten der Drechsler geben, doch so, daß ich mich, der Kürze wegen, im erforderlichen Fall auf die beyden ersten Beyspiele beziehe.

3) In der ersten Ausgabe ist die Verfertigung einer hölzernen **Handfeuerspritze** gezeigt, und diese Beschreibung werd ich zuerst größtentheils wörtlich abschreiben. Eine Handfeuerspritze bestehet aus vier Stücken, nemlich aus dem **großen Stücke**, in dessen Aushöhlung der Stößel hinauf und hinab beweget werden kann, ferner aus dem zubehörigen **Stößel**, und endlich aus dem **Mittelstück** und **Mundstück**. Alle diese Stücke, den Stößel ausgenommen, sind in ihrer Axe ausgehöhlet, oder ausgebohret.

Be-

Bekanntermaßen sind diese sämtliche Stücke Walzen von verschiedener Stärke, die also grade wie der oben beschriebene Cylinder auf ihrer äussern Fläche mit Beyhülfe der gewöhnlichen Drechselbanke Fig. I. abgedrehet werden. Aber ehe man sie abdrehet, und wenn sie also noch ihr volles Holz haben, folglich nur mit dem Beil und Schneidemesser unförmlich gebildet sind, muß das große Stück nebst dem Mittelstück und Mundstück ausgebohret werden. Denn wenn eine Röhre noch bey vollem Holze ausgebohret wird, so spaltet sie nicht so leicht, als wenn sie abgedrehet ausgebohrt wird, wie leicht zu erachten. Der Drechsler befestiget jedes Stück daher mit einem Futter horizontal an der Docke Fig. II. und bohrt das Loch mit einem Löffelbohrer aus, wie ich oben bey der Beschreibung der Bohrer bemerkt habe. Ist die Aushöhlung sehr weit, so bohrt man erst mit einem kleinen Bohrer vor, und erweitert das Loch alsdenn mit einem größern. Die Aushöhlung insbesondre des großen Stücks muß aber so glatt, wie möglich seyn, damit der Stößel sich genau hineinpasset. Dieserhalb fährt man mit einem glüenden Eisen in die Aushöhlung hinein, brennet die Fasern ab, so der Bohrer zurück läßt, und glättet hiedurch die gedachte Aushöhlung. So werden nun die Röhren ausgehöhlt, wenn sie noch ihr volles Holz haben, damit sie nicht beym Bohren zerplatzen, wenn sie schon dünner abgedrehet sind. Alsdenn drehet der Drechsler nicht nur die-

diese Röhren, sondern auch den Stößel gleich dem obigen Cylinder auf ihrer äußern Fläche ab. Das sogenannte große Stück ist der wesentlichste Theil einer Handspritze. Auf dessen untern Grundfläche werden einige Löcher eingebohrt, durch welche das Wasser eindringt, und überdem muß ein Ventil eingesetzet werden. Dieses ist bekanntermaßen ein nach seiner Länge ausgebohrter kurzer Cylinder, der sich genau in die Aushöhlung des großen Stücks paßt. Es wird etwas über der untern Grundfläche des grossen Stücks angebracht. Ein Ventil kann von Messing oder auch von Holz seyn. In dem ersten Fall erhält das Ventil in seiner obern Oefnung eine Kugel oder einen Kegel, so das eindringende Wasser in etwas erheben kann. Ist das Ventil aber von Holz, so ist auf der obern Oefnung desselben eine lederne Klappe. Ich will mich hieben nicht verweilen, da ich diese Sache in der vorigen Sammlung bey der Beschreibung des Brunnenmachers umständlich ins Licht gesetzt habe. Bis an das Ventil geht der Stößel in das große Stück hinein. Der Stößel kann von starkem Holz, oder auch eine eiserne Stange seyn, die man unten mit Flachs umwickelt, oder man legt auch mehrere lederne Scheiben zwischen zwey runden Blechen zusammen, die zusammengesetzt einen kurzen Stämpel bilden. Dieser wird auf der untern Spitze des eisernen Stößels befestiget, und muß sich genau in die Aushöhlung des großen Stücks passen. Stößel

der

der letztern Art sind vorzüglich bey Luftpumpen gebräuchlich. Das Mittelstück zapfet der Drechsler in das große Stück über dem Ventil ein, doch so daß durch die Zusammenfügung kein Wasser durchdringt. Auf dieses Mittelstück wird endlich das Mundstück angesetzt. Es wird vorne spitz zugedrehet, denn es muß keine große Oefnung haben, weil hiedurch die dem Wasser ertheilte Gewalt bey einem größern Widerstand der Luft abnimmt. Den Ausfluß des Wassers zu erleichtern, legt man das Mundstück vorne mit Meßsing oder Bley aus, weil von diesem das Wasser leichter abfließet, als vom Holze, wie auch deswegen, damit die dünne Röhre nicht aufspringe oder aufreiße. Hält man das große Stück solcher Spritzen mit seiner untern Grundfläche ins Wasser, und ziehet den Stößel in die Höhe, so entstehet zwischen diesem und dem Ventil ein luftleerer Raum. Daher dringt das Wasser durch die Löcher auf der Grundfläche des großen Stücks in die Aushöhlung des letztern hinein, stößt die Klappe des Ventils zurück, und tritt über das Ventil in den luftleeren Raum, drückt auch in der Folge die Klappe des Ventils durch seine eigene Schwere wieder zu, so daß es nicht wieder zurück treten kann. Stößt man im Gegentheil den Stößel wieder in dem großen Stücke hinab, so preßt dieser auf das Wasser über dem Ventil, druckt es aus dem großen Stück in das Mittelstück, so nach dem großen Stück zu eine Oefnung hat, und dringt durch den Druck des Stößels mit Gewalt aus dem Mundstücke. Es verhält sich mit diesen Spritzen beynahe eben so, wie mit den Pumpen, daher ich in dieser Absicht den Leser auf die Beschreibung des Pumpenmachers in der ersten Sammlung verweise. Diese Art Handspritze, wird nicht nur aus hartem Holze, sondern auch wol ganz von Blech verfertiget.

4) Zuweilen trift es sich, daß der Drechsler eine Drechslerarbeit nicht blos mit der Drehbanke und dem Dreheisen verfertigen kann, sondern daß er auch Säge, Steinmeisen, Raspel u. d. g. anbringen muß: Hievon führet die erste Ausgabe eine gewundene Säule zum Beyspiel an. Dergleichen Säulen sah man ehedem mehr, als gegenwärtig unter den Schränken, Tischen, Gueridons oder bey andern Fußgestellen, als Füße. Insgemein ist eine solche Säule oben dünner, als unten, doch so, daß beyde Grundflächen, so wie das Ganze, eine gemeinschaftliche Axe haben. Gewöhnlich hat eine solche Säule auf der Säulenfläche neben jeder Grundfläche einige Stäbe, gleich einem schmalen Gesimse, und zwischen diesem doppelten Simswerk befinden sich die schraubenartigen Windungen. Man nimt hiezu jederzeit ein hartes Holz, und des guten Ansehens wegen insgemein Nußbaumholz.

Das zu einer solchen Säule bestimmte Stück Holz muß der Drechsler vorläufig mit dem Handbeil rund zu einer Walze hauen, und diese mit dem Schneidemesser auf der Schneidebank ebenen. Hiernächst spannet er das Holz in die gewöhnliche Drehbanke Fig. I, oder wenn es sehr groß ist, bringt er es auf das oben gedachte Drehrad. Hier drehet er die Säule gewöhnlich rund, gleich dem oben beschriebenen Cylinder. Erhält diese Säule neben jeder Grundfläche auf der Seitenfläche ein Gesimse, so kann dieses gleich jetzt abgedrehet werden, oder besser erst ganz zum Beschluß, damit die Stäbe nicht bey der fernern Bearbeitung Schaden leiden. Gleich auf der Drehbanke theilt nun der Drechsler die ganze zu den Windungen bestimmte Länge auf der Seitenfläche in so viel Theile, als Windungen entstehen sollen, und zwar mit einem gewöhnlichen Zirkel. In jedem Theilungspunkt setzt er ein Spitzstahl an, wälzet den Cylinder auf der Drehbanke um, und beschreibet einen Faden, oder einen Strich um den ganzen Cylinder. Nach dieser Abtheilung müssen nun der schräge Gang der Windungen mit Beyhülfe des Zirkels und des Augenmaaßes vorgezeichnet werden. Wenn nun die Eintheilung gemacht ist, so muß nach diesen auf jeder Seite eines Gewindegangs mit einer Spansäge ein schräger Schnitt so tief eingesäget werden, als etwa die Windung hoch werden soll. Das überflüssige Holz zwischen den Windungen wird entweder mit einem Schnitzer ausgeschnitten, oder mit einen Stämmeisen ausgestämmt, so daß nun die Windung gleich einem vierkanntigen unförmlichen Schraubengange hervorragend auf dem Holze stehet.

Nun hätte die Säule etwa ihre gewundenen Züge im Groben. Diese werden ferner erst mit den Stämmeisen, hiernächst mit einer groben und zuletzt mit feinen Raspeln gerundet und ausgebildet, und zwar blos aus freyer Hand. Zuletzt reibet man das Holz erst mit der Fischhaut, und hiernächst mit Schachtelhalm glatt, und bohnet es entweder mit Wachs, wie bey dem englischen Stuhlmacher gezeiget ist, oder beitzet es auch mit der oben beschriebenen Schwarzbeitze schwarz. Das Bohnen findet in diesem Fall jederzeit bey Nußbaumenholz, das Schwarzbeitzen aber bey einer schlechtern Holzart statt.

B. Nach dem Holzdrechsler verdient vorzüglich der **Horndrechsler** in Betrachtung gezogen zu werden. Ich will die Handgriffe bey seinen Verrichtungen durch zwey Beyspiele erläutern.

1) Am gewöhnlichsten verfertiget der Horndrechsler aus Horn **Tobackspfeiffenröhren**, weil sich hiezu am ersten Käufer finden. Eine solche Röhre von Horn kann aus einer doppelten Ursache nur aus mehrern Stücken zusammengesetzt werden, theils damit sie sich bequem reinigen lässet, theils auch weil aus dem Horn nicht lange Stücke geschnitten werden können. Daher wird ein Pfeifenrohr gewöhnlich aus folgenden fünf Stücken zusammengeschraubet: der **Fuß** Fig. λ. a b läuft unten in a etwas spitzer, gleich einem abgekürzten Kegel zusammen, damit man ihn bequem in den Pfeiffenkopf

kopf einsetzen kann; die Schwammdose c d ist aus bekannten Ursachen inwendig nach einer Kugelfläche ausgehöhlet; das Mittelstück d e ist insgemein von Ebenholz oder sonst von einem schwarzgebeitzten Holz, wenn es lang und stark ist, und nur kurze und dünne sind von Horn; das Mundstück bestehet endlich wieder aus zwey Theilen, nemlich aus dem Oberstück e f und dem eigentlichen Mundstück f g.

Aus der Anzeige des Horns bey der obigen Beschreibung der Materialien erhellet, daß man die Theile eines Pfeifenrohrs von Horn blos aus der Spitze der Hörner verfertiget, daß aber diese Hornspitzen vorläufig vorbereitet werden müssen. Mit dieser Vorbereitung verhält es sich nun folgendergestalt. Der Drechsler kocht das Horn in Wasser, bis es sich erweicht hat, und zerschneidet mit einem starken Messer jede Hornspitze nach ihrer Länge in zwey bis 4 gleich dicke Stücke, nachdem die Hornspitze stark ist, schneidet auch jedes Stück rund. Bey dieser Zerstückung erkaltet das Horn wieder. Daher wird es von neuen gekocht, hierauf über ein Kohlfeuer gehalten und gebrennet, und endlich gerade gebogen. Denn die Hornspitze hat bekanntermassen noch einige Krümmungen. So entstehen nun aus jeder Hornspitze zwey bis vier unförmliche Cylinder woraus man die Theile eines Pfeiffenrohrs folgendergestalt abdrehet.

Der Drechsler schneidet jeden Theil des Rohrs in erforderlicher Länge von einem nurgedachten unförmlichen Horncylinder zu. Hierauf drehet er jedes Stück vorläufig auf der Drehbank rund ab. Er befestiget nemlich die Docke Fig II. auf der Wange a c der Drehbanke Fig. I., schraubet an die Docke ein Futter h i Fig. II. mit einen eisernen Dorn i an, setzt den Horncylinder in dem Mittelpunkt einer seiner Grundflächen gegen den Dorn i, beweget hierauf den Reitstock i k Fig. I. gegen den Horncylinder, setzt dessen Rinne l gegen den Mittelpunkt der andern Grundfläche des Horncylinders, schlägt gegen den Reitstock damit gedachte beyden Spitzen in etwas in das Horn eindringen, und befestiget endlich den Reitstock mit seinen Keil k Fig. I. Ein Stück eines Pfeifenrohrs ist zu klein, als daß man um dasselbige eine Schnur winden, und es auf der gewöhnlichen Drehbanke abdrehen könnte. Daher bedient man sich der Docke vereiniget mit dem Reitstock, um die Schnur um den Cylinder f c Fig. II. zu winden. Nur vorläufig wird gegenwärtig jedes Stück abgedrehet, und zwar auf folgende Art. Ist das Horn spröde und widerspenstig, so bearbeitet es der Drechsler vorläufig im Groben mit dem Spitzstahl Fig XIV., weil dieses nur mäßig und nach und nach abnimmt. Ist aber das Horn weich und geschmeidig, so wählt der Drechsler gleich das Rundstahl Fig XV., so insgemein auch in den erstern nur angeführten Fall dem Spitzstahl nach.

nacharbeitet. Beyde Eisen runden nun zwar das Horn, aber es ist noch furchenartig uneben. Völlig glatt wird es aber mit den Breitstahl Fig. XVI. abgeebnet. Hiebey ist dreyerley zu erinnern. Erstlich hält und richtet der Hornarbeiter die sämmtlichen Dreheisen eben so, als bey der Holzarbeit. Zweytens hab ich schon bey den Werkzeugen bemerkt, daß einige Horndrechsler, vorzüglich im Reiche, das Horn statt des obgedachten Spitz- und Rundstahls mit dem Haken Fig. VII. aus dem Groben drehen, und hiernächst statt des Flachstahls mit der Krücke Fig. VIII. ebnen. Die Kanten der letztern schneiden auch in der Folge die Stäbe aus. Endlich ist noch drittens zu bemerken, daß, wenn ein Theil des Rohrs, wie gewöhnlich, an einen oder beyden Enden Stäbe oder ein kleines Gesimse erhalten soll, der Drechsler für jedes Gesimse, z. B. unter b Fig. X, um das ganze Rohr einen stärkern Theil oder Vorsprung stehen lässet, das übrige aber dünner ausarbeitet. Denn die Stäbe können bey diesem ersten Abdrehen noch nicht gebildet werden, weil der Drechsler das Horn vor dem Ausbohren nicht zu stark schwächen darf, damit es nicht zerspringet. Und dieses Ausbohren der sämmtlichen Stücke des Rohrs wird sogleich nach dem ersten Abdrehen verrichtet. Der Drechsler befestiget nemlich ein Stück nach dem andern horizontal in ein Futter an der Docke Fig II. in g, legt auf die Lehre l m Fig. II. und auf die Bankiehne

 M Fig. I.

M Fig. I. nach dem obigen einen Stab, auf diesen aber den Pfeiffenrohrbohrer Fig. XXIV. diesen bewegt er völlig horizontal nach und nach gegen die Axe des Horns, und eine zweyte Person trit und bewegt die Drehbanke bis ein solches Stück ausgebohret ist. Sind nun alle Stücke ausgebohret, so bringt man sie wieder auf vorgedachte Art auf die Drehbanke, und drehet die Zapfen zu den Vaterschrauben mit einem Flachstahl Fig. XVI. ab, paßt sie in die zugehörige Oefnung des nächst angrenzenden Stücks ein, und schneidet die Schraubengänge mit dem Schraubeneisen Fig. XXI. Hiernächst wird jedes Stück in ein Futter eingespannet, und es werden auch die Schraubenmuttern mit dem Schraubeneisen Fig. XXII. ausgeschnitten. Hiebey, nemlich sowohl bey der Vater- als Mutterschraube, muß die Arbeit stets auf der Drehbank langsam umlaufen. Hiernächst werden nun auch die Stäbe oder Gesimse ausgebildet, wobey man jedes Stück wieder auf die erste Art in die Drehbanke spannen kann. Die mehresten Stäbe arbeitet der Drechsler mit den Kanten des Spitzstahls Fig. XIV. aus, Hohlkehlen und cylindrische Vertiefung oder platte Stäbe ausgenommen. Jene bildet das Rundstahl Fig. XV., diese ein schmales Flachstahl Fig. XVI. Endlich schlichtet man jede Fläche mit einem scharfen Schlichtstahl, und zwar mit einem Stahl von eben der Art, als womit die Fläche zuletzt abgedrehet ist. Das Horn darf nun nur noch

noch poliret werden, und das geschiehet jederzeit auf der Drehbanke, worauf das Stück beym Poliren beständig umläuft. Man hält nemlich zuerst Schachtelhalm gegen das Horn, und reibt es hiemit ab. Alsdenn bestreicht der Drechsler das Horn mit pulvirisirten Tripel und Leinöl, und reibet dasselbe hiemit gleichfalls vermittelst eines Tuchs oder Lappens ab.

So werden alle Stücke des Pfeifenrohrs überhaupt behandelt; ich muß aber nun noch von jedem Stück insbesondere reden. Bey dem Fuß a b Fig. X. ist weiter nichts zu bemerken, als daß er von b nach a etwas spitzer zuläuft, und diese Gestalt erhält er gleich beym ersten Abdrehen. Die Schwammbüchse c d hat zwar unten in c einige Stäbe, über diesen ist sie aber bis d ziemlich kugelrund. Diese Rundung erhält sie gleich bey dem ersten Abdrehen, erst mit dem Rundstahl und zuletzt mit dem Flachstahl. Nach dem Ausbohren muß sie aber auch inwendig nach einer Kugelfläche ausgehöhlet werden. Man spannt sie daher in ein Futter an der Docke in g Fig. II., und giebt ihr die gedachte Aushöhlung mit dem Bauchhaken Fig. XIX. Insgemein steht in der Schwammbüchse eine Röhre von Eisenblech, die der Drechsler in den untern Theil c Fig. X, der blos ausgebohret ist, fest einpreßt. Die Verfertigung dieser blechernen Röhre wird sich in der Folge aus dem Futter des Mundstücks ergeben. Das Mittelstück d e ist insgemein von Holz, und wird beym

Abdrehen auch wie Holz behandelt. Da man es stets aus harten Holze verfertiget, so muß es auch mit Fischhaut und zuletzt mit Schachtelhalm auf der Drehbanke poliret werden. Bey dem Oberstück e t ist weiter nichts zu bemerken, als daß es durchgängig mit Stäben verzieret ist. Das dünne Mundstück f g, so nach und nach bis g spitzer zusammenläuft, futtert der Drechsler jederzeit nach dem Ausbohren inwendig mit Eisenblech, damit es nicht beym Rauchen durch die Zähne verletzet wird. Er biegt nemlich das Eisenblech mit einer Zange um einen schicklichen Eisendrath, spannt hierauf das Zugeisen Fig. XXVII. senkrecht in den Schraubenstock P O Fig. I., steckt das mit Blech umgebene Drathstück in das Loch a des Zugeisens Fig. XXVII., und ziehet beydes mit der Zange durch. Hiedurch wird das Blech in eine glatte Röhre verwandelt, und den Drath ziehet man wieder heraus. Das blecherne Futter preßt der Horndrechsler nun fest in das ausgebohrte Loch des Mundstücks hinein, bringt dieses wieder auf die Drechselbanke, schneidet die Schraubengänge f ein, drehet die Stäbe über f aus, schlichtet und poliret dieses Stück. Nach allen diesen Verrichtungen hält er das Mundstück über die Flamme des Lichtes, und biegt es vorne in g krumm. Auf diese Art vollendet er das Pfeifenrohr, und reibet nur noch bey der Zusammensetzung des Ganzen die Schraubenspindeln gut in die Muttern ein.

2) Die

2) Die erste Ausgabe führt zum Beyspiel der Horndrechslerkunst, die Verfertigung einer cylindrischen **Tobacksdose von Horn** an, und diese Beschreibung scheint aus dem dritten Bande der Werkstätte heutiger Künste des Hrn. Prof. Halle nach dem Plümier verfertiget zu seyn. Ein geschickter berlinischer Horndrechsler hat mir die Sache kürzlich folgendergestalt beschrieben: Der Horndrechsler erstehet eine von dem Kammacher bereits grade gepreßete und geglättete starke Hornplatte. Das Pressen dieser Hornplatte hab ich bey dem Kammacher umständlich beschrieben. Diese Platte schneidet er zu einer runden Scheibe, die in ihrem Durchmesser etwas breiter ist, als der Durchmesser des Bodens der künftigen Dose, nebst der Höhe ihres Randes, den leztern zweymal genommen. Diese Scheibe wird nun in folgender Form geformet. Die Form selbst ist ein eiserner Ring, der etwa $\frac{1}{2}$ Zoll dick ist, und in welchem sich die künftige Dose sowol in Absicht der Weite als Höhe genau passen soll. Zu dieser Form gehören noch zwey Scheiben, die zwar so hoch, als der Ring, aber nicht im Durchmesser völlig so breit sind, als der innere Raum des Ringes. Denn zwischen diesen und den gedachten Scheiben muß ein Raum bleiben, wenn man die leztern in den Ring stellt, und in diesem Raum soll sich die Seitenwand der Dose bey den Formen erheben. Doch müssen die gedachten Scheiben oder Stämpel weder zu groß noch zu klein seyn.

Im letztern Fall bekommt das Horn beym Pressen Runzeln; im ersten Fall gehet aber das Formen langsam und oft unvollständig von statten. Mit dieser Form wird nun die vorgedachte Hornscheibe folgendergestalt geformt. Vorläufig muß die Hornscheibe in Wasser so lange gekocht werden, bis sie völlig erweicht ist. Ehe man nun die Scheibe aus dem Wasser nimmt, wird der vorgedachte Ring auf eine eiserne Platte gestellet, und auf die obere Mündung des Ringes legt der Drechsler nun die erweichte Hornscheibe dergestalt, daß ihr Rand durchgängig gleich weit von dem Umfang des Ringes absteher. Auf die Hornplatte legt er aber wieder die beyden Scheiben oder Stämpel, so daß ihr Mittelpunkt auf dem Mittelpunkt der Hornscheibe fällt. In dieser Lage bringt er nun die untere eiserne Platte, den Ring, die Hornscheibe und die beyden Stämpel in eine Presse oder in einen eisernen Schraubenstock, richtet die Schraubenspindel der Presse auf dem Mittelpunkt des obern Stämpels, und ziehet die Schraube nur langsam und nach und nach an. Durch dieses Pressen drucken die Stämpel die erweichte Hornplatte in den Ring hinein, und geben jener äußerlich die Gestalt des Ringes. Merkt nun der Horndrechsler, daß die Dose erforderlich geformt, und in etwas erkaltet ist, so nimmt er sie aus der Presse, steckt das geformte Horn in kaltes Wasser, und härtet es hiedurch. Gelingt aber der erste Versuch nicht völlig, so muß er das Horn nochmals in heißen Wasser erweichen, und zum zweyten Mal pressen. Auf eben die Art wird auch der Deckel gepreßt. Doch muß der untere Stämpel zum Deckel auf einer Seite etwas rund seyn, wodurch der Boden des Deckels einige Ausbauchung erhält. Hr. Prof. Halle beschreibt diese Arbeit in dem obgedachten Werke nach dem Plümier etwas umständlicher. Hiernach gleicht der Ring nemlich einem abgekürzten Kegel. Auf diesen legt man die Hornscheibe kalt, setzt auch einen hölzernen kegelartigen Stämpel auf die Scheibe, und bringt alle gedachte Stücke, nebst einer eisernen Platte in eine Presse, welche anfänglich die Stücke nur zusammenhält. Die Presse nebst der Form und Hornscheibe werden nun in siedendes Wasser gesetzt, und wenn das Horn erweicht ist, so zieht man die Presse nach und nach an, wodurch das Horn vorläufig eine kegelartige Gestalt erhält. Das Horn wird hierauf aus der Presse genommen, und in kalten Wasser gehärtet. Alsdenn preßt man das Horn nochmals ohngefehr auf vorgedachte Art, und giebt ihm hiedurch eine cylindrische Gestalt. Ohne Zweifel hat man hiebey die Absicht, das Horn nach und nach zu nöthigen, daß es die erforderliche Gestalt annimmt. So viel ist gewiß, bey der zuerst beschriebenen Art muß der Horndrechsler nicht träge seyn, sondern eilen, wenn das Horn nicht erkalten soll. Dieserhalb ist es beynahe nothwendig, daß er sich vor dem Erweichen und Pressen auf der Hornplatte Zeichen macht,

macht, sowol wie diese auf den Ring zu legen, als auch wie der Stämpel auf die Hornplatte geleget werden muß.

Das Pressen bringt nur eine unförmliche Dose hervor, die nun noch auf der Drehbanke zur Vollkommenheit gebracht werden muß. Der Drechsler setzt daher das geformte Horn in ein Futter, und bringt es mit der Docke Fig. II auf die Drehbanke. Soll die Dose, wie gewöhnlich, zuerst äußerlich abgedrehet werden, so ist das Futter ein hölzerner Cylinder, worauf die Dose gedrengt aufgeschoben werden kann. Der Drechsler drehet aber die Dose auf eben die Art äußerlich ab, wie vorher die Stücke eines Pfeiffenrohrs glatt abgedrehet wurden. Ist die Dose nun äußerlich abgedrehet, so setzt man sie in ein ausgehöhltes Futter ein, und drehet sie mit der breiten Klinge des Bauchhakens Fig. XX. aus. Auf eben die Art wird auch der Deckel abgedrehet. Zuletzt schlichtet und poliret der Drechsler die Dose gerade wie das Pfeiffenrohr. Wiewol Dosen von Horn sind jetzt nicht mehr sonderlich Mode, aber wol vor einigen Jahren, da einige Leser der empfindsamen Reisen des Herrn Sterne diesem großen Genie in dieser Kleinigkeit nachzuahmen suchten.

Gangbarer sind noch die Dosen, Büchsen und Uhrgehäuse zu Taschenuhren von Schildkrötenschalen. Diese werden eben so geformt und abgedrehet, wie vorgedachte Dose, so wie auch Büchsen von Horn.

C.

C. Außer den edlen Holzarten, die wie gewöhnliches Holz abgedrehet werden, dem Horn und den Schildkrötenschalen, bearbeitet der **Kunstdrechsler** noch verschiedene andere Körper, wovon ich nur wenig sagen darf, weil sich das Wesentlichste beständig gleich bleibt.

1) Die Bearbeitung des **Elfenbeins und Knochens** fällt außer den vorgedachten Körpern in dieser Werkstätte noch am häufigsten vor. Ueberhaupt kann man von diesen Körpern soviel sagen, daß sie gröstentheils wie Horn behandelt werden. Es entstehen hieraus Büchsen, Knöpfe zu Stöcke, Kugeln u. d. g. Der Kürze wegen wähl ich zum Beyspiel eine **Billardkugel**, weil ich mich hiebey zum öftern auf die oben beschriebene Kugel von Holz beziehen kann. Zuerst wird von dem Elephantenzahn mit der Säge ein Stück Elfenbein abgeschnitten, so etwas dicker und länger ist, als die Axe der künftigen Kugel, und die Gestalt einer kleinen Walze hat. Die Kanten dieser Walze nimmt der Drechsler vorläufig mit der Säge, und hienächst genauer mit der Raspel ab, doch ohne hiedurch der Rundung Schaden zuzufügen. So entstehet nun aus der Walze eine unförmliche Kugel. Diese beschmiert der Drechsler mit Kreide, setzt sie in ein Futter Fig. XXVI an der Docke Fig. II ein, und ziehet, mit dem Spitzstahl Fig. XIV einen Kreutzfaden, wie ich umständlicher bey der Kugel von Holz gezeiget habe. Hiernächst drehet er erst eine Hälfte der Kugel ab,

ab, und zwar vorläufig mit dem Rundstahl Fig. XV, nachher aber mit dem Flachstahl Fig. XVI. Nunmehro kehret er die Kugel in den Futter um, und drehet auf vorgedachte Art auch die andre Hälfte ab. Alsdenn setzt er die Kugel vor Queer in das Futter ein, hält das Spitzstahl gegen die Kugel, und versucht, wo noch Hocker und Ungleichheiten sind. Denn blos an solchen Stellen schneidet das Spitzstahl ein. Nach diesen Zeichen werden nun die Ungleichheiten auf beyden Hälften mit einen Flachstahl abgenommen, wenn man vorher die Kugel wieder wie beym ersten Abdrehen gewöhnlich in das Futter eingesetzet hat. Zuletzt müssen beyde Halbkugeln mit einen scharfen Schlichtstahl, so dem Flachstahl gleicht abgeebnet werden. Seine Politur erhält das Elfenbein, wenn man es auf der Drehbank erst mit Kreide und Wasser, und hiernächst mit Tripel und Lein- oder Baumöhl abreibet, beydes vermitteltst eines Tuchs oder Lappens. Tripel und Leinöhl geben dem Elfenbein einen vorzüglichen Glanz.

Elfenbein und Knochen, so wie auch oft Holz, werden öfters mit dem Meißel aus freyer Hand, nach Art der Bildhauerarbeit, verschnitten, aber natürlicher Weise erst nach dem Abdrehen; so wird man oft auf den Stockknöpfen dergleichen Verzierungen bemerken. Diese Arbeit wird zwar eigentlich in der Werkstätte des Bildhauers verfertiget, doch giebt es auch einige geschickte

geschickte Kunstdrechsler, so diese Kunst gleichfalls verstehen.

2) Zuweilen, aber doch nicht häufig, drehet der Kunstdrechsler auch **Metall** ab. Denn diese Arbeit gehöret eigentlich für den Metallarbeiter, insbesondre für den Roth- und Gelbgießer vorzüglich aber für den Mechaniker. Kupfer Messing und andre ähnliche Metalle erhalten erst im Groben durch den Guß ihre Gestalt, und in manchen Fällen auch durchs Schlagen. Diese Gestalt ebnet nur das Dreheisen. Eisen wird seiner Härte wegen selten gedrehet, sondern insgemein mit der Feile gebildet. Will man es aber abdrehen, so muß man kein gegossenes Eisen wählen, sondern geschmiedetes, denn jenes ist zu hart. Ueberdem muß das geschmiedete Eisen vor dem Abdrehen auf Kolen ausgeglüet und hiedurch geschmeidig gemacht werden. Metalle können nur auf einer starken Drehbanke abgedrehet werden. Der Kunstdrechsler drehet sie erst mit dem Rundstahl Fig. XV im Groben ab, und ebnet sie hierauf völlig mit dem Flachstahl und dem ähnlichen Schlichtstahl, grade wie Horn und Elfenbein. Die Stäbe werden größtentheils mit dem Spitzstahl Fig. XIV. einige wenige aber mit dem Hohl- und Flachstahl ausgebildet. Ich habe aber schon oben bemerkt, daß die Dreheisen zum Metall mehr schaben, als bilden, weil die Form oder der Hammer dem Metall schon seine grobe Gestalt vorläufig ertheilet hat. Man polirt und schleift die Metalle

talle insgemein auf der Drehbank mit Bimsstein und Wasser ab, und reibet sie hiernächst, vermittelst eines wollenen Tuchs, mit zerstossenen Tripel und Baumöhl. Eisen wird auch wol mit groben und feinen Schleifsteinen abgeschliffen, und statt des Tripels wählt man den schärfern Schmirgel. Mehr will ich hier nicht von dem Drechslen der Metalle sagen, denn ich kann mich in dieser Sache auf die Beschreibungen der Metallarbeiter beziehen.

Nachricht. Alle Holz- Kunst- und Horndrechsler gehören in Berlin zu einen einzigen Gewerk, doch sind die Kunst- und Horndrechsler, die nur kleine Stücke verfertigen, nirgends zahlreich, und in Berlin sind z. B. gegenwärtig nur zwey Horndrechsler. Ihre Lehrbursche, nemlich aller Drechsler, lernen 3 Jahre, und erlegen alsdenn ein Lehrgeld. Stehet aber dieses nicht in ihrem Vermögen, so lernen sie 4 bis 5 Jahre unentgeldlich. Die Gesellen dieser Profession erhalten von den Gesellen jedes Orts ein Geschenk auf ihrer Wanderschaft, so mehr oder weniger beträgt, nachdem viel Gesellen an einem Ort in Arbeit stehen. Zum Meisterstück verfertigt ein Gesell, der Meister werden will, in Berlin folgende Arbeiten: 1) Einen Globus von Holz nebst dem dazu gehörigen Gestelle. Die Kugel selbst muß bekantermaaßen inwendig hohl seyn, und 1 rheinländischen Fuß im Durchmesser haben. 2) Eine Handfeuersprize von 3 Röhren, wie sie oben beschrieben

ist.

ist. 3) Ein Schachspiel, dessen 32 Puppen halb von Ebenholz, und halb von Elfenbein gedrechselt seyn müssen. Hieraus erhellet also, daß alle Drechsler billig Kunstdrechsler seyn sollten, denn ein Schachspiel ist die Arbeit eines Kunstdrechslers. Eine vorzügliche Geschicklichkeit giebt daher diesem Professionisten eigentlich nur den Nahmen eines Kunstdrechslers. 4) Ein Spinnrad. An einigen Orten machen die Drechsler außer diesen 4 Stücken noch 500 Stück Bombenröhren von Weißbüchenholz, jede 9 Zoll lang, zum Meisterstück, ferner in Wien ein Dutzend hölzerne Teller, die so dünn, wie ein Span und ganz durchsichtig gedrehet seyn müssen.

Register
über die erste und zweyte Sammlung.

Aufgehen

Birn:

Fuchs=

Hohl.

Kar-

Knopf-

Läufer

Maschi-

Neh-

Rohr-

Schor-

Stock-

Ueber-

Druck-

Druckfehler.

S. 14 Linie 5 von unten, stat, Korn entstehet, lies, Kern entstehet.
— 14 L. 12 st. mahlreich l. mehlreich.
— 17 L. 17 st. Unter der Fege l. Ueber der Fege.
— 23 L. 7 von unten: st. Förmlich l. freilich.
— 25 — 12 von unten: st. und alsdenn l. nur alsdenn.
— 26 — 13 st. zu gähren l. zu gahren.
— 36 — 17 st. Graupengrütze l. Graupen und Grütze.
— 45 — 18 st. Brodt nicht eine l. Brodt nicht allenthalben eine.
— 55 — 8 st. garen l. gahre.
— 55 — 19 st. gegenstehende l. gegenüberstehende.
— 56 — 19 st. letzte an Gestalt l. letzte Gestalt.
— 58 — 6 st. unterstoßen l. überstoßen.
— 74 — 18 st. Hasenbrodt l. Hefenbrodt.
— 85 — 22 st. Sommers l. Ofens.
— 86 — 19 st. 6) l. 2).
— 87 — 6 st. mit dem Sauerteig l. mit dem Wasser.
— 87 — 22 st. wazen l. walzen.
— 94 — 3 von unten: st. und weil das l. weil das.
— 96 — 9 st. hiesige l. hiesiger.
— 96 — 3 von unten: st. und weich zugleich l. und zugleich.
— 105 — 15 st. folgende l. folgender.
— 108 — 7 st. des Mehls in l. des Mehls und
— 109 — 21 st. oder l. und
— 132 — 8 st. Lehne l. Lehre.
— 134 — 12 st. so stoßen l. so fassen.
— 141 — 4 st. keiner eigenen l. einer eigenen.
— 174 — 15 st. und nun l. und.
— 180 — 3 von unten: st. weichen l. reichen.
— 183 — 19 st. nur der Pinsel l. und der Pinsel.
— 187 — 8 von unten: st. der Bildhauer l. der Maurer.
— 206 — 1 st. ein Verband l. im Verband.
— 211 — 2 von unten. Hier steht: ein Laufen dieser Seitenwand ist er, ganz überflüßig.
— 217 — 21 st. durchgängig oben l. durchgängig eben.
— — 2 von unten: st. der Mauer l. der Maurer.
— 219 — 2 von unten: st. Fensterlehre l. Fensterlehne.
— 222 — 19 st. Fensterschmiege l. Fensterbrüstung.
— 224 — 24 st. wo sie die Hitze nicht mehr dringt l. wo die Hitze nicht mehr hindringt.
— 227 — 20 st. der Steine l. die Steine.
— — 21 st. sollte l. soll.
— 229 — 9 st. Schorsteine, Kamine l. Schorsteine und Kamine.
— 232 — 14 st. Mörtel voll l. Mörtel von.

S. 232 L. 15 st. Mehrere Stücke l. mehreren Stücken
— 233 — 9 von unten: st. Schern l. Schere.
— 239 — 4 von unten: st. Fliessand l. Flußsand.
— 255 — 2 von unten: st Theergalte l. Theergalle.
— 258 — 17 st. mir aber l. mich aber.
— „ — 18 st. in andere l. in andern.
— 273 — 21 st. nicht die Stämpelstange l. nicht. Die Stämpelstange.
— 274 — 13 st. beweget worden l. beweget werden.
— 280 — 3 st. te ćknadel l. Stecknadel.
— 288 — 6 von unten: st. jede l. jeden.
— 291 — 8 ist zu überflüßig.
— 292 — 11 von unten: st. liegt l. liegen.
— „ — 8 von unten: st. in die Folae l. in der Folge.
— 302 — 19 st. vor dem Sod l. von dem Sod.
— 309 — 5 von unten: st. abgerhei et l. abgefeilet.
— 310 — 5 von unten: st. glüht l. gleicht.
— 312 — 3 st. geschmiert l. gescheuert.
— 314 — 1 von unten: st. dem eigentlichen l. den eigentlichen.
— 316 — 3 von unten: st. Stangen l. Stanzen.
— „ — 2 von unten: st. stangen l. stanzen.
— 321 — 1 st. muß l. müssen.
— 344 — 6 st. Kolben l. Kloben.
— 349 — 3 st. Bändchen l. Bandern.
— 353 — 9 st. sichere l. schwere.
— 366 — 9 von unten: st. Hacken l. Hocker.
— 374 — 5 von unten: st. b yden l. beyde.
— 396 — 17 st. *Fig.* l. Fig. XIII.
— 400 — 19 st. vor l. von.
— 428 — 7 st. ac und die l. a c die
— 431 — 3 st. Ruthe l. Nuthe.
— 432 — 10 und 19 st. Linderstolle l. Liederstolle.
— 443 — 16 st. oder Schießen l. nach dem Schießen.
— „ — 4 st. sizt l. sitzt.
— 452 — 14 st. keine sonderliche l. keiner sonderlichen.
— 458 — 9 st. gezeileten l. gezeilet.
— 460 — 5 st. Lige l. Lage.
— 478 — 17 st. sind die nun l. sind nun.
— 498 — 10 von unten: st. nach die l. nach der.
— 500 — 9 von unten: st keine sogenann̄te l. keinen sogenannten.
— 506 — 6 st. dieselben l. denselben.
— 507 — 13 st. auf der Lehre l. auf der Lehne.
— 516 — 6 von unten: st. oben l. unten.
— 529 — 19 st. müssen nun l. muß nun.

Die öfters falsch gesetzten Unterscheidungszeichen wird der sachverständige Leser leicht selbst bessern.

www.ingramcontent.com/pod-product-compliance
Lightning Source LLC
La Vergne TN
LVHW092111300926
849161LV00002B/105